Erlebnis Elementargeometrie

Mathematik Primarstufe und Sekundarstufe I + II

Herausgegeben von
Prof. Dr. Friedhelm Padberg
Universität Bielefeld

Bisher erschienene Bände (Auswahl):

Didaktik der Mathematik

P. Bardy: Mathematisch begabte Grundschulkinder - Diagnostik und Förderung (P)
M. Franke: Didaktik der Geometrie (P)
M. Franke/S. Ruwisch: Didaktik des Sachrechnens in der Grundschule (P)
K. Hasemann: Anfangsunterricht Mathematik (P)
K. Heckmann/F. Padberg: Unterrichtsentwürfe Mathematik Primarstufe (P)
G. Krauthausen: Digitale Medien im Mathematikunterricht der Grundschule (P)
G. Krauthausen/P. Scherer: Einführung in die Mathematikdidaktik (P)
G. Krummheuer/M. Fetzer: Der Alltag im Mathematikunterricht (P)
F. Padberg/C. Benz: Didaktik der Arithmetik (P)
P. Scherer/E. Moser Opitz: Fördern im Mathematikunterricht der Primarstufe (P)

G. Hinrichs: Modellierung im Mathematikunterricht (P/S)

R. Danckwerts/D. Vogel: Analysis verständlich unterrichten (S)
G. Greefrath: Didaktik des Sachrechnens in der Sekundarstufe (S)
K. Heckmann/F. Padberg: Unterrichtsentwürfe Mathematik Sekundarstufe I (S)
F. Padberg: Didaktik der Bruchrechnung (S)
H.-J. Vollrath/H.-G. Weigand: Algebra in der Sekundarstufe (S)
H.-J. Vollrath/J. Roth: Grundlagen des Mathematikunterrichts in der Sekundarstufe (S)
H.-G. Weigand/T. Weth: Computer im Mathematikunterricht (S)
H.-G. Weigand et al.: Didaktik der Geometrie für die Sekundarstufe I (S)

Mathematik

F. Padberg: Einführung in die Mathematik I – Arithmetik (P)
F. Padberg: Zahlentheorie und Arithmetik (P)

K. Appell/J. Appell: Mengen – Zahlen – Zahlbereiche (P/S)
A. Filler: Elementare Lineare Algebra (P/S)
S. Krauter/C. Bescherer: Erlebnis Elementargeometrie (P/S)
H. Kütting/M. Sauer: Elementare Stochastik (P/S)
T. Leuders: Erlebnis Arithmetik (P/S)
F. Padberg: Elementare Zahlentheorie (P/S)
F. Padberg/R. Danckwerts/M. Stein: Zahlbereiche (P/S)

A. Büchter/H.-W. Henn: Elementare Analysis (S)
G. Wittmann: Elementare Funktionen und ihre Anwendungen (S)

P: Schwerpunkt Primarstufe
S: Schwerpunkt Sekundarstufe

Weitere Bände in Vorbereitung

Siegfried Krauter • Christine Bescherer

Erlebnis Elementargeometrie

Ein Arbeitsbuch zum selbstständigen
und aktiven Entdecken

2. Auflage

 Springer Spektrum

Prof. Siegfried Krauter
Pädagogische Hochschule Ludwigsburg
E-Mail: krauter@ph-ludwigsburg.de

Prof. Dr. Christine Bescherer
Pädagogische Hochschule Ludwigsburg
E-Mail: bescherer@ph-ludwigsburg.de

ISBN 978-3-8274-3025-0   ISBN 978-3-8274-3026-7 (eBook)
DOI 10.1007/978-3-8274-3026-7

Die Deutsche Nationalbibliothek verzeichnet diese Publikation in der Deutschen Nationalbi-
bliografie; detaillierte bibliografische Daten sind im Internet über http://dnb.d-nb.de abrufbar.

Springer Spektrum
1. Aufl.: © Spektrum Akademischer Verlag Heidelberg 2005
2. Aufl.: © Springer-Verlag Berlin Heidelberg 2013

Planung und Lektorat: Dr. Andreas Rüdinger, Bianca Alton
Redaktion: Maren Klingelhöfer
Abbildungen: Autoren mithilfe des Programms EUKLID DynaGeo
Satz: Graphik & Text Studio, Barbing
Einbandentwurf: SpieszDesign, Neu-Ulm

Gedruckt auf säurefreiem und chlorfrei gebleichtem Papier

Springer Spektrum ist eine Marke von Springer DE. Springer DE ist Teil der Fachverlagsgruppe
Springer Science+Business Media.
www.springer-spektrum.de

Vorwort

Dieses Buch ist ein *Arbeitsbuch für Lernende*. Es beansprucht nicht, Geometrie als fertige mathematische Wissenschaft zu präsentieren, sondern will diese „in statu nascendi" nahe bringen und allmählich entstehen lassen.

Diese Feststellung hat zwei Konsequenzen:

Zum einen kann man das Buch nicht einfach „lesen", sondern man muss es ‚erarbeiten". Wer diese Mühe scheut, nimmt es besser nicht zur Hand. Es ist das Bild einer Bergtour, das mir vorschwebt: Man muss die Mühen und Strapazen des langen Aufstiegs auf sich nehmen, um das Gipfelglück und den Überblick über die Vielzahl der einzelnen Berggipfel genießen zu können. Dann erst erkennt man die Zusammenhänge und das „Herausragende".

Der Kundige andererseits wird unbefriedigt sein über den oft „halbfertigen" Zustand der Begriffsdefinitionen, über das Fehlen einer strengen Axiomatik und über die Vorläufigkeit mancher Theorien. Dies aber gehört zum Lernprozess notwendigerweise dazu. Ich bin überzeugt davon, dass sich Begriffe nicht mit einer einmal gegebenen Definition ausbilden, sondern in der laufenden Arbeit an einem wissenschaftlichen Gebiet fortentwickeln und ausdifferenzieren. Diesem Prozess will ich Raum geben.

Als **Adressaten** dieses Buches stelle ich mir in erster Linie Studierende der verschiedenen Lehrämter mit dem Fach Mathematik vor und zwar von der Primarstufe (mit einigen Abstrichen am gesamten Inhalt) über die Sekundarstufe 1 bis zur Sekundarstufe 2. Ich habe dabei in Rechnung gestellt, dass die Kenntnisse der Elementargeometrie bei heutigen Abiturienten oder Realschülern bei weitem nicht mehr in dem Umfang vorausgesetzt werden können wie dies etwa vor einer Generation noch der Fall war. Dem wird in der Darstellung Rechnung getragen, indem mit einfachen Vorübungen in die jeweilige Thematik eingeführt wird. Die Lernenden sollen dort abgeholt werden, wo sie stehen. Danach jedoch geht's flugs und steil bergauf.

Die **mathematische Symbolik** wird mit großer Zurückhaltung und einem weiten Herzen benutzt. Ich verwende z. B. die Bezeichnung „AB" sowohl für die Gerade durch die Punkte A und B, für die Halbgerade von A in Richtung B, für die Strecke mit den Endpunkten A und B und ebenso für die Länge der Strecke AB. Nach meiner Erfahrung ist in aller Regel aus dem Kontext ersichtlich was gemeint ist. Manchmal habe ich es zur Verdeutlichung in Worten beigefügt. Eine ausgefeilte exakte Notation garantiert noch lange kein Verständnis der Sachverhalte geschweige denn hohe Motivation bei Lernenden, sich damit herumzuschlagen. Im Gegenteil, viele Lernende fühlen sich durch die Fülle an verschiedenen Symbolen und Bezeichnungen abgestoßen und überfordert.

Leider konnten für die Figuren im Buch aus Herstellergründen keine Farben verwendet werden. Ich bedaure dies, weil diese der Strukturierung und Übersichtlichkeit einer Zeichnung hätten dienen können und den ästhetischen Reiz der Figuren noch erhöht hätten. So habe ich mich bemüht, die Figuren in Grautönen so ansprechend und übersichtlich wie möglich zu gestalten.

Wer heute Geometrie betreibt, kann nicht so tun, als gäbe es den **Computer** mit Dynamischer Geometriesoftware nicht. Ich halte den sinnvollen Umgang mit einem solchen DGS für gleichermaßen wichtig wie das Anfertigen einer sauberen und genauen Bleistiftzeichnung oder einer Freihandskizze. Gerade die Existenz der DGS sollte dazu führen, dass Schüler und Studierende ihre **Kompetenzen im Skizzieren und freihändigen Zeichnen** weit mehr schulen als bisher. So wie die Existenz des Elektronischen Taschenrechners (ETR) und von Computeralgebra-Systemen (CAS) die Bedeutung des Kopfrechnens, Überschlagens und groben Abschätzens gegenüber dem schriftlichen Rechnen erhöht haben, genau so hat die Existenz von Dynamischen Geometriesystemen die Bedeutung des Skizzierens und geometrischen Freihandzeichnens ebenso wie der „Kopfgeometrie" gegenüber dem exakten Zeichnen erhöht.

Mit Absicht habe ich keinen axiomatischen Zugang, sondern einen **experimentell orientierten inhaltlich-anschaulichen Weg** gewählt. Für Lernende dieser Zielgruppe ist die Art Geometrie zu betreiben, wie sie Heron von Alexandria oder Archimedes von Syrakus betrieben haben, weitaus angemessener als die in Jahrhunderten gepflegte Methode nach Euklid, die zur sprichwörtlichen „more geometrico" wurde. Zum einen bietet diese Art Geometrie zu betreiben den unschätzbaren Vorteil der Schulung der Raumvorstellung – deshalb beginnen wir auch mit räumlichen Figuren und nicht mit ebenen Figuren – und außerdem gewinnen Lernende durch den Bau von geeigneten Modellen oft die wesentlichen und fundamentalen Einsichten in die geometrischen Zusammenhänge viel schneller, gründlicher und tragfähiger als durch verbale Explikation. Wir huldigen dem lerntheoretischen Grundsatz „Konstruktion vor Analyse" auch in diesem Punkt.

Als Folge des Verzichts auf einen axiomatischen Aufbau sind sämtliche „**Beweise**" eigentlich im strengen Sinne nur „**Begründungen**". Dennoch liefern sie die für die Sachverhalte wesentlichen geometrischen Einsichten – manchmal sogar grundlegender, als dies formale Beweise könnten. Eine weitere Folge des Verzichts auf einen systematischen axiomatischen Aufbau ist der Verzicht auf eine konsequente Durchnummerierung der Definitionen und Sätze. Das Buch soll seinen „Werkstattcharakter" zeigen dürfen.

Dem Charakter des Buches als „Arbeitsbuch für Lernende" entsprechend ist das **Literaturverzeichnis** bewusst knapp gehalten und beschränkt sich auf eine kleine durchaus subjektiv gefärbte Auswahl.

Für die zweite Auflage (2012) ist der Abschnitt 4.9 umgearbeitet und erweitert, der Anhang über EUKLID-DYNAGEO aktualisiert und außerdem das von C. Bescherer verfasste Kapitel *13. Trigonometrie neu* aufgenomme worden.

Ich danke allen Kolleginnen und Kollegen, die mir manchen hilfreichen Rat oder Hinweis haben zukommen lassen, insbesondere Wolfgang Gräßle, Herbert Löthe, Christoph Mohr, Markus Vogel und Heinrich Wölpert, sowie meinen Studentinnen Ulrike von Pokrzywnicki und Heidi Umstetter. Der Herausgeber dieser Reihe, Herr Kollege Friedhelm Padberg, hat mich vom ersten Entwurf an freundlich beraten und unterstützt, dafür danke ich ihm ebenso wie dem Verlag für die faire Zusammenarbeit bei der Erstellung. Dankbar bin ich auch allen künftigen Nutzern für Verbesserungsvorschläge oder für Hinweise auf Fehler oder Mängel.

Ich wünsche allen Benutzern dieses Buches viel Spaß und Erfolg bei der Arbeit.

Pädagogische Hochschule Ludwigsburg
im Frühjahr 2005, 2012
Siegfried Krauter

Inhaltsverzeichnis

eine Parallelenschar auf *einer* Geraden gleichlange Abschnitte aus, so auf *allen* Geraden und die Parallelenschar ist äquidistant"; siehe Kap.7.2) erhält man das gewünschte Ergebnis.

4. Kongruente Abbildung von zur Bildebene parallelen Figuren

> Alle zur Bildebene parallelen ebenen Figuren (Strecken, Winkel, Flächenstücke) werden in wahrer Größe, d. h. kongruent, abgebildet.

Begründung:
Die Ausgangsfigur bildet mit den Projektionsstrahlen zusammen eine projizierende Säule. Die Grund- und Deckfläche dieser projizierenden Säule können durch eine Verschiebung (also kongruent) ineinander übergeführt werden. Beachten Sie bitte, dass diese Eigenschaft unabhängig von der Projektionsrichtung ist!

Zur letztgenannten Eigenschaft muss ein ergänzender Hinweis erfolgen:
Die Behauptung besagt, dass alle ebenen Figuren, die zur Bildebene parallel sind, in wahrer Größe abgebildet werden und zwar völlig unabhängig von der Projektionsrichtung. Sie besagt jedoch nicht, dass alle anderen Teilfiguren *nicht* in wahrer Größe abgebildet werden. Es kann durchaus Fälle geben, bei denen z. B. Strecken in wahrer Größe abgebildet werden, obwohl sie *nicht parallel zur Bildebene* liegen! Ein solcher Fall liegt z. B. vor, wenn eine zur Projektionsebene senkrechte Strecke bei schiefer Parallelprojektion in wahrer Länge, d. h. mit dem „Verkürzungsfaktor" $k = 1$, abgebildet wird.

Aufgabe 2:
Auf einer Gartenterrasse steht ein Tisch. Die Tischplatte hat die Form einer Kreisfläche mit 1 m Durchmesser. Im Laufe eines sonnigen Sommertages wirft die Sonne verschiedene Schatten der horizontalen Tischfläche auf den horizontalen Terrassenboden.
Wie sieht der Schatten der Tischfläche auf dem Terrassenboden aus
a) am frühen Morgen bei flach stehender aufgehender Sonne?
c) am Mittag bei hoch stehender Sonne?
d) am Abend bei flach einfallender untergehender Sonne?
Skizzieren Sie Ihre Vermutungen. Prüfen Sie diese direkt im Sonnenlicht nach.
Machen Sie sich das überraschende Ergebnis noch einmal an Hand geeigneter Modelle oder Zeichnungen klar.

Aufgabe 3:
Prüfen Sie die zuvor genannten vier Eigenschaften der Parallelprojektion durch entsprechende Experimente im Sonnenlicht nach.
Variieren Sie dabei die Lage der Bildebene (Boden, Wand, beliebige Bildebene).

Zusammenfassung:

> Die Parallelprojektion ist geradentreu, parallelentreu und teilverhältnistreu.
> Jede zur Bildebene parallele Figur wird kongruent – also in wahrer Größe – abgebildet, und zwar unabhängig von der gewählten Projektionsrichtung.

Selbstverständlich gelten die Gesetze der *allgemeinen* Parallelprojektion auch für den Sonderfall der *senkrechten* (orthogonalen) Parallelprojektion, also für die Dreitafelprojektion. Die Besonderheit besteht hier allein darin, dass die Projektionsrichtung senkrecht (orthogonal) zur jeweiligen Bildebene ist.

1.4 Schrägbilder von Körpern

Schrägbilder entstehen durch *schiefe – also nicht unbedingt senkrechte* – Parallelprojektion von Körpern auf irgendeine Bildebene. Sie geben in der Regel einen besseren räumlichen Eindruck von Körpern als die Ansichten der Dreitafelprojektion. Zwei besondere Lagen von Bildebenen sind gebräuchlich:

a) Schiefe Parallelprojektion in die Aufrissebene: Kavalierprojektion (Frontschau)

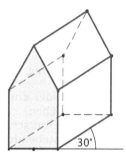

Die Bildebene ist die frontal stehende lotrechte Aufrissebene.
Alle zur Aufrissebene parallelen ebenen Figuren werden in wahrer Größe dargestellt.
Insbesondere wird also der Aufriss jedes Körpers in wahrer Größe dargestellt. Deshalb eignet sich diese Darstellung vor allem für Zeichnungen, bei denen die Frontansicht entscheidend ist.
Durch Angabe der *Richtung* (i. d. R. wird diese durch den Winkel gegenüber einer horizontalen Grundlinie bestimmt) und des *Verkürzungsverhältnisses k* für die Bilder der *im Raum senkrecht zur Bildebene verlaufenden Strecken* ist die Abbildung eindeutig bestimmt. Üblich sind z. B. $\alpha = 45°$ und k = 0,5, aber auch $\alpha = 60°$ und k = 0,5 oder $\alpha = 30°$ und k = $\sqrt{2}$ /2 kommen vor.
Die Kavalierprojektion oder Frontschau ist der meist benutzte Standard für Schrägbilder.

b) Schiefe Parallelprojektion in die Grundrissebene: Militärprojektion (Vogelschau)

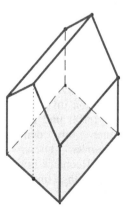

Die Bildebene ist die horizontale Grundrissebene.
Alle zur Grundrissebene parallelen ebenen Figuren werden in wahrer Größe dargestellt.
Insbesondere wird der Grundriss jedes Körpers (Standfläche) in wahrer Größe abgebildet. Deshalb eignet sich diese Art der Darstellung vor allem für Zeichnungen von Militäranlagen (Festungsbau), für illustrierte Stadtpläne mit markanten Gebäuden sowie für Ausstattungspläne in der Innenarchitektur (Zimmereinrichtung etc.).
Durch Angabe der Richtung und des Verkürzungsverhältnisses für die Bilder der *im Raum senkrecht zur Bildebene*

verlaufenden Strecken ist die Abbildung eindeutig festgelegt. Häufig werden die Bilder der im Raum lotrecht verlaufenden Strecken parallel zur Blattkante gewählt und das Verkürzungsverhältnis zu k = 1. Es sind aber beliebige andere Werte möglich.

Aufgabe 4:

a) Zeichnen Sie ein regelmäßiges Tetraeder (Dreieckspyramide) mit der Seitenlänge a = 6 cm in Dreitafelprojektion. In welchem Riss erscheinen welche Stücke in wahrer Größe?

b) Zeichnen Sie Schrägbilder des Tetraeders einmal in Frontschau (Kavalierprojektion) und einmal in Vogelschau (Militärprojektion). Wählen Sie selbst geeignete Richtungen und Verkürzungsverhältnisse für die zur Bildebene senkrechten Strecken.
Hinweis: Bei Verwendung eines DGS können Sie verschiedene Varianten mit einer Zeichnung ausprobieren.

c) Bestimmen Sie die Körperhöhe des Tetraeders durch Zeichnung und Rechnung. Berechnen Sie die Oberflächengröße und den Rauminhalt des Tetraeders.

Zusammenfassung:

- Schrägbilder entstehen durch schiefe Parallelprojektion von Körpern auf eine Ebene.
- Bei der Frontschau (Kavalierprojektion) ist die Bildebene eine frontal vertikal stehende Ebene (wie die Aufrissebene).
- Bei der Vogelschau (Militärprojektion) ist die Bildebene eine horizontal liegende Ebene (wie die Grundrissebene).

Als Anwendung behandeln wir nun ein komplexeres *Beispiel*:
Ein Haus mit rechteckiger Grundfläche (Länge a = 10 m und Breite b = 6 m) ist bis zur Dachtraufe h_1 = 5 m hoch. Es besitzt ein Walmdach, d. h. auch die Giebelseiten haben geneigte Dachflächen. Alle vier Dachflächen haben dieselbe Dachneigung gegenüber der horizontalen Ebene von α = 60°.
Wir zeichnen das Haus in Dreitafelprojektion im Maßstab 1:100 und beginnen mit dem *Grundriss*. Dieser ist ein Rechteck mit 10 cm Länge und 6 cm Breite.

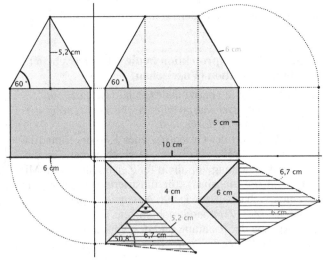

Weil die Neigungen der Dachflächen jeweils gleich sind, verlaufen die Dachgrate im Grundriss als Winkelhalbierende der Traufkanten. Damit erhält man die Firstlänge als Differenz der Hauslänge und Hausbreite f = a – b = 4 m.

Nun zeichnen wir den Korpus des Hauses im *Aufriss*, also ein Rechteck mit 10 cm Grundseite und 5 cm Höhe (Traufhöhe 5 m). Der Neigungswinkel der Giebeldachflächen ist parallel zur Aufrissebene und kann deshalb in wahrer Größe mit α = 60° eingezeichnet werden.

Analog dazu können wir den *Seitenriss* zeichnen: Ein Rechteck mit 6 cm Grundseite und 5 cm Höhe. Dort erscheint der Neigungswinkel der Seitendachflächen in wahrer Größe und kann eingezeichnet werden. Der Schnittpunkt dieser Linien ergibt den First und damit die gemessene Firsthöhe h_2 = 5,2 m. Die Gesamthöhe des Hauses beträgt h = h_1 + h_2 = 10,2 m.

Mithilfe des Seitenrisses können wir die Höhe in den Aufriss übernehmen und erhalten dort wieder den First in wahrer Länge f = 4 m. Nun lassen sich alle drei Risse vollends ergänzen.

Wir wollen die *Länge der Dachgrate* bestimmen und klappen dazu ein Giebeldreieck in wahrer Größe parallel zum Grundriss um („Paralleldrehen") aus (waagrecht schraffiert). Man erhält das Giebeldreieck in wahrer Größe und g = 6,7 m als Länge des Dachgrates.

Durch „Paralleldrehen" des Stützdreiecks für einen Dachgrat parallel zur Grundrissebene (waagrecht schraffiert) erhalten wir außerdem den *Neigungswinkel der Grate gegen die horizontale Ebene* zu β = 51°.

Man erkennt an den Rissen, dass die Seitenhöhe aller vier Dachflächen jeweils 6 m beträgt. Der Querschnitt durch das Dach ist ein gleichseitiges Dreieck, nicht dagegen die wahre Größe der Giebeldreiecke. Diese sind gleichschenklig mit der Basis von 6 m (Hausbreite) und der Höhe von 6 m (Höhe der Dachflächen).

Wir wollen von diesem Haus noch ein *Schrägbild in Frontschau* zeichnen.
Im Aufriss wird der Schnitt durch die Mittelebene des Hauses (in Längsrichtung) in wahrer Größe abgebildet. Diesen können wir für das Schrägbild übernehmen (punktiert in der nebenstehenden Zeichnung), denn im Schrägbild in Frontschau wird dieser Figurteil in wahrer Größe abgebildet. An diesen „hängen" wir nun den Hauskorpus nach vorne und hinten an. Wir wählen als Winkel für die senkrecht auf die Aufrissebene zulaufenden Kanten den Winkel φ = 45° und als Verkürzungsverhältnis den Wert k = 0,5 d. h. die Hausbreite erscheint nur in halber wirklicher Länge (hier 3 cm).

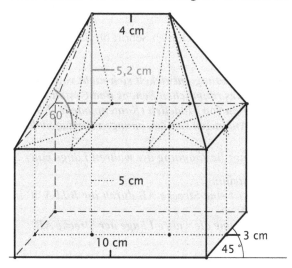

Aufgabe 5:

a) Zeichnen Sie vom obigen Haus mit Walmdach ein Schrägbild in Frontschau mit der Giebelseite als Front.

b) Zeichnen Sie vom obigen Haus mit Walmdach ein Schrägbild in Vogelschau.

c) Berechnen Sie vom obigen Haus mit Walmdach die Größe der Dachflächen und den umbauten Raum, d. h. das Volumen des Körpers.

d) Verändern Sie die Zeichnungen (Dreitafelbild und Schrägbild) des Hauses so, dass Sie das Walmdach auf halber Höhe des Dachstuhls abschneiden und so eine Dachterrasse an Stelle eines Firstes erhalten.

Wir fassen die Ergebnisse des Kapitels noch einmal kurz zusammen:

- Körper im Raum lassen sich einigermaßen anschaulich und maßgerecht durch Parallelprojektion auf eine Ebene darstellen.
- Bei der Dreitafelprojektion benutzt man jeweils eine senkrechte Parallelprojektion auf drei paarweise zueinander senkrechte Ebenen.
- Bei Schrägbildern benutzt man schiefe Parallelprojektion entweder auf eine vertikal frontal stehende Ebene (Frontschau oder Kavalierprojektion) oder auf eine horizontal liegende Ebene (Vogelschau oder Militärprojektion).
- Die Abbildung durch Parallelprojektion hat folgende Eigenschaften: Sie ist geradentreu, parallelentreu, teilverhältnistreu, und sie bildet alle zur Bildebene parallelen ebenen Figuren in ihrer wahren Größe ab.

Bei der Erstellung von Schrägbildern kann man folgendermaßen vorgehen:

1. Man beginnt mit einem ebenen Figurteil (Kante, Seitenfläche, Körperhöhe, Schnitt, ...), *der zur Bildebene parallel ist*, also in wahrer Größe abgebildet wird.

2. Für eine Strecke, die in Wirklichkeit *senkrecht zur Bildebene* verläuft, legt man die *Richtung* und den *Verkürzungsmaßstab* fest (Verzerrungswinkel α; Verkürzungsverhältnis k). Damit kann man alle zur Bildebene senkrechten Strecken einzeichnen: Sie verlaufen dazu parallel und im gleichen Verhältnis verkürzt.

3. Damit entwickelt man Schritt für Schritt die Projektion der gesamten Figur.

Hinweis:

Raumanschauung entwickelt sich nicht von selbst, sondern nur durch intensives Training des räumlichen Sehens und Gestaltens. Besonders hilfreich sind:
- *Der Bau von Modellen (Kantenmodelle, Flächenmodelle, Vollmodelle)*
- *Das Anfertigen von Zeichnungen (Dreitafelbilder, Schrägbilder, Schnitte, ...)*

Ergänzung: Bestimmung der wahren Länge einer Strecke.

Problemstellung:
Gegeben ist eine Strecke AB durch ihr Bild A'B' im Grund- und A''B'' im Aufriss.
Man bestimme die wahre Länge der Strecke AB.

Zur Bestimmung von wahren Größen ebener Figuren wie Streckenlängen, Winkelgrößen, Vieleckflächen etc. dreht man die betreffende Figur so, dass sie parallel zu einer Bildebene liegt (Grundriss, Aufriss oder Seitenriss). Jede zur Bildebene parallele Figur wird aber in wahrer Größe (kongruent) dargestellt. Man nennt diese Methode „*Paralleldrehen*" bzw. „*Umklappen*" der Figur.

In der folgenden Abbildung ist auf der linken Seite ein räumliches Bild der Situation dargestellt (Schrägbild in Kavalierprojektion). Auf der rechten Seite sind Grund- und Aufriss gezeichnet.

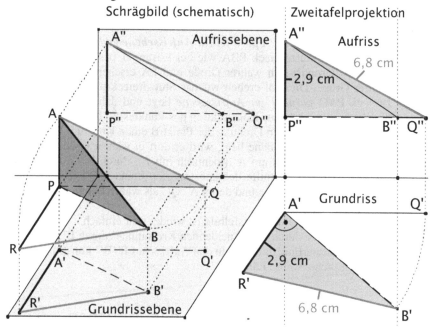

| Räumliche Anordnung der Situation in Frontschau-Darstellung. | Konstruktion der wahren Länge in der Zweitafelprojektion. |

Lösung 1:
Das „Stützdreieck" PBA wird um PB parallel zur Grundrissebene gedreht.
Als Hilfslinie zur Erzeugung eines passenden Stützdreiecks benützen wir das *Lot BP von B auf den Projektionsstrahl AA'*, das im Grundriss als B'A' in wahrer Größe dargestellt wird und im Aufriss als P''B'' parallel zur Rissachse (Schnittkante zwischen der Grundriss- und der Aufrissebene) verläuft. Die Strecke PA wird im Aufriss als P''A'' in wahrer Größe dargestellt. Die Strecke PB wird im Grundriss als A'B' = P'B' ebenfalls in wahrer Größe dargestellt.
Nun drehen (klappen) wir das „Stützdreieck" PBA um PB in die *zur Grundrissebene parallele* Lage PBR. Den gedrehten Punkt R' findet man im Grundriss durch folgende Konstruktion: Erstens bewegt sich A bei der Drehung auf einem Kreis, der im Grundriss als eine zu A'B' senkrechte Strecke erscheint. R' liegt also auf der Senkrechten zu A'B' durch A'. Zweitens erscheint die Strecke PA = PR im

Aufriss in wahrer Größe PA = P''A'' = A'R' und kann von dort übernommen werden. R' liegt also auf dem Kreis um A' mit Radius A''P''. Das Stützdreieck PBA erscheint nun im Grundriss als Dreieck A'B'R' in wahrer Größe. Man entnimmt B'R' als wahre Länge von AB.

Die Konstruktion zu dieser Längenbestimmung in Zweitafelprojektion ist im rechten Teil der obigen Zeichnung dargestellt und gestaltet sich sehr einfach:

- Senkrechte auf A'B' in A'.
- Länge P''A'' vom Aufriss übernehmen und darauf als A'R' abtragen.
- R'B' ist die gesuchte Länge.

Lösung 2:
Das Stützdreieck PBA wird um PA parallel zur Aufrissebene gedreht.
Wieder wählen wir das Stützdreieck PBA wie bei Lösung 1 beschrieben. PB erscheint als A'B' im Grundriss in wahrer Größe und PA erscheint als P''A'' im Aufriss in wahrer Größe. Diesmal drehen wir das Stützdreieck um die Achse PA bis es als Dreieck PAQ *parallel zur Aufrissebene* liegt und daher im Aufriss in wahrer Größe abgebildet wird. Zur Konstruktion des Punktes Q' beachten wir: Erstens beschreibt bei der erwähnten Drehung der Punkt B einen Kreis um P. Da dieser Kreis parallel zur Grundrissebene liegt, wird er dort in wahrer Größe abgebildet, d. h. Q' liegt auf dem Kreis um A' (identisch mit P') durch B'. Zweitens ist A'Q' parallel zur Rissachse. Mithilfe des konstruierten Punktes Q' gewinnt man nun leicht den Punkt Q'' im Aufriss und damit A''Q'' als wahre Länge der Strecke AB.

Die zugehörige Konstruktion im Zweitafelbild ist wieder sehr einfach:

- Parallele zur Rissachse durch A' schneidet den Kreis um A' durch B' in Q'.
- Q'' mithilfe der Ordnerlinie durch Q' in den Aufriss auf P''B'' konstruieren.
- A''Q'' ist die gesuchte wahre Länge.

1.5 Hinweise und Lösungen zu den Aufgaben

Aufgabe 1:
a) Man zeichnet die Grundfläche im Grundriss in wahrer Größe bzw. maßstäblich. Dann überträgt man die vertikalen Kanten in den Aufriss und den Seitenriss.
b) Siehe a).
c) Wir haben als Körper eine regelmäßige quadratische Pyramide gewählt, die 8 gleichlange Seitenkanten der Länge s hat. Je nach Lage der Grundfläche erscheinen im Aufriss die Seitenkanten in wahrer Größe bzw. verändert.
   In der „Normallage" (linker Teil in der nachfolgenden Figur) werden die Seitenkanten im Aufriss nicht in wahrer Größe dargestellt, sondern im Aufriss erscheint die Höhe des Seitendreiecks in wahrer Größe. In vielen Zeichnungen von Pyramiden wird häufig fälschlicherweise die Seitenkante im Aufriss in wahrer Größe dargestellt. Man beachte also bei dieser Lage: Die Höhen hs der Seitendreiecke und die Körperhöhe k erscheinen im Aufriss in wahrer Größe. Bei der zweiten Lage (mittlerer Teil in der nachfolgenden Figur) erscheinen

im Aufriss die Körperhöhe und die Seitenkanten in wahrer Größe.

Wir haben in beiden Fällen auf den Seitenriss verzichtet, weil er jeweils genau mit dem Aufriss übereinstimmt.

d) Wir zeichnen auch hier die regelmäßige Pyramide in der Lage, in der sie im Aufriss viele Vorteile zeigt: Die Seitenkante s, die Seitenhöhe hs und die Körperhöhe k erscheinen im Aufriss in wahrer Größe. Siehe rechter Teil der folgenden Figur.

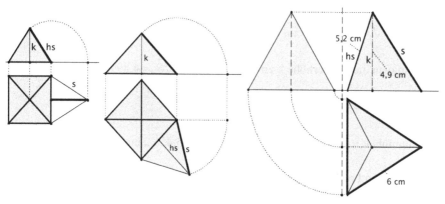

Aufgabe 2:

Der Schatten der Tischfläche ist in allen Fällen – völlig unabhängig von der Projektionsrichtung! – ein Kreis mit 1m Durchmesser, also zur Tischfläche deckungsgleich (kongruent). Dies liegt daran, dass Tischfläche und Bildebene (der horizontale Terrassenboden) zueinander parallel sind. Man kann sich dies klar machen, indem man den „projizierenden Zylinder" durch einen Stapel von Bierdeckeln ersetzt: Man kann die Tischfläche durch eine Verschiebung in Projektionsrichtung mit ihrem Schatten zur Deckung bringen. Dies ist eine einprägsame Situation für die Eigenschaft, dass zur Bildebene parallele Figuren bei Parallelprojektion jeweils in wahrer Größe abgebildet werden.

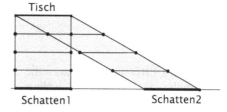

Aufgabe 3:

Durch Experimente im Sonnenlicht lassen sich die Eigenschaften der Parallelprojektion sehr schön und einprägsam veranschaulichen:

▪ Ein gerader Stab wirft auf jeder ebenen Fläche ein gerades Schattenbild.

▪ Zwei zueinander parallele Stäbe werfen auf jeder ebenen Fläche auch wieder zueinander parallele Schattenbilder

▪ Ein Stab mit gleichabständigen (äquidistanten) Kerben oder eine Lochschiene mit gleichabständigen Löchern werfen Schatten, bei denen die Kerben oder Löcher wieder gleichabständig sind.

■ Hält man einen Stab (ein Quadrat, ein Geodreieck, einen Winkel, ...) parallel zur Bildebene, so sind Original und Schattenwurf zueinander kongruent.

■ Wie muss man einen Stab halten, damit sein Schatten auf einer ebenen Fläche (Wand, Boden, schiefe Ebene) genau so lang ist wie der Stab selbst?

Aufgabe 4:
a) Siehe Aufgabe 1 d).
b) Siehe folgende Zeichnung.
c) Die Höhe eines Seitendreiecks bzw. des Grunddreiecks ergibt sich zu

$$h_s = \frac{a}{2} \cdot \sqrt{3} = 5{,}196... \text{ cm.}$$ Aus einem der rechtwinkligen Dreiecke im Aufriss

kann man die Körperhöhe k errechnen: $k = \frac{a}{3} \cdot \sqrt{6} = 4{,}899... \text{ cm.}$

Oberfläche $= 4 \cdot \frac{a^2}{4} \cdot \sqrt{3} = a^2 \cdot \sqrt{3} = 62{,}35... \text{ cm}^2.$

Rauminhalt $= \frac{1}{3} \cdot \frac{a^2}{4} \sqrt{3} \cdot \frac{a}{3} \cdot \sqrt{6} = \frac{a^3}{12} \cdot \sqrt{2} = 25{,}456... \text{ cm}^3$

Schrägbilder in Frontschau und in Vogelschau:

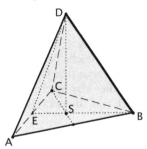
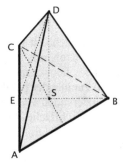

Frontschau
Das Dreieck EBD und damit auch die Körperhöhe SD werden in wahrer Größe abgebildet. Mit diesem Dreieck beginnen wir die Zeichnung. Wegen der Teilverhältnistreue lässt sich der Schwerpunkt S einfach konstruieren. Die Richtung und das Verkürzungsverhältnis für AC sind frei gewählt.

Vogelschau
Das Dreieck ABC wird in wahrer Größe konstruiert (es liegt in der Bildebene). Der Schwerpunkt S kann leicht konstruiert werden. Richtung und Verkürzungsverhältnis der Körperhöhe SD sind frei gewählt (hier senkrecht zu EB).

Aufgabe 5:
Zu a) und b) siehe nachfolgende Figur.
c) Dachflächen:
Weil alle Dachflächen dieselbe Dachneigung von 60° haben, ergeben sich die Seitenhöhen sowohl der Giebeldreiecke als auch der Trapezdachflächen durch

einen Schnitt quer durch das Haus zu $h_s = 6$ m, denn der Schnitt durch das Dach ergibt gleichseitige Dreiecke mit der Hausbreite als Basis.

Damit lässt sich die Dachfläche berechnen:

$$A = 2 \cdot (\frac{1}{2} \cdot 6 \cdot 6 + \frac{1}{2} \cdot (10 + 4) \cdot 6) \text{ m}^2 = 120 \text{ m}^2.$$

Rauminhalt:

Grundquader: $\quad V_1 = b \cdot a \cdot h_1 = 6 \cdot 10 \cdot 5 \text{ m}^3 = 300 \text{ m}^3.$

Zur Inhaltsberechnung benötigen wir die Höhe h_2 des Dachstuhls. Wir erhalten sie als Höhe im gleichseitigen Dreieck mit der Seite $b = 6$ m (Schnitt durch den Dachraum). Es ergibt sich $h_2 = \frac{1}{2} \cdot 6 \cdot \sqrt{3}$ m $= 5,2...$ m.

Wir berechnen den Dachraum als Differenz eines normalen Satteldaches (Dreieckssäule) und der beiden durch die Anwalmung abgeschnittenen Pyramiden:

$$V_2 = \frac{1}{2} \cdot b \cdot h_2 \cdot a - 2 \cdot \frac{1}{3} \cdot \frac{1}{2} \cdot b \cdot h_2 \cdot \frac{b}{2} = 124,7... \text{ m}^3.$$

Der gesamte Rauminhalt beträgt daher 424,7... m³.

d) Aufgrund der Teilverhältnistreue (Mitte bleibt Mitte) kann man die Dachterrasse leicht konstruieren, indem man die Mittelpunkte der vier Dachgrate bestimmt. Die Dachterrassenrechtecke sind bei den folgenden Figuren eingezeichnet.

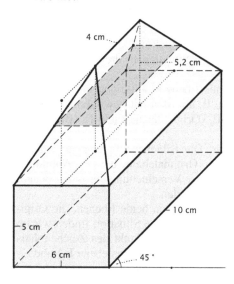

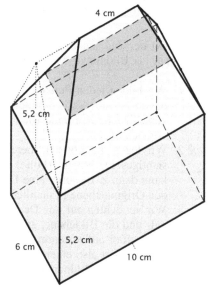

a) Frontschau

b) Vogelschau

2 Kongruenzabbildungen in der Ebene

In Kapitel 1 haben wir Möglichkeiten kennen gelernt, wie man *räumliche* Figuren (Körper) mithilfe *ebener* Darstellungen wiedergeben kann. Wir werden nun unsere Aufmerksamkeit ganz auf die Geometrie in einer Ebene lenken. In einem ersten Schritt wollen wir dabei klären, welche Möglichkeiten es gibt, Figuren innerhalb der Ebene zu bewegen, ohne sie in Form und Größe zu verändern.

Zentrales Thema dieses Kapitels sind daher Abbildungen der Ebene auf sich selbst. Eine solche **Abbildung α** ist eine Zuordnung, die jedem Punkt der Ebene eindeutig einen Bildpunkt zuordnet. Wir stellen dies in folgender Weise dar:

$$P \xrightarrow{\ \alpha\ } P' = \alpha(P).$$

Dem Punkt P wird durch die Abbildung α der Bildpunkt $P' = \alpha(P)$ zugeordnet.

[In Anlehnung an obige grafische Darstellung kommt auch die Schreibweise P' = (P)α vor, die folgendermaßen zu lesen ist: „P' ist das Bild von P unter der Abbildung α".]

Jeder Punkt der Zeichenebene spielt dabei eine Doppelrolle, einmal als Original- und einmal als Bildpunkt. Man kann sich diese Situation in drei Stufen klarmachen:

Stufe 1: Wir bilden jeden Punkt P einer ersten Ebene E_1 auf einen Punkt P' einer davon vollständig getrennten Ebene E_2 ab. Man hat gewissermaßen zwei verschiedene getrennte Blätter für E_1 (Originalebene) und E_2 (Bildebene) vor sich liegen.

Stufe 2: Wir legen die Ebenen übereinander. Die Bildebene E_2 liegt als „durchsichtiges Deckblatt" (Folie) über der Originalebene E_1. Die Abbildung kann dann z. B. durch eine Drehung oder Verschiebung der unten liegenden Originalebene E_1 deutlich gemacht werden.

Stufe 3: Wir verzichten auf das Deckblatt und zeichnen beide Ebenen, die Original- und die Bildebene, auf dasselbe Blatt. Diese Situation finden wir im Normalfall auf unserem Zeichenblatt vor. Jeder Punkt des Zeichenblatts repräsentiert also einen Originalpunkt P (in der Originalebene E_1) und einen gewissen Bildpunkt Q' (in der Bildebene E_2) zugleich.

Wir werden uns im weiteren Verlauf auf Abbildungen beschränken, die ***bijektiv*** sind, d. h. *jeder Originalpunkt hat einen eindeutig bestimmten Bildpunkt und umgekehrt.*

Begriffe lernt man in der Regel durch *Beispiele* und *Kontrastmaterial*. Deshalb wollen wir vorab Beispiele von Abbildungen mit verschiedenen Eigenschaften vorstellen:

Beispiel 1: Drehung um D um 90° *(siehe Figur 1)*
Wir drehen die gesamte Ebene um einen Punkt D um 90° im Gegenuhrzeigersinn.

Beispiel 2: Algebraisch definierte Abbildung *(siehe Figur 2)*
Jedem Punkt P(x; y) der Ebene wird der Punkt P'(x'; y') zugeordnet, wobei x' = x³
und y' = 2 · y gilt.

Beispiel 3: Zentrische Streckung *(siehe Figur 3)*
Die gesamte Ebene wird von einem festen Punkt Z aus mit dem Faktor 2 gestreckt, d. h.
jede Strecke ZP wird auf die doppelte Länge zu ZP' verlängert. Z bleibt dabei fest.

Beispiel 4: Schrägspiegelung *(siehe Figur 4)*
Jeder Punkt wird an der Achse a parallel zu PP' schräggespiegelt, d. h. für alle Punktepaare Q und Q' gilt: QQ' ist parallel zu PP' und die Achse a halbiert die Strecke QQ'.

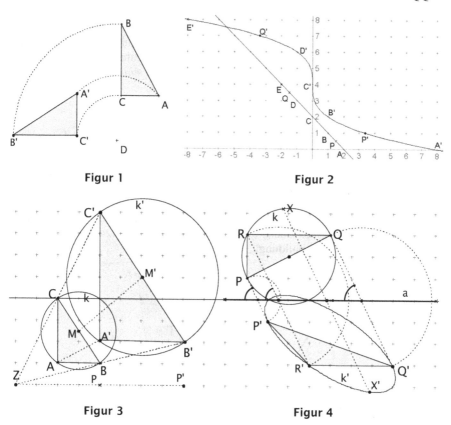

Figur 1   Figur 2

Figur 3   Figur 4

Aufgabe 1:
a) Zeichnen Sie zu jedem der vier Beispiele weitere Punkte und deren Bildpunkte.
b) Konstruieren Sie jeweils auch die Originalpunkte zu vorgegebenen Bildpunkten.
c) Beantworten Sie die folgenden Fragen für jede der vier Abbildungen (Bsp.1 bis 4).
    (1) Welche geometrischen Eigenschaften (Längen, Winkelgrößen, Flächen-
        inhalte, Geradlinigkeit etc.) bleiben jeweils gleich, welche werden verändert?

(2) Gibt es Punkte, die bei der Abbildung auf sich selbst abgebildet werden (sogenannte „Fixpunkte")? Welche sind es?

(3) Wie unterscheiden sich jeweils Original- und Bildfigur voneinander? Ist die Bildfigur jeweils zur Originalfigur sogar deckungsgleich (kongruent)?

(4) Ist die Abbildung bijektiv?

Wir wollen uns zunächst auf Abbildungen beschränken, die jede Figur in eine dazu *deckungsgleiche (kongruente)* Figur abbilden wie beim Beispiel 1, also solche, die nur die *Lage*, aber weder die *Gestalt* noch die *Größe* einer Figur ändern. Diese Abbildungen nennt man Kongruenzabbildungen.

Kongruenzabbildungen in der Ebene sind Abbildungen, die jede Figur in eine dazu *deckungsgleiche (kongruente)* Figur abbilden.

Damit hat man zwar ein Kriterium und eine mögliche Definition, es ist jedoch schwierig, sich mit deren Hilfe eine Übersicht über alle möglichen **Typen von Kongruenzabbildungen** zu verschaffen. Wir beschreiten daher hier einen anderen Weg, indem wir *alle Kongruenzabbildungen aus einem einzigen grundlegenden Typ, nämlich der Achsenspiegelung, aufbauen.*

2.1 Die Achsenspiegelung und ihre Eigenschaften

Als erstes Beispiel – und wie wir sehen werden auch als wichtigstes Beispiel – einer Kongruenzabbildung wollen wir die *Achsenspiegelung* an einer gegebenen Gerade a als Achse untersuchen. Wir bezeichnen die Achsenspiegelung an der Gerade a mit dem Zeichen a̲. Das Symbol a̲ bezeichnet also nicht etwa eine Gerade wie a, sondern eine Abbildung der Ebene auf sich selbst und a̲(P) bezeichnet den Bildpunkt P' von P bei dieser Abbildung.

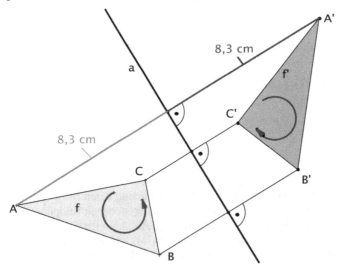

*Gegeben sei eine Gerade a in der Ebene. Folgende Abbildungsvorschrift definiert eine **Achsen– oder Geradenspiegelung a** an der Geraden a:*
1. *Für jeden Punkt P auf der Geraden a gilt P' = P, d. h. die Gerade a besteht nur aus Fixpunkten, a ist eine „Fixpunktgerade" oder „Achse".*
2. *Für Punkte P außerhalb von a gilt: Die Achse a steht senkrecht zur Strecke PP', und sie halbiert die Strecke PP'.*
   kurz: PP' ⊥ a und a halbiert PP'

Diese Vorschrift definiert eine Abbildung der Ebene auf sich: Jedem Punkt der Ebene ist auf eindeutige Weise genau ein Bildpunkt zugeordnet.

Eigenschaften der Achsenspiegelung:

a) *bijektiv*, d. h. verschiedene Urbilder haben auch verschiedene Bilder und jeder Punkt der Ebene besitzt ein Urbild. Machen Sie sich dies klar.

b) *geradentreu*, d. h. das Bild einer Geraden ist wieder eine Gerade. Anschaulich kann dies mithilfe von realen Experimenten zur Spiegelung gezeigt werden.

c) *Fixpunkte*: Genau die Punkte der Achse sind Fixpunkte.

d) *Fixgeraden*: Die Achse ist Fixgerade, sogar jeder einzelne Punkt der Achse ist fix, die Achse ist also sogar eine „Fixpunktgerade" und trägt mit Recht den Namen „Achse". Alle zur Achse senkrechten Geraden sind zwar Fixgeraden, aber keine Fixpunktgeraden. Andere Fixgeraden gibt es nicht.

e) *Fixrichtungen*: Die Achsrichtung und die dazu senkrechte Richtung sind die einzigen Fixrichtungen.

f) *parallelentreu*, d. h. die Bilder zweier Parallelen sind wieder zwei Parallelen.

g) *winkeltreu*, d. h. alle sich entsprechenden Winkel sind gleich groß.

h) *längentreu*, d. h. jede Strecke ist genau so lang wie ihre Bildstrecke. Deshalb ist die Abbildung auch streckenverhältnistreu, teilverhältnistreu und flächenmaßtreu.

i) *nicht orientierungstreu*, d. h. der Umlaufsinn einer Figur wird umgekehrt.

Aufgabe 2:

a) Was ist der Unterschied zwischen einer **Achse** (Fixpunktgerade) und einer Fixgerade bei einer Abbildung α ?

b) Was sind die wichtigsten geometrischen **Invarianten** (unveränderliche Eigenschaften) bei Achsenspiegelungen, was sind Varianten?

c) Das Feuerwehrproblem: An welcher Stelle X muss die Feuerwehr an den Fluss f fahren, damit ihr Weg vom Depot D zur Wasserentnahmestelle X und von dort zum Brandherd B möglichst kurz ist? (Siehe Bild)

d) Wie hoch muss ein Spiegel sein, damit sich ein Mensch von 1,80 m Körpergröße ganz darin spiegeln kann? In welcher Höhe muss er aufgehängt werden?

e) Auf einem Billardtisch liegen zwei Billardkugeln. Wie muss man die eine Kugel zentral (ohne Effet) stoßen, damit sie nach Reflexion an einer Bande zentral auf die zweite Kugel trifft?

f) Ein Bambusstab BS knickt ab, und seine Spitze S trifft an der Stelle P auf den Boden. An welchem Punkt K ist er abgeknickt? (Siehe Bild).

g) Beweisen Sie folgenden Satz: Die Winkelhalbierende im Dreieck teilt die Gegenseite im Verhältnis der anliegenden Seiten. (Siehe Bild).

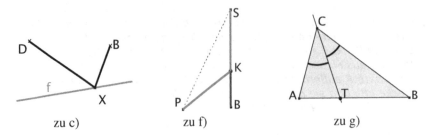

zu c)   zu f)   zu g)

2.2 Verkettung von zwei Achsenspiegelungen: Rotation und Translation

Wir werden nun untersuchen, was die Verkettung, d. h. die Hintereinanderausführung zweier Achsenspiegelungen, ergibt. Für die **Verkettung** (oder das „Produkt") von Abbildungen verwenden wir das Verkettungszeichen ∘ in der folgenden Weise:

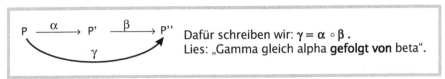

Dafür schreiben wir: $\gamma = \alpha \circ \beta$.
Lies: „Gamma gleich alpha **gefolgt von** beta".

Die Abbildung α wird also zuerst und danach die Abbildung β ausgeführt.
Man schreibt dafür: **$P'' = \gamma\,(P) = \alpha \circ \beta\,(P)$.**
Lies: „ *P'' gleich gamma von P gleich alpha danach beta von P* ".

Beim Arbeiten mit Abbildungen werden häufig einzelne Figuren oder Figurenteile bestimmten Abbildungen unterworfen. Diese Figuren dürfen *niemals nur einzelne Punkte sein oder selbst irgendeine Symmetrie aufweisen*, denn dies kann zu gravierenden Fehlschlüssen verleiten, wie das folgende Beispiel zeigt:

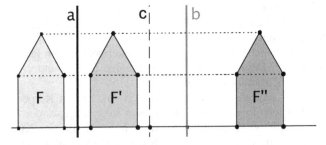

Die Testfigur F wird zunächst an der Achse a gespiegelt nach F' und anschließend wird F' an der Achse b nach F'' gespiegelt. F'' entsteht also aus F durch die *Verkettung* a ∘ b der beiden Spiegelungen a an der Achse a und b an der Achse b.
Wie man leicht sieht, bildet die Spiegelung c an der Achse c die Figur F ebenfalls genau auf die Figur F'' ab, also schließt man irrtümlich, dass a ∘ b = c gilt.

Dies ist aber falsch! Man macht sich dies klar, wenn man z. B. die Abbildung der linken unteren Ecke des Häuschens F verfolgt. Worin liegt der Fehler? Verpassen Sie dem Häuschen einen Schornstein und analysieren Sie dann die Situation.
Dieses Beispiel sollte als Warnung genügen: Man darf Abbildungen nie mit einer symmetrischen Figur oder gar nur mit einem einzigen Punkt testen.

Wir wollen diesen häufigen Fehler an einem weiteren Beispiel erläutern. An Stelle von Abbildungen von Punkten betrachten wir Abbildungen von Zahlen (Funktionen): Es sei f die Abbildung, die x in $f(x) = x + 4$ und g die Abbildung, die x in $g(x) = 2 \cdot x$ abbildet. Durch Betrachtung eines einzigen Beispiels etwa mit dem Zahlenwert $x = 3$ könnte man zu der Vermutung verleitet werden, die Verkettung (Hintereinanderausführung) der beiden Funktionen f und g ergebe die Funktion $h = f \circ g$, die jeden Wert x abbildet in den Wert $h(x) = x + 11$. Dies ist aber falsch, wie man z. B. mit $x = 5$ nachweist. Die Verkettung h ist nicht etwa die Abbildung $x \rightarrow x + 11$, sondern, wie die folgende Darstellung zeigt, die Abbildung $h: x \rightarrow 2 \cdot (x + 4) = 2x + 8$.

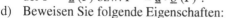

$$3 \xrightarrow[f]{+4} 7 \xrightarrow[g]{\cdot 2} 14 \qquad \text{Es gilt: } x \xrightarrow[f]{+4} (x+4) \xrightarrow[g]{\cdot 2} 2 \cdot (x+4)$$

$$\underset{?}{\qquad} \qquad\qquad \underset{h}{\qquad}$$

a) Verkettung von zwei Achsenspiegelungen an *sich schneidenden Achsen*

Aufgabe 3:
Gegeben sind zwei sich in S unter dem Winkel φ schneidende Geraden a und b.
a) Unterwerfen Sie eine Figur F der Abbildung a∘b. Zeichnen Sie ein Beispiel (DGS verwenden!).
b) Ändern Sie die Lage der Ausgangsfigur F. Wie verändern sich F' bzw. F''?
c) Drehen Sie die Geradenkreuzung (bei festem Winkel φ) um den Punkt S. Wie verändern sich dabei die Bilder F' = a (F) bzw. F'' = a∘b (F) ?
d) Beweisen Sie folgende Eigenschaften:
  ▪ Jeder Punkt P liegt mit seinem Bild P'' = a∘b (P) auf einem Kreis um S.
  ▪ Jeder Punkt P bildet mit S und seinem Bildpunkt P'' den Winkel $\angle PSP'' = 2 \cdot \varphi$.
Man erkennt leicht, dass die entstehende Abbildung, also die Verkettung a∘b, jeden Punkt der Ebene durch eine **Drehung um den Schnittpunkt S der beiden Geraden mit dem doppelten orientierten Winkel zwischen den zwei Geraden** abbildet. Wir benützen diese Eigenschaft zur Definition der Drehung:

> **Definition:**
> *Die Verkettung zweier Achsenspiegelungen an zwei sich im Punkt S schneidenden Achsen nennen wir eine* **Drehung** *oder* **Rotation.** *Der Schnittpunkt S der beiden Geraden ist der Drehpunkt. Der doppelte, orientierte Winkel zwischen den beiden Geraden ist der Drehwinkel der Drehung.*

Eigenschaften der Rotation:
a) bijektiv b) geradentreu c) parallelentreu d) längentreu e) winkeltreu
f) *Fixpunkte*: Eine echte (d. h. von der Identität verschiedene) Rotation hat *genau einen* Fixpunkt, den Schnittpunkt der beiden definierenden Achsen.
g) *Fixgeraden*: Im Allgemeinen hat eine Rotation keine Fixgeraden.
    Bei einer Halbdrehung (Drehung um 180° oder Punktspiegelung) sind dagegen alle und nur die Geraden durch den Drehpunkt Fixgeraden, d. h. der Drehpunkt ist hier sogar ein *Zentrum* (= Fixpunkt, durch den nur Fixgeraden verlaufen).
h) *Fixrichtungen*: Im Allgemeinen hat eine Rotation keine Fixrichtung.
    Bei einer Halbdrehung (Drehung um 180° oder Punktspiegelung) sind dagegen sämtliche Richtungen fix, denn für jede Gerade gilt: g' ist parallel zu g.
i) Da der Umlaufsinn bei *beiden* Spiegelungen verändert wird, ist die Rotation wieder gleichsinnig oder *orientierungstreu*.

Aufgabe 4:
a) Zwei Geraden g und h schneiden sich im Punkt S unter dem Winkel $\varphi = 40°$. Spiegeln Sie einen Punkt P zuerst an g nach P' und dann P' an h nach P''. Welchen Winkel hat das Dreieck PP'P'' an der Ecke P? Welche Rolle spielt S für dieses Dreieck? Welche Rolle spielen die Geraden g und h für das Dreieck?
b) Gegeben seien drei Geraden a, b und c, die sich in einem gemeinsamen Punkt S schneiden. Wie muss man eine Gerade d wählen, damit die Abbildung $\underline{c} \circ \underline{d}$ mit der Abbildung $\underline{a} \circ \underline{b}$ übereinstimmt?
c) Was ändert sich bei der Verkettung zweier Achsenspiegelungen an sich schneidenden Geraden a und b, wenn man die Reihenfolge der Spiegelungen vertauscht, also $\underline{b} \circ \underline{a}$ an Stelle von $\underline{a} \circ \underline{b}$ ausführt? Was ist also $\underline{b} \circ \underline{a}$?
d) Gegeben ist eine Drehung D(S; φ). Ersetzen Sie die Drehung durch eine Verkettung $\underline{a} \circ \underline{b}$ von Achsenspiegelungen. Bestimmen Sie passende Geraden a und b.
e) Gegeben ist eine Drehung D(S; φ) um den Punkt S mit dem Winkel φ und eine Gerade c durch S. Bestimmen Sie eine Gerade d so, dass die Drehung übereinstimmt mit der Verkettung $\underline{c} \circ \underline{d}$.
f) Gegeben ist eine Drehung D(S; φ) und eine Gerade e durch S. Bestimmen Sie eine Gerade f so, dass die Drehung übereinstimmt mit der Verkettung $\underline{f} \circ \underline{e}$.
g) Warum ist die Verkettung von 2, 4, 6, 8, ... Achsenspiegelungen an kopunktalen, d. h. sich in einem Punkt schneidenden Geraden keinesfalls wieder eine Achsenspiegelung?
h) Warum ist die Verkettung von 3, 5, 7, 9, ... Achsenspiegelungen nie eine Drehung?
i) Beweisen Sie, dass die Verkettung von drei Achsenspiegelungen, deren Achsen sich in einem gemeinsamen Punkt schneiden, wieder eine Achsenspiegelung ist. Konstruieren Sie die Lage der neuen Achse.

Wir fassen unsere Ergebnisse zusammen:

Die Verkettung zweier Achsenspiegelungen an sich schneidenden Achsen ist
eine *Rotation (Drehung).*
Drehpunkt ist der Schnittpunkt der Geraden, *Drehwinkel* ist der *doppelte orientierte Winkel* zwischen den beiden
Geraden.
Umgekehrt lässt sich jede Drehung in entsprechender Weise durch eine Verkettung
zweier Achsenspiegelungen ersetzen:
Die Achsen müssen sich im Drehpunkt
schneiden und der orientierte Winkel zwischen den beiden Achsen ist der halbe
Drehwinkel.

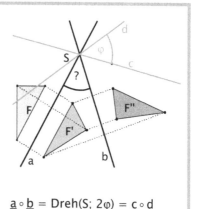

$$\underline{a} \circ \underline{b} = \text{Dreh}(S; 2\varphi) = \underline{c} \circ \underline{d}$$

b) Verkettung von zwei Achsenspiegelungen an *zueinander parallelen Achsen*

Zur Vorbereitung gehen wir aus von der Figur zu Aufgabe 3. Wir ziehen (DGS verwenden) den Schnittpunkt S zum Rand hin, so dass der Winkel φ immer kleiner wird
und beobachten die Veränderungen bei den Abbildungen. Was erhält man in der Grenz-
lage, wenn der Punkt S ins Unendliche verschwindet, d. h. a und b parallel werden?

Aufgabe 5:
Gegeben sind zwei zueinander parallele Geraden a und b (siehe Figur) mit dem
orientierten Abstand $\vec{v} = \overline{\text{Abstand}(a,b)}$.

a) Erstellen Sie eine Zeichnung mit einem
DGS. Bewegen Sie die Originalfigur F.
Wie verhalten sich dabei F' = $\underline{a}$ (F) bzw.
F'' = $\underline{a} \circ \underline{b}$ (F)?

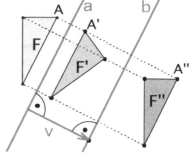

b) Begründen Sie, warum alle Vektoren $\overrightarrow{PP''}$
zueinander parallel und gleich lang sind.
Um welche Abbildung handelt es sich
demnach bei der Verkettung $\underline{a} \circ \underline{b}$, d. h.
wie kommt man sofort von der Figur F
zur Figur F''?

c) Was erhält man als Ergebnis der Verkettung $\underline{b} \circ \underline{a}$ im Vergleich zu $\underline{a} \circ \underline{b}$? Ist die
Reihenfolge vertauschbar?

d) Was passiert, wenn Sie den Abstand der Parallelen a und b verändern?

e) Wie verändern sich F' bzw. F'' wenn man die Parallelen a und b unter Beibehaltung ihrer Richtung und ihres Abstandes verschiebt? Formulieren Sie Ihre
Befunde in einem Satz.

Man erkennt, dass jeder Punkt der Ebene durch diese Abbildung um dieselbe
Strecke in derselben Richtung, also mit dem konstanten Vektor $\overline{AA''}$, verschoben

wird. Die entstehende Abbildung ist offenbar eine *Parallelverschiebung* oder *Translation*. Wie bei der Drehung werden wir dieses Ergebnis zur Definition einer Translation benutzen:

> **Definition:**
> *Die Verkettung zweier Achsenspiegelungen an zwei zueinander paralle-*
> *len Geraden nennen wir eine Translation oder Parallelverschiebung.*
> *Schubvektor der Verschiebung ist der doppelte orientierte Abstand der*
> *beiden Geraden.*

Eigenschaften der Translation:
a) bijektiv b) geradentreu c) parallelentreu d) längentreu e) winkeltreu
f) *Fixpunkte*: Eine echte (d. h. von der Identität verschiedene) Translation hat keinen Fixpunkt. Besitzt eine Translation jedoch einen Fixpunkt, so ist sie die Identität.
g) *Fixgeraden*: Alle Geraden parallel zur Schubrichtung, also senkrecht zu den beiden definierenden Achsen, sind Fixgeraden. Es gibt ein Parallelbüschel von Fixgeraden.
h) *Fixrichtungen*: Da jede Gerade in eine dazu parallele Gerade abgebildet wird, sind alle Richtungen fix. Abbildungen, bei denen *jede* Bildgerade g' zu ihrem Original g parallel ist, heißen *Dilatationen*. *Die Translation ist also eine Dilatation*.
i) Da der Umlaufsinn bei *beiden* Spiegelungen vertauscht wird, ist die Translation wieder gleichsinnig oder *orientierungstreu*.
j) Für jedes zugeordnete Punktepaar P und P' einer Translation ist der Vektor von P nach P' stets derselbe $\vec{v} = \overrightarrow{PP'} = \overrightarrow{QQ'} = \ldots = 2 \cdot \overline{\text{Abstand}(a,b)}$.

Wir fassen unsere Ergebnisse zusammen:

> Die Verkettung zweier Achsenspie-gelungen an zueinander parallelen Geraden ist eine *Translation (Paral-lelverschiebung)*.
> Der *Schubvektor* ist der *doppelte orientierte Abstand* zwischen den beiden Geraden:
>
> $\vec{v} = \overrightarrow{PP'} = 2 \cdot \overline{\text{Abstand}(a,b)} = 2 \cdot \vec{w}$
>
> Umgekehrt kann man jede Ver-schiebung ersetzen durch die Ver-kettung zweier Achsenspiegelun-gen an zueinander parallelen Gera-den: Der orientierte Abstand zwi-schen den Geraden muss dabei der halbe Schubvektor sein.
>
>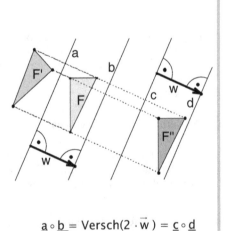
>
> $\underline{a} \circ \underline{b} = \text{Versch}(2 \cdot \vec{w}) = \underline{c} \circ \underline{d}$

Hinweis:

Mit $\overrightarrow{AB}$ bzw. mit $\vec{v}$ bezeichnen wir sowohl den Vektor als auch die zugehörige Abbildung durch Parallelverschiebung mit diesem Vektor.

Aufgabe 6:

a) Gegeben sind zwei sich schneidende Geraden a und b sowie eine Strecke PQ. Man bestimme Punkte A auf a und B auf b so, dass die Strecke AB zu PQ parallel und gleich lang ist, d. h. $\overrightarrow{AB} = \overrightarrow{PQ}$ oder $\overrightarrow{AB} = -\overrightarrow{PQ}$.

b) Eine Figur wird durch den Vektor $\vec{v}$ verschoben. Gegeben ist eine zum Vektor $\vec{v}$ senkrechte Gerade h. Wie muss man die Gerade j wählen, damit $\underline{j} \circ \underline{h}$ die Translation mit $\vec{v}$ ergibt? Erstellen Sie eine Zeichnung. Benützen Sie ein DGS.

c) Gegeben ist ein Parallelogramm ABCD. Eine Figur F wird nacheinander an der Seitengeraden AB, das Bild F' dann an CD, das Bild F'' dann an DA und schließlich das Bild F''' an BC gespiegelt. Welche Abbildung führt die Figur F sofort in das endgültige Bild F'''' über?
Begründen Sie Ihre Antwort mithilfe des obigen Satzes.

d) Wie ändert sich der Umlaufsinn einer Figur z. B. eines Dreiecks, wenn es einmal, zweimal, dreimal, ... k-mal gespiegelt wird?

e) Warum ist die Verkettung von 3, 5, 7, 9, ... Achsenspiegelungen an zueinander parallelen Geraden niemals eine Translation?

f) Warum ist die Verkettung von 2, 4, 6, 8, ... Achsenspiegelungen niemals wieder eine Achsenspiegelung?

g) Begründen Sie, dass die Verkettung von drei Achsenspiegelungen an zueinander parallelen Geraden stets wieder eine Achsenspiegelung ist.
Bestimmen Sie konstruktiv die Lage der neuen Achse.

Machen Sie sich sämtliche Eigenschaften der Translation noch einmal klar mithilfe der Definition und überzeugen Sie sich an Hand geeigneter Beispiele mit einem DGS.

c) Verkettung zweier Achsenspiegelungen an *zueinander senkrechten Achsen*

Ein Sonderfall einer Rotation ergibt sich, wenn die beiden Achsen zueinander senkrecht sind, also bei einer Drehung um 180°. Diesen Sonderfall wollen wir nun untersuchen.

Aufgabe 7:
Gegeben sind zwei zueinander senkrechte Achsen a $\perp$ b mit Schnittpunkt S.

a) Unterwerfen Sie eine Figur F der Abbildung $\underline{a} \circ \underline{b}$ (DGS verwenden!).
Was ergibt die Verkettung $\underline{a} \circ \underline{b}$? Wie ändert sich F'', wenn man F bewegt?

b) Unterwerfen Sie nun die Figur F der Abbildung $\underline{b} \circ \underline{a}$. Was erhält man nun als Endbild von F? Was ist die Umkehrabbildung $(\underline{a} \circ \underline{b})^{-1}$ von $\underline{a} \circ \underline{b}$?

c) Wählen Sie zwei beliebige sich in S senkrecht schneidende Achsen c und d. Unterwerfen Sie die Figur F der Abbildung $\underline{c} \circ \underline{d}$ bzw. $\underline{d} \circ \underline{c}$. Was erkennen Sie?

d) Drehen Sie die Achsen a und b um den Punkt S unter Beibehaltung des 90°-Winkels. Wie verändert sich dabei das Endbild F'' = $\underline{a} \circ \underline{b}$ (F)?

e) Bewegen Sie die Figur F, wie ändern sich die Bilder F' bzw. F''?

Ergebnis:
Die Verkettung zweier Achsenspiegelungen an zueinander senkrechten Achsen ergibt eine „*Halbdrehung*" (Drehung um 180° bzw. „*Punktspiegelung*") am Schnittpunkt der beiden Achsen.
Umgekehrt lässt sich jede Punktspiegelung am Punkt S ersetzen durch die Verkettung $\underline{c} \circ \underline{d}$ zweier sich in S senkrecht schneidenden Geraden c und d.
Die Reihenfolge ist in diesem Sonderfall vertauschbar, d. h. es gilt $\underline{c} \circ \underline{d} = \underline{d} \circ \underline{c}$.
Ist a $\perp$ b, so gilt:

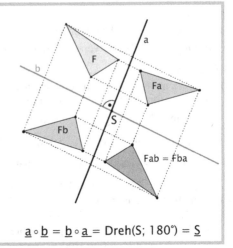

$$\underline{a} \circ \underline{b} = \underline{b} \circ \underline{a} = \text{Dreh}(S; 180°) = \underline{S}$$

Man nennt $\underline{S} = \textbf{Dreh(S; 180°)}$ auch eine **Punktspiegelung am Punkt S**, weil S für jedes Paar aus Originalpunkt P und Bildpunkt P' der Mittelpunkt der Strecke PP' ist. Die Punktspiegelung ist eine *selbstinverse* Abbildung wie die Achsenspiegelung, d. h. sie ist ihre eigene Umkehrabbildung. Mit sich selbst verkettet ergibt jede Punktspiegelung die Identität. Sie ist (neben der Identität) die einzige selbstinverse Rotation.

Aufgabe 8:
a) S ist ein Punkt auf der Geraden a. Was ergibt die Verkettung der Punktspiegelung $\underline{S}$ am Punkt S mit der Achsenspiegelung $\underline{a}$ an a? Vergleichen Sie $\underline{S} \circ \underline{a}$ mit $\underline{a} \circ \underline{S}$.
b) Gegeben sind zwei im Punkt T zueinander senkrechte Geraden p und q.
   Spiegeln Sie einen Punkt Q zuerst an p nach S und danach S an q nach P.
   Was für ein Dreieck PQS ergibt sich? Welche Bedeutung hat der Punkt T in diesem Dreieck? Welcher bekannte Satz steckt hinter dieser Figur?
c) Gegeben ist ein Rechteck ABCD. Eine Figur F wird nacheinander an den Seitengeraden AB nach F', F' dann an BC nach F'', F'' dann an CD nach F''' und F''' schließlich an DA nach F'''' gespiegelt. Welche Abbildung ergibt sich als Verkettung dieser vier Achsenspiegelungen?
d) Zeigen Sie durch Verwendung geeigneter Achsenspiegelungen:
   Die Verkettung von zwei Punktspiegelungen ist eine Verschiebung (Translation). Schubvektor ist der doppelte orientierte Abstand der beiden Zentren.
   Es gilt also: $\underline{P} \circ \underline{Q} = 2 \cdot \overline{PQ}$

Aufgabe 9: Vermischte Anwendungen
a) Ein Indianer befindet sich am Punkt J. Sein Zelt Z liegt auf der anderen Seite eines geradlinigen Baches b. Wie verläuft der kürzeste Weg von J nach Z, wenn der Indianer dabei eine Strecke von vorgegebener Länge s im Bach b waten muss (damit er seine Spur verwischt)?
b) Gegeben ist ein Punkt P im Winkelfeld zweier Geraden a und b.
   Man bestimme Punkte A auf a und B auf b, so dass P die Mitte der Strecke AB ist.

c) Gegeben sind drei zueinander parallele Geraden a, b, c.
   Bestimmen Sie Punkte A auf a, B auf b und C auf c, so dass das Dreieck ABC gleichseitig (bzw. rechtwinklig-gleichschenklig) ist.

d) Gegeben sind zwei Punkte P und P'. Gibt es jeweils (eindeutig) eine Spiegelung, Drehung bzw. Schiebung, die P in P' abbildet?

e) Gegeben ist eine Strecke s und eine gleich lange Bildstrecke s'. Gibt es jeweils (eindeutig) eine Spiegelung, Drehung bzw. Schiebung, die s in s' abbildet?

f) Beweisen Sie: Die Verkettung zweier Achsenspiegelungen $\underline{a} \circ \underline{b}$ ist genau dann vertauschbar, wenn a = b oder wenn a ⊥ b ist.
   Es gilt also: $\underline{a} \circ \underline{b} = \underline{b} \circ \underline{a}$ **genau dann wenn a = b oder a ⊥ b.**

g) Welche Drehungen bzw. welche Verschiebungen sind selbstinvers?

h) Zeigen Sie algebraisch und geometrisch, dass für jede Verkettung $\underline{a} \circ \underline{b}$ zweier Achsenspiegelungen die Verkettung $\underline{b} \circ \underline{a}$ die Umkehrabbildung (inverse Abbildung) ist.

i) Was ist die Umkehrabbildung zu einer Achsenspiegelung $\underline{a}$, einer Drehung D(S; δ) bzw. einer Verschiebung mit dem Vektor $\vec{v} = \overrightarrow{AB}$?

j) Was ist die Umkehrabbildung einer Verkettung $\underline{a} \circ \underline{b} \circ ... \circ \underline{g} \circ \underline{h}$ von Achsenspiegelungen?

Wir fassen das Ergebnis dieses Abschnitts noch einmal kurz zusammen:

- Die Verkettung zweier Achsenspiegelungen ist stets eine *gleichsinnige* Kongruenzabbildung, also entweder eine *Translation* (Verschiebung) bei parallelen Achsen oder eine *Rotation* (Drehung) bei sich schneidenden Achsen.
- Jede Drehung oder Verschiebung kann als Verkettung von zwei Achsenspiegelungen dargestellt werden.
- Zwei Achsenspiegelungen sind genau dann vertauschbar, wenn die beiden Achsen *gleich* oder *senkrecht* zueinander sind.
- Neben der Identität (jeder Punkt wird auf sich selbst abgebildet) ist die Punktspiegelung die einzige gleichsinnige selbstinverse Kongruenzabbildung.

2.3 Verkettungen von drei Achsenspiegelungen – Gleitspiegelung

Vorbemerkung 1:

Wir haben uns bei der **Verkettung** von Abbildungen für die Schreibweise in der Reihenfolge von links nach rechts entschieden – aus guten Gründen, wenngleich entgegen vielfachem Usus. Dennoch haben wir als Verknüpfungszeichen das Zeichen ∘ benützt, obwohl dieses häufig als Verknüpfungszeichen mit der umgekehrten Reihenfolge benützt wird. Wir werden auch im Folgenden bei der Verkettung von Abbildungen entweder gar kein Verknüpfungszeichen verwenden oder aber das üblicherweise benutzte Zeichen ∘, allerdings an der Reihenfolge von links nach rechts festhalten.

Die Schreibweise f ∘ g bedeutet also in diesem Buch nicht „f nach g", sondern die Verkettung „zuerst f, dann g" oder „f gefolgt von g".

Vorbemerkung 2:
Da wir im Folgenden häufig „mit Abbildungen rechnen" werden, benötigen wir eine wichtige Rechenregel bzw. Verknüpfungseigenschaft für die Verkettung von Abbildungen:

> Für die Verkettung von Abbildungen gilt generell das Assoziativgesetz,
> d. h. es gilt für beliebige Abbildungen f, g und h: $(f \circ g) \circ h = f \circ (g \circ h)$

Mit den Bezeichnungen $y = f(x)$, $z = g(y)$ und $w = h(z)$ wird die Gültigkeit des Assoziativgesetzes an der folgenden Skizze anschaulich einsichtig:

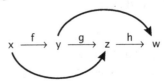

Man erkennt an der Grafik anschaulich, dass beide Wege zum selben Endergebnis kommen, dass also $f \circ (g \circ h)$ (obere Pfeilfolge) und $(f \circ g) \circ h$ (untere Pfeilfolge) dasselbe Ergebnis liefern.

Entsprechend der an die Multiplikation angelehnten Schreibweise nennt man die Verkettung von Funktionen manchmal auch das „Produkt" von Funktionen.

Nach diesen beiden Vorbemerkungen können wir uns nun der Verkettung von drei Achsenspiegelungen zuwenden:

Aufgabe 10: (parallele Achsen)
a) Beweisen Sie, dass das Produkt $\underline{a} \circ \underline{b} \circ \underline{c} = \underline{a}\,\underline{b}\,\underline{c}$ von drei Achsenspiegelungen an zueinander **parallelen** Achsen a, b und c wieder eine Achsenspiegelung $\underline{d}$ ist. Wie kann man die Achse d ermitteln? Zeichnen Sie ein Beispiel (DGS verwenden).
b) Was ist das Produkt von 4, 6, 8, 10, ... Achsenspiegelungen an *parallelen* Achsen?
c) Was ist das Produkt von 3, 5, 7, 9, ... Achsenspiegelungen an *parallelen* Achsen?

Aufgabe 11: (kopunktale Achsen)
a) Beweisen Sie, dass das Produkt $\underline{a} \circ \underline{b} \circ \underline{c} = \underline{a}\,\underline{b}\,\underline{c}$ von drei Achsenspiegelungen an **kopunktalen** (sich in einem Punkt schneidenden) Achsen a, b und c wieder eine Achsenspiegelung $\underline{d}$ ist. Wie kann man die Achse d ermitteln? Zeichnen Sie. Verwenden Sie ein DGS.
b) Was ist das Produkt von 4, 5, 6, 7, ... Achsenspiegelungen an *kopunktalen* Achsen?
c) Warum ist das Produkt von 2, 4, 6, 8, 10, ... Achsenspiegelungen niemals wieder eine Achsenspiegelung?

> Satz (Dreispiegelungssatz):
> Die Verkettung von drei Achsenspiegelungen ist genau dann wieder eine
> Achsenspiegelung, wenn die drei Achsen im Büschel liegen, also entwe-
> der zueinander *parallel* oder *kopunktal* sind.
> Die Achse des Produkts (die sogenannte „vierte Spiegelungsgerade") ge-
> hört demselben Büschel (parallel oder kopunktal) an wie die Achsen der
> drei Faktoren.

Wir führen den Beweis in zwei Richtungen:

α) Wenn die Achsen in Büschellage sind, d. h. entweder alle drei parallel oder
alle drei kopunktal, dann folgt die Behauptung nach Aufgabe 10 und Aufgabe
11.

β) Wenn nun umgekehrt $\underline{a}\,\underline{b}\,\underline{c} = \underline{d}$ gilt, dann folgt daraus durch Multiplikation mit
$\underline{c} = \underline{c}^{-1}$ von rechts her: $\underline{a}\,\underline{b} = \underline{d}\,\underline{c}$.

  ▪ Fall 1: $\underline{a}\,\underline{b}$ ist eine Verschiebung.

  Dann sind a und b parallel und zwar senkrecht zum Schubvektor $\vec{v}$. Dann
  muss aber $\underline{d}\,\underline{c}$ dieselbe Verschiebung sein, also müssen auch c und d parallel und ebenfalls senkrecht zu $\vec{v}$ sein. Daher ist d parallel zu a, b und c.

  ▪ Fall 2: $\underline{a}\,\underline{b}$ ist eine Drehung.

  Dann sind a und b kopunktal im Punkt S. Da $\underline{d}\,\underline{c}$ dieselbe Drehung darstellt, müssen d und c ebenfalls kopunktal im Punkt S sein, also gehört d
  dem Punktbüschel von a, b und c durch S an.

Da ein Produkt von zwei Achsenspiegelungen nur entweder eine Verschiebung
oder eine Drehung sein kann (siehe Kap. 2.2), kommen andere als diese zwei
Fälle nicht in Frage, und die Behauptung ist vollständig bewiesen.

Was ergibt nun aber die *Verkettung von drei Achsenspiegelungen, wenn die drei
Geraden nicht im Büschel liegen*?
Diese Frage werden wir nun klären und dabei einen neuen Typ ebener Kongruenz-
abbildung kennen lernen, die sogenannte *Gleit- oder Schubspiegelung*.
Wir untersuchen dazu zunächst einen wichtigen Sonderfall. Es wird sich jedoch
zeigen, dass alle anderen Fälle sich auf diesen Sonderfall zurückführen lassen.

Sonderfall: Zwei Achsen sind zueinander parallel, die dritte dazu senkrecht.

Aufgabe 12:
Gegeben seien die parallelen Achsen a und b und die dazu senkrechte Achse c.
Hinweis: Beachten Sie bitte konsequent immer den Unterschied zwischen einer
  Gerade a und der Spiegelung $\underline{a}$ an der Achse a.
a) Bilden Sie eine Figur F ab durch $\underline{a} \circ \underline{b} \circ \underline{c}$.
b) Begründen Sie folgende Gleichungen:

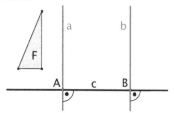

$$\underline{a}\,\underline{b}\,\underline{c} = \underline{a}\,(\underline{b}\,\underline{c}) = \underline{a}\,\underline{B}$$
$$= \underline{a}\,(\underline{c}\,\underline{b}) = (\underline{a}\,\underline{c})\,\underline{b} = \underline{A}\,\underline{b}$$
$$= (\underline{a}\,\underline{b})\,\underline{c} = \vec{v}\,\underline{c} \quad \text{mit } \vec{v} = 2 \cdot \overrightarrow{AB}$$
$$= (\underline{c}\,\underline{a})\,\underline{b} = \underline{c}\,(\underline{a}\,\underline{b}) = \underline{c}\,\vec{v}$$

Wir merken uns vorläufig als wichtigstes Ergebnis: $\underline{a}\,\underline{b}\,\underline{c} = \vec{v}\,\underline{c} = \underline{c}\,\vec{v}$ *mit* $\vec{v} = 2 \cdot \overrightarrow{AB}$.
Die Verkettung ist also eine **„Schub-Spiegelung"**, *wobei die Schieberichtung parallel zur Spiegelachse ist.*

Aufgabe 13:
Zeichnen Sie alle möglichen 5 Abbildungsfolgen $\underline{a}\,\underline{b}\,\underline{c} = \underline{a}\,\underline{B} = \underline{A}\,\underline{b} = \vec{v}\,\underline{c} = \underline{c}\,\vec{v}$ für das in Aufgabe 12 vorgegebene Beispiel mit der Figur F durch, und bestätigen Sie die Gleichheit der verschiedenen Formen. Verwenden Sie ein DGS.

> **Definition:**
> *Den hier entstehenden Abbildungstyp, der aus einer Kombination einer Achsenspiegelung und einer Verschiebung in Richtung der Achse besteht, nennt man Gleit– oder Schubspiegelung.*

Das folgende unendliche Bandornament besitzt eine Gleitspiegelung als Symmetrieabbildung, an der man schön die beiden Phasen „Gleiten" und „Spiegeln" erkennt:

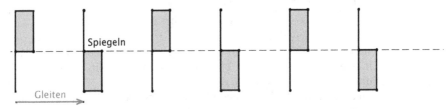

Aufgabe 14:
Beweisen Sie mithilfe einer geeigneten Zeichnung folgenden Sachverhalt:
Die Verkettung $\underline{P} \circ \underline{a}$ aus einer Punktspiegelung $\underline{P}$ und einer Achsenspiegelung $\underline{a}$ ist

- *genau dann eine* **Achsenspiegelung,** *wenn P auf a liegt.*
  Die Achse ist das Lot von P auf a.
- *genau dann eine* **Gleitspiegelung** $\underline{c} \circ \vec{v}$, *wenn P nicht auf a liegt.*
  „Gleitgerade" ist das Lot c von P auf a und Schubvektor ist der doppelte orientierte Abstand von P zu a.

Untersuchen Sie ebenso eine Verkettung $\underline{h} \circ \underline{Q}$, und formulieren Sie das Ergebnis entsprechend.

Eigenschaften der Gleitspiegelung:
a) **bijektiv** b) **geradentreu** c) **parallelentreu** d) **winkeltreu** e) **längentreu**
f) **Fixpunkte:** Eine echte Gleitspiegelung (also keine reine Spiegelung) besitzt **keinen** Fixpunkt. Anders formuliert: Besitzt eine Gleitspiegelung einen Fixpunkt, so handelt es sich um eine reine Achsenspiegelung ohne Schubanteil.
g) **Fixgeraden:** Die „*Gleitgerade*" ist einzige Fixgerade einer echten Gleitspiegelung. Man beachte, dass die „Gleitgerade" zwar eine Fixgerade, aber keine Achse ist. Wir werden sie daher „Gleitgerade" und nicht „Gleitachse" nennen.
h) **Fixrichtungen:** Die Achsenrichtung und die dazu senkrechte Richtung sind einzige Fixrichtungen.

i) Da eine Gleitspiegelung eine Verkettung aus einer ungeraden Anzahl von Achsenspiegelungen ist, ist sie **nicht orientierungstreu**, sondern orientierungsumkehrend (ungleichsinnige Kongruenzabbildung).

Jede Schub- oder Gleitspiegelung ist auf verschiedene Weisen darstellbar.
Günstig und leicht zu merken sind die folgenden drei Fälle (Zeichnen Sie dazu):

▪ *Verkettung $\underline{a}\,\underline{b}\,\underline{c} = \underline{c}\,\underline{a}\,\underline{b}$, wobei **a und b beide senkrecht zu c** sind. Schubvektor ist der doppelte orientierte Abstand von a zu b und Gleitgerade ist c.*

▪ *Verkettung $\underline{c}\,\vec{v} = \vec{v}\,\underline{c}$ wobei $\vec{v}$ eine Verschiebung parallel zur Gleitgerade c ist.*

▪ *Verkettung $\underline{a}\,P$ bzw. $Q\,\underline{b}$ wobei die **Gleitgerade das Lot vom Punkt P bzw. Q auf die Gerade a bzw. b ist** und der **Schubvektor der doppelte orientierte Abstand** vom ersten zum zweiten Faktor, also von a zu P bzw. von Q zu b.*

Wir werden nun zeigen, dass eine *beliebige Verkettung von drei Achsenspiegelungen* immer auf einen der bereits behandelten Fälle führt, also stets

▪ entweder eine *Achsenspiegelung* ist, wenn die 3 Geraden im Büschel liegen

▪ oder eine *Gleitspiegelung* ist, wenn die 3 Geraden nicht im Büschel liegen.

> **Satz:**
> Die Verkettung von drei Achsenspiegelungen, deren Achsen nicht in Büschellage liegen, ist stets eine Gleitspiegelung.

Beweis:
Drei Geraden a, b und c in allgemeiner Lage bilden in der Regel ein Dreieck (siehe Zeichnung). Mit nebenstehenden Bezeichnungen gilt:
$\underline{a}\,\underline{b}\,\underline{c} = (\underline{a}\,\underline{b})\,\underline{c}$.

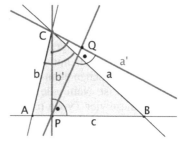

Die Verkettung $(\underline{a}\,\underline{b})$ ist eine Drehung um C um den doppelten Winkel $\gamma = \angle(a, b)$. Diese Drehung kann ersetzt werden durch eine Verkettung $\underline{a'}\,\underline{b'}$, wobei sich a' und b' in C schneiden müssen und ebenfalls den orientierten Winkel γ einschließen. Wir wählen b' so, dass b' $\perp$ c verläuft. Also gilt:
$\underline{a}\,\underline{b}\,\underline{c} = (\underline{a}\,\underline{b})\,\underline{c} = (\underline{a'}\,\underline{b'})\,\underline{c} = \underline{a'}\,(\underline{b'}\,\underline{c}) = \underline{a'}\,P$
Die Verkettung $\underline{a'}\,P$ ist jedoch bekanntlich (siehe Aufgabe 13) eine Gleitspiegelung, wobei das Lot von P auf a' die Gleitgerade und der doppelte orientierte Abstand von a' zu P der Schubvektor ist. Damit ist der Satz bewiesen.
Behandeln Sie selbst den Fall, wenn zwei der drei Geraden zueinander parallel sind.

Wir fassen unser Ergebnis noch einmal zusammen:

> Die Verkettung von drei Achsenspiegelungen ist
> • entweder eine Achsenspiegelung, falls die drei Geraden im Büschel liegen,
> • oder aber eine Gleitspiegelung, falls die drei Geraden nicht im Büschel liegen.

Aufgabe 15:

a) Beweisen Sie den folgenden Satz:
Sind a, b und c die Seitengeraden eines Dreiecks, so ist die Abbildung a̲ b̲ c̲ eine Gleitspiegelung. Die Gleitgerade verläuft durch die Höhenfußpunkte H_c und H_a.
Hinweis: Verfahren Sie wie oben mit dem Ansatz a̲ (b̲ c̲) an Stelle von (a̲ b̲) c̲.

b) Ein Indianer will von seinem Standpunkt P aus auf kürzestem Weg zu seinem Zelt Z.
Allerdings will er – um seine Spur vor Feinden zu verwischen – eine Strecke von vorgegebener Länge s im Bach f waten. Konstruieren Sie den Weg des Indianers.

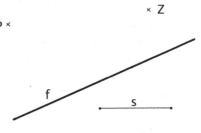

2.4 Verkettung von vier Achsenspiegelungen – Der Reduktionssatz

Wir sind ausgegangen vom Typ der **Achsenspiegelung** als Kongruenzabbildung. Durch Verkettung von *zwei* Achsenspiegelungen sind wir zu zwei weiteren Typen von Kongruenzabbildungen gelangt, der **Rotation (Drehung)** und der **Translation (Verschiebung)**. Bei Verkettungen aus *drei* Achsenspiegelungen ist erneut ein weiterer Typ von Kongruenzabbildung aufgetaucht, nämlich die **Gleitspiegelung**.

Was aber, wenn wir nun weitere Verkettungen aus 4, 5, 6, 7 ... Achsenspiegelungen bilden? Tauchen dann immer neue Typen von Kongruenzabbildungen auf?

Die Antwort ist: Nein, alle weiteren Verkettungen von Achsenspiegelungen lassen sich auf diese vier Typen reduzieren, die wir bisher kennengelernt haben. Wir zeigen im Folgenden dass es nur diese vier Typen und keine weiteren gibt.

> Reduktionssatz:
> Die Verkettung von *vier* Achsenspiegelungen lässt sich stets auf eine Verkettung von *zwei* Achsenspiegelungen reduzieren, sie ist also stets eine Translation oder eine Rotation.

Bevor wir diesen Satz beweisen, ziehen wir einige weitreichende Folgerungen aus ihm:

> Folgerungen aus dem Reduktionssatz:
> 1. Jede endliche Verkettung von Achsenspiegelungen lässt sich durch eine Verkettung von maximal drei Achsenspiegelungen darstellen.
> 2. Jede Verkettung aus einer
>   * *geraden* Anzahl von Achsenspiegelungen ist eine Rotation oder eine Translation.
>   * *ungeraden* Anzahl von Achsenspiegelungen ist eine Achsen- oder eine Gleitspiegelung.

3. Es gibt nur vier Typen von aus Achsenspiegelungen erzeugten Abbildungen: Achsenspiegelungen, Drehungen, Verschiebungen und Gleitspiegelungen. Jede endliche Verkettung aus solchen Abbildungen ist wieder von einem dieser Typen.

Wir überlassen dem Leser den einfachen Beweis dieser weitreichenden Folgerungen aus dem Reduktionssatz und werden nun den **Reduktionssatz beweisen**:
Gegeben sei ein beliebiges Produkt $\underline{a}\,\underline{b}\,\underline{c}\,\underline{d}$ von vier Achsenspiegelungen.

▪ Falls die drei ersten oder die drei letzten Geraden im Büschel liegen, kann dieser Teil durch *eine* Achsenspiegelung ersetzt werden und die Behauptung ist bewiesen. Zeichnen Sie für jeden dieser beiden Fälle ein Beispiel, und bestimmen Sie das Ergebnis samt Art der Abbildung und deren Kenndaten.

▪ Sind die beiden ersten oder die beiden letzten Geraden parallel und die anderen schneiden sich, so ersetzen wir das Parallelenpaar durch ein dazu gleichwertiges, von dem die zweite bzw. die erste (warum?) Gerade durch den Schnittpunkt der beiden anderen geht und haben dann drei Geraden in Büschellage, also den vorhergehenden schon erledigten Fall. Zeichnen Sie je ein Beispiel, und bestimmen Sie jeweils das Ergebnis samt Kenndaten.

▪ Wir betrachten nun den Fall, dass sich die beiden ersten Geraden schneiden und ebenso die beiden letzten, aber jeweils in verschiedenen Punkten. Es geht also um die Verkettung zweier Drehungen (siehe folgende Figur).

Entscheidend ist in diesem Fall, dass wir die *Verbindungsgerade der beiden Drehpunkte P und Q* ins Spiel bringen:
Wir ersetzen die Drehung $(\underline{a}\,\underline{b})$ $= D_i(P, 2\alpha)$ gleichwertig durch $(\underline{a}'\,\underline{b}')$ wobei wir für b' die Gerade x = PQ wählen, also $\underline{a}\,\underline{b} = \underline{a}'\,\underline{b}' = \underline{a}'\,\underline{x}$.
Analog dazu ersetzen wir die Drehung $(\underline{c}\,\underline{d})$ durch $(\underline{c}'\,\underline{d}')$ wobei wir für c' die Gerade x wählen, also $\underline{c}\,\underline{d} = \underline{c}'\,\underline{d}' = \underline{x}\,\underline{d}'$.

Damit erhalten wir:
$\underline{a}\,\underline{b}\,\underline{c}\,\underline{d} = (\underline{a}\,\underline{b})\,(\underline{c}\,\underline{d}) = (\underline{a}'\,\underline{b}')\,(\underline{c}'\,\underline{d}') = (\underline{a}'\,\underline{x})\,(\underline{x}\,\underline{d}') = \underline{a}'\,(\underline{x}\,\underline{x})\,\underline{d}' = \underline{a}'\,\underline{d}'$,
und damit ein Produkt von zwei Achsenspiegelungen, also eine Rotation oder eine Translation.

▪ Ist a zu b und c zu d parallel, aber nicht alle zueinander, so lässt sich dieser Fall auf den vorherigen zurückführen, indem man $\underline{b}\circ\underline{c}$ geeignet ersetzt durch $\underline{b}'\circ\underline{c}'$.
Damit ist der Reduktionssatz vollständig bewiesen.

Wir empfehlen dem Leser zur Übung im Umgang mit Abbildungen weitere Fälle in entsprechender Weise zu bearbeiten, ein gutes Training zum Verständnis.

Aufgabe 16: Verkettung von Abbildungen

Beweisen Sie jeweils an Hand einer entsprechenden Zeichnung:

a) Die *Verkettung zweier Drehungen* $D_1(P; \alpha)$ und $D_2(Q; \beta)$ ergibt wieder eine Drehung $D_3(R; \gamma = \alpha + \beta)$, falls die Summe der Drehwinkel kein Vielfaches von 360° ist und eine Verschiebung, falls die Summe der Winkel ein Vielfaches von 360° ist.

Wie bestimmt man den neuen Drehpunkt bzw. den Verschiebungsvektor?

Konstruieren Sie (DGS verwenden).

b) Die *Verkettung einer Drehung um den Winkel α mit einer Verschiebung* ergibt eine Drehung um den Winkel α. Wie bestimmt man den neuen Drehpunkt?

c) Die Verkettung einer *Gleitspiegelung und einer Drehung* ist eine Gleitspiegelung.

d) Die Verkettung einer *Gleitspiegelung und einer Verschiebung* ist eine Gleitspiegelung.

e) Was ergibt die *Verkettung zweier Gleitspiegelungen*? Benützen Sie dazu geeignete Darstellungen der Gleitspiegelungen in der Form a P bzw. Q b. Zeichnen Sie und bestimmen Sie die Kenndaten des Produkts.

Aufgabe 17: Dilatationen (Punktspiegelungen und Verschiebungen)

Begründen Sie jeweils an Hand einer entsprechenden Zeichnung:

a) Die Verkettung *zweier* Punktspiegelungen ergibt eine Verschiebung. Schubvektor ist der *doppelte orientierte Abstand* der beiden Punkte: $\underline{P} \circ \underline{Q} = 2 \cdot \overrightarrow{PQ}$.

b) Die Verkettung von *drei* Punktspiegelungen ist wieder eine Punktspiegelung. Zentrum ist der die drei Punkte (in der gegebenen Reihenfolge) ergänzende vierte Parallelogrammpunkt. Was erhält man bei Umkehrung der Reihenfolge?

c) Die Verkettung einer *ungeraden* Anzahl von Punktspiegelungen ist wieder eine Punktspiegelung. Die Verkettung einer *geraden* Anzahl von Punktspiegelungen ist eine Verschiebung.

d) Jede Verschiebung lässt sich ersetzen durch ein passendes Produkt aus zwei Punktspiegelungen. Man kann einen der beiden Punkte beliebig vorgeben.

Aufgabe 18: Konstruktion von Vielecken aus ihren Seitenmitten

Von einem Dreieck (Viereck, Fünfeck, ...) $A_1 A_2 A_3$ sind die Mittelpunkte M_1, M_2, M_3 der aufeinander folgenden Seiten gegeben.

Wie lässt sich daraus das Dreieck (Viereck, Fünfeck, ...) konstruieren?

Hinweis: Analysieren Sie das folgende Diagramm:

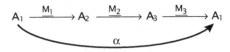

$$A_1 \xrightarrow{M_1} A_2 \xrightarrow{M_2} A_3 \xrightarrow{M_3} A_1$$
$$\alpha$$

Von welchem Typ ist die Abbildung α ? Was besagt dies über die Lage von A_1? Ziehen Sie daraus Schlüsse und konstruieren Sie A_1 mithilfe der M_k.

Aufgabe 19: Vermischte Aufgaben

a) Durch Drehung einer rechteckigen Tischplatte (dunkelgrau) um 90° soll ein Tisch anders im Raum stehen können (hellgrau).

Wo muss der Drehzapfen angebracht werden?
Konstruieren Sie für ein konkretes Beispiel.

b) Ein Blatt Papier liegt auf dem Tisch, z. B. ein großes
Zeitungspapier (dunkelgrau unten). Nun wird es um 90°
um einen Punkt (markiert) gedreht. Dabei bleibt nur 1
Punkt, der Drehpunkt selbst, an seinem Ort. Das gedrehte
Blatt (mittelgrau) wird nun um den eingezeichneten
Vektor verschoben bis zur Endlage (hellgrau). Ob es
wohl einen Punkt auf dem Papier gibt, der nun wieder
genau an seinem ursprünglichen Platz liegt?
Konstruieren Sie. Begründen Sie Ihre Antwort.

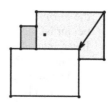

c) Wann ist die Verkettung zweier Gleitspiegelungen eine Drehung, wann eine
Verschiebung? Stellen Sie Vermutungen auf und beweisen Sie diese.

2.5   Hinweise und Lösungen zu den Aufgaben

Aufgabe 1:
a) Wir empfehlen dringend eine eigene Zeichnung (von Hand oder mit einem DGS).
b) Mit dieser Konstruktion wird deutlich, dass die Abbildungen bijektiv sind.
c) (1) Nur die Drehung ist eine Kongruenzabbildung und lässt außer der Lage
    alle geometrischen Eigenschaften invariant.
    Beispiel 2 ist besonders aufschlussreich, weil es Punkte auf einer Geraden
    nicht wieder auf eine solche abbildet. Diese Abbildung ist also nicht gera-
    dentreu (keine „Kollineation"). Es handelt sich um eine „topologische Ab-
    bildung", deren wesentliche Invariante die „Stetigkeit" ist.
    Beispiel 3 ändert nur die Größe und Lage, nicht aber die Form einer Figur,
    Winkelgrößen z. B. bleiben erhalten. Es ist eine „Ähnlichkeitsabbildung".
    Beispiel 4 ist eine „affine Abbildung", die zwar Geraden in Geraden abbil-
    det, aber Winkelgrößen, Streckenlängen, Flächengrößen verändert.
  (2) Die Drehung besitzt nur einen einzigen Fixpunkt, den Drehpunkt.
    Das Beispiel 2 besitzt genau die drei Fixpunkte (0; 0), (1; 0) und (–1; 0),
    wie man leicht durch Nachrechnen feststellen kann.
    Beispiel 3 hat nur einen einzigen Fixpunkt, das Zentrum Z.
    Beispiel 4 hat genau die Punkte der Achse („Fixpunktgerade") als Fix-
    punkte.
  (3) Bei Kongruenzabbildungen (Bsp. 1) sind Original und Bild deckungs-
    gleich.
    Bei Ähnlichkeitsabbildungen (Bsp. 3) sind Original und Bild nur noch
    „formgleich" aber nicht mehr „größengleich".
    Bei affinen Abbildungen wird auch noch die Form verändert (Bsp. 4).
    Bei topologischen Abbildungen (Bsp. 2) werden die Figuren sogar ver-
    zerrt, gerade Linien können krummlinig werden, bleiben jedoch „stetig".
  (4) Man erkennt leicht an der Existenz von Umkehrabbildungen, dass die Ab-
    bildungen bijektiv sind. Was ist jeweils die Umkehrabbildung?

Aufgabe 2:

a) Eine Fixgerade muss nur als ganze Gerade auf sich selbst abgebildet werden, die einzelnen Punkte auf ihr können sehr wohl variieren. Anders eine Achse: bei ihr ist jeder einzelne ihrer Punkte ein Fixpunkt („Fixpunktgerade").

b) Invarianten bei Achsenspiegelungen: Geraden, Längen, Winkelgrößen, Flächeninhalte, Parallelität.
   Varianten: Lage und Umlaufsinn.

c) Wir spiegeln B an f nach B' (bzw. D an f nach D'). Dann sind die Strecken X_kB und X_kB' für verschiedene Punkte X_k auf f jeweils gleich lang. Der Weg vom Depot zum Brandherd ist also jeweils gleich der Länge des Streckenzugs $DX_k + X_kB'$. Von diesen ist erkennbar der kürzeste, wenn X_k auf der geradlinigen Verbindung DB' liegt (siehe unten bei X_3). Das folgt aus der sogenannten Dreiecksungleichung:
   Die Summe zweier Seitenlängen eines Dreiecks ist stets größer als die dritte.

d) Die Körperhöhe des Menschen ist FK = h, seine Augenhöhe über dem Boden ist FA = a. Er sieht sein „Spiegelbild" F'K' als ob dieses an der Ebene des Spiegels „gespiegelt" wäre, d. h. in gleicher Größe und in gleichem Abstand hinter dem Spiegel s. Nun sind PX und XY Mittelparallelen zu FA bzw. F'K' in den entsprechenden Dreiecken F'AF bzw. AF'K'. Daher ist PX = ½ · a und XY = ½ · h. Der Spiegel muss also nur halb so groß sein wie die Körperhöhe h und an der Stelle Y in der Höhe ½ · (a+h) aufgehängt werden (siehe nachstehende Figur).

e) Die Kugel muss so gestoßen werden, dass sie geradlinig auf das „Spiegelbild" der zweiten Kugel an der Bande zuläuft. Dann wird sie nach dem Reflexionsgesetz reflektiert und trifft genau die zweite Kugel.

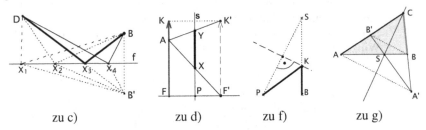

zu c)   zu d)   zu f)   zu g)

f) Das geknickte Stück KP ist genau so lang wie das ursprüngliche KS. Daher ist die Entfernung von P zu K genau so lang wie von S zu K. Deshalb muss K auf der Achse (Mittelsenkrechte) der Verbindungsstrecke PS liegen und ist konstruierbar.

g) Wir spiegeln das Dreieck ABC an der Winkelhalbierenden des Winkels bei C. Dann sind AA' und BB' parallel (beide senkrecht zur Winkelhalbierenden) und CB' = a = CB und CA' = b = CA. AB und A'B' schneiden sich auf der Winkelhalbierenden in S. Nach den Strahlensätzen gilt daher: AS : SB = AA' : BB' = CA : CB = b : a.
   Der Punkt S teilt also die Seite AB genau im Verhältnis b : a, also wie die anliegenden Dreiecksseiten.

Aufgabe 3:

a) Fertigen Sie eine Zeichnung mit einem DGS an.

b) Man erhält F'' stets durch eine Drehung von F um den Punkt S um den Winkel $2 \cdot \varphi$.

c) Hält man S und den Winkel φ zwischen A und B fest und lässt a und b dann um S rotieren, so erhält man zwar verschiedene Zwischenbilder F', jedoch stets das gleiche Endbild F'', da jede Verkettung a ∘ b dieselbe Drehung D(S, 2φ) ergibt.

d) SP'' ist Spiegelbild von SP' und dieses Spiegelbild von SP, also sind die drei Strecken gleich lang SP = SP' = SP'' und die Punkte P, P' und P'' liegen auf einem Kreis um S.

   Die Gerade a halbiert den Winkel PSP', die Gerade b den Winkel P'SP''. Daher ist der Winkel PSP'' genau doppelt so groß wie der Winkel $\varphi = \angle(a, b)$. Hierbei ist die Orientierung des Winkels wesentlich.

Aufgabe 4:

a) Die Geraden g und h sind Mittelsenkrechten der Seiten PP' und PP'', ihr Schnittpunkt S ist daher Umkreismitte des Dreiecks PP'P''. Der Winkel bei P hat die Größe $180° - 40° = 140°$ (Winkelsumme im Viereck mit den Schnittpunkten der Dreiecksseiten mit g und h und den Punkten S und P' als Ecken).

b) Damit $\underline{a}\,\underline{b} = \underline{c}\,\underline{d}$ gilt, muss auch d durch den Punkt S verlaufen und der orientierte Winkel zwischen c und d muss genau so groß sein wie der zwischen a und b.

c) Wir wenden die Inversenregel (siehe 3.1) an: $(\underline{a}\,\underline{b})^{-1} = \underline{b}^{-1}\,\underline{a}^{-1} = \underline{b}\,\underline{a}$, d. h. die Abbildung $\underline{b}\,\underline{a}$ ist die Umkehrabbildung von $\underline{a}\,\underline{b}$ also eine Drehung um den Schnittpunkt S mit dem doppelten orientierten Winkel zwischen b und a, d. h. genau entgegengesetzt zur Abbildung $\underline{a}\,\underline{b}$.

d) Die Geraden a und b müssen sich in S schneiden und der orientierte Winkel zwischen a und b muss den halben Wert von φ haben.

e) Siehe unter d).

f) Siehe unter d).

g) Das Produkt einer geraden Anzahl von Achsenspiegelungen ist eine gleichsinnige Abbildung und daher niemals eine Achsenspiegelung.

h) Das Produkt einer ungeraden Anzahl von Achsenspiegelungen ist eine ungleichsinnige Abbildung und daher niemals eine Drehung.

i) Man kann das Produkt $\underline{a}\,\underline{b}$ so gleichwertig durch $\underline{a}'\,\underline{b}'$ ersetzen, dass b' = c wird. Dabei verläuft auch a' durch den Schnittpunkt S und es gilt: $\underline{a}\,\underline{b}\,\underline{c} = (\underline{a}\,\underline{b})\,\underline{c} = (\underline{a}'\,\underline{b}')\,\underline{c} = \underline{a}'\,(\underline{b}'\,\underline{c}) = \underline{a}'$.

Aufgabe 5:

a) Bewegt man F, so bewegt sich F'' in gleicher Richtung um denselben Betrag. Die Distanz zwischen F und F'' bleibt stets gleich (konstanter Vektor).

b) Seien M_a bzw. M_b die Schnittpunkte von AA' bzw. A'A'' mit a bzw. b. Dann gilt $AM_a = M_aA'$ und $A'M_b = M_bA''$ und $\overrightarrow{AA''} = 2 \cdot \overrightarrow{M_aM_b} = 2 \cdot \vec{v}$. Für jedes Paar von Original- und Bildpunkt gilt also $\overrightarrow{PP'} = 2 \cdot \vec{v} = 2 \cdot \overrightarrow{\text{Abstand}(a,b)}$. Deshalb handelt es sich um eine Verschiebung mit dem Vektor $\vec{w} = 2 \cdot \vec{v} = 2 \cdot \overrightarrow{\text{Abstand}(a,b)}$.

c) Analog dazu erhält man $\underline{b} \circ \underline{a} = -\vec{w} = -2 \cdot \vec{v} = 2 \cdot \overrightarrow{\text{Abstand}(b,a)}$.

Bei Vertauschung der Reihenfolge erhält man also die inverse Abbildung.

d) Bei Veränderung des Abstandes verändert sich der Betrag des Schubvektors.

e) Jedes Paar von Parallelen g und h, deren Abstand $\overrightarrow{\text{Abstand}(g,h)}$ (nach Betrag und Richtung) gleich dem des Paares a und b ist, ergibt dieselbe Abbildung. Man kann also eine bestimmte Verschiebung durch unendlich viele geeignete Produkte von Achsenspiegelungen ersetzen.

Aufgabe 6:

a) Wir verschieben die Strecke PQ zunächst so, dass ein Endpunkt z. B. P' auf a liegt. Nun verschieben wir P'Q' *in Richtung a* bis Q' auf b zu liegen kommt. Dabei bewegt sich der Punkt Q' auf einer Parallelen („Parallelverschiebung") zu a durch Q'. Diese Endlage ist die gesuchte Lage AB.

b) Die Gerade j ist parallel zu h so zu wählen, dass $\overrightarrow{\text{Abstand}(j,h)} = \frac{1}{2} \cdot \vec{v}$ ist.

c) Die Verkettung der beiden ersten Spiegelungen ist eine Verschiebung um den doppelten orientierten Abstand zwischen AB und CD, also mit dem Vektor $\overrightarrow{2 \cdot h_a}$. Die Verkettung der beiden letzten Spiegelungen ist analog dazu eine Verschiebung mit dem doppelten Abstand zwischen DA und BC, also mit $\overrightarrow{2 \cdot h_b}$. Setzt man die beiden Vektoren aneinander („Vektorsumme") so erhält man als resultierenden Vektor den der Gesamtabbildung von F bis F''''. Es ist also eine Verschiebung.

d) Der Umlaufsinn ändert sich bei jeder Spiegelung, ist also nach 2, 4, 6, ... Spiegelungen wie ursprünglich, nach 1, 3, 5, 7, ... jedoch umgekehrt.

e) Eine ungerade Anzahl von Spiegelungen ändert den Umlaufsinn, kann also niemals eine Translation sein.

f) Eine gerade Anzahl von Spiegelungen erhält den Umlaufsinn, kann also niemals eine Achsenspiegelung sein.

g) Man kann $\underline{a}\,\underline{b}$ so durch $\underline{a}'\,\underline{b}'$ gleichwertig ersetzen, dass b' = c wird, wenn nur gilt $\overrightarrow{\text{Abstand}(a,b)} = \overrightarrow{\text{Abstand}(a',b')}$.

Dann erhalten wir $\underline{a}\,\underline{b}\,\underline{c} = (\underline{a}\,\underline{b})\,\underline{c} = (\underline{a}'\,\underline{b}')\,\underline{c} = \underline{a}'\,(\underline{b}'\,\underline{c}) = \underline{a}'$.

Aufgabe 7:

a) Man erhält als Produkt $\underline{a}\,\underline{b}$ eine Halbdrehung oder Punktspiegelung um den Schnittpunkt S der Geraden a und b. F und F'' liegen stets punktsymmetrisch bezüglich S.

b) Eine Punktspiegelung oder Drehung um 180° ist selbstinvers, denn zweimal angewandt ergibt sie die Identität. Daher gilt in diesem Fall $\underline{a}\,\underline{b} = \underline{b}\,\underline{a}$.

Mit der Inversenregel erhält man: $(\underline{a}\,\underline{b})^{-1} = \underline{b}^{-1}\,\underline{a}^{-1} = \underline{b}\,\underline{a}$.

c) Siehe a) und b).

d) Man erhält stets dasselbe Endbild F'' obwohl die Zwischenbilder F' variieren.

e) F' variiert zwar, aber F'' liegt stets punktsymmetrisch zu F bezüglich S.

Aufgabe 8:

a) Man kann die Punktspiegelung S ersetzen durch das Produkt zweier Achsenspiegelungen $\underline{a}$ und $\underline{b}$, wobei sich die Geraden a und b in S senkrecht zueinander schneiden.

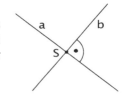

Es gelten folgende Gleichungen:
$$\underline{a} \circ \underline{b} = \underline{b} \circ \underline{a} = \underline{S} \qquad \underline{a} = \underline{b} \circ \underline{S} = \underline{S} \circ \underline{b} \qquad \underline{b} = \underline{a} \circ \underline{S} = \underline{S} \circ \underline{a}$$

b) Man erhält ein rechtwinkliges Dreieck QSP. Die Geraden p und q sind Mittelsenkrechte der Katheten QS und SP und ihr Schnittpunkt T ist Umkreismitte des Dreiecks und zugleich Hypotenusenmitte, weil TQ = TS = TP und $\angle$QTP = $2 \cdot \angle(p,q) = 2 \cdot 90° = 180°$ gilt. Die Figur thematisiert den Satz des Thales: Ist QP Durchmesser eines Kreises und S ein beliebiger Kreispunkt, so ist $\angle$QSP ein rechter Winkel.

c) Sowohl die beiden ersten als auch die beiden letzten Achsenspiegelungen haben jeweils zueinander senkrechte Achsen. Also handelt es sich bei den Produkten um die Punktspiegelungen an B und an D. Daher ist die Gesamtabbildung die Verschiebung $\underline{B} \circ \underline{D} = 2 \cdot \overrightarrow{BD}$, d. h. die Verschiebung um das Doppelte der Diagonale von B nach D.

d) Das Produkt zweier Punktspiegelungen P und Q ist eine Verschiebung um den doppelten orientierten Vektor von P nach Q, also $\underline{P} \circ \underline{Q} = 2 \cdot \overrightarrow{PQ}$. Man erkennt dies an nebenstehender Figur:

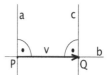

$$\underline{P} \circ \underline{Q} = (\underline{a} \circ \underline{b}) \circ (\underline{b} \circ \underline{c}) = \underline{a} \circ (\underline{b} \circ \underline{b}) \circ \underline{c} = \underline{a} \circ \underline{c} = 2 \cdot \vec{v}.$$

Aufgabe 9: Vermischte Anwendungen

a) Wir zeichnen mehrere Streckenzüge der beschriebenen Art ein: $JX_k + X_kY_k + Y_kZ$. Dabei ist X_kY_k jeweils dieselbe Watestrecke nämlich der Vektor von Z' nach Z mit der Länge s. Nun verschieben wir die Strecken Y_kZ alle um den Vektor $\overrightarrow{ZZ'}$ von Z nach Z', so dass aus allen Wegen das Stück X_kY_k herausgenommen wird. Der verbleibende Rest ist jeweils $JX_k + X_kZ'$. Dieser ist minimal genau dann, wenn X_k auf

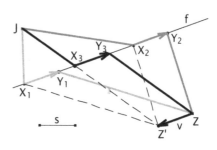

der Strecke JZ' liegt (Dreiecksungleichung). Damit haben wir die Lösung (hier X_3 und Y_3).

b) Eine Punktspiegelung an P löst die Aufgabe.

c) Man kann z. B. A auf a beliebig annehmen. Dann dreht man die Gerade b um den Punkt A um 60° und erhält b'. Der Schnittpunkt von b' mit c ist der gesuchte Punkt C. Im Fall des rechtwinklig-gleichschenkligen Dreiecks wählt man die Ecke mit dem rechten Winkel auf einer der Geraden und dreht eine der beiden anderen um 90°. Begründen Sie die Richtigkeit der angegebenen Konstruktion durch eine Analyse der Lösungsfigur.

Hinweis: Man könnte auch einzelne Punkte B_1, B_2, B_3, ... auf b wählen und mit

A zum gleichseitigen Dreieck AB_kC_k ergänzen. Wo liegen alle diese Punkte C_k? Was kann man aus dieser Erfahrung schließen? Zeichnen Sie (DGS verwenden!).

d) Sind P und P' voneinander verschieden, so gibt es genau eine Spiegelung und genau eine Parallelverschiebung, aber unendlich viele Drehungen, die P in P' abbilden.

e) Fall 1: s und s' sind zueinander parallel.

Dann gibt es genau eine Verschiebung und genau eine Halbdrehung (Punktspiegelung), jedoch im Allgemeinen keine Spiegelung, die s in s' abbildet. Eine Spiegelung gibt es nur, wenn s und s' auf einer Geraden liegen oder wenn die Endpunkte von s und s' ein Rechteck bilden.

Fall2: s und s' sind nicht zueinander parallel.

Dann gibt es keine Verschiebung, die s in s' abbildet, aber stets genau zwei Drehungen (deren Drehwinkel sich um 180° unterscheiden), die s in s' abbilden. Im Allgemeinen gibt es keine Achsenspiegelung dieser Art. Dies ist nur in Sonderfällen der Fall, wenn die Endpunkte der Strecken s und s' achsensymmetrisch liegen, also ein symmetrisches Trapez bilden. Dann sind die Strecken s und s' entweder die beiden Schenkel oder die beiden Diagonalen des Trapezes (mit dem Grenzfall eines „Trapezes": gleichschenkliges Dreieck).

f) Es wurde schon gezeigt: Wenn a = b oder a ⊥ b, dann gilt $\underline{a} \circ \underline{b} = \underline{b} \circ \underline{a}$.

Nun zeigen wir die Umkehrung:

Zuerst beachten wir die für alle Achsenspiegelungen gültige Gleichung:
$$(\underline{a} \circ \underline{b})^{-1} = \underline{b} \circ \underline{a}. \quad (1)$$
Nun sei $\quad \underline{a} \circ \underline{b} = \underline{b} \circ \underline{a}. \quad (2).$

Mit (1) und (2) zusammen ergibt sich, dass $(\underline{a} \circ \underline{b})$ selbstinvers sein muss, wenn a und b vertauschbar sein sollen.

Fall 1: $\underline{a} \circ \underline{b}$ ist eine Drehung:

Die einzige selbstinverse Drehung ist die Punktspiegelung (Halbdrehung) oder die Identität. Also muss entweder a ⊥ b oder a = b gelten.

Fall 2: $\underline{a} \circ \underline{b}$ ist eine Verschiebung:

Die einzige selbstinverse Verschiebung ist die Identität, daher muss in diesem Fall a = b gelten. Damit ist die Behauptung vollständig bewiesen.

g) Siehe f).

h) Es ist $(\underline{a} \circ \underline{b}) \circ (\underline{b} \circ \underline{a}) = \underline{a} \circ (\underline{b} \circ \underline{b}) \circ \underline{a} = \underline{a} \circ \underline{a} = i = $ Identität. Geometrisch folgt dies aus der Betrachtung der beiden Fälle Translation und Rotation.

i) $\underline{a}^{-1} = \underline{a}$; $D(S, \delta)^{-1} = D(S, 360° - \delta)$; $\vec{v}^{-1} = -\vec{v}$

j) Wir verwenden die verallgemeinerte Inversenregel und die Tatsache, dass alle Spiegelungen selbstinvers sind und erhalten:
$$(\underline{a} \circ \underline{b} \circ \underline{c} \circ ... \circ \underline{g} \circ \underline{h})^{-1} = \underline{h}^{-1} \circ \underline{g}^{-1} \circ ... \circ \underline{c}^{-1} \circ \underline{b}^{-1} \circ \underline{a}^{-1} = \underline{h} \circ \underline{g} \circ ... \circ \underline{c} \circ \underline{b} \circ \underline{a}$$
Beweisen Sie dies, indem Sie das Produkt in der Klammer mit der rechten Seite verketten und das Ergebnis berechnen (Assoziativgesetz verwenden!).

Aufgabe 10: (parallele Achsen)

a) Man kann das Produkt $\underline{a}\,\underline{b}$ ersetzen durch $\underline{a}'\,\underline{b}'$ wobei man b' = c wählen kann. Dann erhält man $\underline{a}\,\underline{b}\,\underline{c} = \underline{a}'\,\underline{b}'\,\underline{c} = \underline{a}' = \underline{d}$. Der orientierte Abstand zwischen a und b muss derselbe sein wie der zwischen a' und b', also der zwischen d und c.

b) Das Produkt einer geraden Anzahl von Achsenspiegelungen an zueinander parallelen Achsen ist stets eine Verschiebung senkrecht zu diesen Geraden.

c) Das Produkt einer ungeraden Anzahl von Achsenspiegelungen an zueinander parallelen Achsen ist stets eine Achsenspiegelung an einer zu den gegebenen Geraden parallelen Gerade.

Aufgabe 11: (kopunktale Achsen)

a) Man kann das Produkt $\underline{a}\,\underline{b}$ ersetzen durch $\underline{a}'\,\underline{b}'$ wobei man b' = c wählen kann. Dann erhält man $\underline{a}\,\underline{b}\,\underline{c} = \underline{a}'\,\underline{b}'\,\underline{c} = \underline{a}' = \underline{d}$. Der orientierte Winkel zwischen a und b muss derselbe sein wie der zwischen a' und b', also auch der zwischen d und c und außerdem muss a' = d durch den gemeinsamen Punkt S verlaufen.

b) Das Produkt einer ungeraden Anzahl von Achsenspiegelungen an kopunktalen Achsen ist stets eine Achsenspiegelung an einer Gerade durch den gemeinsamen Schnittpunkt. Das Produkt einer geraden Anzahl von Achsenspiegelungen an kopunktalen Achsen ist stets eine Drehung um den gemeinsamen Schnittpunkt.

c) Das Produkt einer geraden Anzahl von Achsenspiegelungen ist gleichsinnig und kann daher niemals eine Achsenspiegelung sein.

Aufgabe 12:

Zur Begründung sind nur folgende Tatsachen zu beachten:

▪ Zwei Achsenspiegelungen sind vertauschbar, wenn die Achsen senkrecht stehen. In diesem Fall ist ihr Produkt eine Punktspiegelung. Diese ist mit beiden Achsenspiegelungen vertauschbar (siehe Aufgabe 8).

▪ Eine Punkt- und eine Achsenspiegelung sind genau dann vertauschbar, wenn der Punkt auf der Achse liegt.

Aufgabe 13:

Je nach Aufgabenstellung und Kontext ist die eine oder die andere Form der Darstellung einer Gleitspiegelung hilfreich und nützlich, deshalb sollte man alle kennen.

Aufgabe 14:

Man ersetzt im Produkt $\underline{P} \circ \underline{a}$ die Punktspiegelung $\underline{P}$ durch das Produkt zweier Achsenspiegelungen $\underline{x}$ und $\underline{y}$ wobei x zu a senkrecht und y zu a parallel verläuft. Dann gilt:

▪ Genau dann, wenn P auf a liegt, gilt y = a und damit $\underline{P} \circ \underline{a} = \underline{x}$.

▪ Genau dann, wenn P nicht auf a liegt, gilt y ≠ a und die drei Geraden haben keine Büschellage, d. h. das Produkt der drei Achsenspiegelungen ist eine Gleitspiegelung mit den behaupteten Eigenschaften über Gleitgerade und Schubvektor.

Für den umgekehrten Fall $\underline{b} \circ \underline{Q}$ erhält man ein entsprechendes Ergebnis.

Aufgabe 15:

a) Wir fassen die Abbildung $\underline{a}\,\underline{b}\,\underline{c}$ wie folgt auf: $(\underline{a}\,\underline{b})\,\underline{c}$. Der erste Teil ist eine Drehung um den Schnittpunkt C der Geraden a und b. Wir ersetzen diesen Teil durch $\underline{a}'\,\underline{b}'$ wobei wir b' senkrecht zu c wählen. Zeichnen Sie (DGS verwenden!).

Damit erhalten wir $\underline{a}\ \underline{b}\ \underline{c} = (\underline{a'}\ \underline{b'})\ \underline{c} = \underline{a'}\ (\underline{b'}\ \underline{c}) = \underline{a'}\ \underline{D}$. Welche Bedeutung hat der Punkt D im Dreieck ABC aufgrund der angegebenen Konstruktion?
Führen Sie nun ganz analog denselben Ansatz durch, indem Sie ausgehen von der Auffassung $\underline{a}\ \underline{b}\ \underline{c} = \underline{a}\ (\underline{b}\ \underline{c})$, die ja wegen der Assoziativität dasselbe Produkt liefert.

b) Zeichnen Sie zunächst einige Möglichkeiten von Streckenzügen der gesuchten Art PX_kY_kZ mit X_k und Y_k auf f und der Länge $X_kY_k = s$ ein. (DGS verwenden). Bilden Sie nun Z ab durch Spiegelung an f nach Z' und anschließende Verschiebung von Z' mit dem stets gleichen Vektor $\overline{Y_kX_k}$ nach Z''.

Welcher der Streckenzüge $PX_k + X_kZ''$ ist nun der kürzeste?
Wie erhält man damit den kürzesten Weg des Indianers?

Aufgabe 16: Verkettung von Abbildungen

a) Gegeben seien zwei Drehungen $D_1(A;\ \alpha)$ und $D_2(B;\ \beta)$. Entscheidend ist die geeignete Ersetzung der Drehungen durch Achsenspiegelungen. Dabei spielt die Verbindungsgerade g = AB der beiden Drehpunkte eine zentrale Rolle. Man ersetzt D_1 durch $\underline{x} \circ \underline{g}$ und D_2 durch $\underline{g} \circ \underline{y}$ und erhält $D_1 \circ D_2 = \underline{x} \circ \underline{y}$. Wegen $\angle(x, g) = \alpha/2$ und $\angle(g, y) = \beta/2$ kann man auf den Winkel $\angle(x, y)$ schließen. Berechnen Sie diesen an Hand einer Zeichnung und geben Sie damit die Kenndaten der Abbildung $D_1 \circ D_2 = \underline{x} \circ \underline{y}$ an. Was passiert, wenn sich die Drehwinkel zu 360° ergänzen (d. h. den gleichen Wert nur in entgegengesetztem Umlaufsinn haben)?
Spielen Sie den Fall $\alpha + \beta = 360°$ bzw. $\alpha + \beta = 0°$ an Hand einer Zeichnung durch.

b) Ersetzen Sie die Verschiebung durch zwei Achsenspiegelungen mit parallelen Achsen und die Drehung durch zwei Achsenspiegelungen, wobei die zweite Achse parallel zu den Geraden der Verschiebung ist. Die drei parallelen Geraden kann man ersetzen (Dreispiegelungssatz!). Zeichnen Sie. Was erhält man?

c) Man zeigt dies, indem man die Gleitspiegelung darstellt in der Form $\underline{g} \circ \underline{P}$. Die Verkettung von $\underline{P}$ mit der Drehung ergibt bekanntlich wieder eine Drehung. Damit haben wir insgesamt die Verkettung einer Achsenspiegelung an g mit einer Drehung, also eine Gleitspiegelung als Resultat. Zeichnen Sie ein Beispiel durch.

d) Man geht analog zum vorigen Fall vor und stellt außerdem die Verschiebung durch zwei Punktspiegelungen dar. Dann hat man: $(\underline{g} \circ \underline{P}) \circ (\underline{Q} \circ \underline{R}) = \underline{g} \circ (\underline{P} \circ \underline{Q} \circ \underline{R}) = \underline{g} \circ \underline{X}$ und dies ist bekanntlich eine Gleitspiegelung mit dem Lot von X auf g als Gleitgerade und dem doppelten orientierten Abstand von g zu X als Schubvektor.

e) Wir gehen zunächst mit spekulativen Vermutungen an die Sache heran:
Eine Gleitspiegelung ist eine Verschiebung gefolgt von einer Spiegelung. Dabei können Verschiebung und Spiegelung vertauscht werden.
   ▪ Sind die Gleitgeraden parallel so hat man zunächst eine Verschiebung, dann zwei Achsenspiegelungen an parallelen Achsen, dann wieder eine Verschiebung. Insgesamt also eine *Verschiebung*.

▪ Sind die Gleitgeraden nicht parallel, so hat man eine Verschiebung, eine Drehung und wieder eine Verschiebung, also insgesamt eine *Drehung* (um den doppelten orientierten Winkel zwischen den beiden Gleitgeraden).

Zur konkreten Ermittlung der Ersatzabbildung ist die angegebene Darstellung in der Form a̲ P Q b̲ geeignet. Zeichnen Sie je ein Beispiel mit parallelen und mit schneidenden Gleitgeraden durch und ermitteln Sie die Kenndaten des Produkts.

Aufgabe 17: Dilatationen (Punktspiegelungen und Verschiebungen)

Mit Punktspiegelungen kann man rechnen, man kann aufgrund einfacher Gesetze einen richtigen Kalkül aufbauen. Wir wollen die wichtigsten Regeln dieses Kalküls kennen lernen und ihre geometrische Bedeutung erkennen.

a) $P Q = 2 \cdot \overrightarrow{PQ}$ beweist man z. B. wie folgt: Ist die Gerade PQ = g so ersetzt man P durch das Produkt x̲ g̲ und Q durch das Produkt g̲ h̲. Wie verlaufen g und h und was ergibt das Ergebnis P̲ Q̲ mit diesen Ersetzungen?

Man schließt daraus z. B. als Kalkülregel folgende Tatsache:

P̲ Q̲ = Q̲ P̲ genau dann, wenn P̲ = Q̲. bzw. geometrisch genau dann, wenn P = Q.

b) Zunächst ist klar, dass man P̲ Q̲ ersetzen kann durch ein beliebiges Produkt X̲ Y̲ , wenn nur der Vektor von P nach Q gleich dem von X nach Y ist.

Dies benutzen wir, indem wir Y = R wählen und erhalten für X das gewünschte Ergebnis: P̲ Q̲ R̲ = X̲ ist die Punktspiegelung am vierten Parallelogrammpunkt X zu P, Q und R. Erstellen Sie eine entsprechende Zeichnung und bestätigen Sie das Ergebnis mithilfe eines DGS.

Weil X wie jede Punktspiegelung eine selbstinverse Abbildung ist, erhalten wir unter Anwendung der Inversenregel: $\underline{X}^{-1} = (\underline{PQR})^{-1} = \underline{R}^{-1}\underline{Q}^{-1}\underline{P}^{-1} = \underline{R}\,\underline{Q}\,\underline{P} =$ X̲ = P̲ Q̲ R̲.

Als zweite Kalkülregel hätten wir also: In einem Produkt aus drei Punktspiegelungen darf man die Reihenfolge umkehren: A̲B̲C̲ = C̲B̲A̲

Wir zeigen eine einfache Anwendung dieser Regel und weisen mit dieser nach, dass für die Verkettung von Translationen das Kommutativgesetz gilt:

Für die Verkettung zweier Translationen (A̲B̲) und (C̲D̲) gilt:

(A̲B̲) (C̲D̲) = A̲(B̲C̲D̲) = A̲(D̲C̲B̲) = (A̲D̲C̲)B̲ = (C̲D̲A̲)B̲ = (C̲D̲) (A̲B̲)

c) Das vorhergehende Ergebnis P̲ Q̲ R̲ = X̲ ist ein „Reduktionssatz für Punktspiegelungen": Man kann jedes Produkt von drei Punktspiegelungen ersetzen durch eine einzige Punktspiegelung. Damit erhält man sofort das in der Aufgabe behauptete Ergebnis.

d) Dies folgt aus dem Ergebnis von a).

Aufgabe 18: Konstruktion von Vielecken aus ihren Seitenmitten

Für ein Dreieck ist die Aufgabe leicht mithilfe des Satzes von der Mittelparallele zu lösen. Im allgemeinen Fall ist dies jedoch eine etwas anspruchsvollere Aufgabe. Wir betrachten das in der Aufgabe angegebene Diagramm sofort für den Allgemeinfall eines beliebigen n-Ecks und stellen fest:

Der Eckpunkt A_1 muss ein Fixpunkt des Produkts α der n Punktspiegelungen an den aufeinander folgenden Seitenmitten $M_1, M_2, M_3, ..., M_n$ sein. Die Abbildung α ist also ein Produkt von n Punktspiegelungen. Wir unterscheiden zwei Fälle:

Fall 1: n ist ungerade (z. B. n = 3).

In diesem Fall ist α eine Punktspiegelung und besitzt daher einen eindeutig bestimmten Fixpunkt. Daher gibt es für jede beliebige Vorgabe der M_k stets eine eindeutige Lösung für den Eckpunkt A_1 und damit für das gesuchte n-Eck.

Fall 2: n ist gerade (z. B. n = 4).

In diesem Fall ist α eine Verschiebung, die im Allgemeinen keinen Fixpunkt besitzt, und es deshalb i. Allg. kein Lösungsviereck gibt.

Ist jedoch die Abbildung α die Identität (Nullverschiebung), dann ist *jeder* Punkt Fixpunkt und jeder Punkt der Ebene kann als Eckpunkt A_1 für das n-Eck dienen. In diesem Sonderfall gibt es also unendlich viele Lösungen. Dieser Sonderfall wird jedoch nur eintreten, wenn die Mittelpunkte eine spezielle geometrische Lage einnehmen, so dass das Produkt $\underline{M}_1\,\underline{M}_2\,\underline{M}_3$ ... $\underline{M}_n$ die Identität ist. Für den Fall n = 4 wollen wir dies untersuchen:

Wie müssen die vier Seitenmitten eines Vierecks liegen, damit dazu ein Viereck existiert? Es muss gelten $\underline{M}_1\,\underline{M}_2\,\underline{M}_3\,\underline{M}_4 = i$ oder daraus $\underline{M}_1\,\underline{M}_2\,\underline{M}_3 = \underline{M}_4$ und das heißt, dass M_4 der zu M_1, M_2 und M_3 gehörige vierte Parallelogrammpunkt ist. Wir gewinnen also einen überraschenden Satz:

Die Mitten der aufeinander folgenden Seiten eines beliebigen Vierecks bilden stets ein Parallelogramm.

Zeichnen Sie für n = 3, 4 und 5 je ein Beispiel durch und überzeugen Sie sich von der Richtigkeit der Überlegungen.

Aufgabe 19: Vermischte Aufgaben zu den Kongruenzabbildungen

a) Bestimmen Sie zwei einander bei der Drehung zugeordnete Punktepaare (Tischecken). Der Schnittpunkt der Mittelsenkrechten für diese beiden Punktepaare muss der Drehpunkt sein. Bestätigen Sie Ihr Ergebnis mithilfe eines DGS.

b) Die Verkettung einer Drehung mit einer Verschiebung ist stets wieder eine Drehung und muss daher einen eindeutig bestimmten Fixpunkt haben. Wie bestimmt man diesen im konkreten Fall? Ermitteln Sie ihn durch Konstruktion für ein selbst gewähltes Beispiel.

c) Siehe Lösung zu Aufgabe 16 e).

3 Gruppen von Kongruenzabbildungen – Symmetriegruppen

3.1 Die Kongruenzgruppe der Ebene

In Kapitel 2 haben wir die Achsenspiegelung kennen gelernt, sowie sämtliche Abbildungstypen, die als Ergebnisse bei Verkettungen von Achsenspiegelungen auftreten können. Es zeigte sich, dass beliebige Verkettungen von Achsenspiegelungen, Drehungen, Verschiebungen und Gleitspiegelungen immer wieder zu Abbildungen dieser Art führen. Man sagt: Die Menge sämtlicher Abbildungen dieser Art ist bezüglich der Verkettung *abgeschlossen*. Diese Tatsache können wir nun ausnutzen, um eine systematische Übersicht zu geben.

> **Definition:**
> *Eine Kongruenzabbildung der Ebene ist eine Achsenspiegelung oder eine Verkettung von endlich vielen Achsenspiegelungen.*

Das in Kap. 2 erhaltene Ergebnis können wir nun so aussprechen:

> Es gibt genau vier verschiedene Typen von Kongruenzabbildungen der Ebene:
> Achsenspiegelung, Drehung, Verschiebung und Gleitspiegelung.

Zu jeder Kongruenzabbildung α der Ebene gibt es eine **Umkehrabbildung** β, die diese rückgängig macht, d. h. die mit ihr verkettet die Identität i ergibt: $\alpha \circ \beta = \beta \circ \alpha = i$.
Man nennt diese Abbildung β die zu α **inverse Abbildung** und bezeichnet sie mit α^{-1}.

Aufgabe 1:
Geben Sie zu jeder der folgenden Kongruenzabbildungen die inverse Abbildung an:
a) Achsenspiegelung $\underline{a}$ b) Drehung D(S; α)
c) Verschiebung $\overrightarrow{AB}$ d) Gleitspiegelung GS$(a; \vec{v})$

Die Kenntnis sämtlicher Kongruenzabbildungen ermöglicht nun eine scharfe Definition des Begriffs Kongruenz:

> **Definition:**
> *Zwei ebene Figuren nennen wir zueinander kongruent, wenn es eine Kongruenzabbildung gibt, die die eine auf die andere abbildet.*

Aufgabe 2:

In einem Koordinatensystem ist das Dreieck ABC mit den Ecken A(0; 0), B(4; 0) und C(0; 2) gegeben. Beweisen Sie, dass folgende Dreiecke zu Dreieck ABC kongruent sind, indem Sie eine Kongruenzabbildung angeben, die das Dreieck ABC in das entsprechende Bilddreieck abbildet. Bestimmen Sie die Kenndaten der jeweiligen Abbildung. Konstruieren Sie mit einem DGS. Gehen Sie schrittweise vor.

a) E(8; 6), F(8; 10), G(6; 6)
b) P(10; 4), Q(10; 0), R(8; 4)
c) Welche Kongruenzabbildung bildet Dreieck EFG ab in Dreieck PQR?

Die Menge K aller Kongruenzabbildungen der Ebene hat folgende Eigenschaften:

1. K ist **abgeschlossen** bezüglich der Verkettung, d. h. das Verkettungsergebnis von zwei beliebigen Elementen von K ist wieder ein Element von K.

2. Für die Verkettung der Elemente von K gilt das **Assoziativgesetz**, d. h. für je drei Elemente x, y, z von K gilt: $x \circ (y \circ z) = (x \circ y) \circ z$.

3. Es gibt in K ein **neutrales Element,** die Identität i. Diese hat die Eigenschaft, sich bezüglich der Verkettung neutral zu verhalten, d. h. es gilt für jedes Element x von K: $x \circ i = i \circ x = x$.

4. Zu jedem Element x aus K gibt es ein **inverses Element**, d. h. eine Umkehrabbildung x^{-1} mit der Eigenschaft: $x \circ x^{-1} = x^{-1} \circ x = i$.

Eine algebraische Struktur (K, ∘), mit diesen vier Eigenschaften, nennt man eine **Gruppe**. Unsere soeben getroffenen Feststellungen können wir also zusammenfassend so formulieren:

> Die Menge aller Kongruenzabbildungen der Ebene bildet mit der Verkettung als Verknüpfung eine Gruppe, die Kongruenzgruppe (K, ∘) der Ebene.

Wegen ihrer fundamentalen Bedeutung für die gesamte Mathematik wollen wir die Struktur einer Gruppe nochmals formal und möglichst allgemein notieren:

> *Ist in einer nichtleeren Menge M eine Verknüpfung # definiert, so heißt das Paar (M, #) eine Gruppe, wenn folgende Bedingungen erfüllt sind:*
> *G1: Die Menge M ist bezüglich der Verknüpfung # abgeschlossen:*
> *Für beliebige a, b aus M ist stets auch (a # b) aus M.*
> *G2: In (M, #) gilt das Assoziativgesetz:*
> *Für alle Elemente a, b, c aus M gilt: a # (b # c) = (a # b) # c.*
> *G3: In M existiert ein Neutralelement e mit der Eigenschaft:*
> *Für alle x aus M gilt x # e = e # x = x.*
> *G4: Zu jedem Element x aus M gibt es ein Inverses y aus M mit der Eigenschaft:*
> *x # y = y # x = e.*

*Das Kommutativgesetz [a # b = b # a für alle a, b] wird für Gruppen **nicht** gefordert.*

Wir wollen sämtliche Kongruenzabbildungen noch ein wenig strukturieren und sortieren und gewisse Untergruppen ermitteln:

> Die Menge aller gleichsinnigen Kongruenzen (Verschiebungen und Drehungen) bildet mit der Verkettung als Verknüpfung eine Untergruppe $(K^+, \circ)$ der vollen Kongruenzgruppe K. Man nennt sie auch die Bewegungsgruppe $(B, \circ)$.

Die gleichsinnigen Kongruenzabbildungen lassen sich durch *echte Bewegungen <u>in</u> der Ebene* realisieren, deshalb nennt man sie Bewegungen. Anders ist dies bei den ungleichsinnigen Kongruenzen (Achsen- und Gleitspiegelung), bei denen real immer ein Umklappen notwendig ist, also ein Herausgehen <u>aus</u> der Ebene.

Aufgabe 3:
a) Beweisen Sie, dass die Menge $K^+ = B$ der Bewegungen für sich eine Gruppe bildet.
b) Warum bilden die ungleichsinnigen Kongruenzen K^- für sich keine Gruppe?
c) Warum bilden die sämtlichen Achsenspiegelungen allein keine Gruppe?
d) Zeigen Sie, dass die sämtlichen Verschiebungen der Ebene eine Gruppe bilden, die „Translationsgruppe".

Geometrisch zeichnen sich gewisse Abbildungen dadurch aus, dass sie jede Gerade in eine dazu parallele Gerade abbilden. Solche Abbildungen nennen wir **Dilatationen**.

Aufgabe 4:
a) Welche Abbildungen der Kongruenzgruppe sind Dilatationen?
b) Weisen Sie nach, dass die sämtlichen Dilatationen für sich eine Gruppe bilden, die Dilatationsgruppe.

3.2 Zyklische Drehgruppen und Diedergruppen

Unter allen möglichen ebenen Figuren zeichnen sich einige dadurch aus, dass es eine *echte* (d. h. nichtidentische) Kongruenzabbildung gibt, die die Figur auf sich abbildet.

Aufgabe 5:
Welche Kongruenzabbildungen bilden die Figur jeweils auf sich selbst ab?

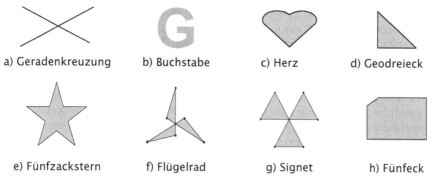

a) Geradenkreuzung   b) Buchstabe   c) Herz   d) Geodreieck

e) Fünfzackstern   f) Flügelrad   g) Signet   h) Fünfeck

> **Definition:**
> *Eine ebene Figur nennen wir symmetrisch, wenn es eine echte (d. h. nichtidentische) Kongruenzabbildung gibt, die die Figur auf sich selbst abbildet.*

Aufgabe 6:

a) Welche Deckabbildungen (Symmetrien) lässt das neben-stehend abgebildete Windrad zu? Notieren Sie sämtliche Deckabbildungen (einschließlich der Identität).

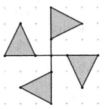

b) Zeigen Sie, dass die sämtlichen Deckabbildungen des Wind-rads mit der Verkettung als Verknüpfung eine Gruppe bil-den.

Stellen Sie eine Verknüpfungstafel für diese Gruppe auf.

Die Deckabbildungsgruppe (Symmetriegruppe) eines Rechtecks:

Aufgabe 7:

a) Schneiden Sie sich ein Rechteck aus Pappe aus und beschriften Sie seine vier Ecken A, B, C und D auf der Vorder- und Rückseite.

b) Wie viele verschiedene Möglichkeiten gibt es, das Pappexemplar „passend" (kongruent) auf das Ausgangsexemplar in dieser Zeichnung zu legen?

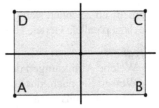

c) Wie muss man das Pappexemplar aus der Ausgangslage jeweils in die passen-de Endlage bewegen, d. h. welche Abbildung wird dabei durchgeführt? Probie-ren Sie dies aus. Ein Beispiel ist hier angegeben:

$$\mathbf{H} = \begin{pmatrix} A & B & C & D \\ C & D & A & B \end{pmatrix}.$$ H ist eine **H**albdrehung (Punktspiegelung) um den

Mittelpunkt, bei der A in C, B in D, C in A und D in B abgebildet wird.

d) Zeigen Sie: Die Symmetriegruppe des Rechtecks be-steht aus genau vier Elementen: der Identität i, der Halbdrehung H um den Mittelpunkt und zwei Achsen-spiegelungen W (waagrecht) und S (senkrecht). Be-rechnen Sie die Verkettungsergebnisse, und füllen Sie die Verknüpfungstafel aus.

o	i	H	S	W
i				
H			W	
S				
W				

e) Vergleichen Sie die Verknüpfungstafel dieser Vierer-gruppe mit der von Aufgabe 6. Sind die Gruppen struk-turgleich (isomorph)? Erklären Sie den Unterschied.

Die beiden vorausgegangenen Beispiele haben gezeigt, dass offenbar die Menge der sämtlichen Symmetrien (Deckabbildungen) einer Figur mit der Verkettung als Verknüpfung eine Gruppe bildet. Wir wollen dies nun allgemein beweisen und die wichtigsten Typen von Symmetriegruppen kennen lernen:

> **Satz:**
> Die Menge aller Deckabbildungen (Symmetrien) einer ebenen Figur bildet mit der Verkettung als Verknüpfung eine Gruppe, die Symmetriegruppe der Figur.

Beweis:
Zunächst ist die Menge M der Symmetrien einer jeden Figur F *nicht leer*, denn die Identität i ist Deckabbildung *jeder* Figur. Damit besitzt die Menge M auch ein *Neutralelement*. Das *Assoziativgesetz* gilt für die Verkettung aller Kongruenzabbildungen, also erst recht für die Teilmenge M der Deckabbildungen der Figur. Sind α und β zwei Symmetrieabbildungen der Figur F, also Elemente der Menge M, so gilt $\alpha(F) = F$ und $\beta(F) = F$ und damit auch $\alpha \circ \beta \ (F) = F$, d. h. auch $\alpha \circ \beta$ ist eine Symmetrieabbildung von F und damit ein Element der Menge M. Die Menge M ist also *abgeschlossen* bezüglich der Verkettung. Ist nun α irgendeine Symmetrieabbildung von F, dann ist auch die zu α inverse Abbildung α^{-1} eine Symmetrieabbildung von F. Bildet nämlich α die Figur F auf sich selbst ab, so muss die Umkehrung dies wieder rückgängig machen, also F ebenfalls auf sich selbst abbilden. Damit sind alle Bedingungen einer Gruppe erfüllt und der Satz bewiesen.

Wir werden nun wie angekündigt zwei der wichtigsten Typen von *endlichen* Symmetriegruppen der Ebene kennen lernen, die zyklischen Drehgruppen Z_n und die Diedergruppen D_n (gesprochen: Di-eder). Einfachste Beispiele dafür haben wir schon in den Aufgaben 6 und 7 gesehen.

Die Gruppe Z_6 der Deckdrehungen des regelmäßigen Sechsecks:

Wir betrachten ein regelmäßiges Sechseck F mit Mittelpunkt M. Die Drehung d um M um 60° im Gegenuhrzeigersinn ist offenbar eine Symmetrieabbildung des Sechsecks. Man kann sie darstellen in der Form $d = \begin{pmatrix} A & B & C & D & E & F \\ B & C & D & E & F & A \end{pmatrix}$.

Durch Verkettung dieser Drehung d mit sich selbst gewinnen wir die sämtlichen Deckdrehungen des regelmäßigen Sechsecks und damit die Menge D = {i, d, d², d³, d⁴, d⁵} der 6 Deckdrehungen des Sechsecks. Für diese Menge haben wir eine Verknüpfungstafel aufgestellt, an der man die „zyklische Struktur" der Gruppe erkennt. Ein „Gruppengraph" lässt dies noch deutlicher erkennen:

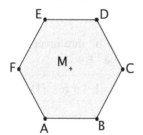

o	i	d	d²	d³	d⁴	d⁵
i	i	d	d²	d³	d⁴	d⁵
d	d	d²	d³	d⁴	d⁵	i
d²	d²	d³	d⁴	d⁵	i	d
d³	d³	d⁴	d⁵	i	d	d²
d⁴	d⁴	d⁵	i	d	d²	d³
d⁵	d⁵	i	d	d²	d³	d⁴

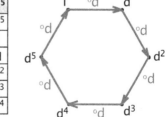

Regelmäßiges Sechseck   Gruppentafel der Drehgruppe   Gruppengraph

Analog zu dieser „zyklischen Drehgruppe" Z_6 besitzt jedes regelmäßige n-Eck eine zyklische Drehgruppe Z_n mit n Drehungen. Die Struktur dieser Gruppen ist jeweils die gleiche, wie wir sie von den additiven Restklassengruppen mod n kennen. Man sagt, die beiden Gruppen seien zueinander **strukturgleich** oder **isomorph**.
Überzeugen Sie sich nochmals am Beispiel der Gruppe aus Aufgabe 6 von der zyklischen Struktur.

Die Gruppe D_3 der sämtlichen Deckabbildungen des gleichseitigen Dreiecks:

Außer den 6 Deckdrehungen hat das regelmäßige Sechseck natürlich noch weitere Symmetrien, nämlich 6 Achsenspiegelungen. Wir wollen die vollständige Symmetriegruppe an einem einfacheren Beispiel untersuchen, der Deckabbildungsgruppe des gleichseitigen Dreiecks. Man nennt sie die **Diedergruppe D_3**.
Hinweis: „Di-eder" bedeutet „Zwei-flächner". Vgl. das Modell bei Aufgabe 7.
Zunächst bezeichnen wir eine Deckdrehung des gleichseitigen Dreiecks um den Mittelpunkt M um 120° mit dem Buchstaben d. Weiter führen wir eine Achsenspiegelung $\underline{s}$ an der Mittelsenkrechte s von AB ein. Damit erhalten wir folgende Abbildungen:

$$d = \begin{pmatrix} A & B & C \\ B & C & A \end{pmatrix}$$

$$\underline{s} = \begin{pmatrix} A & B & C \\ B & A & C \end{pmatrix}$$

o	i	d	d²	s	sd	sd²
i	i	d	d²	s	sd	sd²
d	d	d²	i	sd²	s	sd
d²	d²	i	d	sd	sd²	s
s	s	sd	sd²	i	d	d²
sd	sd	sd²	s	d²	i	d
sd²	sd²	s	sd	d	d²	i

Die sämtlichen 6 Deckabbildungen des Dreiecks erhalten wir nun durch Verkettungen von d und s untereinander: $i = d^3 = \underline{s}^2$, d, d², $\underline{s}$, $\underline{s}\, d = d^2\, \underline{s}$, $\underline{s}\, d^2 = d\, \underline{s}$.
Überprüfen Sie diese Angaben durch Ausprobieren mit einem Pappexemplar entsprechend Aufgabe 7 bzw. durch Nachrechnen mithilfe der angegebenen Abbildungsmatrizen. In der Zeichnung haben wir die Achsen der Figur entsprechend diesen Ergebnissen bezeichnet. Überprüfen Sie die Gruppentafel der D_3. Was erkennt man an den schattierten Feldern in der Gruppentafel?

Als Hilfe beim Umgang mit Gruppen stellen wir zwei Rechenregeln zur Verfügung:

a) Die Inversenregel für Gruppen:

Es seien a und b zwei Elemente einer Gruppe (G, #) und a^{-1} bzw. b^{-1} ihre Inversen. Was ist das Inverse des Produkts (a # b)? Leider nicht unbedingt a^{-1} # b^{-1}.

In Gruppen gilt stets die folgende Inversenregel: $(a\, \#\, b)^{-1} = b^{-1}\, \#\, a^{-1}$ (1)

Beweis: Ein Element y heißt invers zu einem Element x, wenn die Verknüpfung von x mit y und von y mit x das Neutralelement i ergibt (siehe Definition der Gruppe).

Nun gilt: $(a \# b) \# (b^{-1} \# a^{-1}) = a \# (b \# b^{-1}) \# a^{-1} = a \# a^{-1} = i$.

Damit ist $(b^{-1} \# a^{-1})$ als Inverses von $(a \# b)$ nachgewiesen.

Anschauliche Deutung:

Machen Sie sich die Beziehung klar mit der folgenden Interpretation:

a = Jacke anziehen, b = Mantel anziehen, # = danach ausführen

Was bedeutet dann die Gleichung $(a \# b)^{-1} = b^{-1} \# a^{-1}$?

b) *Eine Rechenregel für Diedergruppen:*

Zum einfachen Rechnen in einer Diedergruppe D_n bieten sich die beim obigen Beispiel der D_3 gewählten Bezeichnungen an: d ist die Drehung um den Mittelpunkt M um den Winkel 360°/n. Dann lassen sich die sämtlichen Deckdrehungen darstellen durch die Potenzen von d: d, d^2, d^3, ... d^{n-1}, $d^n = i = d^0$

Ist $\underline{s}$ irgendeine Deckspiegelung der Figur, so erhält man mit $\underline{s}$, $\underline{s} \circ d$, $\underline{s} \circ d^2$, $\underline{s} \circ d^3$, ..., $\underline{s} \circ d^{n-1}$ die sämtlichen n Deckspiegelungen des regelmäßigen n-Ecks.

[Man stellt diese der Einfachheit halber häufig mit den Symbolen s, sd, sd², sd³, ..., sd^{n-1} ohne Unterstrich dar – wohl wissend, dass es sich um Achsenspiegelungen handelt.]

Nun gilt folgende Regel: $\underline{s} \circ \mathbf{d}^k = \mathbf{d}^{n-k} \circ \underline{s}$ \hfill (2)

Beweis:

Zunächst ist das Produkt $\underline{s} \circ d^k$ eine Achsenspiegelung (weil ungleichsinnig) und daher selbstinvers. Also gilt $(\underline{s} \circ d^k)^{-1} = \underline{s} \circ d^k$. \hfill (I)

Andererseits kennen wir die Inversen von s und d^k:

$\underline{s}$ ist als Spiegelung selbstinvers und die Drehung d^k hat als inverse Abbildung d^{n-k}, man muss nämlich nochmals $(n - k)$ Drehungen d weiterdrehen, bis man eine volle Drehung um 360° hinter sich hat, also bei der Identität angelangt ist.

Damit gilt nach der Inversenregel: $(\underline{s} \circ d^k)^{-1} = (d^k)^{-1} \circ \underline{s}^{-1} = d^{n-k} \circ \underline{s}$. \hfill (II)

Mit (I) und (II) zusammen ergibt sich die Behauptung.

Diese Beziehung ist äußerst hilfreich, denn mit ihr kann man leicht Verknüpfungen von Abbildungen in den Diedergruppen berechnen, wie folgendes Beispiel zeigt. Wir betrachten die Diedergruppe D_{10}, d. h. die Deckabbildungen des regelmäßigen Zehnecks:

▪   Was ergibt das Produkt $(\underline{s} \circ d^3) \circ (\underline{s} \circ d^5)$?

$(\underline{s} \circ d^3) \circ (\underline{s} \circ d^5) = \underline{s} \circ (d^3 \circ \underline{s}) \circ d^5 = \underline{s} \circ (\underline{s} \circ d^7) \circ d^5 = \underline{s} \circ \underline{s} \circ (d^7 \circ d^5) = d^2$

▪   Was ergibt $d^7 \circ (\underline{s} \circ d^8)$?

$d^7 \circ (\underline{s} \circ d^8) = (d^7 \circ \underline{s}) \circ d^8 = (\underline{s} \circ d^3) \circ d^8 = \underline{s} \circ (d^3 \circ d^8) = \underline{s} \circ d$.

Mit diesem nützlichen Hinweis ist es ein Leichtes, Gruppentafeln für die D_n für beliebiges n aufzustellen. Führen Sie dies zumindest für n = 3, 4, 5 und 6 durch.

Jede Diedergruppe D_n besteht aus n Drehungen und n Spiegelungen. Die sämtlichen Drehungen bilden für sich eine zyklische Untergruppe Z_n. Ist d die Drehung um den Mittelpunkt um den Winkel 360°/n und s irgendeine Symmetrieachse so gilt: $\underline{s} \circ d^k = d^{n-k} \circ \underline{s}$. \hfill (2)

Aufgabe 8:
Konstruieren Sie ein regelmäßiges Viereck (Fünfeck, Sechseck).
a)   Zählen Sie die sämtlichen Deckabbildungen des Vielecks auf.
b)   Stellen Sie eine Gruppentafel für die Diedergruppe D_4 (D_5, D_6) auf.
Mit den zyklischen Drehgruppen Z_n und den Diedergruppen D_n haben wir die beiden wichtigsten Typen von endlichen Untergruppen der Kongruenzgruppe kennen gelernt. Es gilt nämlich der überraschende Satz:

> **Satz:**
> Jede endliche Untergruppe der ebenen Kongruenzgruppe ist entweder eine zyklische Drehgruppe Z_n oder eine Diedergruppe D_n.

Wir wollen diesen Satz nicht streng beweisen, sondern plausibel begründen. Die dazu notwendigen Überlegungen bilden eine gute Anwendung unseres Wissens über Kongruenzabbildungen:
1.   Eine endliche Untergruppe U von K kann keine echte Translation enthalten. Enthielte sie eine solche, so könnte man diese immer wieder mit sich selbst verketten und erhielte auf diese Weise *unendlich* viele verschiedene Translationen in U.
2.   Eine endliche Untergruppe U von K kann keine echte Gleitspiegelung enthalten. Was ergäbe die Verkettung dieser Gleitspiegelung mit sich selbst? Siehe dann 1.
3.   Eine endliche Untergruppe U von K kann keine zwei Drehungen mit verschiedenen Drehpunkten enthalten.
     Angenommen, es seien zwei Drehungen $D(S; \alpha)$ und $E(T; \beta)$ mit verschiedenen Drehpunkten $S \neq T$ vorhanden. [Hinweis: Fertigen Sie eine Zeichnung an.]
     Dann kann man zur Darstellung der Drehungen die Gerade $b = ST$ (Verbindungsgerade der Drehpunkte) benutzen und erhält:
     $D \circ E \circ D^{-1} \circ E^{-1} = \underline{(ab)}\ \underline{(bc)}\ \underline{(ba)}\ \underline{(cb)} = \underline{(acb)}\ \underline{(acb)}$.
     Das Produkt $\underline{a}\ \underline{c}\ \underline{b}$ in der Klammer ist aber eine echte Gleitspiegelung und daher ihr Quadrat eine Translation. Damit liegt Fall 2 bzw. 1 vor, und die Gruppe kann nicht endlich sein.
4.   Enthält eine endliche Untergruppe U von K eine Drehung um den Punkt S und eine Spiegelung an der Gerade a, so muss a durch S gehen.
     Seien nämlich eine Drehung $D(S; \varphi)$ und eine Achsenspiegelung $\underline{a}$ gegeben, wobei der Drehpunkt S *nicht* auf der Spiegelachse a liegt, so kann die Gruppe wieder nicht endlich sein:
     Wir stellen D dar als Produkt $\underline{bc}$, wobei $b \perp a$ [Zeichnung anfertigen!]. Dann gilt
     $\underline{a}\, D\, \underline{a} = \underline{a}\ \underline{(bc)}\ \underline{a} = \underline{(ab)}\ \underline{ca} = \underline{(ba)}\ \underline{ca} = \underline{b}\ \underline{(ac)}\ \underline{a} = \underline{ba}\ \underline{(ca)} = \underline{ba}\ \underline{(c'a')} = \underline{ba}\ \underline{(aa')}$
     $= \underline{b}\ \underline{(aa)}\ a' = \underline{b}\ a\ '$, wobei $c' = a$ gewählt wurde.
     Die Abbildung $\underline{ba'}$ erweist sich als Drehung um den Spiegelpunkt von S an a. Der Drehpunkt dieser neuen Abbildung ist also von S verschieden, und wir hätten den bereits unter 3. ausgeschlossenen Fall zweier Drehungen mit verschiedenen Drehpunkten.
Die bisherigen Überlegungen lassen nur noch folgende Fälle zu:
Die Untergruppe U kann nur Drehungen um ein und denselben Drehpunkt S enthalten oder/und Spiegelungen an Achsen, die alle durch den gleichen Punkt S verlaufen.

Solche Gruppen sind aber genau die zyklischen Drehgruppen und die Diedergruppen. Wir verzichten auf die vollständige Ausarbeitung des Beweises und begnügen uns mit diesen Plausibilitätsargumenten.

Der genannte Satz ist weitreichend und gestattet eine überraschende Folgerung von erstaunlicher Tragweite und Einfachheit:

> Jede beliebige ebene Figur mit endlich vielen Symmetrien hat als Symmetriegruppe entweder eine zyklische Drehgruppe oder eine Diedergruppe.

Aufgabe 9:
Welche Symmetriegruppen haben die Figuren aus Aufgabe 5 a) bis h)?

Aufgabe 10:
Zählen Sie alle Symmetrien der folgenden ebenen Figuren auf.
In welchen Fällen ist die Symmetriegruppe endlich, in welchen nicht?
a) Kreis   b) Rechteck   c) Halbkreis   d) Punkt   e) Parallelenpaar.

Ergänzung: Die Diedergruppe D_4 mit ihren Untergruppen und das Haus der symmetrischen Vierecke

Die Deckabbildungsgruppe des Quadrats ist die Diedergruppe D_4 mit den Abbildungen i, d, d^2, d^3, s, sd, sd^2, sd^3 in der üblichen Bezeichnungsweise.
Wir stellen nachstehend ein Diagramm (Hassediagramm) der sämtlichen Untergruppen der D_4 dar und vergleichen dieses mit dem sogenannten „Haus der symmetrischen Vierecke":

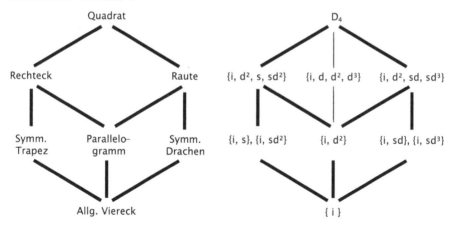

Man erkennt eine verblüffende Übereinstimmung des Hauses der symmetrischen Vierecke mit dem Diagramm der Untergruppen der Diedergruppe D_4. Nur die zyklische Drehgruppe hat keine Entsprechung im Haus der Figuren, d. h. dass jedes Viereck mit dieser Gruppe als Deckabbildungen bereits ein Quadrat ist. Machen Sie sich die entsprechenden Zusammenhänge klar.

Warum sind z. B. die symmetrischen Trapeze bzw. Drachen durch jeweils zwei zugehörige Untergruppen repräsentiert? Kann es weitere Vierecke mit Symmetrie geben?

Die folgende Übersicht zeigt eine Typisierung wichtiger Untergruppen der vollen Kongruenzgruppe K der Ebene:

Die ebene Kongruenzgruppe K und einige ihrer Untergruppen:

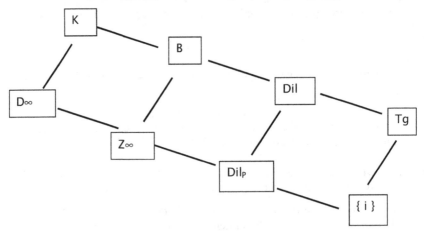

B ist die Gruppe der gleichsinnigen Kongruenzabbildungen (Bewegungsgruppe), also aller Drehungen und Verschiebungen.

D∞ ist die Symmetriegruppe eines einzigen festen Punktes P.

Z∞ ist die Drehgruppe eines einzigen festen Punktes P.

Dil ist die Gruppe aller Dilatationen (Translationen und Punktspiegelungen).

Dil$_p$ ist die Gruppe aller Dilatationen, die einen festen Punkt P fix lassen.

Tg ist die Gruppe aller Translationen in Richtung einer festen Gerade g.

Zusammenfassung:

- Es gibt nur vier Typen von Kongruenzabbildungen der Ebene: Achsenspiegelungen, Drehungen, Verschiebungen und Gleitspiegelungen.
- Die Menge K aller Kongruenzabbildungen der Ebene bildet eine Gruppe. Die gleichsinnigen Kongruenzabbildungen (Bewegungen) bilden für sich allein eine Untergruppe der vollen Kongruenzgruppe.
- Die sämtlichen Deckabbildungen einer ebenen Figur bilden stets eine Gruppe, die Symmetriegruppe der Figur.
- Es gibt nur zwei Typen endlicher Untergruppen der vollen Kongruenzgruppe, die *Diedergruppen* und die *zyklischen Drehgruppen*.

3.3 Hinweise und Lösungen zu den Aufgaben

Aufgabe 1:
a) Achsenspiegelung $\underline{a}$ b) Drehung $D(S; 360° - \alpha)$
c) Verschiebung $\overrightarrow{BA}$ d) Gleitspiegelung $GS(a; -\vec{v})$

Aufgabe 2:

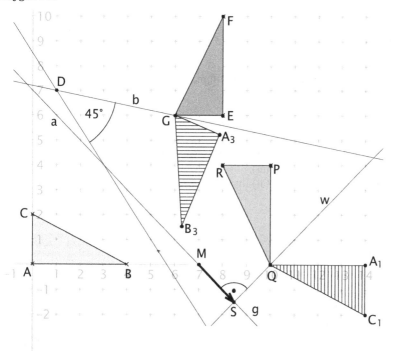

a) Wir bilden Dreieck ABC zuerst ab durch Spiegelung an der Mittelsenkrechten a von CG auf Dreieck A_3B_3G. Danach wird dieses Dreieck abgebildet durch Spiegelung an der Mittelsenkrechten b von A_3E auf Dreieck EFG. Die Verkettung $\underline{a} \circ \underline{b}$ ist eine Drehung um den Schnittpunkt D von a und b um den doppelten orientierten Winkel zwischen a und b, also um 90° im Gegenuhrzeigersinn.

b) Schritt 1: Punktspiegelung am Mittelpunkt M von BQ bildet ABC ab auf A_1QC_1.
Schritt 2: Achsenspiegelung an der Mittelsenkrechten w von A_1P bildet A_1QC_1 ab auf PQR. Die Verkettung $\underline{M} \circ \underline{w}$ ist eine Gleitspiegelung mit der Gerade g = MS (Lot von M auf w) als Gleitgerade und dem Schubvektor $2 \cdot \overrightarrow{MS}$.

c) Man kann nun die Abbildung von EFG auf PQR konstruieren durch die Ergebnisse aus a) und b): $(\underline{a} \circ \underline{b})^{-1} \circ (\underline{M} \circ \underline{w})$. Man erkennt unmittelbar an der Zeichnung das Ergebnis: Gleitspiegelung mit Gleitgerade y = 5 und Schubvektor $\vec{v} = (2; 0)$.

Aufgabe 3:
a) Die Menge K^+ ist nicht leer, sie ist abgeschlossen, i gehört als Neutralelement zu K^+ und mit jeder Abbildung x ist auch deren Umkehrabbildung x^{-1} aus K^+.
b) K^- ist nicht abgeschlossen und enthält kein Neutralelement.
c) Die Menge der Achsenspiegelungen ist u. a. nicht abgeschlossen.
d) Die Identität gehört zu den Translationen, die Menge ist abgeschlossen und das Inverse jeder Translation ist wieder eine solche, also in der Menge enthalten.

Aufgabe 4:
a) Translationen und Punktspiegelungen (Halbdrehungen) sind Dilatationen.
b) Die Menge der Dilatationen erfüllt alle Bedingungen für Gruppen.

Aufgabe 5:
a) Identität, Punktspiegelung am Schnittpunkt, Achsenspiegelungen an den Winkelhalbierenden.
b) Nur Identität.
c) Identität und eine Achsenspiegelung.
d) Identität und eine Achsenspiegelung.
e) 5 Drehungen (einschl. Identität) und 5 Achsenspiegelungen.
f) 3 Drehungen (einschl. Identität).
g) 3 Drehungen (einschl. Identität) und 3 Achsenspiegelungen.
h) Nur Identität.

Aufgabe 6:
a) Vier Drehungen um Vielfache von $90°$.
b) Man erhält die zyklische Vierergruppe Z_4.

Aufgabe 7:
a) Wir empfehlen dringend die Arbeit am Modell.
b) Es gibt 4 verschiedene passende „Decklagen".
c) Man kommt durch folgende vier Abbildungen von der Ausgangslage zu den Decklagen: Identität, Halbdrehung um den Mittelpunkt, Spiegelung an der waagrechten Achse, Spiegelung an der senkrechten Achse.
d) Es ergibt sich die Verknüpfungstafel der Gruppe D_2:
e) Hier sind alle Elemente selbstinvers, nicht so bei der Z_4.

○	I	H	S	W
I	I	H	S	W
H	H	I	W	S
S	S	W	I	H
W	W	S	H	I

Aufgabe 8:
Man erhält jeweils die entsprechende Diedergruppe D_n mit n Drehungen (einschl. Identität) und n Achsenspiegelungen. Wir verzichten auf die Wiedergabe und verweisen auf das Beispiel der D_4 im vorangegangenen Abschnitt.

Aufgabe 9:
a) D_2 b) Z_1 c) D_1 d) D_1 e) D_5 f) Z_3 g) D_3 h) Z_1

Aufgabe 10:
a) Kreis: Alle Spiegelungen mit Achsen durch den Mittelpunkt sowie alle Drehungen mit dem Kreismittelpunkt als Drehpunkt und mit beliebigem Drehwinkel. Die Symmetriegruppe ist unendlich.

b)   Rechteck: Die Symmetriegruppe ist die Diedergruppe D_2.

c)   Halbkreis: Symmetriegruppe ist die Diedergruppe D_1, bestehend aus einer Achsenspiegelung und der Identität.

d)   Ein Punkt hat dieselbe Symmetriegruppe wie ein Kreis.

e)   Ein Parallelenpaar hat als Symmetrieabbildungen
   - alle Spiegelungen an Achsen, die senkrecht zu den Parallelen verlaufen,
   - alle Punktspiegelungen (Halbdrehungen) an Punkten auf der Mittelparallele,
   - die Achsenspiegelung an der Mittelparallele,
   - sowie deren Verkettungen.

   Die Gruppe ist daher unendlich.

Zusatz:

Überzeugen Sie sich an selbst gewählten weiteren Beispielen von der überraschenden Tatsache, dass jede ebene Figur mit einer endlichen Symmetriegruppe entweder eine Diedergruppe D_n oder eine zyklische Drehgruppe Z_n als Symmetriegruppe hat.

4 Figuren in der Ebene und im Raum

4.1 Grundlegende Sätze über Winkel

Aufgabe 1:
Gegeben ist eine *Geradenkreuzung*, d. h. zwei sich schneidende Geraden.
a) Welche Symmetrien besitzt diese Figur?
b) Welche Figureigenschaften folgen aus der Anwendung der einzelnen Symmetrieabbildungen?
   Welche gleichgroßen Winkel ergeben sich?

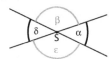

Schneiden sich zwei Geraden, so entsteht eine Geradenkreuzung. Die dabei auftretenden Winkel können zwei verschiedene Lagen einnehmen:
Scheitelwinkel liegen mit demselben Scheitel einander gegenüber (z. B. α und δ).
Nebenwinkel liegen mit einem gemeinsamen Schenkel nebeneinander (z. B. α und β).

Als Ergebnis von Aufgabe 1 erhalten wir:

> Scheitelwinkel sind jeweils gleich groß, Nebenwinkel ergänzen sich zu 180°.

Aufgabe 2:
Die nebenstehende Figur wird durch eine Punktspiegelung (= Halbdrehung = Drehung um 180°) am Punkt P, der auf der Geraden h liegt, abgebildet.
a) Warum ist die Bildgerade g' von g zu g parallel?
b) Welche Zusammenhänge ergeben sich in der Gesamtfigur?
c) Nutzen Sie zusätzlich die Beziehungen aus Aufgabe 1 aus.
d) Formulieren Sie Sätze über Winkel an Parallelen. Gelten auch die Umkehrungen dieser Sätze?

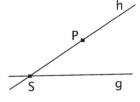

An einer Doppelkreuzung (eine Gerade wird von zwei anderen in verschiedenen Punkten geschnitten) gibt es Paare zugeordneter Winkel:
Stufenwinkelpaare z. B. α und ε oder aber δ und τ.
Wechselwinkelpaare z. B. α und λ oder aber δ und φ.

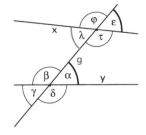

Ergebnis:

> Paare von Stufenwinkeln bzw. von Wechselwinkeln an einer Doppel-
> kreuzung sind genau dann gleich groß, wenn parallele Geraden vorlie-
> gen, d. h. x parallel zu y ist.

Aufgabe 3:
Gegeben sind die zueinander parallelen Geraden g und h
sowie die Gerade s.

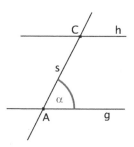

a) Zeichnen Sie den Wechselwinkel zu α ein.
b) Zeichnen Sie eine weitere Gerade durch C, die g in
    B schneidet. Zeichnen Sie auch für diese die ent-
    sprechenden Winkel ein. Beweisen Sie nun den
    Winkelsummensatz für das Dreieck ABC.
c) Beweisen Sie:
    Ein Außenwinkel im Dreieck ist so groß wie die
    Summe der beiden nicht anliegenden Innenwinkel.

Aufgabe 4:
a) Formulieren und beweisen Sie den Satz von der Winkelsumme im n-Eck.
b) Berechnen Sie die Größe des Innenwinkels für ein regelmäßiges n-Eck.

4.2 Dreiecke und ihre Eigenschaften

Die wichtigste Figur der ebenen Geometrie ist das Dreieck. Alle Vielecke (Polygone) lassen sich nämlich aus Dreiecken aufbauen bzw. in solche zerlegen. Diese
grundlegende Idee, die zur Lösung der Aufgabe 4 im vorigen Abschnitt benötigt
wird, ist typisch und hilfreich für viele Überlegungen an Vielecken. Wir formulieren nochmals die Ergebnisse von Aufgabe 4:

> Satz 1:
> In jedem Dreieck beträgt die Summe der Innenwinkel stets 180°.
> In jedem n-Eck beträgt die Summe der Innenwinkel stets (n – 2) · 180°.

Mithilfe des Zerlegungs- bzw. Aufbauprinzips gewinnen wir nachfolgend eine
weitere Aussage über Vielecke. Wir gehen dabei von der folgenden bekannten Tatsache aus:
**Zur eindeutigen Konstruktion eines Dreiecks benötigt man 3 vorgegebene Be-
stimmungsstücke.**

- Wie viele Bestimmungsstücke benötigt man zur eindeutigen Konstruktion eines beliebigen Vierecks, Fünfecks, Sechsecks , ... n-Ecks?
- Welche Idee hilft zur allgemeinen Lösung dieses Problems?
- Wie kommt man von einem Dreieck zu einem Viereck, dann zu einem Fünfeck
  ... usw. ?

Ganz einfach: Durch Ansetzen eines weiteren Dreiecks an einer gegebenen Seite entsteht aus einem n-Eck ein (n+1)-Eck. Da eine Seite schon gegeben ist, genügen zwei weitere Bestimmungsstücke für diese Erweiterung der Figur um eine weitere Ecke. Daraus lässt sich leicht die Anzahl der nötigen Bestimmungsstücke für die eindeutige Konstruktion eines n-Ecks berechnen. Berechnen Sie diese Anzahl selbst.

Neben der *Winkelsummeneigenschaft* sind drei weitere allgemeine Eigenschaften von Dreiecken von Belang:

> **Satz 2: (Dreiecksungleichung)**
> Die Summe zweier Seitenlängen eines Dreiecks ist stets größer als die dritte Seitenlänge.

Wir entnehmen diesen zentralen Satz der Geometrie der Anschauung. Er ist eine der fundamentalen metrischen Aussagen der Geometrie und gleichbedeutend mit der Aussage: „Die gerade Verbindung zweier Punkte, also die Strecke, ist die kürzeste".

> **Satz 3:**
> Im Dreieck gehört zur größeren Seite stets der größere Gegenwinkel, d. h. wenn a > b ist, dann gilt auch $\alpha > \beta$.

Beweis:
In einem Dreieck sei a > b. Dann schneidet der Kreis um C mit Radius b = CA die Seite a = BC in einem inneren Punkt D (zeichnen Sie). Dann ist $\angle DAC = \angle CDA = \delta$, und es gilt folgende Gleichungskette: $\alpha > \delta > \beta$ (Begründung!), also $\alpha > \beta$.

> **Satz 4: (Satz von der Mittelparallelen im Dreieck)**
> Die Verbindungsstrecke zweier Seitenmitten eines Dreiecks ist parallel zur dritten Dreiecksseite und halb so lang wie diese.

Beweis: (alle Winkel im Gegenuhrzeigersinn!)
Voraussetzungen:
B_1 sei Mittelpunkt von AC, d. h. $AB_1 = B_1C$.
c_1 sei die Parallele zu c durch B_1, sie schneidet
CB = a in A_1. Analog sei a_1 parallel zu a durch
B_1 und C_1 der Schnittpunkt mit AB = c.
Wir zeigen:
A_1 ist Mitte von BC und $A_1B_1 = \frac{1}{2} * AB$.
Aus den Winkelsätzen folgt:
$\angle A_1B_1C = \angle BAC = \alpha$, $\angle AB_1C_1 = \angle ACB = \gamma$
und
$\angle CA_1B_1 = \angle B_1C_1A = \angle CBA = \beta = \angle C_1B_1A_1$.

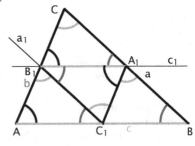

Nun ziehen wir schrittweise Folgerungen daraus bis zum vollständigen Beweis.
Legen Sie eine Zeichnung an und verfolgen Sie Schritt für Schritt den Beweis:

ΔB_1A_1C ist kongruent zu Dreieck AC_1B_1 aufgrund des Kongruenzsatzes WSW (siehe Abschnitt 4.3). Damit ist $AC_1 = B_1A_1$ und $CA_1 = B_1C_1$.
Nun verbinden wir C_1 mit A_1. Dann ist $\Delta B_1C_1A_1$ kongruent zu ΔC_1B_1A (SWS). Folglich gilt: $\angle A_1C_1B_1 = \angle AB_1C_1 = \gamma$ und $\angle B_1A_1C_1 = \angle C_1AB_1 = \alpha$ und $C_1A_1 = AB_1$. Wegen der Winkelsumme ist $\angle C_1A_1B = \gamma$ und damit ΔC_1BA_1 kongruent zu ΔAC_1B_1 (SWW). Folglich gilt $BA_1 = C_1B_1$ und $BC_1 = AC_1$. Damit ist alles bewiesen.
Man formuliert das Ergebnis gelegentlich auch prägnant als Satz vom Mittendreieck:

> **Satz 4*: (Satz vom Mittendreieck)**
> Die Seiten des Mittendreiecks eines Dreiecks sind parallel zu den Seiten des Dreiecks und halb so lang wie diese.

Beim Beweis des vorhergehenden Satzes wurden neben den Winkelsätzen vor allem die Kongruenzsätze für Dreiecke verwendet. Diesen wollen wir uns nun zuwenden.

4.3 Kongruenzsätze für Dreiecke

Welchen Sinn haben die Kongruenzsätze und wozu dienen sie? Zur Beantwortung dieser Frage erinnern wir uns an den Begriff der Kongruenz von Figuren:

> **Definition:**
> *Zwei Dreiecke nennen wir zueinander kongruent (deckungsgleich), wenn es eine Kongruenzabbildung gibt, die das eine in das andere abbildet.*

Hat man zwei bestimmte Dreiecke vorliegen, so ist es meist recht umständlich festzustellen, ob es wirklich eine entsprechende Kongruenzabbildung gibt, die das eine in das andere abbildet. Deshalb sucht man nach brauchbaren Kriterien (Merkmalen), die diese Existenz garantieren. Solche **Erkennungsmerkmale für kongruente Dreiecke (Kongruenzkriterien)** benennen die Kongruenzsätze. Wir wollen dies für einen Fall zeigen, z. B. den Fall dreier gegebener Seiten (SSS):

> **Kongruenzsatz 1 für Dreiecke (SSS):**
> Zwei Dreiecke sind *schon dann zueinander kongruent*, wenn die drei Seitenlängen des einen Dreiecks mit denen des anderen Dreiecks übereinstimmen.

Beweis: (Verfolgen Sie den Gedankengang an Hand einer Zeichnung!)
Gegeben seien zwei Dreiecke ABC und $A_1B_1C_1$ mit $a = a_1$, $b = b_1$ und $c = c_1$. Wir müssen zeigen, dass es eine Kongruenzabbildung gibt, die Dreieck ABC in Dreieck $A_1B_1C_1$ abbildet.
Zunächst gibt es sicher eine Verschiebung, die A in A_1 abbildet. Dabei soll Dreieck ABC in Dreieck A'B'C' übergehen, wobei A' = A_1 ist.
Wegen $c = c_1$ liegen B' und B_1 auf demselben Kreis um A_1 mit Radius c, also kann

Dreieck A'B'C' durch eine Drehung um A_1 so auf Dreieck A''B''C'' abgebildet werden, dass A'' = A_1 (Drehpunkt) und B'' = B_1 ist.

Nun liegen wegen a = a_1 und b = b_1 die Punkte C'' bzw. C_1 beide auf den zwei Kreisen $k_1(A_1; b_1)$ und $k_2(B_1; a_1)$. Diese beiden Kreise besitzen jedoch höchstens zwei verschiedene Schnittpunkte, die symmetrisch bezüglich A_1B_1 liegen müssen. Daher ist entweder C'' = C_1 oder C'' lässt sich durch Spiegelung an A_1B_1 auf C_1 abbilden und damit ist ΔA'''B''C''' = $\Delta A_1B_1C_1$.

Wir haben also eine Kongruenzabbildung gefunden (die Verkettung der Schiebung, Drehung und evtl. Spiegelung), die das erste in das zweite Dreieck abbildet und der erste Kongruenzsatz ist damit bewiesen.

Neben dem *Vergleich zweier Dreiecke* spielen die Kongruenzsätze noch eine Rolle als *Eindeutigkeitsaussagen bei Dreieckskonstruktionen*. Wir geben die entsprechende Formulierung für den ersten Kongruenzsatz SSS an:

> Eindeutigkeitssatz 1 für Dreiecke (SSS):
> Ein Dreieck ist durch Vorgabe der drei Seitenlängen eindeutig bestimmt.

Man macht sich leicht klar, wie diese Version des Satzes auf den vorherigen Fall zurückzuführen ist (indirekter Beweis).

Hinweis:
Bitte beachten Sie, dass es sich um eine *Eindeutigkeitsaussage*, nicht jedoch um eine *Existenzaussage* handelt. Folgendes Beispiel möge dies verdeutlichen:
Man konstruiere ein Dreieck aus a = 3 cm, b = 5 cm und c = 10 cm.

Aufgabe 5:
a) Einer der Kongruenzsätze besagt: Zwei Dreiecke sind schon dann zueinander kongruent, wenn sie in zwei Seiten und dem Gegenwinkel der größeren Seite übereinstimmen (SsW). Begründen Sie diesen, und zeigen Sie, dass die Forderung nach dem Gegenwinkel der *größeren* Seite wesentlich ist.
b) Formulieren Sie die weiteren Kongruenzsätze für Dreiecke in beiden Anwendungsformen (SWS, WSW bzw. SWW).

Aufgabe 6:
Ein *Parallelogramm* sei definiert als *ein Viereck mit zwei Paaren paralleler Gegenseiten*.
Beweisen Sie mithilfe der Kongruenzsätze und der Sätze über Winkel an Parallelen die folgenden Aussagen:
a) Ein Viereck mit zwei Paaren gleich langer Gegenseiten ist ein Parallelogramm.
b) Ein Viereck, in dem sich die Diagonalen gegenseitig halbieren, ist ein Parallelogramm.
c) Ein Viereck mit zwei Paaren gleich großer Gegenwinkel ist ein Parallelogramm.

Aufgabe 7:
„Alle Dreiecke sind gleichschenklig".
Was ist falsch am folgenden „Beweis" dieser offensichtlich falschen Aussage?

„Beweis":
Die Mittelsenkrechte von c und die Winkelhalbierende
von γ schneiden sich in S. Wir zeichnen die Lotstrecken
SP und SQ von S auf die Schenkel von γ.
Dann gilt SP = SQ und SA = SB (warum?).
Demnach sind folgende Dreiecke kongruent:
ΔPSC ≅ ΔQSC (SsW), daher ist PC = QC   (1)
ΔSAP ≅ ΔSBQ (SsW), also ist PA = QB   (2).
(1) und (2) zusammen ergeben CA = CB,
daher ist ΔABC gleichschenklig.

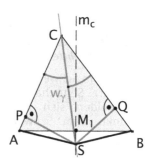

4.4 Besondere Linien und Punkte beim Dreieck

a) Seitenhalbierende und Schwerpunkt

Anlass zur Untersuchung der Seitenhalbierenden oder Schwerelinien im Dreieck
können entweder physikalische Experimente oder zeichnerische Versuche sein.
- Man hängt ein homogenes Dreieck pendelnd z. B. an einem Eckpunkt auf und
  zeichnet die Lotlinie ein. Alle diese Lotlinien verlaufen durch einen gemeinsamen Punkt, den Schwerpunkt des Dreiecks. Die von den Ecken ausgehenden
  Lotlinien verlaufen durch die Mitte der Gegenseite. Diese Linien nennt man
  Seitenhalbierende.
- Man zeichnet zu einem Dreieck die unendliche Folge der jeweiligen Mitten-
  dreiecke.

Ein ganz einfacher Zugang mit weitreichendem Ergebnis ist die Untersuchung von
Schwerpunktsfragen bei Systemen von Massenpunkten. Diesen wollen wir wählen:
Gegeben sind drei Massepunkte von jeweils gleicher Masse m (z. B. m = 1 kg) in
den drei Ecken A, B und C eines Dreiecks. Wo liegt der gemeinsame Schwerpunkt?
Wir fassen dabei das Dreieck ABC auf als echtes Drei**eck,** bei dem also die *Seiten*
und die *Fläche* masselos sind und nur in den Ecken jeweils die gleiche Masse m
liegt.
Der gemeinsame Schwerpunkt der Massen in A und B liegt im Mittelpunkt R der
Strecke AB. Die Massepunkte A und B mit je m = 1 kg können wir also ersetzt
denken durch eine Masse von 2 · m = 2 kg im Punkt R. Der gemeinsame Schwerpunkt dieser Masse von 2 kg in R und der noch fehlenden Masse von 1 kg in C ist
aber leicht festzustellen: Er muss auf der Strecke CR liegen und diese nach dem
Hebelgesetz im Verhältnis 2 : 1 teilen.
Ergebnis: Der gemeinsame Schwerpunkt von drei gleichen Massen in den Eckpunkten A, B und C teilt die Strecke von C zum Mittelpunkt der Seite AB im Verhältnis 2:1.
Selbstverständlich können wir diese Überlegung für jede der drei Seiten anstellen
und erhalten den Schwerpunktssatz für Dreiecke:

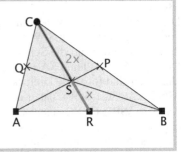

Definition: Die Schwerlinien (Seitenhalbie-renden) eines Dreiecks verlaufen von einer Ecke zur Mitte der Gegenseite.

Satz vom Schwerpunkt im Dreieck:
Die drei Seitenhalbierenden eines Dreiecks schneiden sich in einem gemeinsamen Punkt, dem Schwerpunkt des Dreiecks. Dieser teilt jede Schwerlinie von der Ecke aus im Verhältnis 2:1.

Wir geben neben dem physikalischen Beweis (siehe obige Herleitung) auch einen rein geometrischen, allerdings unter Benutzung des Strahlensatzes:
Nach dem Satz über das Mittendreieck ist QP parallel zu AB und halb so lang wie AB. Nach dem zweiten Strahlensatz mit Zentrum S gilt daher: AS : SP = AB : QP = 2 : 1.

Aufgabe 8:
Beweisen Sie den Schwerpunktssatz für Dreiecke durch Rechnen mit Vektoren.

Wir wollen nun noch zeigen, dass der so gefundene Schwerpunkt – genauer der Eckenschwerpunkt – eines Dreiecks gleichzeitig der *Schwerpunkt der Dreiecks-fläche* ist, also auch der *Flächenschwerpunkt*.
Dazu fassen wir das Dreieck auf als Drei**flach** d. h. als homogenes ebenes Flächen-stück (z. B. aus Eisen) mit überall gleicher Dicke. Nun denken wir uns dieses Dreiflach in schmale Parallelstreifen zu einer Seite z. B. AB aufgeteilt. Jeder dieser Streifen hat seinen Schwerpunkt in der Mitte. Die Verbindung dieser Mittelpunkte liefert aber genau die Schwerlinie. Auf dieser muss der Schwerpunkt des Drei-flachs liegen. Dies gilt für alle drei Seiten und wir erhalten als Flächenschwerpunkt genau den Eckenschwerpunkt.
Zusätzliche Hinweise:
▪ Fasst man ein Dreieck auf als Drei**kant**, also aus drei Stäben bestehend, so ha-ben diese in der Regel einen anderen Schwerpunkt. Der *Kantenschwerpunkt* eines Dreiecks ist in der Regel vom Ecken- oder Flächenschwerpunkt ver-schieden (siehe Teil II; Kap. 8.2, Aufg. 10).
▪ Die Seitenhalbierenden (Schwerlinien) spielen insbesondere dann eine Rolle, wenn man Dreiecke zu Parallelogrammen ergänzt. Welche Rolle spielen die Seitenhalbierenden in den Ergänzungsparallelogrammen? (Hilfreich bei Kon-struktionen!)

Aufgabe 9:
Konstruieren Sie ein Dreieck mit den Seitenlängen c = 7 cm, b = 5 cm und der Länge der Seitenhalbierenden s_a = 4 cm.

b) Mittelsenkrechte und Umkreismitte

Konstituierend für den Begriff der Mittelsenkrechten einer Strecke und die Um-kreismitte eines Dreiecks sind metrische Eigenschaften:

Die Mittelpunkte aller Kreise, die durch zwei gegebene Punkte A und B gehen, sind jeweils gleich weit von A und von B entfernt. Sie liegen allesamt auf der Mittelsenkrechten der Strecke AB. Umgekehrt hat jeder Punkt der Mittelsenkrechte von AB die Eigenschaft, dass er von A und von B gleich weit entfernt ist. Man sagt, die **Mittelsenkrechte** von AB sei der *„geometrische Ort"* bzw. die *„Ortslinie"*, die genau die Punkte P enthält, für die gilt AP = BP.

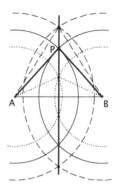

Die Mittelsenkrechte einer Strecke AB enthält genau die Punkte P, die jeweils von A und von B dieselbe Entfernung haben:
{ P | AP = BP } = Mittelsenkrechte von AB.

Diese Fragestellung kann nun erweitert werden für drei Punkte:
Wo liegen alle Punkte P, die von drei gegebenen Punkten dieselbe Entfernung haben?

Aufgabe 10:
Gegeben ist ein Dreieck ABC.
a) Zeichnen Sie mehrere Kreise, die sowohl durch A als auch durch B verlaufen. Wo liegen deren Mittelpunkte?
b) Zeichnen Sie mehrere Kreise, die sowohl durch A als auch durch C verlaufen. Wo liegen deren Mittelpunkte?
c) Gibt es Kreise, die durch alle drei Punkte A, B und C verlaufen? Wo müssen deren Mittelpunkte liegen?
d) Warum muss der Mittelpunkt des Umkreises von Dreieck ABC auf der Mittelsenkrechte jeder Dreiecksseite liegen?

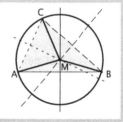

Satz von der Umkreismitte:
Die Mittelsenkrechten der drei Dreiecksseiten treffen sich in einem gemeinsamen Punkt M. Dieser ist von allen drei Ecken gleich weit entfernt.
Er ist Mittelpunkt des Umkreises.

Beweis:
Wir geben zwei Beweise an, einen der die Ortseigenschaft benutzt, und einen mithilfe von Abbildungen.
▪ Beweis 1:
Es sei S der Schnittpunkt der Mittelsenkrechten von AC und von BC. Dann gilt:

SA = SC   (weil S auf der Mittelsenkrechten von AC liegt)
SC = SB   (weil S auf der Mittelsenkrechten von BC liegt)
Aufgrund der Transitivität folgt: SA = SB, d. h. S ist gleich weit von A und B entfernt, und liegt deshalb auch auf der Mittelsenkrechten von AB. Anders herum formuliert:
Die Mittelsenkrechte von AB läuft ebenfalls durch den Schnittpunkt S der beiden anderen Mittelsenkrechten.

Beweis 2:
Wir betrachten die nebenstehende Figur, in der b_1 die Mittelsenkrechte von b und a_1 die Mittelsenkrechte von a ist. S ist der Schnittpunkt von a_1 und b_1 und x die Gerade CS.
Wir betrachten folgende Abbildungskette:

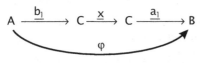

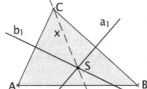

Die Abbildung $\varphi = \underline{b}_1 \circ \underline{x} \circ \underline{a}_1$ ist das Produkt von drei Achsenspiegelungen mit drei kopunktalen Achsen, also nach dem Dreispiegelungssatz wieder eine Achsenspiegelung, deren Achse durch den gemeinsamen Punkt S verläuft.
Da diese Spiegelung den Punkt A in den Punkt B überführt, muss ihre Achse die Mittelsenkrechte von AB sein. Diese geht also ebenfalls durch den Schnittpunkt S der beiden anderen Mittelsenkrechten. Also schneiden sich alle drei Mittelsenkrechten in S.

Aufgabe 11:

a) Führen Sie einen Beweis zum obigen Satz $A \xrightarrow{\underline{b}_1} C \xrightarrow{\underline{a}_1} B \xrightarrow{\underline{c}_1} A$ an Hand des nebenstehenden Diagramms.
b) Konstruieren Sie ein Dreieck aus den gegebenen Längen des Umkreisradius r, der Seitenlänge c und der Schwerlinien s_c. Wählen Sie selbst geeignete Maße.

c) Winkelhalbierende und Inkreismitte

Ein einfacher Zugang zum Problem des Inkreises ist z. B. die Aufgabe, aus einem dreieckigen Flächenstück eine möglichst große Kreisscheibe zu gewinnen. Man wird zuerst alle Kreise suchen, die nur zwei der drei Seiten berühren. Deren Mittelpunkte liegen alle auf einer geraden Linie (welcher?). Sodann wird man eine zweite Schar für ein anderes Seitenpaar betrachten. Wenn es einen gemeinsamen Kreis beider Scharen gibt, so berührt dieser alle drei Seiten.

Aufgabe 12:
Gegeben ist ein Dreieck ABC.
a) Zeichnen Sie mehrere Kreise, die die Seitengeraden AB und AC berühren. Wo liegen deren Mittelpunkte?
b) Zeichnen Sie mehrere Kreise, die die Seitengeraden BA und BC berühren. Wo liegen deren Mittelpunkte?

c) Gibt es Kreise, die alle drei Seitengeraden berühren?
Wo müssen deren Mittelpunkte liegen?
d) Warum muss der Mittelpunkt des Inkreises von Dreieck ABC auf der Winkelhalbierenden jedes Innenwinkels liegen?

Wie die Mittelsenkrechten für den Umkreis sind die Winkelhalbierenden für den Inkreis maßgeblich und zwar aufgrund ihrer metrischen Eigenschaften:
Die Mittelpunkte aller Kreise, die die beiden Schenkel a und b eines Winkels berühren, haben jeweils denselben Abstand
von den beiden Schenkeln. Sie liegen allesamt
auf der Winkelhalbierenden des Winkels.
Umgekehrt hat jeder Punkt der Winkelhalbierenden die Eigenschaft, dass sein Abstand von den beiden Schenkeln jeweils
gleich ist. Man sagt, die **Winkelhalbierende**
sei der *„geometrische Ort"* bzw. die *„Ortslinie"*, die genau die Punkte P enthält, für
die gilt Abstand(P, a) = Abstand(P, b).

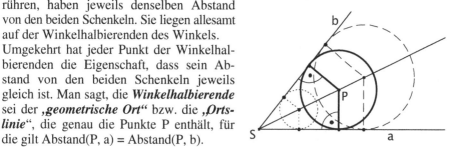

Die Winkelhalbierende eines Winkels mit den Schenkeln a und b enthält genau die Punkte P, die jeweils von a und von b denselben Abstand haben:
{ P | Abstand(P, a) = Abstand(P, b) } = Winkelhalbierende des Winkels (a, b).

Ergebnis der Überlegungen von Aufgabe 12 ist der Satz von der Inkreismitte:

Satz von der Inkreismitte:
Die drei Winkelhalbierenden der Innenwinkel eines Dreiecks treffen sich in einem gemeinsamen Punkt.
Dieser hat von allen drei Dreiecksseiten den gleichen Abstand. Er ist Mittelpunkt des Inkreises.

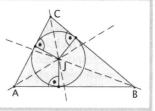

Aufgabe 13:
Beweisen Sie diesen Satz analog zum Satz über die Umkreismitte auf zwei Wegen:
a) Benutzen Sie die Abstandseigenschaft der Winkelhalbierenden für einen zum Beweis 1 für die Mittelsenkrechten analogen Beweis für die Winkelhalbierenden.
b) Beim Beweis 2 wird die Symmetrieeigenschaft der Winkelhalbierenden benützt. Betrachten Sie dazu folgende Folge von Achsenspiegelungen:

$$b \xrightarrow{\ w_\alpha\ } c \xrightarrow{\ x\ } c \xrightarrow{\ w_\beta\ } a.$$

Wie muss man hierbei x wählen, damit x durch den Schnittpunkt von w_α und w_β verläuft und die Spiegelung an x die Seitengerade c fix lässt?
Welche Überlegung führt nun zum gewünschten Ziel?

Aufgabe 14:

a) Gegeben ist eine Holzscheibe als dreieckiges Flächenstück ABC. Konstruieren Sie den größtmöglichen Kreis, den man aus dieser Holzscheibe aussägen kann.

b) Zeigen Sie, dass es für jedes Dreieck noch drei weitere Punkte gibt, die von den drei Seiten*geraden* des Dreiecks jeweils denselben Abstand haben. Welche Rolle spielen diese für das Dreieck? Zeichnen Sie dazu jeweils Kreise um diese Punkte, die alle drei Seitengeraden berühren.

c) Konstruieren Sie ein Dreieck aus der Seitenlänge c = 8 cm, dem Inkreisradius ρ = 2 cm und dem Winkel β = 50°.

d) Höhen und Höhenschnittpunkt

Die Bedeutung der Dreieckshöhen (als Strecken) liegt in ihrer Wichtigkeit für die Bestimmung des Flächeninhalts von Dreiecken.

Die Höhenstrecken kommen durch folgende Fragestellung deutlich in den Blickpunkt: Eine Dreiecksfläche kann durch zwei Schnitte aus einem *Parallelstreifen* abgeschnitten werden. Welche Breite hatte der Streifen?

Im Gegensatz zu den **Höhenstrecken** haben die *Höhengeraden* und ihr gemeinsamer Schnittpunkt keine so große Bedeutung für die Dreiecksgeometrie.

Aus der nebenstehenden Figur wird ein Zusammenhang deutlich, aus dem sich die Schnittpunktseigenschaft der Höhen in jedem Dreieck sofort ergibt:

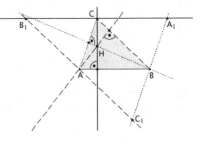

Zeichnet man zu den Seiten des Dreiecks ABC Parallelen durch die jeweilige Gegenecke, so erhält man ein Dreieck $A_1B_1C_1$. Die Höhen des Dreiecks ABC sind die Mittelsenkrechten des „Umdreiecks" $A_1B_1C_1$ (begründen Sie dies im Einzelnen), und diese schneiden sich bekanntlich in einem Punkt.

Man kann diesen Sachverhalt auch anders herum sehen:

Die Mittelsenkrechten eines Dreiecks sind die Höhen seines Mittendreiecks.

> **Satz vom Höhenschnittpunkt:**
> Die drei Höhen eines Dreiecks schneiden sich stets in einem gemeinsamen Punkt, dem Höhenschnittpunkt.

Aufgabe 15:

a) Beweisen Sie, dass in der obigen Figur Dreieck ABC Mittendreieck von $\Delta A_1B_1C_1$ ist.

b) Wann liegt der Höhenschnittpunkt eines Dreiecks innerhalb, wann außerhalb und wann auf dem Rand des Dreiecks?

c) Welche anderen besonderen Punkte können ebenfalls außerhalb oder auf dem Rand des Dreiecks liegen? Wovon hängt dies jeweils ab?

d) Welche der besonderen Punkte liegen stets innerhalb des Dreiecks?

e) Konstruieren Sie ein Dreieck aus b, h_c und w_γ.

4.5 Typisierung von Dreiecken

Eine erste Möglichkeit, Dreiecke einzuteilen, ist die *hierarchische Typisierung nach Symmetrieeigenschaften*. Man geht dabei so vor, dass ein System von Unter- und Oberbegriffen entsteht: Zunächst stellt man fest, dass ein Dreieck entweder genau eine oder genau drei Symmetrieachsen besitzen kann. Warum nicht genau zwei? Warum kann ein Dreieck niemals Punktsymmetrie besitzen?

Definition:
Ein Dreieck mit (mindestens) einer Symmetrieachse nennen wir ein symmetrisches oder gleichschenkliges Dreieck.

Aus der Anwendung der Symmetrieeigenschaft folgt sofort eine Fülle von Figureigenschaften wie z. B. zwei gleichlange Seiten (Schenkel), zwei gleichgroße Winkel (Basiswinkel) u.v.a.m. Zählen Sie die Besonderheiten gleichschenkliger Dreiecke auf, indem Sie die Eigenschaften der Achsenspiegelung ausnützen.

Umgekehrt ist es oft hilfreich zu wissen, dass schon die Existenz zweier gleichlanger Seiten die Symmetrie und alle daraus folgenden Eigenschaften garantiert. Sicherheit darüber geben folgende Symmetriekriterien:

Aufgabe 16:
Beweisen Sie: Ein Dreieck ist *schon dann symmetrisch (gleichschenklig)*, wenn es
- zwei gleichlange Seiten besitzt.
- zwei gleichgroße Winkel besitzt.

Definition:
Ein Dreieck mit drei Symmetrieachsen nennen wir ein regelmäßiges oder gleichseitiges Dreieck.

Selbstverständlich ist mit diesen beiden Definitionen jedes *gleichseitige* Dreieck auch *gleichschenklig*. Man erhält also eine *Begriffshierarchie*:

Die Menge der Dreiecke enthält die der *gleichschenkligen* Dreiecke als Teilmenge und diese enthält die der *gleichseitigen* Dreiecke als Teilmenge (vgl. ebenstehendes Hassediagramm).

Dreiecke
|
Gleichschenklige Dr.
|
Gleichseitige Dr.

Eine Typisierung ganz anderer Art ist die *Klassifikation nach dem größten Winkel*:

Ein Dreieck mit **drei spitzen Winkeln** heißt **spitzwinkliges** Dreieck
einem rechten Winkel heißt **rechtwinkliges** Dreieck
einem stumpfen Winkel heißt **stumpfwinkliges** Dreieck.

Man beachte die ganz andere Art dieser Begriffsbildung: Die Begriffe schließen sich gegenseitig aus. Man erhält eine Einteilung in drei getrennte Klassen. In diesem Fall liegt also keine hierarchische Begriffsbildung, sondern eine *Klassifikation* vor.

Die nebenstehende Figur gibt eine Übersicht mit beiden Einteilungen wieder:

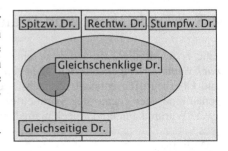

4.6 Der Satz von Thales und Winkelsätze am Kreis

Eines der zentralen Themen der Elementargeometrie sind Winkel an Kreisen. Wir wollen den Leser durch eine Serie von Aufgaben in die Thematik einführen.

Aufgabe 17:

a) Gegeben sind zwei zueinander senkrechte Geraden p und q mit dem Schnittpunkt S. Ein beliebiger Punkt A wird zunächst an p nach C und C dann an q nach B gespiegelt. Welche Besonderheit hat das Dreieck ABC? Wie groß ist der Winkel γ?
Welche Rolle spielen p, q und S in diesem Dreieck?
Welche Abbildung p ∘ q führt A direkt in B über?

b) Untersuchen Sie den Sachverhalt aus Aufgabe a), wenn p und q einen beliebigen Winkel ε miteinander bilden.

c) Gegeben ist ein Kreis mit Mittelpunkt M und Durchmesser AB. C sei ein beliebiger Punkt auf der Kreislinie. Welche Besonderheit hat Dreieck ABC? Ergänzen Sie es durch Punktspiegelung an M zu einem Viereck. Welcher Viereckstyp entsteht?

d) AB sei eine beliebige Sehne im Kreis k(M, r) und C ein Punkt auf der Kreislinie. Was haben alle Dreiecke ABC gemeinsam, wenn C auf k wandert? (DGS verwenden!)

e) ABC sei ein gleichschenkliges Dreieck mit AC = BC. Verlängern Sie AC über C hinaus um sich selbst bis D. Warum ist ABD ein rechtwinkliges Dreieck? Welche Rolle spielt C für dieses Dreieck ABD?

f) Zeichnen Sie einen Kreis k mit einer beliebigen Sehne AB. Der Mittelpunktswinkel der Sehne AB sei φ. Wählen Sie C beliebig auf der Kreislinie, und messen Sie die Größe des Winkels $\gamma = \angle ACB$. Hängt dieser Wert von der Lage von C auf dem Kreis ab? Vergleichen Sie die Größen von γ und φ. Überzeugen Sie sich von Ihrer Vermutung auch für andere Lagen von C.

g) Gegeben ist die Strecke AB = 6 cm. Konstruieren Sie Punkte C mit der Eigenschaft, dass der Winkel $\gamma = \angle ACB = 70°$ misst. Wo liegen alle diese Punkte C?

Als Ergebnis der Aufgabe 17 erhalten wir folgenden zentralen Winkelsatz:

Satz des Thales:
Verbindet man zwei Endpunkte A und B eines Kreisdurchmessers mit einem weiteren Punkt C auf der Kreislinie, so entsteht ein rechter Winkel bei C.

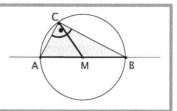

Beweis:
Die Strecken AM, BM und CM sind gleich lang.
Daher sind die Dreiecke AMC und BMC jeweils gleichschenklig.
Folglich ist $\angle MAC = \angle ACM = \alpha$ und $\angle CBM = \angle MCB = \beta$ und damit $\angle ACB = \gamma = \alpha + \beta$. Die Winkelsumme im Dreieck ABC beträgt $180° = \alpha + \beta + \gamma = \alpha + \beta + \alpha + \beta = 2 \cdot (\alpha + \beta)$ und daher ist $\gamma = \alpha + \beta = 90°$. Q.e.d.

Man kann den Satz auch in anderer Formulierung angeben:
Wenn die Umkreismitte eines Dreiecks auf einer Seitenmitte liegt, dann ist das Dreieck rechtwinklig.

Mit dieser Formulierung lässt sich der Satz leicht umkehren:
Wenn ein Dreieck rechtwinklig ist, dann liegt die Umkreismitte auf der Hypotenuse.

Aufgabe 18:
Beweisen Sie die Richtigkeit der vorstehenden Umkehrung des Thalessatzes.

Der Thalessatz liefert uns eine *geometrische Ortslinie*:

Alle Punkte C, von denen aus eine gegebene Strecke AB unter dem Winkel 90° erscheint, liegen auf dem Thaleskreis mit dem Durchmesser AB.

Aufgabe 19:
Beweisen Sie folgende Behauptungen bei gegebenen Punkten A und B:
a) { P | $\angle APB = 90°$ } = Thaleskreis über der Strecke AB.
b) { P | $\angle APB < 90°$ } = Äußeres Gebiet des Thaleskreises über AB
c) { P | $\angle APB > 90°$ } = Inneres Gebiet des Thaleskreises über AB.

Aufgabe 20:
a) Wie kann man im Gelände allein mit Fluchtstäben zum Markieren von Punkten und mit einer Schnur – ohne Benutzung eines Winkelmessers bzw. eines Maßbandes – einen rechten Winkel abstecken? Beachten Sie die obige Figur zum Thalessatz.
b) Konstruieren Sie ein Dreieck aus $\gamma = 90°$, c = 8 cm; $h_c = 3$ cm.
c) Konstruieren Sie zu einem gegebenen Kreis k(M, r) von einem Punkt P außerhalb die Tangenten an k samt den Berührpunkten.

Der Satz des Thales lässt sich verallgemeinern, wenn man AB als beliebige Kreissehne und nicht als Durchmesser voraussetzt:

Peripheriewinkelsatz (Umfangswinkelsatz):

a) Alle Umfangswinkel (Peripheriewinkel) über demselben Kreisbogen sind gleich groß.

b) Der Umfangswinkel über einem Kreisbogen ist halb so groß wie der zugehörige Mittelpunktswinkel.

c) Umfangswinkel über sich ergänzenden Kreisbögen ergänzen sich auf 180°.

d) Der Sehnen-Tangentenwinkel auf der Gegenseite der Sehne ist gleich groß wie der Umfangswinkel.

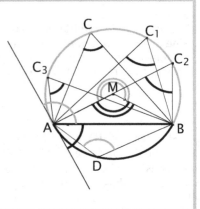

Aufgabe 21:

a) Beweisen Sie die Teilaussage b) des Satzes zuerst für die Lage C_2 für C, dann für C_1 und dann für C_3 (jeweils eigene Zeichnung anfertigen!)

b) Warum folgt die Teilaussage a) des Satzes aus der Teilaussage b)

c) Wie kann man mithilfe der Teilaussage b) die Teilaussage c) leicht beweisen?

d) Beweisen Sie nun Teilaussage d).
Hinweis: Zeichnen Sie die Mittelsenkrechte von AB ein.

Genau wie der Satz des Thales lässt sich der Satz vom Umfangswinkel zur Angabe einer geometrischen Ortslinie verwenden:

Alle Punke C, von denen aus eine Strecke AB unter dem Winkel γ erscheint, liegen auf dem Fasskreisbogenpaar für den Winkel γ über der Strecke AB.

Wir geben an, wie man zu einer Strecke AB und gegebenem Umfangswinkel γ das **Fasskreisbogenpaar** konstruieren kann:

- *Zeichne AB und die Mittelsenkrechte m von AB.*
- *Trage an AB in A den Winkel γ an.*
- *Die Senkrechte zum freien Schenkel von γ durch A trifft m im Mittelpunkt M des Fasskreisbogens für γ über AB.*

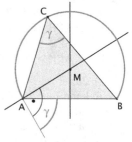

Durch Spiegelung an AB erhält man den zweiten Bogen. Begründen Sie die Richtigkeit der Konstruktion.

Aufgabe 22:

Beweisen Sie folgende Behauptungen bei gegebenen Punkten A und B und Winkel γ.

a) { P | $\angle APB = \gamma$ } = Fasskreisbogen*paar* für den Winkel γ über der Strecke AB.

b) { P | $\angle APB < \gamma$ } = Äußeres Gebiet des Fasskreisbogenpaares für γ über AB.

c) { P | $\angle APB > \gamma$ } = Inneres des Fasskreisbogenpaares für γ über AB.

Aufgabe 23:
a) Konstruieren Sie ein Dreieck aus der Seitenlänge c = 7 cm, dem Winkel γ = 56° und dem Inkreisradius ρ = 2 cm. (J ist Inkreismitte).
   Hinweis: Weisen Sie zuerst nach, dass der Winkel AJB = 90° + γ/2 beträgt.
b) Beweisen Sie: Die Höhen eines spitzwinkligen Dreiecks sind die Winkelhalbierenden des Höhenfußpunktedreiecks.
   Hinweis: Thaleskreise und Umfangswinkelsatz benutzen.
c) Beweisen Sie: Die Spiegelpunkte des Höhenschnittpunkts an den Dreiecksseiten liegen stets auf dem Umkreis des Dreiecks. Die Ecken des Dreiecks halbieren die Bögen des Umkreises zwischen diesen Spiegelpunkten.
d) Beweisen Sie: Die Winkelhalbierende eines Dreieckswinkels und die Mittelsenkrechte der Gegenseite schneiden sich stets auf einem Punkt des Umkreises.

Sehnenvierecke:

Hat ein Viereck einen Umkreis, d. h. alle vier Seiten sind Sehnen eines Kreises, so nennt man es ein **Sehnenviereck**. Aus dem Umfangswinkelsatz für komplementäre Kreisbögen folgt, dass in einem Sehnenviereck die Summe gegenüberliegender Winkel 180° beträgt. Wir werden nun zeigen, dass diese Bedingung nicht nur *notwendig*, sondern auch *hinreichend* (und damit charakteristisch) ist für ein Sehnenviereck:

Satz vom Sehnenviereck:

> Ein Viereck ABCD ist genau dann ein Sehnenviereck, d. h. es besitzt einen Umkreis, wenn die Summe zweier Gegenwinkel 180° beträgt.

Beweis:
a) Die Bedingung, dass die Summe der Gegenwinkel 180° beträgt, ist *notwendig* für ein Sehnenviereck. D. h. wenn ein Sehnenviereck vorliegt, dann ist die Summe der Gegenwinkel 180°. Dies folgt unmittelbar aus dem Peripheriewinkelsatz Teil c).
b) Die Bedingung, dass die Summe der Gegenwinkel 180° beträgt, ist auch *hinreichend* für ein Sehnenviereck. D. h. wenn die Summe der Gegenwinkel 180° beträgt, dann liegt ein Sehnenviereck vor. Dies ist noch zu beweisen:

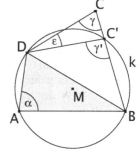

Sei also z. B. α + γ = 180° und sei k der Umkreis von Dreieck ABD.
Wir nehmen nun indirekt an, C liege nicht auf k.
Dann existiert ein Schnittpunkt C' von BC mit k und ABC'D ist ein Sehnenviereck und demnach gilt α + γ' = 180°. Anderseits ist γ' = γ + ε (Außenwinkel im Dreieck), wobei ε > 0° ist.
Daher gilt: α + γ = α + γ' − ε = 180° − ε < 180°.
Dies ist ein Widerspruch. Wir müssen also unsere Annahme C ∉ k verwerfen, d. h. dass C auf dem Kreis k liegen muss und damit ABCD als Sehnenviereck nachgewiesen ist.

Aufgabe 24:

a) Beweisen Sie für ein Dreieck ABC (siehe auch Aufgabe 23):
- *Die Winkelhalbierende des Winkels $\gamma = \angle ACB$ und die Mittelsenkrechte der Gegenseite AB schneiden sich auf einem Punkt S des Umkreises.*
- *Der Kreis um S durch A und B ist Fasskreis für den Winkel $90° + \gamma/2$ über der Strecke AB. Die Inkreismitte J liegt auf diesem Fasskreisbogen.*

b) Konstruieren Sie mithilfe von a) ein Dreieck, von dem die Seitenlänge c = 9 cm, der Umkreisradius r = 5 cm und der Inkreisradius ρ = 2,4 cm gegeben sind.

4.7 Vierecke und ihre Eigenschaften

Jedes Viereck ist in zwei Dreiecke zerlegbar. Daraus folgen sofort zwei grundlegende Eigenschaften:

> Die Winkelsumme in jedem Viereck beträgt 360°.
> Zur eindeutigen Konstruktion eines Vierecks sind im Allgemeinen fünf Bestimmungsstücke erforderlich.

Eine überraschende Eigenschaft *aller* Vierecke – sogar solcher, die gar nicht in einer Ebene liegen – ist der folgende Satz vom Mittenviereck:

> **Satz vom Mittenviereck:**
> Die Seitenmitten jedes beliebigen Vierecks bilden stets ein Parallelogramm.
> Der Mittelpunkt dieses Mittenparallelogramms ist der Eckenschwerpunkt des Vierecks und gleichzeitig Mittelpunkt der Strecke zwischen den beiden Diagonalenmitten.

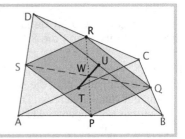

Eine überraschend einfache Begründung dieses Satzes gelingt durch physikalische Überlegungen. Dabei knüpfen wir an die Überlegungen zum Dreiecksschwerpunkt an:

Wir denken uns das Vier*eck* als ein System von vier Massepunkten A, B, C und D mit je 1 kg Masse und masseloser *Fläche* sowie masselosen *Kanten*. Wo liegt der Schwerpunkt dieses Systems von vier Massepunkten?

Der gemeinsame Schwerpunkt von A und B liegt im Mittelpunkt P der Strecke AB (mit 2 kg), der von C und D im Mittelpunkt R der Strecke CD (ebenfalls mit 2 kg). Damit liegt der gemeinsame Schwerpunkt aller vier Eckpunkte A, B, C und D im Mittelpunkt W der Strecke PR. Dieser Punkt W ist **Eckenschwerpunkt** des Vierecks ABCD.

Natürlich könnten wir auch die Punkte A mit D in S und B mit C in Q zusammenfassen und würden denselben Schwerpunkt W als Mittelpunkt der Strecke SQ erhalten. Dasselbe müsste gelten, wenn wir A mit C in T und B mit D in U zusammenfassen.

Man erhält schließlich:

> Die Verbindungsstrecken der Mitten von Gegenseiten und der Mitten der Diagonalen in einem Viereck haben einen gemeinsamem Mittelpunkt W. Dieser ist Eckenschwerpunkt des Vierecks und Mittelpunkt des Mitten-parallelogramms.

Die folgenden zwei weiteren Beweise liegen nahe: (Führen Sie diese durch!)
- Vektorieller Beweis durch Nachrechnen mit Vektoren.
- Beweis mithilfe des Satzes von der Mittelparallele im Dreieck. PS und QR sind die Mittelparallelen zur selben Seite BD in den Dreiecken ABD bzw. CBD.

Wie im vorangegangen Abschnitt bei den Sehnenvierecken kann man fragen, *unter welchen Bedingungen ein Viereck einen Inkreis besitzt*. Natürlich ist dies genau dann der Fall, wenn sich alle vier Winkelhalbierenden in einem gemeinsamen Punkt treffen. Gibt es dafür ein einfacheres Kriterium, etwa so wie bei den Sehnenvierecken die Bedingung, dass zwei Gegenwinkel zusammen 180° ergeben? Wir versuchen dazu Eigenschaften von Tangentenvierecken abzuleiten.

Die Tangentenstrecken von einem Punkt X außerhalb eines Kreises bis zu den jeweiligen Berührpunkten sind gleich lang (Symmetrie zur Verbindungsgeraden XM).

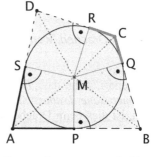

An der nebenstehenden Zeichnung erkennt man, dass die Summe der zwei Gegenseiten jeweils gleich lang ist, denn sowohl a + c als auch b + d bestehen aus vier verschieden markierten Strecken, von denen je zwei paarweise gleich lang sind (Tangentenabschnitte):

a + c = AP + BP + CR + DR
$\quad$ = AS + BQ + CQ + DS = b + d.

Es zeigt sich, dass diese Eigenschaft nicht nur *notwendig*, sondern sogar auch *hinreichend* für ein Tangentenviereck ist.

> **Satz vom Tangentenviereck:**
> Ein Viereck ist genau dann ein Tangentenviereck (Viereck mit Inkreis), wenn die Summe der Paare von Gegenseiten jeweils gleich ist, d. h. wenn a + c = b + d ist.

Beweis: (Verfolgen Sie den Beweis an Hand einer entsprechenden Zeichnung.)
a) Die Bedingung a + c = b + d ist notwendig für ein Tangentenviereck (siehe oben).
b) Dass die Bedingung a + c = b + d für ein Tangentenviereck hinreichend ist, bleibt noch zu zeigen:
Es sei ein Viereck ABCD mit AB + CD = BC + DA, also a + c = b + d gegeben. Wir müssen zeigen, dass es einen Inkreis besitzt.
Es sei M der Schnittpunkt der beiden Winkelhalbierenden w_β und w_γ.
Der Kreis k um M mit Radius ρ berührt die Seiten a in P, b in Q und c in R. Wir betrachten nun die Tangente von A an den Kreis k mit Berührpunkt S. Sie schneide DC in einem Punkt D' (der z. B. zwischen D und C liegen soll). Wir

nehmen nun an, es sei D ≠ D' und führen diese Annahme zum Widerspruch. Nach Konstruktion ist ABCD' sicher ein Tangentenviereck, und es gilt

AD' = AS + SD' = AS + D'R   (1).

Andererseits gilt nach Voraussetzung:

AD = AB + CD – BC = AS + PB + CR + RD – BP – CR = AS + RD   (2)

Aus (1) und (2) wird AS gleichgesetzt: AD' – D'R = AD – RD = AD – DD' – D'R

Und daraus erhält man schließlich   AD = AD' + D'D.

Dies jedoch steht im Widerspruch zur Dreiecksungleichung, falls wirklich D' ≠ D ist. Daher muss die Annahme D ≠ D' verworfen werden und mit D = D' ist ABCD tatsächlich ein Tangentenviereck und der Beweis damit vollständig.

Am Schluss von Kapitel 3.2 haben wir eine Übersicht über die Typen symmetrischer Vierecke gegeben (**Haus der symmetrischen Vierecke**). Dies wollen wir nun um weitere – allerdings nicht mehr symmetrische – Viereckstypen erweitern, indem wir weitere Typen von Vierecken wie Trapeze und Drachen sowie Sehnen- und Tangentenvierecke einbauen.

> Definition:
> *Ein Viereck heißt*
> - *ein Trapez, wenn es (mindestens) ein Paar von parallelen Gegenseiten besitzt.*
> - *ein Drachen, wenn (mindestens) eine Diagonale die andere halbiert.*

Hinweis:

Während i. Allg. das „*Trapez*" genau wie hier angegeben definiert wird und das „*symmetrische Trapez*" üblicherweise als „*gleichschenkliges Trapez*" bezeichnet wird, ist dies beim Drachen anders. Dort wird oft nur die symmetrische Form als „*Drachen*"bezeichnet und für die hier definierte allgemeinere bzw. nur schiefsymmetrische Form existiert kein eigener Name. Man findet gelegentlich für die hier definierten Vierecke auch die Begriffe „*Schiefdrachen*" bzw. „*Schieftrapez*". Diese beiden Viereckstypen besitzen (mindestens) eine Schrägachse (siehe Bsp. 4, S. 19), während die zugehörigen symmetrischen Formen (mindestens) eine echte Achse besitzen.

Wir können – äquivalent zu obiger Definition – folgende Festlegung treffen:

> *Ein Trapez ist ein Viereck mit (mindestens) einer nichtdiagonalen Schrägachse.*
> *Ein Drachen ist ein Viereck mit (mindestens) einer diagonalen Schrägachse.*

Vierecke mit Schrägsymmetrie:

Eine Schrägspiegelung (s. S.18) an der Schrägachse bildet die Figur auf sich selbst ab.

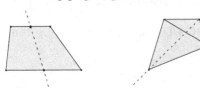

(Schiefes) **Trapez**   (Schiefer) **Drachen**

Mit diesen Typen können wir das **Haus der Vierecke** erweitern:

- Auf jeder Ebene in der folgenden Übersicht nimmt die Anzahl der *Symmetrieeigenschaften* von 0 beim allgemeinen Viereck bis auf 4 beim Quadrat jeweils um 1 zu.

- Die Zahl der notwendigen *Bestimmungsstücke* zur eindeutigen Konstruktion des betreffenden Viereckstyps nimmt von 5 beim allgemeinen Viereck auf 1 beim Quadrat jeweils um 1 ab. So benötigt man z. B. zur eindeutigen Konstruktion eines Trapezes 4 Bestimmungsstücke, für ein Parallelogramm 3, bei einer Raute jedoch nur noch 2 und beim Quadrat genügt sogar nur 1.

- Wie lassen sich sich die *Sehnenvierecke* und wie die *Tangentenvierecke* in das Haus der Vierecke einordnen? Welche besonderen Vierecke haben demnach stets einen Umkreis bzw. einen Inkreis?

Das „Haus der Vierecke"

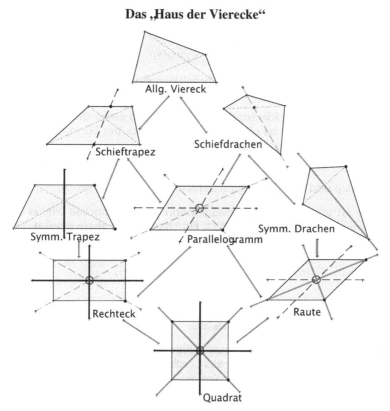

Die Achsen in den Figuren haben folgende Bedeutung:

▬▬▬▬▬▬▬▬▬	Nichtdiagonale Symmetrieachse
▬▬▬▬▬▬▬▬▬	Diagonale Symmetrieachse
▬ ▬ ▬ ▬ ▬ ▬	Nichtdiagonale Schrägachse
═ ═ ═ ═ ═ ═	Diagonale Schrägachse
- - - - - - - - - - - -	Hilfslinien

4.8 Regelmäßige Vielecke und Kreise

Bei den Vielecken, die mehr als vier Ecken haben, wollen wir nur wenige allgemeine Eigenschaften erwähnen und uns auf die regelmäßigen Formen beschränken.

> **Definition:**
> *Ein regelmäßiges n–Eck ist ein konvexes n–Eck mit genau n Symmetrieachsen.*

> **Satz über n–Ecke:**
> In einem beliebigen n–Eck ist die Summe der Innenwinkel $(n - 2) \cdot 180°$.
>
> Ein *regelmäßiges* n–Eck hat den Innenwinkel $180° - \dfrac{360°}{n}$.
>
> Ein n–Eck besitzt genau $\dfrac{n \cdot (n - 3)}{2}$ Diagonalen.
>
> Zur eindeutigen Konstruktion eines beliebigen n–Ecks benötigt man $(2n - 3)$ Bestimmungsstücke.
>
> Ein *regelmäßiges n–Eck* besitzt einen Inkreis und einen Umkreis.
>
> Durch die Eckenzahl n ist ein *regelmäßiges* n–Eck der Form nach (bis auf die Größe) eindeutig bestimmt.
>
> Den Flächeninhalt eines *regelmäßigen* n–Ecks kann man mithilfe des Inkreisradius ρ und des Umfangs u berechnen: $A = \dfrac{1}{2} \cdot u \cdot \rho$.
>
> Ein n–Eck ist schon dann *regelmäßig*, wenn es n gleichgroße Winkel und n gleichlange Seiten besitzt. (Hinweis: Eine Bedingung allein genügt nicht!)

Aufgabe 25:
Beweisen Sie die Einzelaussagen des vorstehenden Satzes.

Aufgabe 26:
Konstruieren Sie ein regelmäßiges 3-, 4-, 6-, 8- und 12-Eck allein mit Zirkel und Lineal ohne Benutzung des Winkelmessers.

Als **Symmetriegruppe** besitzt das regelmäßige n–Eck genau die **Diedergruppe D_n** (siehe dazu Kap. 3.2). Diese besteht aus genau n Achsenspiegelungen und n Drehungen (einschließlich der Identität). Nur regelmäßige Vielecke mit gerader Eckenzahl sind auch **punktsymmetrisch**.

Aufgabe 27:
Nebenstehende Achtecke sind ausgehend von Quadraten unter Benutzung der Seitenmitten des Quadrats konstruiert.
Sind die Achtecke regelmäßig?
Begründen Sie Ihre Antwort.

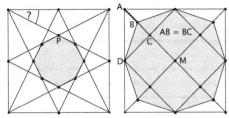

Neben den konvexen regelmäßigen Vielecken werden gelegentlich auch *über-schlagene regelmäßige Vielecke* betrachtet.

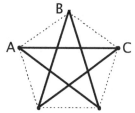

Diese entstehen dadurch, dass man eine Ecke eines re-gelmäßigen Vielecks jeweils nicht mit der benachbarten, sondern mit der jeweils übernächsten (jeweils dritten, vierten, ...) Ecke verbindet.

Man erhält so z. B. ein *Pentagramm (Drudenfuß)*, das Wahrzeichen der Pythagoräer, das aus dem regelmäßi-gen Fünfeck entsteht.

Aufgabe 28:
a) Berechnen Sie die Eckenwinkel des Pentagramms.
b) Enwickeln Sie überschlagene Achtecke aus dem regelmäßigen Achteck. Wie viele verschiedene Typen gibt es? Berechnen Sie jeweils die Eckenwinkel.

Zur Geometrie von Kreisen:

Eine Gerade kann bezüglich eines Kreises drei verschiedene Lagen einnehmen:
- *Sie kann den Kreis meiden (Passante).*
- *Sie kann den Kreis schneiden (Sekante).*
- *Sie kann den Kreis berühren (Tangente).*

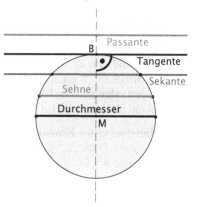

Die Verbindungsstrecke zweier Punkte der Kreislinie nennt man eine Sehne. Sehnen durch den Mittelpunkt nennt man Durchmes-ser. Der Durchmesser ist die längste Sehne.

Aufgrund der Symmetrie der Figur erkennen wir, dass die *Tangente an einen Kreis im Berührpunkt B senkrecht zum Berührradi-us MB* verläuft. Dies gibt eine Möglichkeit zur Konstruktion des Tangentenberührpunk-tes mithilfe des Thaleskreises.

Man kann einen Kreis auffassen als Grenzfall eines regelmäßigen n-Ecks, dessen Eckenzahl gegen unendlich strebt. Deshalb ist auch die Symmetriegruppe eines Kreises der Grenzfall D_∞ einer Diedergruppe D_n mit unendlich vielen Achsen-spiegelungen und Drehungen.

Aufgabe 29:
a) Geben Sie sämtliche Deckabbildungen (Symmetrien) eines Kreises an.
b) Konstruieren Sie alle gemeinsamen Tangenten zweier Kreise mit verschieden großen Radien. Die Kreise sollen sich nicht schneiden.

4.9 Konstruktionen mit Zirkel und Lineal – Ortslinien

Konstruktionen mit Zirkel und Lineal:

Wir sind bisher davon ausgegangen, dass beim geometrischen Konstruieren nur erlaubte Manipulationen benutzt werden, ohne diese im Einzelnen zu benennen. Da wir neben Zirkel und Lineal auch das Geodreieck und sogar Computersysteme wie DGS benutzen, deren Vorgehen uns verborgen bleibt, müssen wir uns über die zugelassenen Hilfsmittel und Manipulationen beim Konstruieren einmal Rechenschaft ablegen. Für das *Konstruieren allein mit Zirkel und Lineal,* wie es in der klassischen euklidischen Geometrie verlangt wird, gelten folgende Regeln:

- Es dürfen nur Zirkel und Lineal (keine Maßstabsskala und kein Winkelmesser) benutzt werden. Das **Lineal** darf benutzt werden zum Zeichnen einer beliebigen Geraden oder einer Geraden durch einen gegebenen Punkt oder der Verbindungsgeraden zweier gegebener Punkte. Der **Zirkel** darf benutzt werden zum Zeichnen eines Kreises um einen beliebigen oder einen gegebenen Mittelpunkt mit beliebigem oder mit (als Strecke) vorgegebenem Radius oder durch einen gegebenen Punkt. Damit kann auch eine gegebene Strecke abgegriffen und übertragen werden.
- Ausgehend von den als Figur vorliegenden gegebenen Stücken (Punkte, Geraden, Strecken, Winkel etc.) sind alle weiteren Punkte als Schnittpunkte von Geraden oder Kreisen bzw. alle weiteren Geraden als Verbindungsgeraden von Punkten allein mit Zirkel und Lineal zu konstruieren.

Musterbeispiel einer Konstruktion allein mit Zirkel und Lineal:
Konstruiere ein Dreieck, von dem die Seitenlänge c = AB, die Winkelgröße α und die Seitenlänge a = BC gegeben sind (linke Seite der Zeichnung):

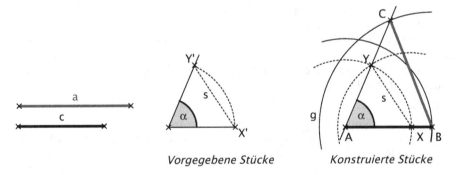

Vorgegebene Stücke   *Konstruierte Stücke*

Konstruktionsschritte:
1. Markieren eines Punktes A und Zeichnen einer beliebigen Geraden g durch A.
2. Kreis um A mit dem gegebenem Radius c (Abgreifen mit dem Zirkel) ergibt als Schnittpunkt mit g den Punkt B.

3. Antragen des Winkels α an die Gerade g = AB mit Punkt A als Scheitel:
Mithilfe eines Kreisbogens und der erlaubten Manipulationen mit dem Zirkel wird der Winkel allein mit dem Zirkel übertragen (in der Zeichnung punktiert):
   - Kreisbogen mit beliebigem Radius um A ergibt den Schnittpunkt X auf der Geraden AB.
   - Kreisbogen mit gleicher Zirkelöffnung AX um den Scheitel des gegebenen Winkels α erzeugt eine Sehne s = X'Y'.
   - Kreisbogen um X mit der Sehne s =X'Y' als Radius (Abgreifen mit dem Zirkel) ergibt als Schnitt mit dem vorhergehenden Kreisbogen um A den Punkt Y.
   - Verbindungsgerade AY zeichnen. AY ist der zweite Schenkel des Winkels α.
4. Kreis um B mit Radius a (Abgreifen mit dem Zirkel) schneidet den freien Schenkel AY von α in C.
5. Verbinden von A mit C und von B mit C mithilfe des Lineals ergibt das gesuchte Dreieck ABC.

In diesem Beispiel wurde weder das Geodreieck noch der Winkelmesser noch eine Maßstabsskala auf dem Lineal verwendet. Allerdings ist die konkrete Durchführung der Konstruktion durch die einzelnen kleinen Schritte aufwändig. Man hat deshalb für geometrische Konstruktionen folgende vereinfachende Vereinbarung getroffen:

Zur Vereinfachung geometrischer Konstruktionen darf man nur dann z. B. das Geodreieck, eine Maßstabsskala, den Winkelmesser oder gar ein DGS verwenden, wenn die betreffende Konstruktion aus den gegebenen Stücken prinzipiell auch allein mit Zirkel und Lineal durchgeführt werden kann.

Wir zählen einige derartige Konstruktionen auf und empfehlen dem Leser, diese Grundkonstruktionen einmal selbstständig allein mit Zirkel und Lineal unter Beachtung der angegebenen Regeln durchzuführen:

Zu zwei verschiedenen Punkten A und B
   - die **Mittelsenkrechte** der Strecke AB konstruieren.
   - den **Mittelpunkt** der Strecke AB konstruieren.
   - einen gegebenen **Winkel** an die Strecke AB mit Scheitel A oder B anlegen (siehe obiges Musterbeispiel).

Zu einer Geraden g und einem Punkt P
   - die **Senkrechte** zu g durch P konstruieren.
   - die **Parallele** zu g durch P konstruieren.

Zu zwei gegebenen Geraden
   - die **Winkelhalbierenden** konstruieren.
   - die **Mittelparallele** konstruieren (falls die Geraden zueinander parallel sind).

Ein grundlegendes Problem in der klassischen Geometrie bestand nun darin, herauszufinden, was sich gemäß den vorgegebenen Regeln allein mit Zirkel und Lineal konstruieren lässt und was nicht. Drei über zwei Jahrtausende hinweg ungelöst gebliebene derartige Probleme aus der griechischen Zeit sind berühmt geworden.

Erst im 19. Jahrhundert konnten alle drei als prinzipiell unlösbar nachgewiesen werden.

Das ist einmal die sogenannte *„Quadratur des Kreises"*. Zu einem Kreis mit gegebenem Radius oder Durchmesser ist die Seitenlänge eines Quadrats zu konstruieren, dessen Flächeninhalt dem Kreisinhalt gleich ist. Gleichwertig damit ist die Aufgabe, zum gegebenen Radius eine Strecke mit der exakten Länge des Kreisumfangs allein mit Zirkel und Lineal zu konstruieren. Erst im Jahr 1882 ist dem deutschen Mathematiker Ferdinand von Lindemann der Nachweis der Unmöglichkeit dieser Konstruktion gelungen. In Anlehnung an dieses klassische Problem wird im Alltag heute vielfach eine unlösbare Aufgabe als „Quadratur des Kreises" bezeichnet.

Das zweite dieser Probleme ist die *„Dreiteilung des Winkels"*, d. h. die Aufgabe, einen beliebigen Winkel allein mit Zirkel und Lineal in drei gleich große Winkel aufzuteilen. Das gelingt zwar einfach z. B. für einen Winkel von 90°, jedoch schon nicht mehr für einen solchen von 60° und erst recht nicht für beliebige Winkel.

Das dritte dieser klassischen unlösbaren Probleme, das sogenannte Deli'sche Problem, ist die *„Verdopplung des Würfels"*. Es ist nicht möglich, zu einer gegebenen Würfelkante allein mit Zirkel und Lineal die Länge einer Würfelkante zu konstruieren, so dass dieser Würfel den doppelten Rauminhalt des gegebenen Würfels besitzt.

Selbstverständlich gibt es „Konstruktionen", die z. B. die Dreiteilung eines beliebigen Winkels ermöglichen, aber eben keine „Konstruktionen mit Zirkel und Lineal". Wir zeigen eine auf Archimedes zurückgehende Konstruktion zur Winkeldreiteilung mithilfe eines „Einschiebelineals":

Der Winkel $\alpha = \angle$ ASB soll gedrittelt werden. Man zeichnet einen Kreis um den Scheitel S und erhält die Punkte A und B auf den Winkelschenkeln. Nun markiert man auf einem Lineal zwei Punkte im Abstand des Kreisra-

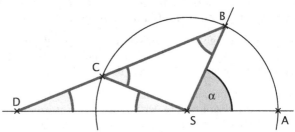

dius r = SA = SB. Dieses Lineal wird nun so durch B angelegt, dass eine der Markierungen (Punkt C) auf dem Kreis zu liegen kommt und die andere (Punkt D) auf der Geraden SA. Wie man leicht durch einfache Winkelüberlegungen zeigen kann, gilt nun die Gleichung $\alpha = 3 \cdot \beta$ und die Winkeldreiteilung ist „bewerkstelligt". Überlegen Sie, welcher Teil der Konstruktion dabei gegen die Vorschriften einer „Konstruktion mit Zirkel und Lineal" verstößt.

Geometrische Ortslinien in der Ebene:

Geometrische Örter oder *Ortslinien* sind Punktmengen bzw. Linien, die genau sämtliche Punkte mit einer bestimmten geometrischen Eigenschaft enthalten. Wir stellen nachstehend die wichtigsten geometrischen **Ortslinien der Ebene** in einer Tabelle zusammen. Es handelt sich hier ausschließlich um solche Ortslinien bzw. Punkte, die allein mithilfe von Zirkel und Lineal konstruierbar sind. Es wird dem

Leser empfohlen, jede der angegebenen Konstruktionen einmal selbstständig allein mit Zirkel und Lineal unter Beachtung der angegebenen Regeln durchzuführen.

Gegeben	Gesucht
Punkt P und Länge s	{X │ XP = s }; **Kreis** um P mit Radius s. Menge aller Punkte X, die vom Punkt P dieselbe Entfernung XP = s haben.
Zwei Punkte A und B	{X │ XA = XB }; **Mittelsenkrechte** der Strecke AB. Menge aller Punkte X, deren Entfernung von zwei gegebenen Punkten A und B jeweils gleich groß ist, für die also gilt XA = XB.
Drei Punkte A, B und C	{X │ XA = XB = XC }; **Umkreismitte** von Dreieck ABC. Menge aller Punkte X, deren Entfernung von drei gegebenen Punkten A, B und C gleich groß ist, für die also gilt XA = XB = XC.
Zwei Punkte A und B	{X │ $\angle$AXB = const. = φ }; **Fasskreisbogenpaar** für den Winkel φ über der Strecke AB. Menge aller Punkte X, die mit A und B einen Winkel derselben Größe $\angle$AXB = φ mit Scheitel X bilden.
Gerade g und Länge s	{X │ Abstand(X, g) = s }; **Parallelenpaar** zu g im Abstand s. Menge aller Punkte X, die von der Geraden g den Abstand s haben.
Zwei Geraden g und h	{X │ Abstand(X, g) = Abstand(X, h); **Winkelhalbierendenpaar** zu g und h bzw. **Mittelparallele** (falls g ∥ h). Menge aller Punkte X, die von den beiden Geraden g und h jeweils denselben Abstand haben.
Drei Geraden a, b und c	{X │Abst.(X, a) = Abst.(X, b) = Abst.(X, c) }; **In- und Ankreismitten** des Dreiecks mit den Seitengeraden a, b und c. Menge aller Punkte X, die von den drei Geraden a, b und c jeweils denselben Abstand haben.

Aufgabe 30:

c) Bestimmen Sie in der Ebene zu einem festen Punkt P und einer festen Geraden g mit P $\notin$ g durch Konstruktion einzelner Punkte folgende Ortslinie:
{X │ XP = Abst.(X, g) }

d) Bestimmen Sie zu zwei gegebenen Geraden g und h in der Ebene durch Konstruktion einzelner Punkte die folgenden Ortslinien:
{ X │ Abst.(X, g) + Abst.(X, h) = const. = s } bzw.
{ X │ │Abst.(X, g) – Abst.(X, h)│ = const. = d }.

e) Bestimmen Sie zu zwei gegebenen Punkten A und B der Ebene folgende Ortslinie durch Konstruktion einzelner Punkte: { X │ XA = 2 · XB) }.
Vergleichen Sie mit der „Mittelsenkrechten" der Strecke AB.
Hinweis: Bei Verwendung eines DGS können Sie die Ortslinien in der Ebene als Spuren ihrer konstruierten Punkte erzeugen.

f) Übertragen Sie die in der obenstehenden Tabelle genannten Fragestellungen auf den dreidimensionalen Raum und bestimmen Sie die entsprechenden geometrischen Örter (dort erhält man „Flächen" statt „Linien").

4.10 Typisierung räumlicher Figuren – Körper

a) Quader

Die einfachsten Körper (dreidimensionale Punktmengen oder Figuren) sind **Quader**. Man erhält sie als Schicht- oder Schiebekörper: Eine Rechtecksfläche wird senkrecht zu sich selbst um eine bestimmte Strecke verschoben, bzw. es werden mehrere solcher Schichten aufeinandergestapelt. Die dabei von dieser Rechtecksfläche überstrichene Punktmenge (bzw. der aufgeschichtete Raumteil) ist ein Quader.

Aufgabe 31:
a) Skizzieren Sie aus freier Hand einen *Quader* in Grund-, Auf- und Seitenriss sowie im Schrägbild (Frontschau oder Vogelschau). Wählen Sie selbst geeignete Maße.
b) Skizzieren Sie ein Oberflächennetz des Quaders. Bezeichnen Sie entsprechende Ecken in allen Darstellungen mit entsprechenden Namen.
c) Wie viele Ecken, Kanten und Seitenflächen besitzt ein Quader?
Wie stehen die einzelnen Kanten bzw. Flächen zueinander?
Wie viele Kanten bzw. Flächen treffen sich in einer Ecke?
d) Welche Symmetrien besitzt ein Quader?
Zählen Sie alle auf. Stellen Sie eine Gruppentafel auf.
e) Welche Sonderformen von Quadern gibt es? Wodurch sind diese gekennzeichnet?
f) Wie viele Deckdrehungen bzw. Deckabbildungen insgesamt besitzt ein *Würfel*?

b) Säulen (Prismen)

Eine erste Verallgemeinerung der Körperform Quader erhalten wir, wenn wir als Grundfläche ein beliebiges Vieleck oder einen Kreis zulassen, aber sonst an der obigen Erzeugungsweise (Verschiebung senkrecht zur Grundfläche bzw. kongruente Schichten) festhalten. Man kommt so zur Klasse **der senkrechten Prismen oder Säulen**.

Aufgabe 32:
Gegeben sei ein *senkrechtes n-Ecks-Prisma*, d. h. eine senkrechte Säule mit einem n-Eck als Grundfläche.
a) Wie viele Ecken, Kanten und Flächen besitzt diese Säule?
b) Von welcher Form sind die Seitenflächen dieser Säule? Wie verlaufen die Kanten?
c) Wie viele Kanten bzw. Flächen treffen in einer Ecke aufeinander?
d) Wie sieht das Oberflächennetz (die Abwicklung) einer solchen Säule aus?
e) Welche Gestalt und welche Größe hat der Mantel einer solchen Säule?
f) Was ändert sich beim Übergang zu einer senkrechten *Kreissäule (Zylinder)*?

Eine weitere Verallgemeinerung der Säulen erhält man, wenn man die Verschiebung der Grundfläche im Raum nicht mehr *senkrecht* zur Grundfläche vornimmt, sondern in einer beliebigen – jedoch nicht in der Ebene der Grundflächen liegenden – Richtung vornimmt. Man kommt so zur Klasse der *schiefen Prismen oder Säulen*.

c) Antiprismen

Eine interessante Klasse von Körpern erhält man auf folgende Weise:

Als Grundfläche dient ein – i. Allg. regelmäßiges – n-Eck. Dieses wird um den Winkel 360°/2n um den Mittelpunkt gedreht und dann senkrecht zur Grundfläche verschoben. Nun wird jede Ecke der Grundfläche mit den beiden darüber liegenden benachbarten Ecken der Deckfläche durch eine Kante verbunden. Den so erzeugten Vielflächner nennt man ein **n-Ecks-Antiprisma**.

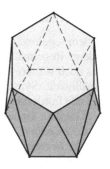

Sechsecks-Antiprisma

Aufgabe 33:

a) Zeichnen Sie ein *quadratisches Antiprisma* im Grund- und Aufriss sowie im Schrägbild. Wählen Sie selbst geeignete Maße.
b) Zeichnen Sie das Oberflächennetz des quadratischen Antiprismas.
c) Bauen Sie ein Oberflächenmodell aus Pappe oder steifem Papier.
d) Wie viele Ecken, Kanten und Flächen besitzt ein n-Ecks-Antiprisma? Von welcher Form sind die Flächen?
e) Wie sieht ein „Kreis-Anti-Prisma" aus? Stellen Sie sich ein 100-Ecks-Antiprisma vor!

d) Spitzkörper (Pyramiden und Kegel)

Die nächste Klasse von Körpern entsteht aus den senkrechten (oder schiefen) Säulen, indem man die Deckfläche auf einen Punkt, also zu einer Spitze, zusammenschrumpfen lässt. Man erhält die Klasse der **Spitzkörper (Pyramiden bzw. Kegel)**.

Aufgabe 34:

a) Wie viele Ecken, Kanten und Flächen besitzt eine *n-Ecks-Pyramide*?
b) Wie viele Kanten bzw. Flächen stoßen in jeder Ecke zusammen?
c) Von welcher Form sind die Flächen der Pyramide?
d) Wie sieht das Oberflächennetz aus? Welche Form und welche Maße hat der Mantel einer regelmäßígen n-Ecks-Pyramide?
e) Was ändert sich, was bleibt gleich beim Übergang zu einem *Kegel*?

Aufgabe 35:

Tragen Sie in der folgenden Tabelle die Zahl e der Ecken, die Zahl k der Kanten und die Zahl f der Flächen der angegebenen Körper ein.
Bestätigen Sie die Eulersche Polyederformel: $e - k + f = 2$.

	Eckenzahl e	Kantenzahl k	Flächenzahl f	e – k + f
n–Ecks–Prisma				
n–Ecks–Antiprisma				
n–Ecks–Pyramide				

e) Die regulären Körper (Platonische Körper)

Mit dem regelmäßigen Tetraeder und dem Würfel haben wir zwei Körper von besonderer Regelmäßigkeit kennen gelernt. Wir wollen im Folgenden untersuchen, ob es noch weitere Körper gibt, die sich vor allen anderen mit besonders hoher Regelmäßigkeit (Symmetrie) auszeichnen.

Folgende Forderungen stellen wir an *reguläre Körper*:

1. *Es sollen konvexe Polyeder sein, also Vielflächner, die keine einspringenden Ecken haben.*
2. *Alle begrenzenden Seitenflächen sollen untereinander kongruente regelmäßige n-Ecke sein mit der gleichen Eckenzahl n sein.*
3. *An jeder Ecke soll dieselbe Situation vorliegen, es sollen dort also stets gleich viele Seitenflächen bzw. Seitenkanten zusammentreffen.*

Aufgabe 36:

a) Verbindet man die Mittelpunkte benachbarter Seitenflächen eines Würfels, so erhält man ein Kantenmodell eines regelmäßigen Körpers. Wie viele Ecken, Kanten bzw. Flächen hat dieser? Wie hängen diese Zahlen mit denen des Würfels zusammen?

b) Versuchen Sie mit untereinander jeweils kongruenten regelmäßigen Dreiecken (bzw. Vierecken, Fünfecken, Sechsecken) räumliche Körperecken zu bauen. Wie viele der entsprechenden Sorte müssen und wie viele können an einer räumlichen Körperecke zusammentreffen?
Welche und wie viele Typen derartiger regelmäßiger „Raumecken" ergeben sich?

Als Ergebnis der Aufgabe 36 stellt sich heraus, dass man entweder 3 oder 4 oder 5 gleichseitige Dreiecke zu einer Raumecke zusammenfügen kann, aber jeweils nur 3 Quadrate bzw. 3 regelmäßige Fünfecke. Mit Sechsecken erhält man schon gar keine Ecke mehr, weil drei aneinander stoßende regelmäßige Sechsecke eine Winkelsumme von 360° ergeben und sich zu einer Ebene ergänzen, dabei aber gar keine Raumecke mehr bilden.

Dieses experimentell erzielte Ergebnis lässt sich mithilfe des *Eulerschen Polyedersatzes* (siehe Aufgabe 35) streng herleiten. Der Satz besagt, dass für jedes Polyeder (ohne Loch) mit e Ecken, k Kanten und f Flächen gilt: $e - k + f = 2$ (1)
Nehmen wir nun an, der Körper sei von regelmäßigen n-Ecken begrenzt, von denen an jeder Ecke r Stück zusammentreffen, so muss $n \geq 3$ und $r \geq 3$ sein.

Zählen wir die Kantenenden einmal über die e Ecken und einmal über die k Kanten, so erhalten wir: $r \cdot e = 2 \cdot k$ (2)

Zählen wir die Kanten über die f Flächen, so muss gelten: $f \cdot n = 2 \cdot k$ (3)

Nach Einsetzen von (2) und (3) in (1) ergibt sich: $\dfrac{1}{r} + \dfrac{1}{n} = \dfrac{1}{k} + \dfrac{1}{2}$ (4)

Da jedoch k auf jeden Fall positiv sein muss, folgt hieraus: $\dfrac{1}{r} + \dfrac{1}{n} > \dfrac{1}{2}$ (5)

Weil r und n beide mindestens gleich 3 sind, müssen beide kleiner als 6 sein, sonst kann die Summe ihrer Kehrwerte nicht größer als ½ sein. Man erhält daher nur die folgenden möglichen Lösungspaare (r, n) für die letztgenannte Ungleichung (5):

$(3, 3)$ $(3, 4)$ $(3, 5)$ $(4, 3)$ $(5, 3)$

Die zu den beiden ersten Lösungspaaren gehörigen Körper kennen wir schon: das regelmäßige Tetraeder (= Vierflächner) und der Würfel (Hexaeder = Sechsflächner).

Mithilfe von (4), (3) und (2) bzw. (1) lassen sich nun zu jedem Lösungspaar (r, n) schrittweise die Werte k, f und e berechnen, und man erhält die in folgender Tabelle zusammengefassten fünf regulären Körper:

r Kantenzahl in einer Ecke	n Eckenzahl einer Seitenfläche	e Eckenzahl des Körpers	k Kantenzahl des Körpers	f Flächenzahl des Körpers	Name des Körpers
3	3	4	6	4	Tetraeder
3	4	8	12	6	Hexaeder
4	3	6	12	8	Oktaeder
3	5	20	30	12	Dodekaeder
5	3	12	30	20	Ikosaeder

Diese sogenannten fünf *Platonischen oder regulären Körper* sind nach der Anzahl ihrer begrenzenden Seitenflächen benannt: Vierflächner, Sechsflächner, Achtflächner, Zwölfflächner und Zwanzigflächner. Zu jedem der Körper gibt es den dazu dualen, der gleich viele Kanten, jedoch vertauschte Ecken- bzw. Flächenanzahlen hat. Das Tetraeder ist selbstdual.

Schrägbilder der fünf Platonischen Körper

Tetraeder   *Hexaeder*   *Oktaeder*   *Dodekaeder*   *Ikosaeder*

Aufgabe 37:
Zeichnen Sie möglichst einfache Netze (Abwicklungen) der regulären Körper und stellen Sie geeignete Modelle her (Tonpapier entlang der Kanten leicht einritzen).
Nebenstehend sind einfache Netze für Dodekaeder und Ikosaeder angegeben:

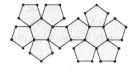 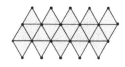

Johannes Kepler hat sich (1596 in: „Mysterium Cosmographicum") durch die Existenz von genau 5 Platonischen Körpern und die damals genau 6 bekannten Planeten (Merkur, Venus, Erde, Mars, Jupiter, Saturn) zu einer interessanten Spekulation

anregen lassen: Durch geschicktes Ineinanderschachteln der 5 regulären Körper mit ihren umgebenden bzw. einbeschriebenen Kugelschalen erhält man grobe Werte für die Radien der Planetenbahnen um die Sonne:
Einem Würfel ist eine Kugel umbeschrieben, deren Radius dem der Saturnbahn entspricht. Die Inkugel des Würfels ergibt den Radius der Jupiterbahn. Dieser Inkugel ist ein Tetraeder einbeschrieben, dessen Inkugel den Radius der Marsbahn ergibt. Der Inkugel des Tetraeders wiederum ist ein Dodekaeder einbeschrieben, dessen Inkugel den Erdbahnradius ergibt. Der Inkugel des Dodekaeders ist ein Ikosaeder einbeschrieben, dessen Inkugel den Radius der Venusbahn ergibt. Schließlich ist der Inkugel des Ikosaeders ein Oktaeder einbeschrieben, dessen Inkugel den Radius der Merkurbahn bestimmt.
[*Johannes Kepler*; geb. 1571 in Weil der Stadt; gest. 1630 in Regensburg. Astronom, Mathematiker und Theologe. Seine Hauptwerke „Astronomia Nova" (1609) und „Harmonices Mundi" (1619) enthalten u. a. seine bedeutendsten wissenschaftlichen Erkenntnisse, die drei berühmten „Keplergesetze" der Planetenbewegung.]

f) Kugeln

Die letzte in der Elementargeometrie noch zu behandelnde Körperform ist die Kugel. Man kann sie wie folgt beschreiben:
Eine Kugel mit Mittelpunkt M und Radius r ist die Menge all der Punkte des Raumes, deren Abstand von M kleiner oder gleich r ist: $K(M; r) = \{ P \mid MP \leq r \}$.
Wie bei einem Kreis zwischen Kreis*scheibe* und Kreis*linie* müssen wir unterscheiden zwischen dem **Kugelkörper** und der **Kugelfläche**. Die letztere enthält nur die Punkte P mit MP = r. (Hinweis: Natürlich ist mit „MP" hier die Strecken*länge* gemeint.)

Aufgabe 38:
a) Zählen Sie sämtliche Symmetrien einer Kugel auf.
b) Welche Fläche erhält man bei einem ebenen Schnitt einer Kugel?
c) Welche Fläche erhält man bei einem ebenen Schnitt durch den Kugelmittelpunkt?

Aufgabe 39:
Der Radius der Erdkugel beträgt 6 350 km.
a) Zeichnen Sie eine Kugel (Erdkugel) mit Radius 6,3 cm in Grund- und Aufriss in zugeordneter Lage.
b) Zeichnen Sie den Äquator, den Nullmeridian, die Breitenkreise mit 45° nördlicher bzw. südlicher Breite ein. Berechnen Sie die Länge dieser Breitenkreise.
c) Zeichnen Sie die Lage von Stuttgart (49° nördlich / 9° östlich) ein.
    Tragen Sie weitere Ihnen bekannte Orte ein.

Ergänzung: Entfernung zweier Punkte auf einer Kugeloberfläche

Als Ergänzung wollen wir Entfernungen auf einer Kugeloberfläche ermitteln:
Was ist die kürzeste Verbindung zweier Punkte A und B auf einer Kugeloberfläche?

- Zunächst leuchtet ein, dass die kürzeste Kurve zwischen zwei Punkten auf der Kugeloberfläche vermutlich *in einer Ebene* liegt. Käme sie aus einer Ebene heraus könnte man sie abkürzen.
- Weil jeder *ebene* Schnitt einer Kugel einen Kreis erzeugt, muss also die kürzeste Linie zwischen A und B ein Stück eines Kreisbogens sein.
- Von allen Kreisbögen zwischen A und B ist aber der am kürzesten, der die geringste Krümmung, also den *größten Radius* besitzt. Dies aber ist ein *Großkreis* (Kreis mit dem Durchmesser der Kugel als Durchmesser) der Kugel.

Mit diesen Überlegungen haben wir nichts anderes als eine auf Plausibilität gegründete Antwort auf unsere eingangs gestellte Frage erhalten:

> **Die kürzeste Verbindung zweier Punkte auf einer Kugeloberfläche ist der kürzere Bogen des durch die beiden Punkte bestimmten Großkreises.**

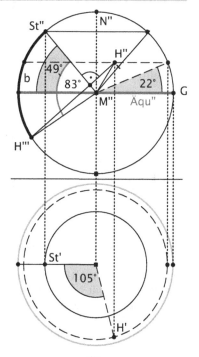

Wir wollen als *Beispiel* die Entfernung zweier Punkte auf der Erdoberfläche durch Zeichnung bestimmen: Stuttgart (9° Ost; 49° Nord) und Hongkong (114° O; 22° N).
Wir zeichnen die Erdkugel im Grund- und im Aufriss mit Polen und Äquator.
Die Breitenkreise von St (durchgezogen) und H (gestrichelt) werden im Aufriss gezeichnet und in den Grundriss übertragen.
Wir wählen den Meridian von Stuttgart im Grundriss (durchgezogen) so, dass seine Ebene zur Aufrissebene parallel ist. Damit liegt St''
im Aufriss auf der Kontur.
Mithilfe der Längendifferenz von 105° können wir im Grundriss den Meridian von Hongkong einzeichnen (gestrichelt). Damit erhalten wir H' im Grundriss (Schnitt mit dem Breitenkreis) und H'' im Aufriss.
Nun drehen wir im Aufriss um die Achse St''M'' bis H auf die Kontur in die Lage H''' kommt. Dann erscheint der Bogen St''H''' auf der Kontur im Aufriss in wahrer Größe.
Man erhält den Mittelpunktswinkel 83° für diesen Bogen und damit den Großkreisbogen zu einer Länge von $\dfrac{83}{360} \cdot 40\,000$ km =
9 222 km. [Längen von Großkreisbögen werden üblicherweise durch die Winkelmaßzahl ihres Mittelpunktswinkels in Grad angegeben.]
Mit dieser relativ einfachen Konstruktion kann man die sphärische Entfernung zweier beliebiger Punkte auf der Kugeloberfläche bestimmen.
Wir geben – ohne Herleitung oder Beweis – noch an, wie man diese auch rechnerisch mithilfe der Sätze der sphärischen Trigonometrie ermitteln kann:

Für beliebige sphärische Dreiecke ABC mit den Seiten AB = c, AC = b und BC = a und dem Winkel γ bei C gilt der Seitenkosinussatz der sphärischen Trigonometrie:

$cos\ c = cos\ a \cdot cos\ b + sin\ a \cdot sin\ b \cdot cos\ \gamma.$

Ist φ_A die nördliche Breite des Punktes A, so hat seine Poldistanz vom Nordpol, also der Großkreisbogen AN, den Wert b = $90° - \varphi_A$.

Analoges gilt für den Bogen BN = a = $90° - \varphi_B$.

Der Winkel, den die beiden Meridianbögen am Nordpol miteinander einschließen, ist genau die Längendifferenz λ. Damit kann man die sphärische Entfernung der beiden Punkte A und B, das ist der Großkreisbogen c = AB, mithilfe des Seitenkosinussatzes berechnen:

$cos\ c = cos\ (90° - \varphi_A) \cdot cos\ (90° - \varphi_B) + sin\ (90° - \varphi_A) \cdot sin\ (90° - \varphi_B) \cdot cos\ \lambda$

$\qquad = sin\ \varphi_A \cdot sin\ \varphi_B + cos\ \varphi_A \cdot cos\ \varphi_B \cdot cos\ \lambda.$

Für unser Beispiel mit $\varphi_A = 49°$, $\varphi_B = 22°$ und $\lambda = 105°$ ergibt sich:

$cos\ c \quad = sin\ 49° \cdot sin\ 22° + cos\ 49° \cdot cos\ 22° \cdot cos\ 105° = 0,1252828...$

Damit erhält man c = $82,8° \approx 83°$ in sehr guter Übereinstimmung mit der durch Zeichnung ermittelten Lösung von 83°.

Aufgabe 40:
Bestimmen Sie die Großkreisentfernung auf der Erdkugel zwischen Berlin und Rio de Janeiro durch Konstruktion wie im obigen Beispiel.

Zusammenfassung:
Im Anschluss an die einfachen *Sätze über Winkel* (Scheitelwinkel, Nebenwinkel), über Winkel an einer Doppelkreuzung mit Parallelen (Stufenwinkel, Wechselwinkel) und über Winkelsummen in Vielecken folgten besondere *Eigenschaften von Dreiecken*:
Dreiecksungleichung; Satz vom Gegenwinkel; Satz von der Mittelparallele; Kongruenzsätze für Dreiecke (SSS, SWS, WSW bzw. WWS, SsW); Satz über die Seitenhalbierenden und den Schwerpunkt; Satz über die Mittelsenkrechten und die Umkreismitte; Satz über die Winkelhalbierenden und die Inkreismitte; Satz über die Höhen und den Höhenschnittpunkt; Dreieckstypen (nach Symmetrie bzw. Winkeln).
Der wichtigste Satz über *Winkel am Kreis* war der Peripheriewinkelsatz mit dem Spezialfall des Thalessatzes.
Für **Vierecke** gilt der Satz vom Mittenviereck.
Das *„Haus der Vierecke"* ist ein Hierarchiesystem der besonderen Vierecksformen, in das sich auch schrägsymmetrische Formen (Schieftrapez und Schiefdrachen) sowie Sehnen- und Tangentenvierecke eingliedern lassen.
Regelmäßige Vielecke und Kreise ergänzen die ebenen Figuren.
Ein Überblick über den Aufbau und die geometrischen Eigenschaften von **Körpern** (Säulen, Spitzkörper, Kugeln, platonische Körper) wurde mit einem Ausblick auf die Geometrie auf einer Kugeloberfläche ergänzt.

4.11 Hinweise und Lösungen zu den Aufgaben

Aufgabe 1:
Die Symmetriegruppe der Figur ist die Diedergruppe D_2 mit zwei Achsenspiegelungen an den beiden Winkelhalbierenden, einer Halbdrehung um den Schnittpunkt S und der Identität. Man erhält die Gleichheit der Scheitelwinkel durch Anwendung der Punktspiegelung oder einer der Achsenspiegelungen. Außerdem erkennt man: *Die Winkelhalbierenden von Nebenwinkeln stehen stets aufeinander senkrecht.*

Aufgabe 2:
a) Eine Halbdrehung bildet jede Gerade auf eine dazu parallele Gerade ab.
b) Man erhält die Gleichheit von *Wechselwinkeln*, die bei dieser Halbdrehung ineinander abgebildet werden.
c) Mit dem Satz über Scheitelwinkel erhält man die Gleichheit von *Stufenwinkeln*.
d) Umkehrung: Wenn an einer Doppelkreuzung gleichgroße Wechsel- oder Stufenwinkel auftreten, dann sind die schneidenden Geraden zueinander parallel.
Der Beweis ergibt sich wie folgt:
Es seien g und h die schneidenden und j die geschnittene Gerade mit den beiden Schnittpunkten G und H. Wir zeichnen durch H die Parallele x zu g und erhalten gleiche Stufenwinkel (bzw. Wechselwinkel) mit j wie bei g. Da x und h in H mit j denselben Winkel bilden (nach Voraussetzung über die Gleichheit der Stufen- bzw. Wechselwinkel), müssen sie übereinstimmen, also ist x = h parallel zu g.

Aufgabe 3:
a) Zeichnung anfertigen.
b) Man erhält bei C drei Winkel der Größen α, β und γ, die zusammen einen gestreckten Winkel ergeben. Die Winkelsumme im Dreieck beträgt $\alpha + \beta + \gamma = 180°$.
c) Der Nebenwinkel von α ergänzt diesen auf 180°; das aber tut die Summe von β und γ ebenfalls, also folgt die Behauptung.

Aufgabe 4:
a) Satz: **Die Winkelsumme in einem n-Eck beträgt $(n-2) \cdot 180°$.**
Beweis: Durch Anhängen eines Dreiecks an einer Seite eines n-Ecks erhält man ein $(n + 1)$-Eck. Damit erhöht sich die Winkelsumme bei Ergänzung um jede weitere Ecke um 180°. Ausgehend vom Dreieck erhält man: $S(n) = (n - 2) \cdot 180°$.
b) Man teilt die Winkelsumme durch n: $W(n) = \dfrac{n-2}{n} \cdot 180° = (1 - \dfrac{2}{n}) \cdot 180°$.

Aufgabe 5:
a) Die Beweisführung für die Richtigkeit des Satzes folgt genau dem im Text dargestellten Muster. Man konstruiert eine Folge von Abbildungen, die das erste in das zweite Dreieck abbildet. Im Falle des Gegenwinkels der kleineren Seite kann es zum Verlust der Eindeutigkeit kommen. Konstruieren Sie dazu ein Beispiel.
b) Die Formulierungen gestalten sich ganz analog zu den gegebenen Beispielen.

Aufgabe 6:

a) Es sei AB = CD und BC = DA. Wir zeichnen die Diagonalen mit Schnittpunkt S ein.

Dann sind die Dreiecke ABC und CDA kongruent (SSS) und daher der Winkel BAC gleich dem Winkel DCA. Daher sind diese beiden Winkel gleich große Wechselwinkel an einer Doppelkreuzung und daher AB parallel zu CD. Analog beweist man die Parallelität von BC und DA. Damit ist der Beweis erbracht.

b) Wir wählen die Bezeichnungen wie bei a). Dann sind die Dreiecke ASB und CSD kongruent (SWS) und daher $\angle$BAS = $\angle$DCS und daher AB parallel zu CD. Analog beweist man die Parallelität von BC und DA.

c) Es sei $\alpha = \gamma$ und $\beta = \delta$. Aufgrund der Winkelsumme von 360° im Viereck folgt daraus $\alpha + \beta = \gamma + \delta = 180°$. Es sei x die Gerade CD. Der Nebenwinkel von γ an der Gerade x = DC hat die Größe $180° - \gamma = 180° - \alpha$. Das ist aber genau der Wert von β. Also ist dieser ein zu β gleichgroßer Wechselwinkel an der Doppelkreuzung mit den Scheiteln B und C und daher ist AB parallel zu CD. Analog zeigt man die Parallelität von BC und DA.

Aufgabe 7:

Dies ist ein hervorragendes Beispiel zur Warnung vor voreiligen Schlüssen und zur Vorsicht beim Argumentieren mit Zeichnungen. Wo steckt der Fehler im „Beweis"?

Man kann – mithilfe des Peripheriewinkelsatzes – zeigen, dass stets genau einer der Punkte P oder Q auf der Dreiecksseite AC bzw. BC liegt, der andere aber stets außerhalb. Deshalb sind die Seiten AC und BC nicht gleich, weil einmal die Summe und einmal die Differenz zweier gleichgroßer Einzelstrecken zu berechnen ist. Einzige Ausnahme ist der Fall, bei dem P und Q mit den Dreiecksecken A bzw. B zusammenfallen und nur dann liegt ein gleichschenkliges Dreieck vor.

Aufgabe 8:

Das Dreieck werde aufgespannt von den beiden (linear unabhängigen) Vektoren $\mathbf{b} = \overrightarrow{AB}$ und $\mathbf{c} = \overrightarrow{AC}$. P, Q und R seien die Seitenmitten des Dreiecks. Damit gilt:

$\overrightarrow{AR} = \mathbf{b}/2$, $\overrightarrow{AQ} = \mathbf{c}/2$; $\overrightarrow{AP} = (\mathbf{b}+\mathbf{c})/2$; $\overrightarrow{BQ} = -\mathbf{b} + \mathbf{c}/2$; $\overrightarrow{CR} = -\mathbf{c} + \mathbf{b}/2$.

S sei der Schnittpunkt von CR mit BQ. Wir können von A aus den Punkt S auf zwei verschiedenen Wegen erreichen, über B oder über C, daher gilt:

$\overrightarrow{AS} = \mathbf{b} + r \cdot \overrightarrow{BQ} = \mathbf{c} + s \cdot \overrightarrow{CR}$. Zu beweisen wäre nun, dass r = s = 2/3 ist.

Durch Einsetzen für $\overrightarrow{BQ}$ und $\overrightarrow{CR}$ und Umordnen der Gleichung erhält man:

$\mathbf{b} \cdot (1 - r - s/2) = \mathbf{c} \cdot (1 - s - r/2)$. Da $\mathbf{b}$ und $\mathbf{c}$ Vektoren mit verschiedenen Richtungen sind („linear unabhängig") geht dies nur, wenn beide Koeffizienten 0 sind, d. h. die beiden Klammern müssen jeweils 0 ergeben. Daraus ermittelt man r = s = 2/3.

Damit ist nachgewiesen, dass der Schnittpunkt S die Schwerlinien im Verhältnis 2 : 1 teilt. Nun muss noch gezeigt werden, dass auch die dritte Schwerlinie AP durch S verläuft. Mit den errechneten Werten für r und S erhält man $\overrightarrow{AS}$ = 1/3 · (**b** + **c**). Andererseits ist $\overrightarrow{AP}$ = ½ · (**b+c**) und daher 2/3 · $\overrightarrow{AP}$ = 1/3 · (**b+c**) = $\overrightarrow{AS}$. Damit liegt also S auch auf AP und teilt diese Strecke ebenfalls im Verhältnis 2:1.

Aufgabe 9:
Wir ergänzen Dreieck ABC durch einen vierten Punkt D zum Parallelogramm ABDC. Dann ist AD = 2 · s_a und damit ergibt sich folgende Lösung:
Zeichne AB = c. Die Kreise k_1(B, b) und k_2(A, 2 · s_a) schneiden sich in D. Man ergänzt ABD durch C zum Parallelogramm ABDC und hat damit das Dreieck ABC konstruiert.

Aufgabe 10:
a) Die Mittelpunkte liegen auf der Mittelsenkrechte m_c von AB.
b) Die Mittelpunkte liegen auf der Mittelsenkrechte m_b von AC.
c) Der Kreis um den Schnittpunkt von m_c und m_b durch A geht auch durch B und C.
d) Da dieser Schnittpunkt auch von B und C gleich weit entfernt ist, muss er auch auf der Mittelsenkrechten m_a von BC liegen.

Aufgabe 11:
a) Das Produkt α = $\underline{b}_1$ $\underline{a}_1$ $\underline{c}_1$ der drei Achsenspiegelungen hat den Fixpunkt A, daher muss α eine Achsenspiegelung sein (eine echte Gleitspiegelung hat keinen Fixpunkt!). Folglich müssen die drei Achsen im Büschel liegen.
b) Man zeichnet den Umkreis k und in diesen eine Sehne der Länge c. Der Kreis um den Mittelpunkt von c mit dem Radius s_c schneidet k im Punkt C.

Aufgabe 12:
a) Die Mittelpunkte liegen auf der Winkelhalbierenden w_α des Winkels α.
b) Die Mittelpunkte liegen auf der Winkelhalbierenden w_β des Winkels β.
c) Der Kreis um den Schnittpunkt von w_α und w_β, der AB berührt, berührt auch BC und AC.
d) Dieser Kreismittelpunkt hat also von AC und BC gleichen Abstand und muss daher auch auf der Winkelhalbierenden w_γ liegen.

Aufgabe 13:
a) Sei S der Schnittpunkt von w_α mit w_β.
    Dann gilt Abstand(S, AB) = Abstand(S, AC) und Abstand(S, BA) = Abstand(S, BC).
    Daraus folgt: Abstand(S, AC) = Abstand(S, BC) und damit muss S auch auf der Winkelhalbierenden w_γ von γ liegen.
b) Sei S der Schnittpunkt von w_α mit w_β. Wir wählen x durch S senkrecht zu c. Dann bleibt die Seitengerade c bei Spiegelung an x fix. Die Abbildung $\underline{w}_\alpha \circ \underline{x} \circ \underline{w}_\beta$ ist eine Achsenspiegelung (Dreispiegelungssatz), die die Gerade b in die Gerade a abbildet, also die Spiegelung an der Winkelhalbierenden von γ. Damit muss diese Winkelhalbierende auch durch den Punkt S verlaufen.

Aufgabe 14:
a) Man muss den Inkreis des Dreiecks konstruieren, er ist maximal.
b) Zu jedem Dreieck gibt es noch die Ankreise, die alle drei Seitengeraden des Dreiecks berühren. Man erhält ihre Mittelpunkte durch die Winkelhalbierenden der Nebenwinkel (Außenwinkel) des Dreiecks.
c) Man zeichnet AB = c und trägt an AB in B den Winkel β an. Die Inkreismitte J liegt erstens auf der Winkelhalbierenden von β und zweitens auf der Parallelen zu c im Abstand ρ = 2 cm. Damit kann man den Inkreis zeichnen. Die Tangente von A an den Inkreis (Thaleskreis über AJ) schneidet den freien Schenkel von β im Punkt C.

Aufgabe 15:
a) Nach Konstruktion ist ABA_1C ein Parallelogramm ebenso wie ACB_1. Daher ist sowohl CA_1 als auch B_1C parallel zu AB und gleich lang, also ist C Mitte von A_1B_1. Analog geht man bei den anderen Seiten vor.
b) Der Höhenschnittpunkt liegt
▪ genau dann innerhalb des Dreiecks, wenn das Dreieck spitzwinklig ist
▪ genau dann in einer Ecke, wenn das Dreieck rechtwinklig ist
▪ genau dann außerhalb, wenn das Dreieck stumpfwinklig ist.
c) Die Umkreismitte liegt genau dann innerhalb bzw. auf dem Rand bzw. außerhalb des Dreiecks, wenn der Höhenschnittpunkt dies tut.
d) Inkreismitte und Schwerpunkt liegen stets innerhalb des Dreiecks.
e) Man zeichnet $CD = h_c$ und die Senkrechte g auf CD durch D. Der Kreis um C mit Radius b schneidet g im Punkt A. Der Kreis um C mit Radius w_γ schneidet g im Punkt W. Man spiegelt die Gerade CA an CW und erhält als Schnitt mit g den Punkt B. Wie viele verschiedene Lösungen sind möglich?

Aufgabe 16:
▪ Es sei AC = BC. Dann liegen A und C auf einem Kreis um C und die Figur ist symmetrisch zur Mittelsenkrechten von AB (Symmetrie der Kreissehnenfigur).
▪ Es sei α = β. Die Spiegelung an der Mittelsenkrechten von AB bildet den Winkel α auf den Winkel β ab. Diese ist also Symmetrieachse des Dreiecks.

Aufgabe 17:
a) Das Dreieck ist rechtwinklig an der Ecke C, also γ = 90°. Die Geraden p und q sind Mittelsenkrechten der Dreiecksseiten AC und CB und ihr Schnittpunkt S ist Umkreismitte des Dreiecks. Weil $\underline{p} \circ \underline{q} = \underline{S}$ ist, ist S der Mittelpunkt von A und B.
b) Bilden p und q den Winkel ε, so hat γ den Wert 180° – ε. Weiterhin sind p und q Mittelsenkrechten und ihr Schnittpunkt die Umkreismitte des Dreiecks ABC. Die Abbildung $\underline{p} \circ \underline{q}$ ist nun eine Drehung um S mit dem Winkel 2ε.
c) Durch Punktspiegelung an M ergänzt man das Dreieck ABC zu einem Viereck mit gleichlangen Diagonalen, die sich gegenseitig halbieren. Dies ist aber ein Rechteck, daher sind die Winkel bei C immer rechte Winkel.
d) Verwenden Sie ein DGS. Zeigen Sie, dass der Winkel ACB stets denselben Wert hat, so lange sich C auf einem der beiden Kreisbögen über AB bewegt.
e) Das Dreieck BCD ist ebenfalls gleichschenklig und daher ∠DBC = ∠CDB. Ferner ist ∠BCD = 2α und daher ∠DBC = 90° – α und folglich ∠DBA = 90°. C ist Umkreismitte von Dreieck ABD.

f) DGS verwenden. Man erkennt, dass der Mittelpunktswinkel φ stets genau doppelt so groß ist wie der Umfangswinkel γ, also φ = 2γ gilt. Dies gilt ebenso für den komplementären Kreisbogen über der Sehne AB. Die Mittelpunktswinkel ergänzen sich auf 360° und dementsprechend die Umfangswinkel auf 180°.

g) Man konstruiert einzelne Punkte oder mithilfe eines DGS die Spur der gesuchten Punkte. Man erhält zwei zu AB symmetrisch liegende Kreisbögen (Fasskreisbögen).

Aufgabe 18:
Die Umkreismitte eines rechtwinkligen Dreiecks ist die Mitte der dem rechten Winkel gegenüberliegenden Dreiecksseite (Hypotenuse).
Wir geben zwei verschiedene Beweise für diese Umkehrung:

▪ Man ergänzt Dreieck ABC durch Parallelenziehen zum Rechteck ADBC. Dieses hat gleich lange und sich gegenseitig halbierende Diagonalen. Deren Schnittpunkt M ist der Mittelpunkt von AB und die Umkreismitte des Rechtecks. Daher ist AM = BM = CM = DM und M die Umkreismitte des Dreiecks ABC.

▪ Wir spiegeln A an der Mittelsenkrechten p von AC so dass A auf C abgebildet wird. Anschließend spiegeln wir C an der zu p senkrechten (warum?) Mittelsenkrechten q von CB, so dass C in B abgebildet wird. Die Abbildung p∘q ist eine Punktspiegelung am Schnittpunkt S der Geraden p und q, die den Punkt A in den Punkt B abbildet. Daher ist S der Mittelpunkt der Strecke AB und der Satz bewiesen.

Aufgabe 19:
Man zeigt, dass für Punkte P außerhalb des Thaleskreises über AB gilt ∠APB < 90° und für Punkte Q innerhalb ∠AQB > 90°. Für die Punkte auf dem Thaleskreis ist bereits alles gezeigt.

Wir führen dies in einem Fall durch: Sei P außerhalb k.
Dann schneidet AP (oder aber BP) den Kreis k in C, wobei nach dem Satz des Thales ∠ACB = 90° ist. Andererseits ist dieser Winkel Außenwinkel im Dreieck BPC und daher gleich der Summe von φ und δ. Weil aber φ > 0° ist, ist 90°> δ und damit die Behauptung bewiesen.

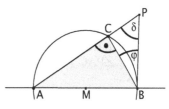

Analog zeigt man den Fall für Q innerhalb. Führen Sie dies selbst durch.
Die Punkte auf der Gerade AB selbst müssen gesondert betrachtet werden.

Aufgabe 20:
a) Man wählt drei gleich lange Schnüre, von denen man ein Ende am Fluchtstab M festmacht. Nun werden zwei der Schnüre gespannt und die Punkte A und B durch Visieren („Fluchten") mit M auf eine Gerade gebracht. Damit hat man M als Mitte von AB. Der dritte Fluchtstab wird am Ende der dritten gespannten Schnur an beliebiger Stelle C eingesteckt. Dann ist der Winkel ACB ein rechter Winkel. Führen Sie das Experiment durch. Zeichnen Sie.

b) Man zeichnet AB = c und darüber den Thaleskreis. C liegt auf dem Schnittpunkt des Thaleskreises mit der Parallelen zu c im Abstand h_c = 3 cm.

c) Der Thaleskreis über der Strecke PM schneidet den Kreis k in den Berührpunkten.

Aufgabe 21:

a) Für die Lage C_2 ergibt sich die Behauptung sofort, denn der Winkel AMB ist Außenwinkel im gleichschenkligen Dreieck BMC_2 und daher gleich der Summe der beiden gleichen Winkel bei B und C also $2 \cdot \gamma$.
Für die Lagen C_1 bzw. C_3 zeichnet man die Gerade CM und setzt γ aus zwei dadurch entstandenen Teilwinkeln einmal additiv und einmal subtraktiv zusammen.

b) Ist die Teilaussage b) bewiesen, so haben alle Umfangswinkel mit demselben Mittelpunktswinkel die gleiche Größe, nämlich den halben Mittelpunktswinkel.
Teilaussage b) ergibt sich aus dem in a) geführten Beweis von selbst.

c) Die Summe der komplementären Mittelpunktswinkel ist 360°, also die der komplementären Umfangswinkel die Hälfte d. h. 180°.

d) Die Mittelsenkrechte von AB schneide AB in E und die Tangente in A an den Umkreis in P. Zeigen Sie nun: $\angle AME = \angle PAE = \angle ACB$.

Aufgabe 22:
Die Beweise verlaufen analog zu denen in Aufgabe 19.

Aufgabe 23:

a) $\angle AJB = 180° - (\alpha+\beta)/2 = 180° - (180° - \gamma)/2 = 90° + \gamma/2$ (Planfigur zeichnen).
Man zeichnet AB = c. Ortslinien für J sind erstens das Fasskreisbogenpaar über AB für den Winkel $90° + \gamma/2$ und zweitens das Parallelenpaar zu AB im Abstand ρ = 2 cm. Damit hat man den Inkreis. Tangenten von A und von B an diesen ergeben C.

b) Man zeichnet eine Planfigur mit Winkeln, Dreieckshöhen, Höhenschnittpunkt H sowie Höhenfußpunkten P auf BC, Q auf CA und R auf AB.
Es ist $\angle PAC = \angle CBQ = 90° - \gamma$ (Winkelsumme in den Dreiecken APC bzw. BQC.
Thaleskreis über AH enthält R und Q: $\angle HAQ = \angle HRQ = 90° - \gamma$ (Umfangswinkel).
Thaleskreis über BH enthält P und R: $\angle PBH = \angle PRH = 90° - \gamma$ (Umfangswinkel).
Damit ist die Behauptung bewiesen und zusätzlich die Größe der Winkel im Höhenfußpunktdreieck in Abhängigkeit von den Dreieckswinkeln berechnet.

c) Wir verwenden die Figur zu Aufgabe b). Es ist $\angle QBA = 90° - \alpha$ und $\angle BAH = 90° - \beta$ und damit $\angle AHB = 180° - (90° - \alpha) - (90° - \beta) = \alpha + \beta = 180° - \gamma$.
Spiegelt man nun H an AB nach H' so ist der Winkel BH'A = $180° - \gamma$. Er ergänzt also den Winkel γ bei C auf 180° und liegt daher auf dem zu C komplementären Kreisbogen des Umkreises von Dreieck ABC.
Hinweis: Dasselbe gilt für den Spiegelpunkt von H an der Mitte der Seite AB.
Zum Kreisbogen AH' auf dem Umkreis (im Gegenuhrzeigersinn) gehört der

Umfangswinkel ∠ACH' = 90°– α. Analog gehört für den Spiegelpunkt H''
von H an AC zum Bogen H''A der Umfangswinkel ∠H''BA = 90°– α. Da die
Umfangswinkel gleich sind, sind auch die Bögen gleich und die Behauptung
ist bewiesen.

d) Wir verwenden weiter die Figur zu b). Die Mittelsenkrechte von AB halbiert
den Kreisbogen AB auf dem Umkreis im Punkt U. Die Bögen AU und UB
sind daher gleich lang, also auch ihre Umfangswinkel ∠ACU = ∠UCB und
daher ist UC die Winkelhalbierende des Winkels γ.

Aufgabe 24:

a) Die erste Behauptung folgt nach Aufg. 23 d).
   Der erste Teil der zweiten Behauptung ergibt sich
   aus Aufg. 23 a). Der zweite Teil folgt aus folgender Überlegung: ∠BSA = 180°– γ und ∠ASB =
   180° + γ. Zu diesem Mittelpunktswinkel gehört
   im Kreis um S durch A und B der Umfangswinkel 90° + γ/2, also liegt J auf dem besagten Kreis.

b) Unter Benutzung der Ergebnisse aus a) lässt sich
   die Aufgabe lösen: Man zeichnet den Umkreis k
   mit der Sehne AB = c. J liegt erstens auf der Parallelen zu AB im Abstand ρ und zweitens auf dem
   Fasskreisbogen über AB für den Winkel 90° + γ/2.

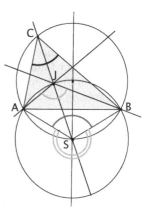

Aufgabe 25:

a) Durch Zerlegung in (n – 2) Teildreiecke folgt die Behauptung sofort.

b) Man teilt die Winkelsumme durch n und erhält das Ergebnis.

c) Von jeder der n Ecken gehen (n – 3) Diagonalen aus. Dabei zählt man jede
   Diagonale doppelt (von jedem Endpunkt aus). Daher ist die Diagonalenzahl
   n · (n – 3)/2.

d) Für ein Dreieck benötigt man 3 Bestimmungsstücke. Durch Anhängen je eines
   weiteren Dreiecks an einer schon vorhandenen Seite erhöht man die Eckenzahl
   jeweils um eins. Daraus folgt B(n) = 3 + (n – 3) · 2 = 2 · n – 3.

e) Dies folgt aus der Symmetrie der regelmäßigen n-Ecke.
   Die Eckenzahl legt den Mittelpunktswinkel eines Bestimmungsdreiecks fest.
   Damit kann nur noch die Größe variiert werden.

f) Für ein Bestimmungsdreieck z. B. ABM, wobei M der Mittelpunkt ist, gilt:
   A(ABM) = ½ · s · ρ. Durch Aufsummieren über alle n Teildreiecke erhält man
   die angegebene Formel. Sie gilt übrigens auch für den Grenzfall eines Kreises.

g) An den beiden Gegenbeispielen der Raute und des Rechtecks erkennt man bereits, dass *eine* der beiden Forderungen *allein* nicht für die Regelmäßigkeit
   ausreicht.
   Nun gilt es zu zeigen, dass beide zusammen ausreichen. Wir erinnern uns: Ein
   n-Eck heißt regelmäßig, wenn es n verschiedene Spiegelachsen besitzt, also die
   Diedergruppe D_n als Symmetriegruppe hat.
   Wir skizzieren den Beweis in groben Zügen ohne Aufweis der Details, die sich
   in der Regel einfach mithilfe der Kongruenzsätze bzw. mit Symmetrie- oder
   Abbildungseigenschaften ergänzen lassen.

Gegeben seien die Punkte A_1, A_2, A_3, A_4, ... mit den gleichlangen Strecken A_kA_{k+1} und den gleichgroßen Winkeln $\alpha = \angle A_kA_{k+1}A_{k+2}$.

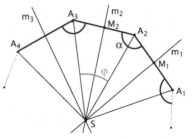

Wir konstruieren die Mittelsenkrechten m_1 und m_2 von A_1A_2 und A_2A_3 mit Schnittpunkt S und erhalten das zu m_2 symmetrische Dreieck A_2A_3S mit dem Winkel $\varphi = \angle A_2SA_3 = 180° - \alpha$.

Durch Ansetzen der weiteren Nachbarseiten und Winkel zu beiden Seiten an dieses Dreieck – also z. B. A_3A_4 auf der einen und A_2A_1 auf der anderen, dann A_4A_5 auf der einen und A_1A_n auf der anderen Seite usf. – bleibt m_2 als Symmetrieachse der Figur stets erhalten. Die Gerade m_2 ist also Symmetrieachse der gesamten Figur, bis sie sich zum n-Eck ergänzt. Nun zeigt man leicht, dass jede Drehung um S um den Winkel φ ebenfalls die Figur in sich überführt, dabei aber jedes der Dreiecke A_kSA_{k+1} in sein Nachbardreieck abbildet. Daher ist auch diese Drehung eine Symmetrieabbildung der Figur.

Damit ein n-Eck entsteht, muss das n-fache des Winkels $\varphi = \angle A_2SA_3 = 180° - \alpha$ den Wert 360° ergeben, also muss gelten $\varphi = 360°/n$ und $\alpha = 180° - \varphi = 180° - 360°/n$. Mit der Spiegelung $\underline{s}$ an m_2 und der Drehung d um S um den Winkel φ ist aber auch jede weitere aus diesen beiden Abbildungen erzeugbare Abbildung eine Symmetrieabbildung des n-Ecks. Die sämtlichen Verkettungen ergeben jedoch genau die n Drehungen d, d², d³, ..., dⁿ = i und die n Spiegelungen $\underline{s}$ $\underline{s}$d, $\underline{s}$d², ..., $\underline{s}$d^{n-1}, also genau die Diedergruppe D_n.

Als weitere leichte Folgerung dieser Überlegungen erhält man die Existenz eines Umkreises $k_1(S; SA_1)$ und eines Inkreises $k_2(S, SM_2)$.

Aufgabe 26:

Diese Grundkonstruktionen mit Zirkel und Lineal sind lehrreich und wichtig.

Hat man die Konstruktion des *regelmäßigen Sechsecks* (auf einem Kreis mit Radius r wird mit Mittelpunkt auf der Kreislinie ein neuer Kreis mit gleichem Radius gezeichnet, um die Schnittpunkte wieder usf.) und des *regelmäßigen Vierecks* (*Quadrats*) geleistet, so kann man durch Auslassen jeder zweiten Ecke oder durch Konstruktion der Winkelhalbierenden die Eckenzahlen beliebig halbieren oder verdoppeln.

Aufgabe 27:

a) Das erste der beiden Achtecke ist nicht regelmäßig: Es gilt $\tan \varphi = ½$ und daher $\varphi = 26,565...°$. Der Winkel an der oberen Ecke P des Achtecks beträgt daher $180° - 2 \cdot \varphi = 126,8...°$. Der Eckenwinkel des *regelmäßigen* Achtecks dagegen beträgt $180° - 360°/8 = 135°$.

b) Im zweiten Achteck sei M der Mittelpunkt und s die halbe Seitenlänge des Ausgangsquadrats. Dann gilt: $AM = s \cdot \overrightarrow{AS}$; $AC = ½ \cdot AM = s/2 \cdot \sqrt{2}$.

$AB = ½ \cdot AC = s/4 \cdot \sqrt{2}$. Dann ist $BM = ¾ \cdot s \cdot \sqrt{2} = 1,06066...\cdot s$. Andererseits ist $MD = s$ von $MA = ¾ s \cdot \sqrt{2}$ verschieden. Also besitzt dieses Achteck keinen Umkreis und ist damit auch nicht regelmäßig.

Aufgabe 28:

a) Der Eckenwinkel des regelmäßigen Fünfecks beträgt 108°. Das Dreieck ABC (Figur im Text) ist symmetrisch, also misst jeder der beiden Winkel CAB und BCA jeweils die Hälfte von 180°– 108°, also 36°. Damit ergibt sich, dass die beiden Diagonalen in B den Eckenwinkel des regelmäßigen Fünfecks dritteln und der Eckenwinkel des Pentagramms beträgt daher 36°.

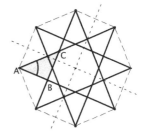

b) Ausgehend von einer Ecke des Achtecks erhält man durch Verbinden mit jeder 1. (bzw. 3. bzw. 5. bzw. 7.) Nachbarecke des Achtecks jeweils ein geschlossenes Achteck. (Warum nur bei diesen Nachbarn und nicht beim 2., 4., 6. ebenfalls?). Die Werte 1 und 7 ergeben das bekannte konvexe nicht überschlagene Achteck, die Werte 3 und 5 jeweils dasselbe überschlagene Achteck (siehe Figur).

AB bzw. BC sind parallel zu den zwei gepunktet eingezeichneten zueinander senkrechten Symmetrieachsen des regelmäßigen Achtecks. Daher misst der Winkel BAC 45°.

Aufgabe 29:

a) Symmetrieabbildungen eines Kreises k(M; r) sind
   - alle Drehungen um beliebige Winkel um den Mittelpunkt M als Drehpunkt und
   - alle Achsenspiegelungen an Achsen durch den Mittelpunkt M.

   Man kann die Symmetriegruppe des Kreises auffassen als eine Art „unendliche Diedergruppe D_∞".

b) Gegeben sind $k_1(M_1; r_1)$ und $k_2(M_2; r_2)$ mit $r_1 > r_2$. Gesucht sind die gemeinsamen Tangenten.

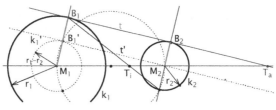

Man konstruiert zuerst den Kreis $k_1'(M_1, r_1 - r_2)$. An diesen konstruiert man von M_2 aus den Berührpunkt B_1' und die Tangente t' mithilfe des Thaleskreises über M_1M_2. Diese Tangente wird nun um r_2 in Richtung M_1B_1' parallel verschoben nach t bis sie k_1 in B_1 und k_2 in B_2 berührt. Die zu t bezüglich M_1M_2 spiegelbildlich liegende gemeinsame Tangente kann nun leicht konstruiert werden.

Die inneren Tangenten der beiden Kreise erhält man, wenn man mit dem Kreis $k_1''(M_1; r_1 + r_2)$ an Stelle von k_1' beginnt und ansonsten genau so verfährt.

Anmerkung:

Unter Benützung der Strahlensätze lässt sich diese Konstruktion vereinfachen. Man erkennt leicht, dass der Schnittpunkt T_a der Tangente t mit der Gerade M_1M_2 die Strecke M_1M_2 außen im Verhältnis $r_1 : r_2$ teilt, d. h. es gilt $M_1T_a : M_2T_a = r_1 : r_2$ (Strahlensatzfigur mit Zentrum T_a und Parallelen M_1B_1 und M_2B_2).

Analog teilt der Schnittpunkt T_i der inneren Tangenten mit der Gerade M_1M_2 die Strecke M_1M_2 innen im Verhältnis $r_1 : r_2$.

Aufgabe 30:

a) Die im Raum einfachen Fälle sind in nachstehender Tabelle zusammengefasst.

Gegeben:	Gesucht:	Gegeben:	Gesucht:
Punkt P und Länge s.	{X | XP = s} **Kugel** um P mit Radius s	Gerade g Länge s.	{X | Abstand(X, g) = s} **Zylinderfläche** mit Achse g und Radius s.
Zwei Punkte A und B.	{X | XA = XB} **Symmetrieebene** zur Strecke AB.	Zwei Geraden g und h	{X | Abstand(X, g) = Abstand(X, h)} **Winkelhalbierendes Ebenenpaar** zu g und h (falls sich g und h schneiden) bzw. **Mittelebene** (falls g parallel zu h)
3 Punkte A, B und C.	{X | XA = XB = XC} **Lot auf der Umkreis- mitte** von Dreieck ABC		

Die Punkte, die von zwei im Raum *windschiefen* Geraden g und h jeweils den gleichen Abstand haben, liegen auf einer interessanten Fläche, einem „hyperbolischen Paraboloid".

Die Punkte, die von einer festen Ebene E den gleichen Abstand d haben, liegen auf dem Paar von Parallelebenen zu E im Abstand d.

Die Punkte die von zwei Ebenen jeweils gleichen Abstand haben, liegen auf dem winkelhalbierenden Ebenenpaar (falls sich die Ebenen schneiden) bzw. auf der Mittelebene (falls die beiden Ebenen parallel sind).

b) Man erhält eine Parabel mit Leitgerade g und Brennpunkt P. (DGS verwenden!)

c) Im ersten Fall erhält man ein Rechteck, das an die Ellipse erinnert, im zweiten Fall bemerkenswerte „Winkelhaken", die an eine Hyperbel erinnern.

d) Man erhält überraschenderweise einen Kreis, den sogenannten *Apolloniuskreis* zu AB für das Verhältnis 2:1. (DGS verwenden und Spurkurve zeichnen lassen!).

Aufgabe 31:

a) Wir verzichten auf die Skizzen und verweisen nochmals auf Kapitel 1.

b) Die Mantelfläche eines Quaders ist ein Rechteck. Eine Seite ist der Umfang der Grund- bzw. Deckfläche, die zweite die Höhe. Damit hat man im Prinzip die allgemeine Beschreibung des *Netzes einer senkrechten Säule*.

c) Ein Quader hat 8 Ecken, 12 Kanten und 6 Flächen (Rechtecke). An jeder Ecke treffen drei Seitenkanten und drei Seitenflächen paarweise senkrecht aufeinander. Benachbarte Flächen stehen senkrecht aufeinander, gegenüberliegende Flächen sind parallel zueinander.

d) Ein Quader besitzt folgende räumlichen Deckdrehungen (zusätzlich zur Identität):
- 3 Achsdrehungen um jeweils 180° um jede der drei Mittelachsen.

Lässt man noch Ebenenspiegelungen zu, so kommen noch hinzu:
- 3 Ebenenspiegelungen an jeder der drei Mittelebenen.
- 1 Punktspiegelung am Mittelpunkt

e) Sonderformen des Quaders sind die *quadratische Säule* und der *Würfel*.

f) Räumliche Deckdrehungen des Würfels sind (außer der Identität):
- 9 Drehungen um Vielfache von 90° um die drei Achsen senkrecht zu den Seitenflächen durch deren Mittelpunkt
- 8 Drehungen um Vielfache von 120° um die Raumdiagonalen als Achsen
- 6 Drehungen um 180° um Achsen durch die Mittelpunkte von parallelen Seitenkanten an gegenüberliegenden Flächen

Lässt man noch Spiegelungen zu, so hat der Würfel insgesamt 48 Symmetrieabbildungen.

Aufgabe 32:
a) Eckenzahl = 2n; Kantenzahl = 3n; Flächenzahl = n + 2.
b) Seitenflächen sind (bei senkrechen Säulen) stets Rechtecke. Je n Kanten liegen in der Grund- bzw. Deckfläche und n Kanten verlaufen senkrecht dazu.
c) In jeder Ecke treffen drei Kanten und drei Flächen aufeinander.
d) Das Oberflächennetz besteht aus dem Mantelrechteck und der Grund- und Deckfläche.
e) Das Mantelrechteck hat als eine Seite die Höhe der Säule und als zweite den Umfang der Grundfläche. Sein Flächeninhalt ist also $A = u_G \cdot h$.
f) Die Seitenkanten entfallen. Es gibt keine Ecken mehr. Der Mantel bleibt ein Rechteck mit der Höhe als einer und dem Grundkreisumfang als zweiter Seite.

Aufgabe 33:
a) bis c) : Siehe Kapitel 1.
b) Eckenzahl = 2n; Kantenzahl = 4n; Flächenzahl = 2n + 2. Die Seitenflächen sind Dreiecke.
c) Der gedankliche Grenzfall für ein n-Ecksantiprisma mit n → ∞, d. h. ein „Kreis-Antiprisma" ist ein Zylinder.

Aufgabe 34:
a) Eckenzahl = n + 1; Kantenzahl = 2n; Flächenzahl = n + 1.
b) In jeder Ecke der Grundfläche stoßen 3 Kanten und Flächen, an der Spitze jeweils n Kanten bzw. n Flächen aneinander.
c) Die Grundfläche ist ein n-Eck und die Seitenflächen sind Dreiecke.
d) Das Oberflächennetz besteht aus der Grundfläche und den n Seitendreiecken. Bei einer regelmäßigen Pyramide haben alle Seitendreiecke dieselbe Grundseite und dieselbe Höhe.
e) Ein Kegel hat eine Kante (Grundkreisumfang), eine Spitze und zwei Flächen, den Mantel und die Grundfläche. Der Mantel ist (beim senkrechten Kegel) ein Kreissektor. Sein Radius ist die Mantellinie des Kegels, seine Bogenlänge der Umfang des Grundkreises.

Aufgabe 35:

	Eckenzahl e	Kantenzahl k	Flächenzahl f	e − k + f
n−Ecks−Prisma	2n	3n	n+2	2
n−Ecks−Antiprisma	2n	4n	2n+2	2
n−Ecks−Pyramide	n+1	2n	n+1	2

Ein einfacher Beweis des Eulerschen Polyedersatzes ergibt sich durch Betrachtung des in die Ebene oder auf die Kugel gezeichneten Netzes der betreffenden Körper. Man kann zeigen, dass ausgehend vom einfachsten Netz mit e = 2, f = 1 und k = 1 durch Hinzunahme weiterer Kanten die Invariante e – k + f stets den Anfangswert 2 behält.

Aufgabe 36:

a) Man erhält ein regelmäßiges Oktaeder. Dessen Eckenzahl 6 ist gleich der Flächenzahl des Würfels, seine Flächenzahl gleich der Eckenzahl des Würfels und die Kantenzahl 12 stimmt bei beiden überein. Wenn man umgekehrt die Mitten benachbarter Seitenflächen des Oktaeders verbindet, erhält man einen Würfel.

b) Man kann 3, 4 oder 5 Dreiecke an einer Raumecke zusammenstoßen lassen, 6 jedoch ergeben eine Ebene und bilden keine Raumecke mehr. Mit Quadraten und regelmäßigen Fünfecken gibt es nur die Möglichkeit 3 Stück in einer Raumecke zusammenzufügen. Mit Sechsecken erhält man schon mit 3 Flächen eine Ebene.

Aufgabe 37:

Jeder an Mathematik Interessierte sollte die regulären Körper einmal hergestellt und untersucht haben.

Aufgabe 38:

a) Eine Kugel lässt die folgenden räumlichen Symmetrieabbildungen zu:
   - alle Drehungen um beliebige Winkel um alle Achsen durch den Mittelpunkt
   - alle Spiegelungen an Ebenen durch den Mittelpunkt
   - Punktspiegelung am Mittelpunkt

b) Jeder ebene Schnitt einer Kugel ergibt einen Kreis als Schnittfläche.

c) Beim ebenen Schnitt durch den Kugelmittelpunkt entsteht ein Großkreis. Dessen Durchmesser ist gleich dem Durchmesser der Kugel.

Aufgabe 39:

Wir verzichten auf die Wiedergabe der Zeichnungen und verweisen auf das im Text dargestellte Beispiel.

Der Breitenkreis auf der geografischen Breite φ (φ = Höhe über dem Äquator) hat den Radius $\rho = R \cdot \cos \varphi$.

Die Länge des Breitenkreises ist daher $2 \cdot \pi \cdot \rho = 2 \cdot \pi \cdot R \cdot \cos \varphi$.

Aufgabe 40:

Die im Text angegebene Konstruktion kann leicht auf beliebige Beispiele übertragen werden, ebenso die vorgelegte Beispielberechnung. Bestimmen Sie auf diese Weise einige Entfernungen auf der Erdoberfläche. Für Stuttgart (49° Nord; 9° Ost) und Rio de Janeiro (23° Süd; 43° West) erhält man 86° bzw. eine Entfernung von 9560 km.

Hinweis: Man kann auf diese Weise auch den Winkelabstand (die sphärische Entfernung) von Gestirnen bestimmen, wenn man deren Koordinaten (Rektaszension und Deklination) kennt.

5 Flächeninhalt von Vielecken und Kreisen

5.1 Flächeninhalt als reelle Maßfunktion und als Größe

Was versteht man unter dem „Flächeninhalt" eines Vielecks?
Auf der anschaulichen Ebene wird diese Frage beantwortet durch den Messvorgang: Flächeninhalt ist das, was man mit Flächenmessgeräten (Einheitsmessquadraten mit 1 mm², 1 cm², 1 dm², 1 m², 1 a, 1 ha, 1 km² etc.) misst.
In der Mathematik werden *Längen von Strecken* (oder allgemeiner von Kurvenstücken), *Flächeninhalte von Polygonen* (oder allgemeiner von Flächenstücken) und *Rauminhalte von Polyedern* (oder allgemeiner von Körpern) definiert als *reelle Maßfunktionen* für bestimmte Punktmengen. Solche **reellen Maßfunktionen** werden durch einige wenige leicht einsichtige Forderungen axiomatisch festgelegt. Wir stellen dies am Beispiel der Flächeninhalte kurz in wesentlichen Grundzügen dar:
Es sei $\mathbf{R}^2$ die Menge aller Punkte der **reellen Ebene.** Wir betrachten im Folgenden bestimmte Teilmengen dieser Ebene, nämlich Polygone (Vielecke) A, B, C, D, ...
Es wird nun eine Funktion F definiert, die jedem Polygon einen reellen Zahlenwert als Flächenmaßzahl zuweist:

Die **reelle Maßfunktion Flächeninhalt F** muss die folgenden Forderungen erfüllen:

> **M1 Nichtnegativität:** Für jedes Polygon A gilt $F(A) \geq 0$.
> **M2 Verträglichkeit mit der Kongruenz:** Für alle Polygone A, B gilt:
> Wenn A kongruent zu B ist, dann ist $F(A) = F(B)$.
> **M3 Additivität:** Für alle Polygone A, B gilt:
> Wenn A und B keine inneren Punkte gemeinsam haben (also höchstens Randpunkte), dann soll gelten:
> $F(A \cup B) = F(A) + F(B)$.
> **M4 Normierung:** Für das Einheitsquadrat E soll gelten: $F(E) = 1$,

Mit M1 bis M4 kann man sofort beweisen, dass die Inhaltsfunktion F *monoton* ist, d. h.: Wenn $A \subseteq B$, dann gilt $f(A) \leq f(B)$.
Denn $A \subseteq B$ bedeutet, dass wir mit $C = B \backslash A$ ein oder mehrere Polygone angeben können, die zusammen mit A die Voraussetzungen von M3 erfüllen. Daher gilt:
$f(B) = f(A \cup C) = f(A) + f(C) \geq f(A)$, denn $f(C)$ ist wegen M1 nie negativ.

Weiter lässt sich durch Zusammensetzen aus lauter Einheitsquadraten zeigen, dass ein Rechteck R mit den *ganzzahligen* Seitenlängen x und y den Flächeninhalt $F(R) = x \cdot y$ besitzen muss. Man wendet dazu mehrmals M3 zusammen mit M4 an. Mit den Mitteln der Maßtheorie, einem wichtigen Zweig der mathematischen Analysis, kann nun die **Existenz und Eindeutigkeit** einer solchen Maßfunktion F für eine große Klasse von Punktmengen (nicht nur Polygone) gezeigt werden. Diese Maßfunktion setzen wir – zumindest für beliebige Polygone – als gegeben voraus und nennen sie **Flächeninhalt**.

Ganz analog zu dieser Maßfunktion Flächeninhalt für Polygone werden die Maßfunktionen **Länge für Streckenzüge** und **Rauminhalt für Polyeder** festgelegt.

Für weniger an den mathematischen Grundlagen und mehr an didaktischen Anwendungen in der Schulmathematik orientierte Nutzer interessiert die **Struktur dieser geometrischen Größen**. Die Didaktik hat für den Umgang mit Größen in der Schule deren wichtigste strukturelle Eigenschaften herausgearbeitet und im Begriff des **Größenbereichs** zusammengefasst. Alle Größenangaben derselben Art z. B. der Geldwerte oder der Massen (Gewichte) oder der Zeitdauern oder der Längen oder der Flächeninhalte oder der Volumina oder .... bilden eine mathematische Struktur mit folgenden Eigenschaften:

In einem **Größenbereich (G, +, <)** gelten folgende drei Axiome:

> **GB1** (G, +) ist eine kommutative Halbgruppe (d. h. kommutativ und assoziativ).
>
> **GB2** (G, <) ist eine strenge Ordnung mit Trichotomie-Eigenschaft, d. h. für beliebige x, y $\in$ G gilt entweder x < y oder x = y oder y < x.
>
> **GB3** Eine Gleichung a + x = b ist genau dann lösbar in G, wenn a < b ist (eingeschränkte Lösbarkeit).

Im Anschluss an GB1 wird das **Vervielfachen von Größen mit natürlichen Zahlen** und ggf. auch mit rationalen bzw. reellen Zahlen eingeführt:

Ist x$\in$ G und n$\in$ N so wird eine Operation Vervielfachen einer Größe wie folgt definiert:

$$n \cdot x = \underbrace{x + x + x + \quad ... \quad + x}_{n \text{ Summanden}} \quad \in G.$$

Will man die Möglichkeit des Vervielfachens auch ausdehnen auf rationale Zahlen als Vervielfacher, so muss man für den Größenbereich noch eine zusätzliche Eigenschaft fordern, die Teilbarkeitseigenschaft (jede Größe lässt sich in n gleiche Teile teilen):

> **GB4** Für alle x$\in$ G und für alle n$\in$ N gibt es y$\in$ G mit der Eigenschaft: n $\cdot$ y = x (Teilbarkeitseigenschaft des Größenbereichs).

Bezüglich der Eigenschaften von Größenbereichen verweisen wir auf die didaktische Literatur. Es genügt hier zu wissen, was wir mit Größen machen dürfen: *Addieren (GB1), Vergleichen (GB2), Vervielfachen* und die beiden *Umkehrungen des Vervielfachens*, das Aufteilen (Messen) bzw. das Teilen (Verteilen). Letzteres wollen wir an einem einfachen Beispiel klarmachen:

Wir gehen aus von der Gleichung 3 · 5 cm = 15 cm.

Sie besagt inhaltlich: Setzen wir drei Strecken von je 5 cm Länge aneinander, so erhalten wir eine Strecke von 15 cm. Diese Gleichung besitzt zwei mögliche Umkehrungen:

Aufteilen oder Messen: 15 cm : 5 cm = 3

Wir schneiden von einem 15-cm-Band Stücke der Länge 5 cm ab (wir teilen in Stücke zu je 5 cm auf, wir messen mit Stücken der Länge 5 cm). *Wie viele Stücke erhalten wir?*

Teilen oder Verteilen: 15 cm : 3 = 5 cm

Wir teilen das 15-cm-Band in drei gleichlange Stücke (wir verteilen das 15-cm-Band zu gleichen Stücken an drei Personen). *Wie lang ist ein Stück?*

5.2   Flächeninhalte von Vielecken

a) Rechtecke

Die Bestimmung des Flächeninhalts bei Rechtecken mit ganzzahligen Seitenlängen ergibt sich aus dem Messprozess als einfaches Abzählproblem:

Wie viele Messquadrate mit der Seitenlänge 1 (Einheitsquadrate) passen auf das Recheck?

Ist x die Länge des Rechtecks, so passen x Quadrate in eine Reihe und ist y die Breite des Rechtecks, so passen y dieser Reihen auf die Rechtecksfläche.

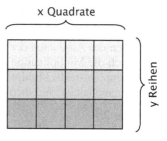

Man erhält daher **F(Rechteck) = x · y**.

Der ***Übergang zu rationalen Seitenlängen*** wird entweder durch Teilung des Messquadrats oder durch die Methode der Streckoperatoren bewerkstelligt:

Methode 1: Unterteilung des Messquadrats
Welchen Flächeninhalt hat ein Rechteck mit den Seitenlängen 2/3 m und 5/7 m?

1. Schritt: Wir messen die Seite der Länge 2/3 m mit der Einheit „Drittelmeter" und analog die Seite der Länge 5/7 m mit der Einheit „Siebtelmeter" (Streckenteilung).

2. Nun ist ein Raster mit kongruenten *Messrechtecken* entstanden, von denen 3 · 7 = 21 Stück genau das Normquadrat von 1 m² ausfüllen, so dass eines davon genau 1/21 m² misst.

3. Durch Abzählen bzw. Berechnen der Anzahl der Messrechtecke 2 · 5 = 10 erhält man den Flächeninhalt zu A = 10/21 m².

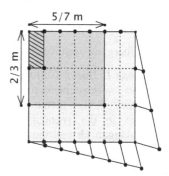

4. Die Methode ist für alle rationalen Zahlen anwendbar. Im Fall von Dezimalbrüchen kann man u. U. zu kleineren Einheiten übergehen, um Ganzzahligkeit der Maßzahlen zu erzeugen. So kann z. B. 3,14 m als 314 cm angegeben werden.

Methode 2: Anwendung von Streckoperatoren
Man geht aus vom Einheits-Messquadrat und verändert dieses durch zwei aufeinander folgende „Streckoperationen" zum Rechteck mit den gegebenen Seitenlängen. Dabei verändert sich der Flächeninhalt mit jedem der beiden Streckoperatoren.

Im Ergebnis stellt man fest, dass die Flächeninhaltsberechnung von Rechtecken auch mit rationalen Seitenlängen x und y gemäß der Vorschrift F(R) = x · y verläuft. Wir verzichten auf die Darstellung des Übergangs zu beliebigen ***reellen Seitenlängen***. Man geht dazu wie üblich vor, indem man die reellen Zahlen durch rationale Zahlen einschachtelt und eine ***Intervallschachtelung*** erzeugt. Die obige Berechnungsvorschrift gilt daher auch für beliebige reelle Seitenlängen.

Nachtrag 1:
Wir haben das Auszählen der Messquadrate zur Ermittlung des Rechtecksinhalts ersetzt durch die Multiplikation „Länge mal Breite". Formal korrekt müsste zu diesem Zweck eine abstrakte Multiplikation von Längen eingeführt werden, deren Ergebnis ein Flächeninhalt ist. Wir thematisieren diese Formalfrage hier ausdrücklich nicht.

Nachtrag 2:
Zur Teilung einer Strecke in n gleichlange Teile trägt man von einem Endpunkt der Strecke n gleichlange Strecken $AP_1 = P_1P_2 = P_2P_3 = ... = P_{n-1}P_n$ auf einer Gerade ab. Nun verbindet man P_n mit dem Endpunkt B der Strecke und zieht zu BP_n Parallelen durch die Punkte P_i. Diese Parallelen teilen die Strecke AB in n gleichlange Stücke.

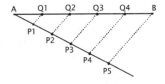

b) Parallelogramme

Der Übergang vom Rechteck zum Parallelogramm kann auf zwei Weisen erfolgen:

Methode 1: Durch Umformen mittels Zerlegen oder Ergänzen
In der nebenstehenden Skizze sind das Rechteck in der linken und das Parallelogramm in der rechten Figur, beide mit gleichlangen Grundseiten und gleichgroßen Höhen, jeweils in drei paarweise zueinander

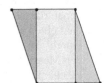

konguente Teilflächen *zerlegt* worden. Die beiden Flächenstücke sind also *zerlegungsgleich*. Aufgrund der Axiome M2 und M3 sind sie daher *inhaltsgleich*.
In der nebenstehenden Skizze sind das helle
Rechteck in der linken und das helle Parallelogramm in der rechten Figur durch zwei
entsprechende paarweise zueinander kongruente Flächenstücke zu zwei zueinander kongruenten Rechtecken *ergänzt* worden. Die
beiden hellen Flächen sind also *ergänzungsgleich*. Auch diese sind daher gemäß den Axiomen M2 und M3 *inhaltsgleich*.

Nach einem *Satz von Gerwien* (1833) gilt für diese Aussagen auch die Umkehrung:

> Inhaltsgleiche Polygone sind stets auch zerlegungs- und ergänzungsgleich.
> Die drei Begriffe inhaltsgleich, zerlegungsgleich und ergänzungsgleich für Polygone sind also äquivalent.

Methode 2: Durch Anwendung des Scherungsprinzips (Cavalieri) in der Ebene

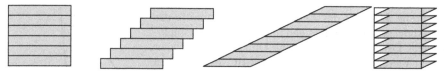

Obenstehende Beispielpaare erläutern die Methode, die mithilfe der Integralrechnung exakt nachgewiesen werden kann. Die einzelnen Streifen sind jeweils zueinander kongruent. Lässt man die Streifenbreite gegen 0 gehen (Grenzprozess), so entstehen zueinander inhaltsgleiche „Rechtecke" bzw. „Parallelogramme" (als Summe paarweise kongruenter Streifen).
Wir erhalten mit beiden Methoden das folgende Ergebnis:
Parallelogramme mit gleicher Grundseite und gleicher Höhe sind inhaltsgleich.
Damit kann man den Flächeninhalt von Parallelogrammen berechnen:

> Parallelogramminhalt = Grundseite · zugehörige Höhe = $a \cdot h_a = b \cdot h_b$

c) Dreiecke

Da man jedes Dreieck durch Punktspiegelung an
einer Seitenmitte zu einem Parallelogramm mit
gleicher Höhe und gleicher Grundseite wie das
Dreieck ergänzen kann, folgt sofort:

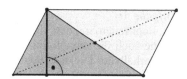

> Dreiecke mit gleicher Grundseite und gleicher Höhe sind inhaltsgleich.
>
> $$\text{Dreiecksinhalt} = \frac{1}{2} \cdot \text{Grundseite} \cdot \text{zugehörige Höhe}$$
>
> $$= \frac{1}{2} \cdot a \cdot h_a = \frac{1}{2} \cdot b \cdot h_b = \frac{1}{2} \cdot c \cdot h_c$$

Man kann den Übergang von Rechtecksflächen zu Dreiecksflächen auch ohne den Umweg über das Parallelogramm erreichen, indem man das Dreieck durch Einzeichnen einer Höhe in zwei rechtwinklige Dreiecke zerlegt (bzw. zu solchen ergänzt). Jedes rechtwinklige Dreieck kann aber durch Punktspiegelung am

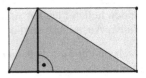

Mittelpunkt der Hypotenuse zu einem Rechteck ergänzt werden und hat daher den halben Flächeninhalt dieses Rechtecks.

Nachdem wir nun den Flächeninhalt eines Dreiecks bestimmen können, ist es möglich, sofort den **Flächeninhalt jedes beliebigen Polygons** zu bestimmen: Man zerlegt das Polygon in Teildreiecke und bestimmt deren Flächeninhalt.

Eine andere Möglichkeit der Behandlung von Vielecken ist die Rückführung auf inhaltsgleiche Dreiecke durch die *Methode des Eckenabscherens* mithilfe des Scherungsprinzips. Wir zeigen dies an einem Beispiel: Dreieck DBC ist inhaltsgleich zu Dreieck DBC$_1$. Daher haben Viereck ABCD und Dreieck ABC$_1$ den gleichen Flächeninhalt. Die Ecke D wurde „abgeschert".

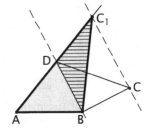

Aufgabe 1:

Gegeben sind die Punkte A(0; 0), B(10; 0), C(6; 3), D(8; 6) und E(1; 9) in einem kartesischen Koordinatensystem mit der Einheit 1 cm.

b) Zeichnen Sie das Fünfeck ABCDE. Konstruieren Sie durch die Methode des Eckenabscherens ein zu diesem Fünfeck inhaltsgleiches Dreieck.
    Berechnen Sie dessen Flächeninhalt.

c) Verwandeln Sie das Dreieck in ein inhaltsgleiches Rechteck. Vergleichen Sie die Umfänge des ursprünglichen Fünfecks, des Dreiecks und des Rechtecks.

Aufgabe 2:

Ermitteln Sie Formeln zur Berechnung des Flächeninhalts von Trapezen und symmetrischen Drachen. Geben Sie verschiedene Möglichkeiten an.

Aufgabe 3:

a) Begründen Sie, dass die übliche Inhaltsformel A = 1/2 · Seite · zugehörige Höhe auch für stumpfwinklige Dreiecke gilt, bei denen die betreffende Höhe außerhalb des Dreiecks liegt.

b) Wie kann man den Inhalt rechtwinkliger Dreiecke einfach berechnen?

c) Begründen Sie, dass man den Inhalt eines Dreiecks mithilfe des Umfangs u und des Inkreisradius ρ berechnen kann mit der Formel A = ½ · u · ρ .

5.3 Flächensätze am rechtwinkligen Dreieck

Einer der bedeutendsten Sätze der Elementargeometrie ist der Satz des Pythagoras. Er stellt eine Verbindung her zwischen Längen- bzw. Flächenmessung und Winkelmessung. Da er nur für rechtwinklige Dreiecke gilt, wollen wir zuerst die Bezeichnungen an rechtwinkligen Dreiecken klären:

Hypotenuse = Gegenseite zum rechten Winkel
Katheten = Schenkel des rechten Winkels

> **Satz des Pythagoras:**
> In jedem rechtwinkligen Dreieck ist der Flächeninhalt des Quadrats über der Hypotenuse gleich der Summe der Flächeninhalte der Quadrate über den Katheten.

Mit den Bezeichnungen des obigen Dreiecks bedeutet dies: $c^2 = a^2 + b^2$.

Für den Satz des Pythagoras gibt es viele mögliche Beweise. Man teilt sie üblicherweise ein nach der Methode, die man zum Beweis verwendet: abbildungsgeometrische Beweise, Zerlegungsbeweise, Ergänzungsbeweise, rechnerische Beweise, vektorielle Beweise etc.

Wir geben hier den sogenannten „Altindischen Beweis" an, einen einfachen *Ergänzungsbeweis*, vielleicht den einfachsten überhaupt:

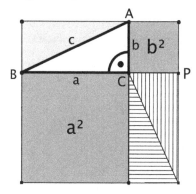
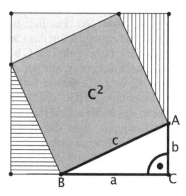

Im linken Rahmenquadrat mit der Seitenlänge (a + b) werden die beiden grauen Quadratflächen durch die vier rechtwinkligen Dreiecke mit den Katheten a und b und der Hypotenuse c zum vollständigen Rahmenquadrat ergänzt.

Im rechten Rahmenquadrat mit der Seitenlänge (a + b) sind die vier rechtwinkligen Dreiecke innerhalb des Rahmens verschoben. In diesem wird das graue Quadrat mit der Seitenlänge c durch die vier Dreiecke zum vollständigen Rahmenquadrat ergänzt.

Nach dem Satz von der Ergänzungsgleichheit sind also die grauen Flächenstücke in beiden Figuren gleich und es gilt die Gleichung: $a^2 + b^2 = c^2$.
Als einzige Lücke bleibt der Nachweis, dass das graue Flächenstück im rechten Rahmen wirklich ein Quadrat mit der Seitenlänge c ist. Dies sei dem Leser überlassen.

Aufgabe 4:
Formulieren Sie die ***Umkehrung zum Satz des Pythagoras*** und beweisen Sie diese.

Der Satz des Pythagoras gestattet folgende **Anwendungen**:
- *Zwei beliebige Quadrate lassen sich zu einem einzigen zusammensetzen, dessen Inhalt gleich der Summe der beiden Quadratinhalte ist*
- *In einem rechtwinkligen Dreieck kann man bei zwei gegebenen Seitenlängen die dritte berechnen.*

Ein zweiter wichtiger Satz, äquivalent zum Satz des Pythagoras, ist der

> **Kathetensatz:**
> Im rechtwinkligen Dreieck ist das Quadrat über einer Kathete inhaltsgleich dem Rechteck aus der Hypotenuse und dem dieser Kathete anliegenden Hypotenusenabschnitt.

Wir geben für den Kathetensatz einen *abbildungsgeometrischen* Beweis mithilfe des Scherungsprinzips:

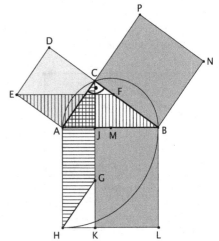

Schritt 1: Durch Scherung mit der Achse EA wird das Kathetenquadrat EACD flächengleich verwandelt in das Parallelogramm EABF. Dabei geht C in B und D in F über.
Schritt 2: Durch Drehung um A um 90° im Uhrzeigersinn wird das Parallelogramm EABF kongruent abgebildet in das Parallelogramm CAHG. Dabei geht E in C über.
Schritt 3: Durch Scherung mit der Achse AH, wobei C in J übergehen soll, wird das Parallelogramm AHGC flächengleich abgebildet in das Rechteck AHKJ.
Damit ist bewiesen, dass das Kathetenquadrat ACDE flächengleich ist zum Rechteck AHKJ, dessen Seitenlängen die Hypotenuse c und der der Kathete b anliegende Hypotenusenabschnitt AJ = q ist.
Analog dazu ist das Quadrat BNPC inhaltsgleich zum Rechteck BJKL.
Wendet man den Kathetensatz auf beide Katheten an, so erhält man den Satz des Pythagoras.

Der **Kathetensatz** gestattet folgende **Anwendung**:
- *Man kann ein Rechteck in ein dazu inhaltsgleiches Quadrat verwandeln und umgekehrt ein Quadrat in ein dazu inhaltsgleiches Rechteck, von dem eine Seitenlänge vorgegeben werden kann.*

Der letzte der sogenannten „Flächensätze am rechtwinkligen Dreieck" ist der

> **Höhensatz:**
> Im rechtwinkligen Dreieck ist das Quadrat über der Höhe inhaltsgleich zum Rechteck aus den beiden Hypotenusenabschnitten.

Wir geben für diesen Satz einen *rechnerischen* Beweis mithilfe der beiden anderen Flächensätze:
Im rechtwinkligen Dreieck ADC gilt nach Pythagoras: $h^2 = b^2 - q^2$. Mit dem Kathetensatz für die Kathete b im Dreieck ABC, also $b^2 = c \cdot q$ folgt daraus:
$h^2 = b^2 - q^2 = c \cdot q - q^2 = q \cdot (c - q) = q \cdot p$

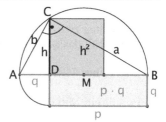

Der **Höhensatz** gestattet folgende **Anwendungen**:
- *Man kann ein Rechteck in ein inhaltsgleiches Quadrat verwandeln.*
- *Umgekehrt kann man ein Quadrat in ein inhaltsgleiches Rechteck verwandeln, von dem entweder eine Seite oder die Seitensumme (d. h. der Umfang) oder die Seitendifferenz vorgegeben sind.*

Hinweis: Unter Verwendung einer zentrischen Streckung (siehe Kap. 9) kann man auch das Seitenverhältnis vorschreiben.

Aufgabe 5:
a) Welches Quadrat ist inhaltsgleich der Summe zweier Quadrate mit den Seiten 5 cm und 7 cm? Konstruieren Sie die Quadratseite mithilfe des Satzes von Pythagoras.
b) Konstruieren Sie die Länge $\sqrt{19}$ mithilfe des Satzes von Pythagoras.
Hinweis: $19 = 10^2 - 9^2$.
c) Gegeben ist ein Rechteck mit den Seiten 6 cm und 9 cm. Konstruieren Sie mithilfe des Kathetensatzes ein zu diesem Rechteck inhaltsgleiches Quadrat. Vergleichen Sie die Umfänge der beiden Figuren.
d) Gegeben ist ein Rechteck mit den Seiten 6 cm und 10 cm. Konstruieren Sie zuerst ein zu diesem Rechteck inhaltsgleiches Quadrat mithilfe des Höhensatzes. Konstruieren Sie nun ein dazu inhaltsgleiches Rechteck mit dem Umfang 40 cm.

Zum Schluss notieren wir in nebenstehendem Diagramm die logischen Abhängigkeiten der drei Flächensätze am rechtwinkligen Dreieck. Auf die entsprechenden Einzelbeweise verzichten wir.

Mittelwerte

Eine interessante Folgerung über verschiedene *Mittelwerte* lässt sich aus den Flächensätzen am rechtwinkligen Dreieck ziehen:
Gegeben seien zwei reelle Zahlen x und y mit $0 \leq x \leq y$ in Form von Streckenlängen. Man kann nun folgende Mittelwerte aus diesen beiden (nichtnegativen) Größen bilden:

▪ Es soll ein Mittelwert a gefunden werden, für den gilt a − x = y − a, d. h. die Abstände (Differenzen) vom Mittelwert a zu den Werten x und y sollen gleich sein. Man erhält das **arithmetische Mittel**:

Arithmetisches Mittel $a = \dfrac{x+y}{2}$

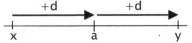

▪ Es soll ein Mittelwert g gefunden werden, für den gilt g : x = y : g, d. h. die Quotienten zwischen g und x bzw. y und g sollen gleich sein. Man erhält das **geometrische Mittel**:

Geometrisches Mittel $\quad g = \sqrt{x \cdot y}$

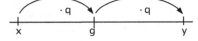

▪ Es soll ein Mittelwert h gefunden werden, dessen Kehrwert das arithmetische Mittel aus den Kehrwerten von x und y ist, d. h. für den gilt $\dfrac{1}{h} = \dfrac{1}{2} \cdot \left(\dfrac{1}{x} + \dfrac{1}{y}\right)$.

Man erhält das **harmonische Mittel**: $\quad \mathbf{h = \dfrac{2 \cdot x \cdot y}{x + y} = \dfrac{g^2}{a}}$

Diese drei verschiedenen Mittelwerte lassen sich am rechtwinkligen Dreieck ABC einfach darstellen und man erhält eine Beziehung zwischen ihnen:
Es sei AD = x und DB = y. Dann gilt:

$MC = MA = MB = a = \dfrac{x + y}{2}$ = Umkreisradius.

Ferner ist $DC = g = \sqrt{x \cdot y}$ = Dreieckshöhe.

Schließlich ist $CE = h = \dfrac{g^2}{a}$.

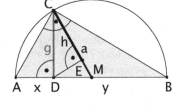

Man erkennt an der Figur unmittelbar: $\qquad \mathbf{x \leq h \leq g \leq a \leq y.}$

Es gilt Gleichheit an irgendeiner Stelle genau dann, wenn alle 5 dieser Größen gleich sind. Dies erkennt man unmittelbar, wenn man C auf dem Thaleskreis wandern lässt.

> **Es gilt:** $\quad 0 \leq x \leq h \leq g \leq a \leq y$
> Das harmonische Mittel zweier Zahlen ist stets kleiner oder gleich dem geometrischen Mittel und dieses stets kleiner oder gleich dem arithmetischen Mittel.
> Gleichheit tritt entweder gar nicht oder bei allen drei Mittelwerten auf.

Aufgabe 6:
a) Bestimmen Sie durch Konstruktion und Rechnung die drei Mittelwerte zu den Größen x = 6 und y = 10. Zeigen Sie, dass g das geometrische Mittel von a und h ist.
b) Bei zwei Messungen derselben Zeitdauer hat man zwei verschiedene Werte erhalten x = 24,8 s und y = 25,4 s. Welchen „Mittelwert" wird man als Ergebnis beider Messungen annehmen?

c) Ein Rechteck hat die Seiten x und y. Welche „mittlere Seitenlänge" müsste ein zu diesem Rechteck *umfangsgleiches* Quadrat haben?

d) Ein Rechteck hat die Seiten x und y. Welche „mittlere Seitenlänge" müsste ein zu diesem Rechteck *inhaltsgleiches* Quadrat haben?

e) Herr Carl hat sein Kapital auf zwei Jahre fest mit Zinseszinsen angelegt. Er erhält im ersten Jahr nur 2% Zinsen, dafür aber im zweiten Jahr 40%. Welchen gleich bleibenden „mittleren Zinssatz" müsste die Bank in beiden Jahren gewähren, damit man im Endergebnis auf dasselbe Endkapital kommt?

f) Herr Dix rudert eine Strecke s flussaufwärts mit der Geschwindigkeit x. Aufgrund der Strömung rudert er flussabwärts mit der höheren Geschwindigkeit y die gleiche Strecke s zurück. Welche konstante „mittlere Geschwindigkeit" auf dem Hin- und Rückweg müsste ein Motorboot fahren, damit es insgesamt für Hin- und Rückweg genau so viel Zeit benötigt wie Herr Dix?

g) Beweisen Sie: Das geometrische Mittel zweier Größen x und y ist gleichzeitig geometrisches Mittel zwischen dem arithmetischen und harmonischen Mittel.

Aufgabe 7:
Berechnen Sie die Höhe sowie den In- und Umkreisradius für ein gleichseitiges Dreieck. Berechnen Sie ebenso In- und Umkreisradius für ein regelmäßiges Vier- und Sechseck.

5.4 Flächeninhalt und Umfang von Kreisflächen

In diesem Kapitel sollen die *Länge der Kreislinie*, das ist der *Kreisumfang*, sowie der *Flächeninhalt der Kreisfläche*, das ist der *Kreisinhalt*, bestimmt werden. Wir wollen ganz bewusst nicht den kürzesten Weg zu diesem Ziel nehmen, sondern durch bestimmte Aktivitäten eine gewisse begriffliche Vertiefung und Verflechtung erreichen.

Aus diesem Grund beginnen wir mit einfachen Abschätzungen, indem wir mit bereits bekannten Größen vergleichen. Es folgen Betrachtungen zur Genauigkeit der Abschätzungen, danach Aktivitäten zum Messen dieser Größen und schließlich werden die exakten Formeln zur Berechnung aufgestellt.

a) Erste Abschätzung für Kreisumfang und Kreisinhalt

Schätzen heißt Vergleichen mit etwas bereits Bekanntem. Für den Kreis bietet sich als Vergleichsfigur das dem Kreis umbeschriebene Quadrat (Umquadrat oder Durchmesserquadrat) an.
Eine genaue Betrachtung der nebenstehenden Figur führt zu folgenden Abschätzungen für Kreisumfang und Kreisinhalt:

$2 \cdot d$ < Kreisumfang u_o < $4 \cdot d$

$2 \cdot r^2$ < Kreisinhalt A_o < $4 \cdot r^2$

> Sowohl der Umfang als auch der Inhalt eines Kreises betragen etwa drei Viertel des entsprechenden Wertes des Umquadrats:
>
> $$u_o \approx \frac{3}{4} \cdot u_Q = 3 \cdot d = 6 \cdot r \qquad A_o \approx \frac{3}{4} \cdot A_Q = \frac{3}{4} \cdot d^2 = 3 \cdot r^2$$

Aufgabe 8 :

a) Berechnen Sie Umfang und Inhalt verschiedener Kreise durch überschlägiges Berechnen mithilfe der angegebenen Faustformeln.

b) Der Äquator ist ca. 40 000 km lang. Wie groß ist der Erddurchmesser?

c) Welchen Durchmesser und welchen Umfang hat ein Kreis von 12 m² Flächeninhalt? Stellen Sie sich das zugehörige Umquadrat vor.

d) Aus einem quadratischen Holzbrett wird ein größtmöglicher Kreis gesägt. Wie viel Prozent Abfall entsteht? Welcher Anteil wird genutzt?

e) Eine Plakatsäule hat 4,80 m Umfang. Wie groß ist etwa ihre Standfläche?

f) Eine Herdplatte hat 20 cm Durchmesser. Wie groß ist die beheizte Fläche?

g) Ein Fahrrad hat 28 Zoll Reifendurchmesser.
   Wie weit bewegt es sich mit einer Radumdrehung?

h) Ein Bierdeckel hat ca. 75 cm² Flächeninhalt. Wie groß ist sein Umfang?

b) Wie genau sind unsere Faustformeln?

Wir kennen bisher nur ungefähre Werte für Kreisumfang und Kreisinhalt. Nun wollen wir überprüfen, ob diese Näherungen sogar genaue Angaben sind. Glücklicherweise bieten sich für beide Fälle geeignete bereits bekannte Vergleichsfiguren an, die Antwort auf diese Frage geben.

Aufgabe 9:

a) Konstruieren Sie zu einem Kreis mit Radius r ein einbeschriebenes *regelmäßiges Sechseck*. Bestimmen Sie dessen *Umfang* und vergleichen Sie diesen mit dem Kreisumfang. Zeigen Sie, dass der Sechsecksumfang genau $u_6 = 6 \cdot r = 3 \cdot d$ ist.

b) Konstruieren Sie zu einem Kreis mit Radius r ein einbeschriebenes *regelmäßiges Zwölfeck*. Bestimmen Sie dessen *Flächeninhalt* und vergleichen Sie diesen mit dem Kreisinhalt. Weisen Sie nach, dass der Zwölfecksinhalt genau den

Wert $A_{12} = 3 \cdot r^2 = \frac{3}{4} \cdot d^2$ hat.

Als Ergebnis der vorstehenden Aufgabe erhalten wir den Umfang des Sechsecks *exakt* mit $u_6 = 6 \cdot r = 3 \cdot d$ und den Inhalt des Zwölfecks exakt mit $A_{12} = 3 \cdot r^2 = \frac{3}{4} \cdot d^2$.

Da die Werte für den Kreis jeweils etwas größer sein müssen, sind unsere Faustformeln nicht korrekt, sondern sie geben die Werte für den Kreis etwas zu niedrig an. Sie müssen also verbessert werden. Dies kann experimentell durch Messvorgänge oder durch genauere Berechnungen erfolgen.

Aufgabe 10:
a) Messen Sie an verschiedenen kreisrunden Gegenständen den Umfang u und den Durchmesser d möglichst genau. Berechnen Sie jeweils das Verhältnis $k = \dfrac{u}{d}$ und vergleichen Sie mit den Werten der Faustformeln. Welche Verbesserung ergibt sich?
b) Zeichnen Sie einen Viertelkreis mit r = 10 cm sehr genau auf Millimeterpapier. Messen Sie dessen Flächeninhalt zunächst mit Zentimeterquadraten, dann mit 0,5-cm-Karos und schließlich mit Millimeterquadraten als Einheiten aus und grenzen Sie dadurch den Flächeninhalt A_o des Kreises ein.
Berechnen Sie das Verhältnis $m = \dfrac{A_o}{r^2}$ und vergleichen Sie mit der Faustformel. Welche Verbesserung ergibt sich?

c) Exakte Bestimmung des Kreisinhalts. Bestimmung der Kreiszahl π.

Wir stellen zwei Methoden zur exakten Bestimmung der Kreiszahl π vor, die beide wissenschaftsgeschichtlich bedeutsam sind und mit relativ elementaren Mitteln auskommen. Die notwendige Rechenarbeit zur Erhöhung der Genauigkeit können wir Computern übertragen.

Methode 1: Eingrenzung durch regelmäßige Vielecke (Archimedes v. Syrakus)
Der Grundgedanke von Archimedes besteht darin, die Kreisfläche durch ein- und umbeschriebene regelmäßige Vielecke einzuschachteln. Man erhält einen immer genaueren Wert, wenn man die Eckenzahlen der Vielecke schrittweise verdoppelt.

Aufgabe 11:
a) Zeichnen Sie einen Kreis mit Radius r (z. B. 5 cm). Konstruieren Sie für diesen Kreis ein einbeschriebenes und ein umbeschriebenes Quadrat.
b) Berechnen Sie jeweils deren Flächeninhalt und Umfang in Abhängigkeit von r. Grenzen Sie damit den Kreisinhalt ein.
c) Verfahren Sie wie in a) und b) für regelmäßige Sechsecke.

Wir beschränken uns im Folgenden auf *ein*beschriebene n-Ecke. Wir zeigen, wie man aus der Seitenlänge s_n und dem Inkreisradius ρ_n des regelmäßigen n-Ecks diejenigen des regelmäßigen 2n-Ecks rekursiv berechnen kann (siehe Figur):
Es sei AB = BC = ... = s_{2n} die Seitenlänge des regelmäßigen 2n-Ecks und AC = s_n diejenige des regelmäßigen n-Ecks.
Ferner sei x = PB = $r - \rho_n$, wobei ρ_n = MP der Inkreisradius des regelmäßigen n-Ecks ist.
Nach dem Kathetensatz für Dreieck BCH gilt:
$s_{2n}^2 = BC^2 = BP \cdot BH = x \cdot 2 \cdot r = (r - \rho_n) \cdot 2 \cdot r$

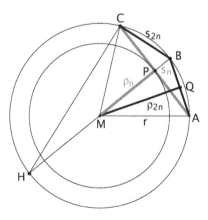

Damit erhält man: $\quad s_{2n} = \sqrt{2 \cdot r \cdot (r - \rho_n)}$ $\qquad$ (I)

Satz von Pythagoras für Dreieck MAQ ergibt:

$\rho_{2n}^2 = r^2 - (s_{2n}/2)^2 = r \cdot (r + \rho_n)/2$.

Damit erhält man: $\qquad \rho_{2n} = \sqrt{r \cdot (r + \rho_n) / 2}$ $\qquad$ (II)

Mit den beiden Rekursionsformeln (I) und (II) kann man nun Umfang und Flächeninhalt des Kreises beliebig genau annähern und damit die Kreiszahl π beliebig genau berechnen. Man nähert den Inhalt der Kreisfläche immer genauer an durch den Inhalt des einbeschriebenen n-Ecks, der sich berechnen lässt gemäß

$A_n = \dfrac{1}{2} \cdot n \cdot s_n \cdot \rho_n$.

Genauso verfährt man mit dem Kreisumfang, den man durch den Umfang des einbeschriebenen regelmäßigen n-Ecks $u_n = n \cdot s_n$ annähert.

Durch entsprechende Berechnungen für die umbeschriebenen regelmäßigen n-Ecke kann man die Werte für den Kreis von oben her annähern und so beliebig genaue Eingrenzungen für den Kreisumfang und Kreisinhalt berechnen.

Aufgabe 12:

a) Beweisen Sie die Inhaltsformel $A_n = \dfrac{1}{2} \cdot n \cdot s_n \cdot \rho_n$ für regelmäßige n-Ecke.

b) Legen Sie mit einem Tabellenkalkulationssystem ein Datenblatt zur Berechnung von Umfang und Inhalt regelmäßiger n-Ecke an. Wählen Sie r = 1. Benützen Sie obige Rekursionsformeln. Wählen Sie als Startwerte einmal die Werte für das

- Quadrat, d. h. n = 4, $s_4 = r \cdot \sqrt{2}$ und $\rho_4 = r/2 \cdot \sqrt{2}$ und einmal für das

- regelmäßige Sechseck, d. h. n = 6, $s_6 = r$ und $\rho_6 = r/2 \cdot \sqrt{3}$.

Eckenzahl n	Seite s_n	Inkreisradius ρ_n	Umfang u_n	Flächeninhalt A_n
4				
8				
...				

Methode 2: Die Streifenmethode (Integralrechnung)

Die Grundidee ist einfach und soll an einem Beispiel erläutert werden: Man geht aus vom Viertelkreis. Nun zeichnet man über dem horizontal liegenden Radius dem Kreis ein- und umbeschriebene Rechtecksstreifen gleicher Breite. Den Flächenhalt dieser Streifen kann man leicht berechnen und erhält so eine Eingrenzung für die Kreisfläche. Fortgesetzte Verfeinerung ermöglicht beliebig hohe Genauigkeit.

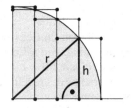

Aufgabe 13:
a) Zeichnen Sie einen Viertelkreis mit Radius r = 10 cm.
b) Zeichnen Sie vier Rechtecksstreifen jeweils von der Breite b = r/4 = 2,5 cm, die dem Kreis ein- bzw. umbeschrieben sind.
c) Berechnen Sie den Flächeninhalt dieser Streifen. Ermitteln Sie so eine Einschachtelung für den Flächeninhalt des Kreises.

Aufgabe 14:
Legen Sie mit einem Tabellenkalkulationssystem eine Tabelle für die Streifenmethode mit n = 100 Streifen an. Rechnen Sie mit r = 1, also der Streifenbreite 0,01.
Nützen Sie aus, dass sich ein- und umbeschriebene Streifensummen nur um den ersten umbeschriebenen Streifen des Inhalts 0,01 unterscheiden.
Schachteln Sie den Kreisinhalt ein. Erhöhen Sie ggf. die Streifenzahl.

Streifen–Nr. k	Höhe des Streifens k	Inhalt des Streifens k	Summe
1			
2			
...			
100			

Hinweis: Man kann folgende *technische Verbesserung* anbringen:
Man berechnet nicht alle Streifen, sondern nur die Hälfte (bis zu r/2 auf der waagrechten Basis) und zieht den Flächeninhalt des darunter liegenden Dreiecks ab (dies ist ein „halbes gleichseitiges Dreieck") ab. So erhält man einen 30°-Kreissektor (Zwölftelkreis). Diese Maßnahme erhöht die Rechengeschwindigkeit (man muss nur die halbe Anzahl von Streifen berechnen) und die Genauigkeit, denn die Streifen mit größerer Ungenauigkeit in der rechten Hälfte fallen weg.

d)   Zusammenhang zwischen Umfang und Flächeninhalt eines Kreises.

Bisher sind wir wie selbstverständlich davon ausgegangen, dass es sich bei der zu bestimmenden Konstanten (Kreiszahl π) in beiden Fällen, also beim Flächeninhalt und beim Umfang, um dieselbe Zahl handelt. Das ist nun noch zu zeigen:
Da alle Kreise zueinander ähnlich sind,– alle gehen durch zentrische Streckung aus dem Einheitskreis hervor –, gilt für sie:
Zwei Längen a und b in der einen Figur stehen im gleichen Verhältnis wie die entsprechenden Längen a' und b' in der dazu ähnlichen Figur: a : b = a' : b'.
Ganz Analoges gilt für die Flächen ähnlicher Figuren: Zwei Flächengrößen A und B in der einen Figur stehen im gleichen Verhältnis wie die entsprechenden Flächengrößen A' und B' in der dazu ähnlichen Figur: A : B = A' : B'.
Wir wenden diese Erkenntnis an für den Umfang und den Durchmesser bzw. für die Kreisfläche und das Radiusquadrat:

$$\frac{u_1}{d_1} = \frac{u_2}{d_2} = \frac{u_3}{d_3} = ... = \frac{u}{d} = const = k_1 \qquad \text{Umformuliert:} \quad u = k_1 \cdot d$$

$$\frac{A_1}{r_1^2} = \frac{A_2}{r_2^2} = \frac{A_3}{r_3^2} = \ldots = \frac{A}{r^2} = \text{const} = k_2. \quad \text{Umformuliert:} \quad A = k_2 \cdot r^2$$

> Für alle Kreise gilt:
> Das Verhältnis von Umfang zu Durchmesser ist eine Konstante.
> Das Verhältnis von Kreisflächeninhalt zum Radiusquadrat ist konstant.

Wir werden nun zeigen, dass diese beiden Konstanten k_1 und k_2 denselben Wert haben, nämlich die Kreiszahl π. Dazu betrachten wir die folgende Skizze (Kreissektoren- oder Tortenstückmodell):

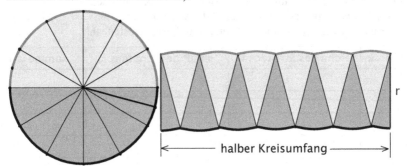

halber Kreisumfang

Man kann die in n gleiche Sektoren zerlegte Kreisfläche (in der Figur ist n = 12; ein Sektor wurde noch halbiert) auch anders als „im Kreis" auf einem „rechteckigen Karton" anordnen (so wie der Bäcker einzelne Kuchenstücke verpackt). Stellt man sich diesen Prozess immer weiter verfeinert vor (n → ∞), so erhält man in der „Kartonanordnung" schließlich im Grenzwert ein Rechteck mit den Seitenlängen u/2 und r, also dem Flächeninhalt $\mathbf{A = \dfrac{u}{2} \cdot r}$.

Hinweis:
Auf diesen Zusammenhang kommt man auch, wenn man den Kreis auffasst als Grenzfall von regelmäßigen n-Ecken:
Für deren Flächeninhalt gilt nämlich A = u/2 · ρ, wobei ρ der Inkreisradius ist. Lässt man n → ∞ gehen, so geht ρ → r und es gilt die behauptete Beziehung.

Unter Benutzung der bisher abgeleiteten Beziehungen gilt also insgesamt für den Inhalt der Kreisfläche:
$$A = u/2 \cdot r \quad = k_2 \cdot r^2 = k_1 \cdot r \cdot r \qquad \text{also} \qquad k_1 = k_2.$$
Es genügt also, die Kreiszahl $\pi = k_1 = k_2$ *entweder* beim Kreisinhalt *oder* beim Kreisumfang zu berechnen.
Wir fassen unser Endergebnis zusammen:

> Ein Kreis mit dem Radius r bzw. dem Durchmesser d hat den
>
> Umfang $u = 2 \cdot \pi \cdot r = \pi \cdot d$ und den Inhalt $A = \pi \cdot r^2 = \dfrac{\pi}{4} \cdot d^2$.
>
> Die Kreiszahl π hat den Wert $\qquad \pi = 3{,}1415926535898\ldots$

Heute kennt man viele Millionen Dezimalstellen der Kreiszahl π. Diese ist eine irrationale, ja sogar eine transzendente Zahl und daher nicht abbrechend und nicht periodisch und nicht Lösung einer algebraischen Gleichung. Deshalb ist auch das berühmte Problem der „Quadratur des Kreises", d. h. der Konstruktion eines Quadrats, das zu einem gegebenen Kreis inhaltsgleich ist, allein mit Zirkel und Lineal unlösbar. Dem interessierten Leser sei das Studium der Geschichte der Zahl π empfohlen.

Aufgabe 15:
Berechnen Sie den Umfang und den Flächeninhalt der folgenden Figuren in Abhängigkeit von der Quadratseite a bzw. dem Kreisradius r.

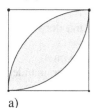 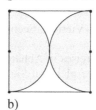 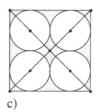 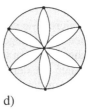

a)   b)   c)   d)

Aufgabe 16:
Wie verändert sich der Umfang u bzw. der Flächeninhalt A eines Kreises, wenn man den Durchmesser d
a) verdoppelt, verdreifacht, vervierfacht ... bzw. halbiert, drittelt, viertelt ...?
b) um 1 m, 2 m, 3 m, ... verlängert bzw. verkürzt?

Aufgabe 17:
Um wie viel Prozent bzw. mit welchem Faktor muss man den Radius eines Kreises vergrößern (verkleinern), damit sich der Umfang bzw. der Flächeninhalt verdoppelt (halbiert)?

Aufgabe 18:
Gegeben ist ein Kreis mit Radius r bzw. Durchmesser d.
a) Welchen Umfang und welchen Flächeninhalt hat der zugehörige Halbkreis, Viertelkreis, Sechstelkreis, Achtelkreis, Zehntelkreis,... Dreihundertsechzigstelkreis?
b) Begründen Sie: Ein **Kreissektor** (Kreisausschnitt) mit dem Mittelpunktswinkel α

hat die Bogenlänge $b = \dfrac{\alpha}{360} \cdot 2 \cdot \pi \cdot r$ und den Flächeninhalt $A = \dfrac{\alpha}{360} \cdot \pi \cdot r^2$.

Es gilt die Beziehung: Sektorfläche $A = \dfrac{1}{2} \cdot b \cdot r$.

Aufgabe 19:
a) Der Erdäquator ist 40 000 km lang. Berechnen Sie die Länge des Bogens für den Mittelpunktswinkel α = 1°. Wie lang ist der Bogen für den Winkel von $\dfrac{1}{15}$ ° ? Diese Länge nennt man eine *geografische Meile*.

b) Eine Bogenminute (1') ist $\frac{1}{60}$ von 1°. Berechnen Sie die Bogenlänge des Erdäquators für den Mittelpunktswinkel von 1 Bogenminute (1').
Diese Länge nennt man 1 *Seemeile* (1 sm),

c) Rechnen Sie die Geschwindigkeit v = 1 $\frac{sm}{h}$ um in die Einheit $\frac{km}{h}$.

Die Geschwindigkeit von 1 $\frac{sm}{h}$ nennt man in der Schifffahrt 1 *Knoten*.

Aufgabe 20:
a) Konstruieren Sie ein regelmäßiges Dreieck (Viereck, Sechseck) mit der vorgegebenen Seitenlänge a.
b) Berechnen Sie den Radius des In- und Umkreises in Abhängigkeit von a.
c) Berechnen Sie den Inhalt der Kreise, und vergleichen Sie diese untereinander und mit dem Inhalt des Vielecks.

e) Nachbetrachtungen zur Bestimmung von Kreisumfang und -inhalt.

Wir haben die Annäherung der Kreislinie durch ein- bzw. umbeschriebene Vielecke nicht weiter problematisiert. Dass bei solchen infinitesimalen Annäherungsprozessen diffizile Probleme auftauchen können, wollen wir nun zeigen und gleichzeitig nachweisen, dass unsere Überlegungen beim Kreis korrekt sind:
Wir betrachten die folgende Figur, in der die Strecke AB durch eine Folge von Zickzacklinien bestehend aus den Seiten gleichseitiger Dreiecke beliebig genau angenähert wird.
Die erste Annäherung der Strecke AB ist der Streckenzug A – C – B, die zweite der Streckenzug A – C_{11} – M_1 – C_{12} – B, die dritte der Streckenzug A – C_{21} – M_{11} – C_{22} – M_1 – C_{23} – M_{12} – C_{24} – B usf.

Auf diese Weise fortfahrend kann man den Streckenzug immer besser an die Strecke AB annähern, so dass dieser schließlich um beliebig wenig von der Strecke AB abweicht. Dennoch darf man nicht den Schluss ziehen, dass die Länge des Streckenzugs im Grenzfall gegen die Länge der Strecke AB konvergiert. Der erste Streckenzug hat nämlich die doppelte Länge von AB und ebenso der zweite, dritte, vierte, ... usf. Immer ist der Streckenzug doppelt so lang wie die Strecke AB, auch bei beliebig genauer Annäherung. Würden wir daher folgern, dass der Streckenzug die Länge von AB immer genauer annähert, so kämen wir auf die widersinnige Behauptung, dass AB = 2 · AB also 1 = 2 ist.
Wo steckt der Fehler? Der Fehler liegt darin, dass die Folge der Längen der Streckenzüge sich der Länge der Strecke AB überhaupt nicht annähert, sondern konstant bleibt.
Wie ist das nun bei unseren Näherungen z. B. der Kreislinie durch ein- bzw. umbeschriebene regelmäßige Vielecke? Wir halten folgende Eigenschaften fest:

1. Jedes einem Kreis k einbeschriebene n-Eck hat einen kleineren Umfang als das einbeschriebene 2n-Eck, d. h. die Folge dieser n-Ecks-Umfänge ist monoton steigend. Der Beweis lässt sich leicht mithilfe der Dreiecksungleichung führen. Machen Sie sich dies an Hand einer Zeichnung klar.

2. Analog hat jedes einem Kreis k umbeschriebene n-Eck einen größeren Umfang als das umbeschriebene 2n-Eck. Die Folge dieser n-Ecks-Umfänge ist also monoton fallend. Führen Sie den Beweis an Hand einer Skizze.

3. Schließlich hat jedes einbeschriebene n-Eck einen kleineren Umfang als das entsprechende umbeschriebene n-Eck. Auch dies lässt sich mithilfe der Dreiecksungleichung nachweisen.

Die Folge der Umfänge der einbeschriebenen n-Ecke ist daher *monoton steigend* und *nach oben beschränkt* (z. B. durch den Umfang des umbeschriebenen gleichseitigen Dreiecks oder Quadrats). Ein fundamentaler Satz aus der Analysis garantiert nun für eine Folge reeller Zahlen mit diesen beiden Eigenschaften die Existenz eines Grenzwertes. Dieser ist der Kreisumfang. Analoges gilt für die Folge der umbeschriebenen Vielecke. Wir sind daher mit unseren Überlegungen beim Kreis auf der sicheren Seite.

Wir fassen die Ergebnisse von Kapitel 5 zusammen:

Den Flächeninhalt von Rechtecken erhält man einfach durch Nachvollzug des Messprozesses mit Einheitsquadraten:

Rechtecksinhalt = Länge · Breite.

Durch Scherung (Cavalieri–Prinzip in der Ebene) oder durch Zerlegung gelangt man vom Rechtecksinhalt zum Parallelogramminhalt:

Parallelogramminhalt = Grundseite · zugehörige Höhe.

Den Dreiecksinhalt erhält man durch Halbierung eines passenden Parallelogramms:

$$\textbf{Dreiecksinhalt} = \frac{1}{2} \cdot \textbf{Grundseite} \cdot \textbf{zugehörige Höhe.}$$

Den Inhalt beliebiger Vielecke kann man durch Zerlegung in Dreiecke berechnen.

Die **Flächensätze am rechtwinkligen Dreieck** (Satz des Pythagoras, Kathetensatz, Höhensatz) gestatten die Verwandlung sämtlicher Vielecksflächen in inhaltsgleiche Quadrate (Quadratur der Vielecksflächen).

Sowohl der **Umfang als auch der Inhalt eines Kreises** ergibt sich als das $\frac{\pi}{4}$-fache der entsprechenden Werte des dem Kreis umbeschriebenen Quadrats.

5.5 Hinweise und Lösungen zu den Aufgaben

Aufgabe 1:
a) Es gilt J(ABCDE) = J(AC'DE) = J(AD'E). Je nachdem wie man vorgeht, erhält man verschiedene Lösungen. Der Flächeninhalt J muss jedoch stets derselbe sein.
b) Es gilt J(AD'E) = J(AD'PQ). Auch hier gibt es mehrere nahe liegende Lösungen: Man wählt eine Grundseite oder eine Dreieckshöhe als eine der Rechtecksseiten.

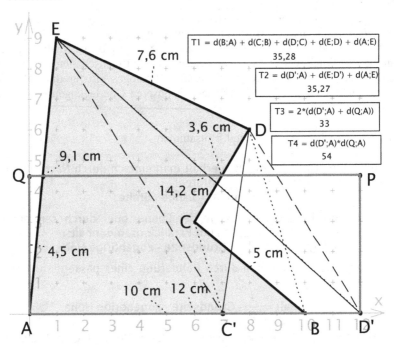

Aufgabe 2:
Trapeze: Es gibt viele Möglichkeiten und geeignete Strategien, um den Inhalt eines Trapezes zu ermitteln: Durch Punktspiegelung ergänzen zu einem Parallelogramm; Mittelwert zwischen um- und einbeschriebenem Rechteck; Zerlegen durch eine Diagonale in zwei Dreiecke; Zerlegen in ein Parallelogramm und ein Dreieck etc.
Symmetrische Drachen: Einzeichnen der (zueinander senkrechten) Diagonalen und Umordnen der Teilflächen zu einem Rechteck.

Aufgabe 3:
a) Man ergänze zu einem geeigneten Parallelogramm oder berechne den Dreiecksinhalt subtraktiv mithilfe geeigneter Teildreiecke.
b) Ergänzung zum Rechteck und Halbieren des Rechtecksinhalts. A = 0,5 · a · b.
c) Man zerlegt das Dreieck in drei Teildreiecke ABJ, BCJ und CAJ, wobei J die Inkreismitte ist.

Aufgabe 4:
Umkehrung des Satzes von Pythagoras:
Gilt für die Seitenlängen a, b, c eines Dreiecks die Beziehung $a^2 + b^2 = c^2$, so ist das Dreieck rechtwinklig mit der Hypotenuse c.

Beweis:
Wir konstruieren ein *rechtwinkliges* Dreieck mit den gegebenen Seiten a' = a und b' = b. Nach dem Satz des Pythagoras ergibt sich die Hypotenuse c' mit dem Wert c' = $\sqrt{a'^2 + b'^2} = \sqrt{a^2 + b^2}$ = c. Aufgrund des Kongruenzsatzes SSS sind die beiden Dreiecke ABC und A'B'C' kongruent und daher ist auch Dreieck ABC rechtwinklig.

Aufgabe 5:
a) $x^2 = 5^2 + 7^2 = 25 + 49 = 74$. $x = \sqrt{74}$ = 8,602... cm.
b) Rechtwinkliges Dreieck mit Hypotenuse 10 und Kathete 9.
c) Rechtwinkliges Dreieck mit Hypotenuse 9 cm und Hypotenusenabschnitt 6 cm. Der Quadratumfang ist kleiner als der Rechtecksumfang.
d) Schritt 1: Inhaltsgleiches Quadrat (Höhen- oder Kathetensatz): s = $\sqrt{60}$ = 7,746...
   Schritt 2: Mit Höhensatz dazu ein inhaltsgleiches Rechteck mit Umfang 40 cm: Die Hypotenuse ist der halbe Umfang u/2 = 20 cm und die Höhe ist die Seite s = $\sqrt{60}$ des inhaltsgleichen Quadrats. Die Hypotenusenabschnitte ergeben die Rechtecksseiten.

Aufgabe 6:
a) Arithmetisches Mittel = 8.   Geometrisches Mittel = $\sqrt{60}$ = 7,746...
   Harmonisches Mittel = 7,5.   Es ist a · h = 8 · 7,5 = 60 = g^2.
b) In diesem Fall wird das *arithmetische* Mittel a = ½ · (x + y) = 25,1 s gewählt, dann ist die Summe aller mit Vorzeichen versehenen Abweichungen 0.
c) Es muss gelten 4 · s = 2x + 2y oder s = $\dfrac{x+y}{2}$, d. h. die Quadratseite ist das *arithmetische* Mittel der Rechtecksseiten.
d) Es muss gelten g · g = x · y oder g^2 = x · y bzw. g = $\sqrt{x \cdot y}$, d. h. die Quadratseite ist das *geometrische* Mittel der Rechtecksseiten.
e) Wir benutzen die Zinsfaktoren q an Stelle der Zinssätze p %, also q = 1 + p %. Dann gilt: $K_2 = K \cdot q_1 \cdot q_2 = K \cdot 1,02 \cdot 1,40$. Damit man bei gleich bleibendem Zinssatz dasselbe Endkapital K_2 erhält muss für diesen Zinsfaktor q gelten: $K \cdot q \cdot q = K \cdot q_1 \cdot q_2$ oder $q^2 = q_1 \cdot q_2$ oder q = $\sqrt{q_1 \cdot q_2} = \sqrt{1,02 \cdot 1,40} = 1,195\ldots$

Der mittlere Zinsfaktor ist also das *geometrische* Mittel der beiden Zinsfaktoren und der „mittlere Zinssatz" 19,5% liegt unter dem arithmetischen Mittel von 21% der beiden Zinssätze.

f) Benötigte Zeit für den Hinweg: $t_1 = s : x$, für den Rückweg $t_2 = s : y$.
    Gesamtzeit also $t = t_1 + t_2$. Bei gleich bleibender mittlerer Geschwindigkeit w
    für den Weg $2 \cdot s$ gilt also: $t = 2 \cdot s : w = t_1 + t_2$. Daraus erhält man:

    $$\frac{1}{w} = \frac{1}{2} \cdot (\frac{1}{x} + \frac{1}{y}) \text{ oder } w = h = \frac{x \cdot y}{\frac{x+y}{2}} = \frac{g^2}{a} = harmonisches \text{ Mittel von x und y.}$$

g) Aus der letzten Gleichung in h) folgt $w \cdot a = g^2$ oder $g^2 = \sqrt{w \cdot a}$.

Aufgabe 7:
Gleichseitiges Dreieck mit der Seitenlänge a:

Dreieckshöhe h = $\frac{a}{2} \cdot \sqrt{3}$ Flächeninhalt A = $\frac{a^2}{4} \cdot \sqrt{3}$

Umkreisradius r = $\frac{2}{3} \cdot h = \frac{a}{3} \cdot \sqrt{3}$ Inkreisradius $\rho = \frac{1}{2} \cdot r = \frac{a}{6} \cdot \sqrt{3}$

Quadrat mit der Seitenlänge a:

Diagonalenlänge d = $a \cdot \sqrt{2}$; Umkreisradius r = $\frac{1}{2} \cdot d = \frac{a}{2} \cdot \sqrt{2}$; Inkreisradius $\rho = \frac{a}{2}$

Regelmäßiges Sechseck mit der Seitenlänge a:

Umkreisradius r = a; Inkreisradius $\rho = \frac{a}{2} \cdot \sqrt{3}$; Flächeninhalt A = $\frac{3}{2} \cdot a^2 \cdot \sqrt{3}$

Aufgabe 8 :
a) Man sollte sich die Faustformeln als grundlegende Größenbeziehungen einprägen.
b) Der Durchmesser ist etwa ein Drittel vom Umfang, also ca. 13 000 km.
c) Das Umquadrat hat dann 16 m² Inhalt, seine Seitenlänge – und damit der
    Kreisdurchmesser – ist also 4 m und damit der Umfang etwa 12 m.
d) Etwa ein Viertel, also 25%, sind Abfall und rund drei Viertel, also 75% nutzbar.
e) Der Durchmesser ist etwa 1,60 m, das Durchmesserquadrat daher ca. 2,6 m²
    und die Kreisfläche ¾ davon, also etwa 2 m².
f) Das Durchmesserquadrat hat 4 dm² Flächeninhalt, die Platte daher ca. 3 dm².
g) Der Umfang ist etwa 3-mal so groß wie der Durchmesser, also 84 Zoll ≈ 2,10 m.
h) Das Umquadrat hat 100 cm² Inhalt also ist der Durchmesser 10 cm und der
    Umfang 30 cm.

Aufgabe 9:
a) An der nebenstehenden Figur erkennt man sofort den Umfang
    des regelmäßigen Sechsecks $u_6 = 6 \cdot r = 3 \cdot d$.
    Der Umfang des Kreises muss also etwas größer sein als $6 \cdot r =$
    $3 \cdot d$, die Faustformel liefert einen etwas zu kleinen Wert.

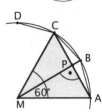

b) An der nebenstehenden Figur mit zwei Teildreiecken des
    regelmäßigen Zwölfecks ABC... erkennt man MA = MB
    = MC = AC = r.

    Mit PA = PC = $\frac{r}{2}$ hat man die zur Grundseite MB = r

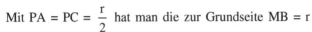

gehörige Höhe für das Dreieck MAB und damit dessen Inhalt zu $A_1 = \frac{1}{4} \cdot r^2$.

Zwölf dieser Teildreiecke ergeben den Inhalt de regelmäßigen Zwölfecks

$$A_{12} = 12 \cdot \frac{1}{4} \cdot r^2 = 3 \cdot r^2 = \frac{3}{4} \cdot d^2 \,.$$

Der Zwölfecksinhalt ist etwas kleiner als der Kreisinhalt, daher liefert die Faustformel einen etwas zu kleinen Wert für den Kreisinhalt.

Aufgabe 10:
a) Bei genauer Messung erhält man brauchbare Werte für $k \approx 3{,}15$.
b) Bei genauem Arbeiten erhält man auch hierbei Werte für $m \approx 3{,}15$.

Aufgabe 11:

	Einbeschrieben		Umbeschrieben	
	Umfang	Inhalt	Umfang	Inhalt
Quadrat	$2d \cdot \sqrt{2} = 4r \cdot \sqrt{2}$	$2 \cdot r^2 = \frac{1}{2} \cdot d^2$	$4 \cdot d = 8 \cdot r$	$4 \cdot r^2 = d^2$
Regelm. Sechseck	$6 \cdot r = 3 \cdot d$	$\frac{3r^2}{2}\sqrt{3} = \frac{3d^2}{8} \cdot \sqrt{3}$	$2d \cdot \sqrt{3} = 4r \cdot \sqrt{3}$	$2r^2 \cdot \sqrt{3} = \frac{d^2}{2} \cdot \sqrt{3}$

Aufgabe 12:
a) Man zerlegt das regelmäßige n-Eck in n Teildreiecke: Je zwei benachbarte Eckpunkte und die Inkreismitte bilden ein Dreieck vom Inhalt $\frac{1}{2} \cdot s_n \cdot \rho_n$, wobei s_n die Seitenlänge und ρ_n der Inkreisradius des n-Ecks ist.
b)

Eckenzahl n	Seite s_n	Inkreisradius ρ_n	Umfang u_n	Inhalt A_n
4	1,414213562	0,707106781	5,65685425	2,000000000
8	0,765366865	0,923879533	6,12293492	2,828427125
...	...	...	...	...
32768	0,000191748	0,999999995	6,28318531	3,141592640
6	1,000000000	0,866025404	6,00000000	2,598076211
12	0,517638090	0,965925826	6,21165708	3,000000000
24	0,261052384	0,991444861	6,26525723	3,105828541
...	...	...	...	...
98304	6,39159E-05	0,999999999	6,28318529	3,141592644

Aufgabe 13:
Diese Vorübung dient dem Verständnis für die Streifenmethode. Das Ergebnis ist zwar sehr ungenau, aber es werden alle entscheidenden Überlegungen des Streifenverfahrens durchgeführt.

Streifenmethode zur Berechnung des Kreisinhalts
Vorgegeben werden der Radius r und die Streifenanzahl n.

r =	1	n =	4	b =	0,25
Nr.	Höhe	Inhalt	Summe		
1	0,96824584	0,24206146	0,24206146		
2	0,86602540	0,21650635	0,45856781		
3	0,66143783	0,16535946	0,62392727		
4	0	0	0,62392727		
E	0,62392727	U	0,87392727		
	2,49570907	$< \pi <$	3,49570907		

Aufgabe 14:
Mit Streifenanzahlen in der Größenordnung von n = 1000 erhält man bereits brauchbare Werte für die Kreiszahl π.
Da sich die einbeschriebenen und die umbeschriebenen Streifenflächen stets um die Größe r^2/n unterscheiden, muss man für r = 1 die Streifenzahl $n = 10^k$ wählen, wenn man Genauigkeit bis zur k-ten Dezimale erreichen möchte.
Für r = 1 und n = 1000 erhält man als Summe der einbeschriebenen Streifen E = 3,13956, als Summe der umbeschriebenen U = 3,14356 und als Mittelwert M = 3,14156.

Aufgabe 15:

a) $A = 2 \cdot [\frac{1}{4} \cdot \pi \cdot a^2 - \frac{1}{2} \cdot a^2] = a^2 \cdot (\frac{\pi}{2} - 1)$ $u = 2 \cdot \frac{1}{4} \cdot 2 \cdot \pi \cdot a = \pi \cdot a.$

b) $A = a^2 - \pi \cdot \left(\frac{a}{2}\right)^2 = a^2 \cdot (1 - \frac{\pi}{4})$ $u = 2 \cdot \pi \cdot \frac{a}{2} + 2 \cdot a = a \cdot (\pi + 2)$

c) $A = a^2 \cdot (1 - \frac{\pi}{4})$ $u = 4 \cdot a + 4 \cdot 2 \cdot \pi \cdot \frac{a}{4} = a \cdot (4 + 2 \cdot \pi)$

d) $A = 12 \cdot [\frac{1}{6} \cdot \pi \cdot r^2 - \frac{r^2}{4} \cdot \sqrt{3}] = r^2 \cdot (2\pi - 3\sqrt{3})$ $u = 4\pi r.$

Aufgabe 16:
a) Der Umfang wird verdoppelt, verdreifacht, ... bzw. halbiert, gedrittelt, ... usf. Der Inhalt wird vervierfacht, verneunfacht, ... bzw. geviertelt, neungeteilt, ... usf.

b) Der Umfang verändert sich als lineare Funktion in d bei Zunahme des Durchmessers um x um den Wert $\Delta u = u(d + x) - u(d) = \pi \cdot [\,(d + x) - d\,] = \pi \cdot x$ und dieser Wert ist unabhängig von der Größe des Durchmessers d.
Der Inhalt hängt quadratisch von d ab und ändert sich daher je nach d-Wert bei Zunahme des Durchmessers um x um den Wert
$\Delta A = A(d + x) - A(d) = \pi/4 \cdot (\,(d + x)^2 - d^2\,) = \pi/4 \cdot (2 \cdot d \cdot x + x^2)$.

Aufgabe 17:
Zur Umfangsverdopplung muss der Radius ebenfalls verdoppelt werden.
Zur Inhaltsverdopplung muss der Radius mit dem Faktor $\sqrt{2}$ = 1,414 verändert, also um 41,4% vergrößert werden.
Hinweis: Woher kommt die Serie der „Blendenzahlen" bei Fotoapparaten mit den Werten 1 – 1,4 – 2 – 2,8 – 4 – 5,6 – 8 – 11 – 16 – 22?
Bei jedem Schritt in der Blendenskala wird die Objektivöffnung verdoppelt bzw. halbiert.

Aufgabe 18:
Sowohl die Bogenlänge b als auch der Flächeninhalt A eines Kreissektors sind zum Mittelpunktswinkel des Sektors proportional: $\dfrac{b}{2 \cdot \pi \cdot r} = \dfrac{A}{\pi \cdot r^2} = \dfrac{\alpha}{360°}$. Daraus folgen alle Behauptungen.

Aufgabe 19:
a) Der 1°-Bogen misst etwa 111 km.
   Der $\frac{1}{15}$°-Bogen misst etwa 7,4 km (= 1 geografische Meile).
b) Der Bogen für den Mittelpunktswinkel von 1' misst 1,852 km (= 1 Seemeile).
c) $1 \dfrac{sm}{h} = 1{,}852 \dfrac{km}{h} = 1$ Knoten = 1 kn.

Aufgabe 20:

	Seite bzw. Radius	Umfang	Inhalt
Inkreis	$\frac{a}{6} \cdot \sqrt{3} = a \cdot 0{,}288...$	$\frac{\pi \cdot a \cdot \sqrt{3}}{3} = a \cdot ,813...$	$\frac{\pi}{12} \cdot a^2 = a^2 \cdot 0{,}261...$
Dreieck	a	$3 \cdot a$	$\frac{a^2}{4} \cdot \sqrt{3} = a^2 \cdot 0{,}433...$
Umkreis	$\frac{a}{3} \cdot \sqrt{3} = a \cdot 0{,}577...$	$\frac{2 \cdot \pi \cdot a \cdot \sqrt{3}}{3} = a \cdot 3{,}627...$	$\frac{\pi}{3} \cdot a^2 = a^2 \cdot 1{,}047...$

	Seite bzw. Radius	Umfang	Inhalt
Inkreis	$\dfrac{a}{2} = a \cdot 0{,}5$	$\pi \cdot a = a \cdot 3{,}1415...$	$\dfrac{\pi}{4} \cdot a^2 = a^2 \cdot 0{,}785...$
Quadrat	a	$4 \cdot a$	a^2
Umkreis	$\dfrac{a}{2} \cdot \sqrt{2} = a \cdot 0{,}707...$	$\pi \cdot \sqrt{2} \cdot a = a \cdot 4{,}44...$	$\dfrac{\pi}{2} \cdot a^2 = a^2 \cdot 1{,}570...$

	Seite bzw. Radius	Umfang	Inhalt
Inkreis	$\dfrac{a}{2} \cdot \sqrt{3} = a \cdot 0{,}866...$	$\pi \cdot \sqrt{3} \cdot a = a \cdot 5{,}44...$	$\dfrac{3 \cdot \pi}{4} \cdot a^2 = a^2 \cdot 2{,}356...$
Sechseck	a	$6 \cdot a$	$\dfrac{3}{2} \cdot a^2 \cdot \sqrt{3} = a^2 \cdot 2{,}598...$
Umkreis	a	$2 \cdot \pi \cdot a = a \cdot 6{,}28...$	$\pi \cdot a^2 = a^2 \cdot 3{,}1415...$

6 Rauminhalt von Körpern

6.1 Rauminhalt als reelle Maßfunktion und als Größe

Ganz analog zum Begriff des Flächeninhalts von Flächenstücken in der Ebene (insbesondere von Polygonen) wird der Rauminhalt (Volumen) von Körpern im Raum (insbesondere von Polyedern oder Vielflächnern) behandelt.

Anschaulich erhält man den Rauminhalt eines Vielflächners (Polyeders) als **Ergebnis des Messprozesses** mit Messwürfeln (1 mm³, 1 cm³, 1 dm³ = 1 Liter, 1 m³, ...). Es ist nützlich und klärend, wenn man bei Berechnungen immer wieder den realen Messprozess für das Volumen eines Körpers zumindest gedanklich durchführt: Auslegen oder Nachbauen mit Einheits-Messwürfeln. Bei nicht quaderförmigen Körpern werden Volumina in der Realität auch mit anderen Messkörpern als mit Einheitswürfeln ausgemessen. So werden z. B. gemäß einer DIN-Norm die Rauminhalte der Kofferräume von PKW mithilfe von Kugeln von bestimmtem Durchmesser ausgemessen. In der Mathematik wird der Rauminhalt definiert als eine **reelle Maßfunktion** mit ganz analogen Forderungen wie beim Flächeninhalt:

M1 Nichtnegativität
M2 Verträglichkeit mit der Kongruenz
M3 Additivität
M4 Normierung

Machen Sie sich unter Benützung der Darstellung in Kapitel 5.1 noch einmal klar, was jede dieser Forderungen bedeutet. Auch im Falle des Rauminhalts lässt sich die *Existenz und Eindeutigkeit* einer Funktion mit den geforderten Eigenschaften zeigen. Diese Funktion ist die Rauminhaltsfunktion.

Wie im Falle des Rechtecks bei den Flächeninhalten lässt sich sehr einfach begründen, dass der Rauminhalt eines Quaders mit den ganzzahligen Seitenlängen a, b und c den Wert $V = a \cdot b \cdot c$ hat.

Für die Belange der *Didaktik* ist der Begriff des **Größenbereichs der Rauminhalte** mit den bereits bei 5.1 genannten Eigenschaften wesentlich:

▫ Die Menge der Rauminhalte bildet bezüglich der Addition eine kommutative Halbgruppe.
▫ Die Menge der Rauminhalte ist durch die Relation < geordnet, wobei das Trichotomiegesetz gilt, d. h. für beliebige Rauminhalte a und b gilt: entweder a < b oder b < a oder a = b.
▫ Die Gleichung a + x = b ist in der Menge der Rauminhalte genau dann lösbar, wenn a < b gilt.

Wir geben die Beziehungen zwischen den verschiedenen Volumeneinheiten an:

$$1 \text{ cm}^3 = 1 \text{ ml (Milliliter)} = 1000 \text{ mm}^3$$
$$1 \text{ dm}^3 = 1 \text{ l (Liter)} = 1000 \text{ ml} = 1000 \text{ cm}^3$$
$$1 \text{ m}^3 = 1000 \text{ dm}^3$$

6.2 Rauminhalt von Quadern und von Säulen (Prismen)

Analog zu den Ausführungen in 5.2 ergibt sich für Quader mit ganzzahligen Kantenlängen eine Möglichkeit zur Berechnung des Rauminhalts durch den Messprozess:

Man bestimmt die *Anzahl der in den Quader passenden Messwürfel* durch systematisches Abzählen der Messwürfel:
Würfelzahl in einer Reihe · Reihenzahl · Schichtenzahl = Längenmaßzahl · Breitenmaßzahl · Höhenmaßzahl.
Als Einheit dient der Rauminhalt eines Messwürfels.
Wie im Fall der Flächeninhalte kann man exakt dieselben Methoden verwenden, um die Gültigkeit dieser Volumenformel für Quader auch mit *rationalen* und *reellen* Seitenlängen nachzuweisen.

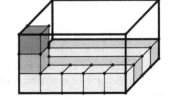

> Quadervolumen = Länge · Breite · Höhe.

Die Einheit des Volumens ergibt sich jeweils aus dem verwendeten Messwürfel.

Der Rauminhalt von **Säulen mit beliebigen Grundflächen** kann leicht ermittelt werden.

Das charakteristische Kennzeichen der Säulen ist ihr **Aufbau aus gleichen Schichten**: Stapel von Dreiecken, Vierecken, Vielecken, Kreisen (Bücher, Hefte, Blätter, Bierdeckel u. a. m.). Man kann sich Säulen auch entstanden denken durch Verschieben der Grundfläche in dazu senkrechter Richtung. Dabei überstreicht die Grundfläche den gesamten Körper im Raum.

Ein geeignetes Modell für diese Vorstellung ist ein „Fadenmodell": zwei kongruente Flächenstücke (z. B. Vielecke) aus festem Material wie Pappe oder Holz werden an den Ecken mit Löchern durchbohrt. Durch diese Löcher wird jeweils ein Faden gezogen, der z. B. an der Unterseite durch einen Knoten festgehalten wird. Zieht man nun die obenliegende Scheibe mit den Fäden nach oben, so entsteht die Säule real: die Fäden markieren die Kanten und die Scheiben die Grund- bzw. Deckfläche.

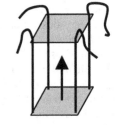

Entsprechend diesem Aufbau lässt sich sehr einfach das Volumen durch Schichtbildung ermitteln: Man bestimmt, wie viele Einheits-Messwürfel auf die Grundfläche passen. Da jedes Würfelchen (falls man Zentimeterwürfel als Messwürfel verwendet) genau 1 cm² der Grundfläche bedeckt, passen auf die Grundfläche genau so viele Messwürfel, wie viele cm² die Grundfläche misst (Grundschicht). Zum Ausfüllen des gesamten Körpers benötigt man so viele Schichten, wie die Höhe in cm angibt. Damit hat man eine einfache *Volumenformel für beliebige Säulen und*

zwar gilt diese gleichermaßen für senkrechte wie für schiefe Säulen und unabhängig von der Form der Grundfläche:

> Rauminhalt einer Säule = Grundfläche · Höhe.

Die Formel folgt exakt dem (zumindest „gedachten") Messprozess in Schichten.

Bereits an dieser Stelle kann man das **„Prinzip von Cavalieri"** für den Rauminhalt von Körpern verdeutlichen:
Wenn man einen Bücherstapel aus lauter gleichen Büchern in Form eines Quaders anordnet, so kann das Volumen des Stapels leicht berechnet werden. Das Volumen ändert sich jedoch nicht, wenn man die Bücher schräg, also nicht mehr senkrecht zur Grundfläche zu einer „schrägen Säule" stapelt, weil auf jeder Höhe jedes Mal dieselbe Schicht existiert. Sogar wenn man die Bücher noch irgendwie verdreht, ändert sich der Rauminhalt des Gesamtkörpers nicht. Es gilt das folgende **Prinzip von Cavalieri:**

> Haben zwei Körper mit gleichgroßen Grundflächen in jeder zur Grundfläche parallelen Schnittebene jeweils zueinander gleichgroße Schnittflächen, so sind sie volumengleich.

Hinweis: Die *Form* der Grundfläche bzw. der Schnittfläche spielt dabei überhaupt keine Rolle, entscheidend ist allein die *Größe* d. h. der Flächeninhalt der Flächenstücke.

Der Beweis dieses Prinzips ist ein einfaches Ergebnis der Integralrechnung:
Man denkt sich den Körper aus sehr dünnen Schichten parallel zur Grundfläche aufgebaut. Jede dieser dünnen Schichten ist eine dünne senkrechte Säule der Dicke (Höhe) Δx. Ihr Volumenbeitrag ist daher $\Delta V = q(x) \cdot \Delta x$, wenn q(x) der Flächeninhalt der Schicht auf der Höhe x ist. Ist nun q(x) die Größe der Querschnittsfläche eines Körpers auf der Höhe x über der Grundfläche, so erhält man dessen Volumen als Summe aller dieser kleinen Scheibchen und im Grenzprozess für $\Delta x \to 0$ durch

das Integral $V = \int_{x=0}^{x=h} q(x)\,dx$. Wenn also für zwei Körper die Querschnittsfunktion

q(x) auf jeder Höhe x den gleichen Wert hat, dann ist auch das Volumen der beiden Körper gleich. Cavalieri hat dieses Prinzip längst vor der Entwicklung der Integralrechnung aufgestellt und angewandt.

Anschaulich wird das CAVALIERI-PRINZIP sehr schön mit den oben erwähnten Bücherstapeln, Bierdeckelstapeln und anderen Stapeln realisiert. Zwar bildet ein Bücherstapel mit schräg gestapelten Büchern keine exakte Säule, sondern einen stufigen „Treppenkörper". Man kann aber die genaue Säulenform durch einen Grenzprozess beliebig genau annähern: Man staple statt der dicken Bücher z. B. dünnere Hefte oder gar nur noch Einzelblätter. In diesem letzten Fall ist ein Unterschied zur exakten Gestalt der „schiefen Säule" schon nicht mehr wahrnehmbar. Dies ist eine schöne Veranschaulichung der Grundidee der Integralrechnung.
[Francesco Bonaventura **Cavalieri** lebte von 1598 bis 1647 als Mathematiker und Astronom in Bologna in Italien. Er war u.a. Schüler von Galileo Galilei.]

Aufgabe 1:
Ein Haus mit rechteckigem Grundriss und normalem Satteldach ist 12 m lang, 7 m breit und bis zum Dachtrauf 5 m hoch. Der Dachstuhl ist 4 m hoch.
a) Berechnen Sie die Flächengröße der Giebelfläche.
b) Berechnen Sie den Rauminhalt (umbauten Raum) des Hauses als Säule.
Hinweis: In diesem Fall sind *Standfläche* und *„Grundfläche der Säule"* verschieden!

Aufgabe 2:
a) Ein Messzylinder soll für je 10 Milliliter Rauminhalt einen Strichabstand von 2 cm haben. Wie groß muss die Grundfläche und wie groß der Grundkreisdurchmesser des Zylinders sein?
b) Ein zylinderförmiges Litergefäß (Maßkrug) ist 20 cm hoch. Wie groß ist sein Grundkreisdurchmesser?
c) Eine Pappschachtel hat die Form einer senkrechten Dreieckssäule der Höhe h = 38 cm mit einem gleichseitigen Dreieck von a = 7,5 cm Seitenlänge als Grundfläche. Wie groß sind der Rauminhalt und die Oberflächengröße der Schachtel?

Aufgabe 3:
a) Bei einem Gewitter sind auf 1 Quadratmeter Boden 20 Liter Regen gefallen. Wie hoch wäre der Wasserstand, wenn nichts abgeflossen wäre?
b) Die mittlere jährliche Niederschlagsmenge in Deutschland beträgt „800 mm". Was besagt diese Angabe? Wieviel Liter Wasser fallen demnach pro Jahr auf einer Fläche von 1 dm² (1 m², 1 a, 1 km²)? Vergleichen Sie mit der mittleren jährlichen Niederschlagsmenge in den Tropen bzw. in ariden Gebieten.
c) Um wie viel würde der Wasserspiegel des Bodensees steigen, wenn gleichzeitig alle Menschen der Erde in den See springen würden? Schätzen Sie zuerst, rechnen Sie dann.

6.3 Rauminhalt von Spitzkörpern

Im Gegensatz zu Säulen (Prismen) haben die **Spitzkörper (Pyramiden, Kegel)** nicht mehr auf jeder Höhe dieselbe Querschnittsfläche. Dennoch gestattet das Cavalieri-Prinzip die Berechnung des Rauminhalts der Spitzkörper auf einfache Weise.
Zunächst einmal wird man durch *Vergleich mit naheliegenden Vergleichskörpern* eine Abschätzung für das Volumen von Pyramiden gewinnen. Naheliegend ist eine Säule, die *dieselbe Grundfläche und dieselbe Höhe* hat wie die Pyramide. Durch einfaches Abschätzen oder Messen (Umfüllexperimente) gewinnt man die *Vermutung*:
Das Volumen eines Spitzkörpers beträgt ein Drittel des Volumens der „zugehörigen" Säule.
Folgende experimentelle Erzeugung einer Pyramide aus einem Styroporquader untermauert diese Vermutung:

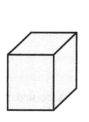

Ausgangsquader   Erster Schnitt   Zweiter Schnitt

Man erkennt am 1. Schnitt, dass das Pyramidenvolumen weniger als die Hälfte des Volumens des Ausgangsquaders misst. Genaue Betrachtungen beim zweiten Schnitt lassen erkennen, dass der Pyramideninhalt mehr ist als der Inhalt der beiden nun abgeschnittenen Stücke, also mehr als ein Viertel des Quaders:

$$\frac{1}{4} \cdot \text{Quadervolumen} \; < \; \text{Pyramidenvolumen} \; < \; \frac{1}{2} \cdot \text{Quadervolumen}$$

Das führt zur Vermutung: **Pyramidenvolumen** $\approx \dfrac{1}{3} \cdot$ **Quadervolumen**.

Durch Einsatz eines weiteren Modells (Zerlegen eines „halben Würfels") kann – jedenfalls für den Sonderfall – der Faktor $\dfrac{1}{3}$ weiter bestätigt werden:

Wir wollen nun zeigen, dass die vermutete Volumenformel für alle Pyramiden exakt gilt:
Mithilfe des Scherungsprinzips im Raum (das ist im Grunde nur ein Sonderfall des Cavalieri-Prinzips) lässt sich folgendes zeigen:

> Pyramiden mit gleichgroßer (nicht unbedingt kongruenter!) Grundfläche und gleicher Höhe sind volumengleich.

Beweis:
Ist G die Grundfläche der Pyramide und h die Höhe, so erkennt man an der nebenstehenden Skizze, dass die Querschnittsfläche Q auf der Höhe x (von der Spitze aus gemessen) zur Grundfläche ähnlich ist mit dem Ähnlichkeitsfaktor $k = x/h$.
Folglich gilt: Die Flächengrößen von G und von Q verhalten

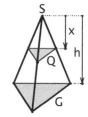

sich wie $G : Q = 1 : k^2$, d. h. man erhält die Größe der Querschnittsfläche zu $Q(x) = k^2 \cdot G = x^2/h^2 \cdot G$.

Damit erhält man das Volumen der Pyramide mithilfe des Integrals

$$V = \int_{x=0}^{x=h} Q(x)\,dx = G/h^2 \cdot \int_0^h x^2\,dx = G/h^2 \cdot \left[\frac{x^3}{3}\right]_0^h = \frac{1}{3} \cdot G \cdot h.$$

Das Volumen der Pyramide ist also allein abhängig von der Grundfläche und der Höhe, und damit ist die obige Behauptung bewiesen und gleichzeitig eine Formel zur Berechnung des Pyramidenvolumens hergeleitet. Damit ist auch geklärt, woher der ominöse Nenner 3 (und nicht etwa die Kreiszahl $\pi = 3{,}14159...$ oder $\sqrt{10} = 3{,}1622...$) stammt: Er ist der Integrationsfaktor bei Integration über eine Quadratfunktion.

[Man kann Pyramiden auch durch Treppenkörper annähern und im Grenzprozess die Schichtdicke gegen 0 streben lassen und erhält dasselbe Ergebnis. Bei dieser Methode wird das Integral als Grenzwert einer Summe direkt ausgewertet. Man benutzt dabei die Summenformel für die Quadrate der n ersten natürlichen Zahlen:

$$1 + 4 + 9 + 16 + ... + n^2 = \frac{1}{3} \cdot (n+1)^3 - \frac{1}{2} \cdot (n+1)^2 + \frac{1}{6} \cdot (n+1). \,]$$

Im Folgenden zeigen wir, dass man unter Benutzung des Prinzips von Cavalieri den Rauminhalt von beliebigen Pyramiden *auch ohne die Hilfsmittel der Integralrechnung* ermitteln kann. Selbstverständlich muss darauf hingewiesen werden, dass sich diese Hilfsmittel letztlich im Prinzip von Cavalieri wiederfinden und damit nur scheinbar umgangen sind. Dieser Weg ermöglicht jedoch einen Zugang in der Schule ohne Integralrechnung:

Gegeben sei eine beliebige Pyramide mit dreieckiger Grundfläche. Diese lässt sich durch Parallelverschiebung der Grundfläche entlang einer Kante bis zur Spitze zu einer *Säule* ergänzen, die dieselbe Grundfläche und dieselbe Höhe hat wie die gegebene Pyramide. Durch eine Scherung im Raum kann man diese auch noch in eine inhaltsgleiche *senkrechte* Säule verwandeln.

Wir zeigen nun, dass sich dieses **senkrechte Dreiecksprisma in drei zueinander inhaltsgleiche Pyramiden** zerlegen lässt, wobei eine der Pyramiden die (evtl. räumlich gescherte) Ausgangspyramide ist.

Das Dreiecksprisma wird zerlegt in zwei zueinander kongruente Pyramiden (in der Figur hell bzw. dunkel markiert) und eine dritte (Mittelstück in der Zeichnung). Die hellgraue ursprünglich gegebene Pyramide und die dunkelgraue Dreieckspyramide sind kongruent und haben daher dasselbe Volumen. Stellt man das Mittelstück und die ursprüngliche helle Dreieckspyramide jeweils auf ihre beiden gleichen Seitenflächen (linke Seitenfläche in der nebenstehenden Figur), so haben diese beiden Pyramiden gleiche Grundflächen und gleiche Höhen (die gemeinsame Spitze in der rechten unteren Ecke der Säule bestimmt diese Höhe). Sie sind daher nach dem Prinzip von Cavalieri inhaltsgleich.

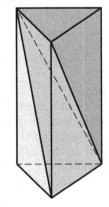

Damit ist das Prisma in drei zwar nicht kongruente, doch inhaltsgleiche Pyramiden zerlegt und die Gültigkeit der Formel $V = \frac{1}{3} \cdot G \cdot h$ für beliebige Dreieckspyramiden bewiesen.

Für beliebige Vielecke als Grundfläche einer Pyramide gilt die Formel dann ebenfalls, denn man kann jedes Vieleck in Dreiecke zerlegen und damit eine beliebige Vieleckspyramide in entsprechende Teilpyramiden mit dreieckigen Grundflächen. Dass diese Volumenformel auch für **Kegel** gilt, kann man sich leicht klarmachen, wenn man den Kegel als Grenzfall einer regelmäßigen n-Ecks-Pyramide mit n → ∞ auffasst. Direkt zeigen lässt sich dies unter entsprechender Anwendung der oben dargestellten Integralmethode für einen Kreiskegel an Stelle einer Pyramide.

> **Der Rauminhalt einer Pyramide oder eines Kegels mit der Grundflächengröße G und der Körperhöhe h beträgt $V = \frac{1}{3} \cdot G \cdot h$**

Aufgabe 4:
Berechnen Sie Rauminhalt und Oberflächengröße folgender Körper:
a) Quadratische Pyramide mit Grundkante von 6 cm und Seitenkanten von 10 cm.
b) Kegel mit Grundkreisdurchmesser von 8 cm und Körperhöhe von 10 cm.
c) Regelmäßiger Tetraeder (bzw. Oktaeder) mit Kantenlänge a.
d) Quadratischer Turm mit Grundkante a = 8 m und Höhe h_1 = 12 m mit aufgesetzter Pyramidenspitze von h_2 = 6 m Höhe.

Aufgabe 5:
a) Schneiden Sie aus Papier einen Kreis mit 20 cm Durchmesser aus.
   Schneiden Sie vom Rand her entlang eines Radius bis zum Mittelpunkt ein.
   Durch Übereinanderschieben der Schnittkanten kann man einen Kegelmantel bilden.
b) Bilden Sie einen Kegelmantel, bei dem der Mittelpunktswinkel des Mantelsektors α = 240° beträgt. Fixieren Sie z. B. mit einer Büroklammer. Stellen Sie den Mantel auf ein Blatt Papier, und umfahren Sie den Grundkreis des Kegels. Messen Sie den Grundkreisdurchmesser.
   Berechnen Sie nun den Grundkreisdurchmesser und die Höhe des Kegels.
c) Berechnen Sie den Rauminhalt und die Oberflächengröße des Kegels.
d) Ermitteln Sie den „Öffnungswinkel" φ des Kegels durch Zeichnung und Rechnung.

Wir betrachten die geometrischen Zusammenhänge an **senkrechten Kreiskegeln**: Der Mantel eines senkrechten Kreiskegels besteht aus einem Kreissektor mit der Mantellinie m des Kegels als Radius und dem Mittelpunktswinkel α. Der Bogen dieses Sektors ist genau so lang wie der Umfang des Grundkreises des Kegels.

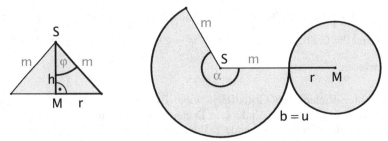

Aufriss bzw.
Schnitt durch die Kegelachse   **Abwicklung bzw. Netz des Kegels**

Der Bogen des Kegelmantels hat dieselbe Länge wie der Grundkreisumfang:

$$b_M = u_G = \frac{\alpha}{360°} \cdot 2 \cdot \pi \cdot m = 2 \cdot \pi \cdot r. \quad (1)$$

Die Höhe des Kegels und sein Grundkreisradius bilden die Katheten eines rechtwinkligen Dreiecks mit der Mantellinie als Hypotenuse:

$$m^2 = r^2 + h^2 \quad (2)$$

Der Öffnungswinkel φ des Kegels ergibt sich aus der Beziehung:

$$\sin \varphi = \frac{r}{m} = \frac{\alpha}{360°} \quad (3)$$

Mit den Beziehungen (1), (2) und (3) hat man die wichtigsten Zusammenhänge an einem senkrechten Kreiskegel im Griff.

Die Oberfläche eines Kegels besteht aus dem Mantel und der Grundfläche:

$$A = A_M + A_G = \frac{1}{2} \cdot b \cdot m + \frac{1}{2} \cdot b \cdot r = \frac{1}{2} \cdot b \cdot (m + r).$$

Wie kann man die beiden Flächenstücke so umordnen, dass man entsprechend der Formel $A = \frac{1}{2} \cdot b \cdot (m + r)$ ein Rechteck mit den Seiten $\frac{b}{2}$ und $(m + r)$ erhält?

Aufgabe 6:
Ein Kegelstumpf hat einen Grundkreis mit R = 6 m Radius, eine Höhe von h = 4 m und einen Deckkreis mit r = 4 m Radius.
a) Zeichnen Sie den Stumpf im Grund- und Aufriss. Skizzieren Sie ein Schrägbild und eine Abwicklung (Oberflächennetz) des Körpers.
b) Berechnen Sie die Oberflächengröße und den Rauminhalt des Stumpfes.

6.4 Rauminhalt und Oberflachengröße von Kugeln

Zur Bestimmung der Oberflächengröße und des Rauminhalts einer Kugel wird man zunächst *Vergleiche mit naheliegenden Vergleichskörpern* anstellen. Als geeignete Vergleichskörper bieten sich der **umbeschriebene Würfel** und der **umbeschriebene Zylinder** an:

Umfüllversuche mit dem umbeschriebenen Würfel führen schnell zu der Vermutung, dass das *Kugelvolumen etwa halb so groß ist wie das des umbeschriebenen Würfels*. Analog zu den Verhältnissen beim Kreis und dem zugehörigen Umquadrat könnte man vermuten, dass dies ebenso für die Oberflächengröße gilt. Damit hat man zwei Abschätzungen für Volumen und Oberflächengröße einer Kugel:

Kugelvolumen $\approx$ **halbes Würfelvolumen** $= \dfrac{1}{2} \cdot d^3$

Kugeloberfläche $\approx$ **halbe Würfeloberfläche** $= 3 \cdot d^2$.

Der Vergleich mit dem umbeschriebenen Zylinder lässt vermuten, dass das Volumen der Kugel etwa 2/3 des Zylinders beträgt. Übernimmt man das auch für die Oberfläche, so erhält man folgende Vermutungen:

Kugelvolumen $\approx$ **2/3** $\cdot$ **Zylindervolumen** $= \dfrac{4}{3} \cdot \pi \cdot r^3$

Kugeloberfläche $\approx$ **2/3** $\cdot$ **Zylinderoberfläche** $= 4 \cdot \pi \cdot r^2$.

Wir haben nun eine Reihe von Vermutungen, aber kein exaktes Ergebnis. Dies soll nun nachgeliefert werden. Es wird sich jedoch zeigen, dass die erhaltenen Näherungen aus dem Vergleich mit dem Umwürfel ziemlich genau und die aus dem Vergleich mit dem Umzylinder sogar vollkommen exakt sind.

Die exakte Bestimmung des Kugelvolumens geht zurück auf eine von Archimedes benutzte Methode.

Archimedes hat eine Halbkugel verglichen mit einem Kegel und einem Zylinder von jeweils gleicher Höhe r und gleicher Grundfläche $\pi \cdot r^2$ wie die Halbkugel. Er stellte ein Volumenverhältnis von 1 : 2 : 3 experimentell fest (Umfüll- und Wiege-Experimente).

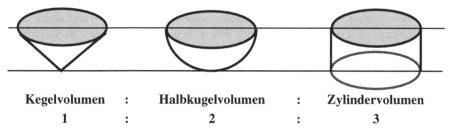

Kegelvolumen	:	**Halbkugelvolumen**	:	**Zylindervolumen**
1	:	2	:	3

Das führte Archimedes zu der Vermutung, dass man aus dem Zylinder den Kegel ausbohren könnte, und dann das Volumen der Halbkugel übrig bleiben müsste. Mithilfe des Cavalieri-Prinzips ist diese Vermutung von Archimedes exakt verifizierbar:

In der nebenstehenden Figur sind die Halbkugel und der ausgebohrte Zylinder im Grund- und Aufriss dargestellt. Halbkugel und ausgebohrter Zylinder werden auf der Höhe x über der Grundfläche parallel zu dieser geschnitten. Es ergibt sich bei der Halbkugel eine Kreisscheibe mit dem Flächeninhalt

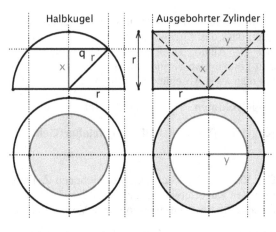

$A_1(x) = \pi \cdot q^2 = \pi \cdot (r^2 - x^2)$.

Beim ausgebohrten Zylinder ergibt sich ein Kreisring mit dem Flächeninhalt

$A_2(x) = \pi \cdot (r^2 - y^2)$.

Da x = y gilt (warum?), erhält man demnach $A_1(x) = A_2(x)$, d. h. dass Halbkugel und ausgebohrter Zylinder auf jeder Höhe x jeweils gleich große Querschnittsflächen besitzen, und deshalb sind die Volumina des ausgebohrten Zylinders und der Halbkugel gemäß dem Prinzip von Cavalieri gleich.

Volumen der Halbkugel $= $ Zylindervolumen $-$ Kegelvolumen

$$= \quad \pi \cdot r^2 \cdot r \quad - \frac{1}{3} \cdot \pi\, r^2 \cdot r \quad = \frac{2}{3} \cdot \pi \cdot r^3.$$

Das Volumen einer Kugel mit Halbmesser r bzw. Durchmesser d beträgt

$$V = \frac{4}{3} \cdot \pi \cdot r^3 = \frac{\pi}{6} \cdot d^3$$

Nun können wir – analog wie beim Kreis – eine fundamentale **Beziehung zwischen dem Volumen und der Oberfläche einer Kugel** herleiten und damit die Oberflächengröße einer Kugel ermitteln. Wir gehen auf zwei Wegen an diese Beziehung heran:

▪ **Wie verändert sich das Volumen einer Kugel, wenn man ihren Radius um einen geringen Wert Δr vergrößert?**

Diese Frage erhebt sich z. B., wenn man eine Kugel vom Radius r mit einer dünnen Schicht Blattgold belegen will. Man überlegt einfach: Die gesamte Oberfläche wird mit der Schicht der Dicke Δr belegt, also erhält man die Volumenzunahme

$\Delta V \approx O(r) \cdot \Delta r$ bzw. $\dfrac{\Delta V}{\Delta r} \approx O(r)$. Die Näherung wird umso genauer, je kleiner

wir Δr wählen und im Grenzwert $\Delta r \to 0$ geht dies über in den Grenzwert des

Differenzenquotienten, nämlich die Ableitung. Daher gilt $\dfrac{dV}{dr} = V'(r) = O(r)$.

Wir erhalten also die Oberfläche, wenn wir das Volumen nach r ableiten:
$V'(r) = O(r) = 4 \cdot \pi \cdot r^2 = \pi \cdot d^2$.

▪ *Kann man die Kugel analog zum Sektorenmodell des Kreises so umordnen, dass sich ein Zusammenhang zwischen Oberfläche und Volumen ergibt?*
Man zerlegt dazu die Kugel geeignet: Denkt man sich auf der Oberfläche einer Kugel ein feines Netz von Gitterlinien (z. B. geografische Gradeinteilung auf der Erdoberfläche), so kann man die ganze Kugel zerlegen in viele kleine „Beinahe-Pyramidchen". Deren Grundfläche ist jeweils eines dieser Gitterfelder und deren Spitze liegt in der Kugelmitte. Jedes Pyramidchen hat also die Höhe h = r. Jede solche Pyramide trägt den Wert $\Delta V_i = \dfrac{1}{3} \cdot G_i \cdot r$ zum Volumen bei, wenn G_i die Grundfläche der Pyramide i ist. Die Summe aller dieser Volumenteilchen ergibt das gesamte Kugelvolumen $V = \dfrac{1}{3} \cdot r \cdot \underbrace{(G_1 + G_2 + G_3 + ...)}_{\text{Kugeloberfläche}}$

Die Summe aller Flächeninhalte G_i dieser Gitterfelder ist aber genau die gesamte Kugeloberfläche. Daher gilt folgende Beziehung zwischen Volumen V und Oberfläche O einer Kugel: $\mathbf{V(r) = \dfrac{1}{3} \cdot r \cdot O(r)}$

Unter Ausnutzung dieser Beziehung und durch Einsetzen der bereits bekannten Formel für das Volumen einer Kugel erhalten wir somit die Formel für die Oberflächengröße einer Kugel:
Kugeloberfläche = $4 \cdot \pi \cdot r^2 = \pi \cdot d^2$.

Der Flächeninhalt der Oberfläche einer Kugel mit Radius r bzw. Durchmesser d beträgt $O = 4 \cdot \pi \cdot r^2 = \pi \cdot d^2$

Aufgabe 7:
a) Wie schwer ist eine kopfgroße Kugel von 20 cm Durchmesser aus purem Gold? „Hans im Glück" soll sie mit sich herumgetragen haben!
b) Wieviel Quadratmeter misst die Hülle (Haut) eines kugelförmigen Heißluftballons von 12 m Durchmesser? Welches Volumen an heißer Luft enthält er?
c) Welchen Innendurchmesser hat ein kugelförmiger Öltank mit 2,5 m³ (5 m³) Inhalt?
d) Gegeben sind ein Kegel, eine Halbkugel und ein Zylinder mit gleichen Grundflächen. Wie verhalten sich ihre Körperhöhen, wenn sie dasselbe Volumen besitzen?

Aufgabe 8:
Auf den Deckel eines Zylinders mit Grundkreisradius r wird ein genau passender Kegel aufgesetzt und unter den Grundkreis eine Halbkugel. Alle drei Teilkörper haben die gleiche Höhe. Berechnen Sie Rauminhalt und Oberflächengröße des Gesamtkörpers.

Aufgabe 9:

a) Wie verändert sich der Rauminhalt und wie die Oberflächengröße einer Kugel, wenn man ihren Radius verdoppelt, verdreifacht, ... bzw. halbiert, drittelt, ...?

b) Wie verändern sich der Rauminhalt und wie die Oberflächengröße eines Kegels, wenn man

- den Grundkreisradius verdoppelt, verdreifacht, ... bzw. halbiert, drittelt, ...?
- die Kegelhöhe verdoppelt, verdreifacht, ... bzw. halbiert, drittelt, ...?

Zusammenfassung von Kapitel 6:

> Der Rauminhalt von Säulen ergibt sich aus dem Messprozess mit Mess-
> würfeln:
>
> **Säulenvolumen = Grundflächengröße · Körperhöhe**
>
> Der Rauminhalt von Spitzkörpern (Pyramiden und Kegel) beträgt ein
> Drittel des Rauminhalts zugehöriger Säulen:
>
> **Spitzkörpervolumen = $\dfrac{1}{3}$ · Grundflächengröße · Körperhöhe**
>
> **Kugelvolumen und Kugeloberfläche** messen jeweils das $\dfrac{\pi}{6}$ –fache der
>
> entsprechenden Werte des der Kugel umbeschriebenen Würfels.

6.5 Hinweise und Lösungen zu den Aufgaben

Aufgabe 1:

Das Haus ist eine Säule mit der Giebelfläche als „Grundfläche" und der Länge des Hauses als „Höhe" der Säule.

a) $G = 7\,m \cdot 5\,m + \frac{1}{2} \cdot 7\,m \cdot 4\,m = 49\,m^2$. b) $V = G \cdot l = 49\,m^2 \cdot 12\,m = 588\,m^2$.

Aufgabe 2:

a) Es muss gelten: $10\,cm^3 = G \cdot 2\,cm$. Daraus erhält man $G = 5\,cm^2$.
   Der Grundkreisdurchmesser ist $d = 2,523...\,cm$.

b) $2000\,cm^3 = G \cdot 20\,cm$. Daraus erhält man $G = 50\,cm^2$ und den Grundkreisdurchmesser zu $d = 7,9788...\,cm$.

c) $V = \dfrac{a^2}{4} \cdot \sqrt{3} \cdot h = 925,6...\,cm^3$ $O = 2 \cdot \dfrac{a^2}{4} \cdot \sqrt{3} + 3 \cdot a \cdot h = 903,7...\,cm^2$.

Aufgabe 3:

a) G = 1 m² = 100 dm². V = 20 dm³ = 100 dm² · h. Also h = 0,2 dm = 2 cm = 20 mm.

b) Wäre kein Regen abgeflossen, so stünde das Wasser am Ende des Jahres 800 mm hoch, d. h. auf 1 m² Fläche sind 800 Liter Niederschlag gefallen. Eine Niederschlagsmenge von „1 mm" entspricht also genau „1 $\frac{1}{m^2}$".

800 mm entspricht 800 l/m² = 8 l/dm² = 80 000 l/a = 800 Millionen l/km². Die jährlichen Niederschlagsmengen in den Tropen liegen in der Größenordnung von 2000 bis 3000 mm, in ariden Gebieten unter 200 mm.

c) Wir machen folgende vereinfachende Annahmen zu einer Überschlagsrechnung:
Flächengröße des Bodensees (50 km lang, 10 km breit): A = 500 km².
Bevölkerung der Erde = 6 Milliarden = 6 · 10⁹.
Rauminhalt eines Menschen im Mittel ca. 70 Liter (entspricht 70 kg Körpergewicht).
Damit erhalten wir folgende Volumenzunahme:
V = 6 · 10⁹ · 70 dm³ = 420 · 10⁶ m³.
Aus V = G · h = 500 km² · h = 420 · 10⁶ m erhält man h = 0,805 m ≈ 80 cm.

Aufgabe 4:

a) Aus einem Diagonalschnitt der Pyramide ermitteln wir die Höhe h = $\sqrt{82}$.
Damit erhalten wir V = 1/3 · 36 · $\sqrt{82}$ = 108,66... cm³.
Oberfläche = 36 + 4 · ½ · 6 · $\sqrt{91}$ = 150,47... cm².

b) V = 1/3 · π · 16 · 10 = 167,551... cm³.
O = π r² + ½ · 2 · π · r · m = 50,265 + 135,344 = 185,61... cm

c) Tetraeder: V = $\frac{a^3}{12}$ · $\sqrt{2}$; O = a² · $\sqrt{3}$ Oktaeder: V = $\frac{a^3}{3}$ · $\sqrt{2}$; O = 2 · a² · $\sqrt{3}$.

d) V = 64 · 12 + 64 · 2 = 896 m³. O = 64 + 32 · 12 + 4 · ½ · 8 · $\sqrt{52}$ = 563,... m².

Aufgabe 5:

a) Ein handelnder Zugang zur Erschließung der Geometrie eines Kegels.

b) Bogenlänge des Mantels = Grundkreisumfang:
b = $\frac{240°}{360°}$ · 2 · π · 10 cm = 2 · π · r.

Man erhält r = 20/3 cm = 6,67 cm bzw. d = 40/3 cm = 13,33 cm
und die Höhe h = $\frac{10}{3}$ · $\sqrt{5}$ = 7,45... cm.

c) V = 346,90.. cm³ = 0,347 Liter. O = 139,63 + 209,44 = 349,07.. cm².

d) Öffnungswinkel: sin φ = 2/3 daraus φ = 41,81°.

Aufgabe 6:

a) Der Mantel ist ein Kreisring. Seine äußere Bogenlänge ist der Umfang des Grundkreises $b_1 = u_1 = 2 \cdot \pi \cdot R$, seine innere der Umfang des Deckkreises $b_2 = u_2 = 2 \cdot \pi \cdot r$ und seine Breite („Dicke") die Mantellinie des Kegelstumpfes $m = r_1 - r_2 = \sqrt{20} = 4{,}472...$ m. Man errechnet die Höhe des Ergänzungskegels mithilfe eines Dreisatzes bzw. des Strahlensatzes zu $H = 12$ m. Damit ergeben sich die beiden Radien zu

$r_1 = \sqrt{80} = 4 \cdot \sqrt{5} = 8{,}944...$ m und

$r_2 = \sqrt{180} = 6 \cdot \sqrt{5} = 13{,}416...$ m.

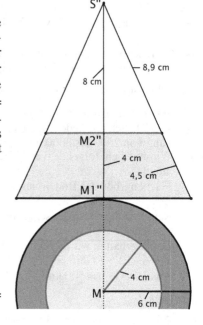

b) Rauminhalt:

$$V = \frac{1}{3} \cdot \pi \cdot [R^2 \cdot H - r^2 \cdot (H - h)] =$$

$318{,}348...$ m³.

Oberfläche:

$O = \pi \cdot [R^2 + r^2 + \frac{1}{2} \cdot m \cdot 2 \cdot (R + r)] = 303{,}86...$ m².

Aufgabe 7:

a) Wir machen hier nur einen Überschlag: Der „Umwürfel" der Kugel mit $d = 2$ dm Kantenlänge hat den Rauminhalt $d^3 = 8$ dm³ = 8 Liter, die Kugel daher etwa die Hälfte, also 4 Liter. Da Gold etwa die Dichte 20 kg/dm³ hat, wären dies etwa 80 kg! Kein Wunder, dass „Hans im Glück" die Goldkugel schnell wieder los haben wollte!

b) $O = 144 \pi = 452{,}4...$ m². $V = 904{,}8...$ m³.

c) $V_1 = 2{,}5$ m³ $= \dfrac{\pi}{6} \cdot d^3$ ergibt $d_1 = 1{,}6839...$ m.

d) $V_2 = 5$ m³ ergibt $d_2 = 2{,}1216... \; d_1 \cdot \sqrt[3]{2}$.

e) Die Höhen verhalten sich wie 6 : 3 : 2.

Aufgabe 8:

a) $V = 2 \cdot \pi \cdot r^3$ $O = 2 \cdot \pi \cdot r^2 + 2\pi r \cdot r + \frac{1}{2} \cdot 2\pi r \cdot r \cdot \sqrt{2} = \pi \cdot r^2 \cdot (4 + \sqrt{2})$.

Aufgabe 9:

a) Ändert sich der Radius mit dem Faktor k, so der Rauminhalt mit dem Faktor k³ und die Oberfläche mit dem Faktor k².

b) Der Rauminhalt eines Kegels ändert sich quadratisch mit dem Grundkreisradius und linear mit der Kegelhöhe.

Über die Änderung der Oberfläche kann man keine einfache Aussage machen, da sie nicht in einfacher Weise von r und h abhängt: $O = \pi \cdot r \cdot (r + \sqrt{r^2 + h^2})$.

Teil II
Ähnlichkeitsgeometrie

Im Teil I standen die geometrischen Eigenschaften im Blickpunkt, die sich bei Kongruenzabbildungen nicht ändern. Es sind dies die *Invarianten* der Kongruenzabbildungen wie Streckenlängen, Winkelgrößen, Flächen- und Rauminhalte u. a. m. In diesem Teil II wollen wir uns solchen geometrischen Eigenschaften zuwenden, die nicht die Größe, sondern nur die *Form* von Figuren betreffen, also eine Art „Geometrie der Form" betreiben unabhängig davon, ob die Figuren – unter Einhaltung des Maßstabs – vergrößert oder verkleinert vorliegen. Die Abbildungen, die die Form einer Figur invariant lassen, sind die *Ähnlichkeitsabbildungen* mit der *zentrischen Streckung* als ihrem wichtigsten Vertreter. Die zentrische Streckung ist von gleicher fundamentaler Bedeutung für die Ähnlichkeitsabbildungen wie die Achsenspiegelung für die Kongruenzabbildungen.

Einführende Beispiele in Kapitel 7 zeigen uns einige grundlegende Verfahren und Denkweisen der Ähnlichkeitsgeometrie und führen zum Projektionssatz und den Strahlensätzen. In diesen Sätzen begegnen uns die Begriffe des *Teilverhältnisses* von drei kollinearen Punkten und des *Streckenverhältnisses*. Letzterer erweist sich – neben Winkelgrößen – als die zentrale Invariante der Ähnlichkeitsgeometrie. Bei der harmonischen Teilung, dem Winkelhalbierendensatz und den Sätzen von Ceva und Menelaos in Kapitel 8 stehen Teilverhältnisse und Streckenverhältnisse im Blickpunkt. Im anschließenden Kapitel 9 behandeln wir die *zentrische Streckung* als wichtigste Ähnlichkeitsabbildung und betten sie in den Rahmen der Dilatationsgruppe ein. Durch Verkettung der zentrischen Streckung mit Kongruenzabbildungen gelangen wir zu zwei weiteren Typen von Ähnlichkeiten, der *Drehstreckung* und der *Klappstreckung* in Kapitel 10. Mit deren Kenntnis ist bereits eine vollständige Typisierung aller *Ähnlichkeitsabbildungen* der Ebene erreicht. Nach Definition des Begriffs der *Ähnlichkeit von Figuren* – in vollständiger Analogie zum Vorgehen bei der Kongruenz – behandeln wir Ähnlichkeitskriterien (Ähnlichkeitssätze) für Dreiecke und erarbeiten *Ähnlichkeitseigenschaften an speziellen Figuren* in Kapitel 11 und besonders an Dreiecken in Kapitel 12. Ein Ausblick auf die Gruppen der *affinen und projektiven Abbildungen* in Kapitel 13 sowie deren Zusammenhang mit den Kongruenz- und Ähnlichkeitsabbildungen gibt uns zum Schluss die Möglichkeit, die Geometrie der Ebene im *Überblick* zu betrachten und Einzelergebnisse sinnvoll einzuordnen.

7 Projektionssatz und Strahlensätze

7.1 Einführende Beispiele – Streckenverhältnisse

Die Untersuchung der Überlagerung von zwei geradlinigen Bewegungen mit jeweils konstanter Geschwindigkeit bietet Gelegenheit, *gleiche Figuren mehrfach aneinanderzusetzen* und so zu 2-, 3-, 4-, ... n-facher maßstäblicher Vergrößerung der Ausgangsfigur zu gelangen. Die Komposition von vielen kongruenten Einzelfiguren (Bewegungsvorgang in jeweils einer Zeiteinheit z. B. jeweils in 1 Sekunde) ergibt ein globales Bild, das mit der Ausgangsfigur viele Gemeinsamkeiten hat. Wir können dabei studieren, welche Eigenschaften der Ausgangsfigur sich auf die vergrößerten Figuren übertragen.

Wenn ein Körper gleichzeitig zwei Bewegungen ausführt, überlagern sich diese ohne gegenseitige Beeinflussung. Ein Schwimmer, der mit der Geschwindigkeit $\vec{v}$ (in m/s) im ruhenden Wasser vorankommt, schwimmt z. B. genau senkrecht zur Fließrichtung $\vec{w}$ eines Flusses. Beträgt die Fließgeschwindigkeit des Wassers w m/s, so wird der Schwimmer in einer Sekunde um v Meter quer zum Fluss und um w Meter flussabwärts vorankommen. Die beiden Geschwindigkeitsvektoren überlagern sich, und man erhält die Vektorsumme $\vec{r} = \vec{w} + \vec{v}$ als resultierende Geschwindigkeit.

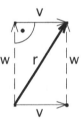

Aufgabe 1:

Ein Fluss ist b = 200 m breit und hat eine Fließgeschwindigkeit von w = 1,5 m/s. Ein Boot hat eine Eigengeschwindigkeit (im ruhenden Wasser) von v = 2 m/s.

a) Wie weit wird das Boot abgetrieben, wenn es bei der Überquerung des Flusses seine Eigengeschwindigkeit $\vec{v}$ genau senkrecht zur Fließgeschwindigkeit $\vec{w}$ des Wassers hält? Welchen Weg hat es dann insgesamt zurückgelegt?

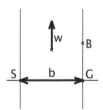

b) Dem Startplatz S des Bootes genau gegenüber liegt der Punkt G. Der Punkt B liegt 150 m von G aus am Ufer flussabwärts. Das Boot steuert seine Eigengeschwindigkeit konstant mit dem Anfangskurs in Richtung des Vektors $\overrightarrow{SB}$. Berechnen Sie nun den Ankunftspunkt A, den Abtrieb BA und den zurückgelegten Weg SA des Bootes. Untersuchen Sie auch den Fall, in dem B 150 m weit flussaufwärts liegt.

c) Welchen Anfangskurs $\overrightarrow{SC}$ muss das Boot einhalten, damit es genau beim gegenüberliegenden Uferpunkt G ankommt?

Aufgabe 2:
Die Entfernung des Mondes von der Erde beträgt ca. 385 000 km, der Monddurchmesser etwa 3500 km. Die Sonne ist ca. 150 000 000 km von der Erde entfernt. Bei einer totalen Sonnenfinsternis bedeckt die Mondscheibe ziemlich genau die Sonnenscheibe für einen kleinen Beobachtungsbereich auf der Erdoberfläche. Fertigen Sie eine Zeichnung an. Berechnen Sie daraus den Durchmesser der Sonne. Welchen „Winkeldurchmesser" hat die Sonnenscheibe bzw. die Mondscheibe?

Aufgabe 3:
Die Negative von Kleinbildfilmen haben das Rechtecksformat 24 mm x 36 mm. Ein Fotogeschäft bietet „Vergrößerungen" des Negativs in den Formaten 9 cm x 13 cm oder im Postkartenformat 10,4 cm x 14,8 cm an. Was meinen Sie dazu?

Aufgabe 4:

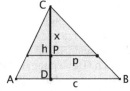

a) Eine Dreiecksfläche soll durch eine Parallele p zur Grundseite c halbiert werden. In welcher Höhe x = CP (von der Spitze aus gemessen) muss man p wählen?
b) Wie wird die Fläche geteilt, wenn man „auf halber Höhe" teilt, also bei x = h/2 = CD/2?
c) Übertragen Sie das Problem auf eine Pyramide, deren Rauminhalt bzw. deren Oberflächengröße Sie halbieren wollen.

Streckenverhältnisse:
Kongruenzabbildungen in der Ebene verändern nur die *Lage* einer Figur, lassen jedoch alles andere wie z. B. *Form* und *Größe* der Figur unverändert (invariant).
Im Gegensatz dazu verändern Ähnlichkeitsabbildungen nicht nur die *Lage*, sondern auch die *Größe* einer Figur und lassen nur die **Form** der Figur unverändert. Die wesentliche Invariante der Ähnlichkeitsabbildungen ist also die Form einer Figur.
Ähnliche Figuren sind zueinander formgleich und unterscheiden sich nur in Größe und Lage. Bei solchen Figuren sind jeweils die Verhältnisse entsprechender Streckenlängen gleich. Der grundlegende Begriff der Ähnlichkeitslehre ist daher der des **Streckenverhältnisses** bzw. genauer des ***Verhältnisses von Streckenlängen***.
Streckenverhältnisse waren jeweils der Schlüssel zur Lösung der einführenden Beispielaufgaben 1 bis 4. Wir zeigen weitere einfache Beispiele, bei denen Streckenverhältnisse auftreten:

a) Maßstäbe: Was bedeutet Maßstab 1 : 100 000 ?

Originallänge $\xrightarrow{\text{Maßstabsfaktor}}$ Bildlänge

1 km $\xrightarrow{\text{1 : 100 000}}$ 1 cm.

$$\text{Maßstabsfaktor } f = \frac{\text{Bildlänge}}{\text{Originallänge}} = \frac{1 \text{ cm}}{1 \text{ km}} = \frac{1}{100\,000} = 1 : 100\,000$$

Der Maßstabsfaktor f bei maßstäblichen Abbildungen ist als Verhältnis zweier Streckenlängen eine **reine Verhältniszahl** ohne Dimension. Sind zwei der drei Größen Originallänge, Bildlänge bzw. Maßstabsfaktor gegeben, so kann man dazu jeweils die dritte Größe berechnen. Bearbeiten Sie dazu einige selbst gewählte Beispiele.

Aufgabe 5:
Konstruieren Sie ein Dreieck mit den Seitenlängen 2 cm, 3 cm und 4 cm.
Vergrößern Sie das Dreieck im Maßstab 3 : 1.
Wie ändern sich dabei Winkelgrößen, Seitenlängen, Umfang und Flächeninhalt?

b) Steigungen von Strecken:

$$\text{Steigung} = \frac{\text{Höhenzunahme}}{\text{waagrechte Entfernung}} = \frac{h}{w} = \tan \varphi$$

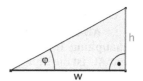

Steigungen sind wie die Maßstabsfaktoren reine Zahlen und keine Längen. Bitte beachten Sie, dass bei der Angabe von Steigungen bei Eisenbahnstrecken nicht das Verhältnis „Höhenzunahme : gefahrene Strecke" sondern „Höhenzunahme : waagrechte Entfernung", d. h. nicht das Verhältnis „Gegenkathete : Hypotenuse", also der Sinus des Winkels φ, sondern das Verhältnis „Gegenkathete : Ankathete", also der Tangens dieses Winkels angegeben wird. Warum hat das im täglichen Leben bei der Angabe von Steigungen für Straßen oder Bahnstrecken kaum Auswirkungen?

Aufgabe 6:
a) Bestimmen Sie die Steigungswinkel φ für Steigungen von 10%, 20%, 30%, ...,100%, 200%, 300% durch Zeichnung. Legen Sie eine Tabelle an.
b) Welche Steigung hat ein Weg mit dem Steigungswinkel 10°, 20°, 30°, ..., 80°? Bestimmen Sie die Werte durch Zeichnung. Legen Sie eine Tabelle an.
c) Um wie viel steigt eine Straße mit dem Steigungswinkel von 5° auf 10 km Fahrstrecke (nicht: „waagrechte Entfernung"!)? Wie groß ist hierbei die Steigung in Prozent?

c) Weitere Streckenverhältnisse

Wir nennen einige weitere Beispiele mit Verhältnissen von Streckenlängen:

Quadrate	Seitenverhältnis	= 1 : 1	= 1,00
DIN-Formate	Seitenverhältnis	= $\sqrt{2}$: 1	= 1,414...
Kleinbildformate (Dia)	Seitenverhältnis	= 36 : 24	= 1,5
Goldener Schnitt	Seitenverhältnis	= $(1+\sqrt{5})/2$	= 1,618...
Kreisumfang / Durchmesser	Längenverhältnis	= π	= 3,14...

Zusatzbemerkung:
Das Seitenverhältnis des DIN-Formats kann man experimentell sehr schön veranschaulichen: Man faltet aus einem Blatt A4 ein Quadrat mit der Breite des Blatts als Seitenlänge. Dessen Diagonale ist $\sqrt{2}$ - mal so lang wie seine Seite, also genau so lang wie die Länge des DIN A4-Blattes. „Hinhalten und Gleichheit sehen" überzeugt!

7.2 Projektionssatz und Strahlensätze

Die Mittelparallele im Dreieck:

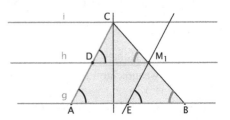

Gegeben ist Dreieck ABC mit der Mitte M_1 von BC sowie den Parallelen h und i zu g = AB durch M_1 bzw. C.

Behauptung 1: Der Schnittpunkt D von h mit AC ist die Mitte von AC.

Beweis: Im folgenden Beweis verwenden wir die Sätze über Winkel an Parallelen, die Kongruenzsätze für Dreiecke und die Eigenschaften von Parallelogrammen.

Die Parallele zu AC durch M_1 schneidet AB in E. Dann gilt $AD = EM_1$ und $DM_1 = AE$. Die Winkel im Dreieck DM_1C und EBM_1 sind gleich, ferner ist $BM_1 = M_1C$. Daraus folgt die Kongruenz der Dreiecke DM_1C und EBM_1. Also gilt $EM_1 = DC = AD$ und außerdem $EB = DM_1 = AE$, demnach ist D Mitte von AC und E Mitte von AB.

Behauptung 2: Die Parallelen g, h, i bilden eine äquidistante Parallelenschar.

Beweis: Die Kongruenz der Dreiecke EBM_1 und DM_1C ergibt gleiche Höhen, und damit gleiche Abstände, der drei Parallelen.

> Satz von der Mittelparallele im Dreieck:
> Die Verbindungsstrecke zweier Seitenmitten eines Dreiecks ist parallel zur dritten Seite und halb so lang wie diese.

Äquidistante Parallelenscharen:

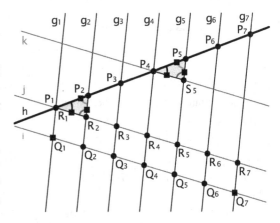

Man könnte die Figur zur Mittelparallelen im Dreieck durch Einzeichnen weiterer Mittelparallelen in den Teildreiecken fortsetzen und erhielte immer weitere *äquidistante Parallelenscharen*. Deren Besonderheit wollen wir nun untersuchen:

Voraussetzung:
Gegeben ist eine Schar von parallelen Geraden g_k, die auf der Geraden h eine äquidistante Reihe von Schnittpunkten P_k erzeugt.

Behauptung:
Die von den Parallelen g_k auf den Geraden i bzw. j erzeugten Schnittpunkte Q_k bzw. R_k sind ebenfalls äquidistant, d. h. es gilt:
$Q_iQ_{i+1} = Q_kQ_{k+1}$ bzw. $R_iR_{i+1} = R_kR_{k+1}$.

Beweis:
Zunächst formulieren und beweisen wir einen Hilfssatz:
In einem Viereck mit zwei Paaren paralleler Gegenseiten sind die Gegenseiten jeweils gleich lang.
Der Beweis dieses Hilfssatzes ist einfach: Wenn z. B. im Viereck ABCD gilt AB $\|$ CD und BC $\|$ AD, dann sind nach dem Kongruenzsatz WSW die Dreiecke ACD und CAB kongruent, also ist die Behauptung bewiesen.
Unter Verwendung dieses Hilfssatzes zeigen wir nun, dass die Reihe der Punkte R_k äquidistant ist exemplarisch für den Fall $R_1R_2 = R_4R_5$:
Zunächst sei j die Parallele zu i durch P_1 und k sei die Parallele zu j durch P_4. Die Gerade k schneidet g_5 in S_5. Dann sind $P_1P_2R_2$ und $P_4P_5S_5$ kongruent (WSW), also $P_1R_2 = P_4S_5$. Unter Anwendung des Hilfssatzes folgt dann die Behauptung:
$P_1R_2 = R_1R_2 = Q_1Q_2 = P_4S_5 = R_4R_5 = Q_4Q_5$.
Als Ergebnis erhalten wir den Projektionssatz:

> **Projektionssatz:**
> Erzeugt eine Parallelenschar auf *einer* schneidenden Geraden gleichlange Abschnitte, dann tut sie dies auf *allen* schneidenden Geraden insbesondere auf einer zu den Parallelen senkrechten Geraden. Die Parallelen sind also äquidistant.

Auf der Richtigkeit dieses Projektionssatzes beruht z. B. die Möglichkeit, mit einem Linienblatt (äquidistante Parallelenschar) eine Strecke in n gleichlange Teile zu teilen: Man passt das Linienblatt so ein, dass zwischen Anfangspunkt und Endpunkt der Strecke genau n gleichbreite Streifen des Linienblattes liegen. Dies gelingt besonders gut mit Transparentpapier.

Aufgabe 7:
Teilen Sie eine gegebene Strecke AB in 5 (3; 7) gleichlange Teilstrecken.
Hinweis: Vergleichen Sie die Figur zur Streckenteilung in Abschnitt 5.2 a) Nachtrag 2.

Mithilfe des Projektionssatzes können wir nun zwei grundlegende Sätze der Ähnlichkeitsgeometrie formulieren und beweisen, nämlich die Strahlensätze:

> **Strahlensatz 1:**
> Werden zwei sich schneidende Geraden von zwei Parallelen geschnitten, so verhalten sich die Abschnitte auf der einen Geraden wie die entsprechenden auf der anderen.
> Sind AC und BD zueinander parallel und schneiden sich AB und CD in S,
> so gilt:
>
> $$\frac{SA}{SB} = \frac{SC}{SD} \quad \text{bzw.} \quad \frac{SA}{AB} = \frac{SC}{CD}$$

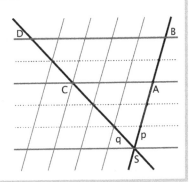

Beweis:
Grundgedanke für den Beweis dieser Aussage ist die **Einbettung in eine Schar äquidistanter Parallelen** entsprechend dem Projektionssatz.

Falls BD, AC und deren Parallele durch S in eine Schar äquidistanter Parallelen eingebettet werden können, folgt die Behauptung unmittelbar aus dem Projektionssatz. Wir setzen dies für das obige Beispiel voraus und erhalten sofort:

$$SA = 3 \cdot p \qquad SB = 5 \cdot p \qquad SC = 3 \cdot q \qquad SD = 5 \cdot q.$$

Durch Einzeichnen der weiteren Parallelen z. B. zu SB (siehe Figur) folgt der

---

Strahlensatz 2:
Werden zwei sich schneidende Geraden von zwei Parallelen geschnitten, so verhalten sich die vom Schnittpunkt aus gemessenen Abschnitte auf einer der Geraden wie die entsprechenden Abschnitte auf den Parallelen.
Sind AC und BD zueinander parallel und schneiden sich AB und CD in S,

so gilt: $\qquad \dfrac{AC}{BD} = \dfrac{SA}{SB} = \dfrac{SC}{SD}.$

---

*Hinweis: Selbstverständlich handelt es sich hier stets um Aussagen über Streckenlängen, so dass z. B. SA hier die **Länge** der Strecke SA bedeutet.*

Die Begründung für die Richtigkeit der Strahlensätze (Beweis mithilfe des Projektionssatzes) war deshalb so einfach, weil wir vorausgesetzt haben, dass sich die fraglichen Parallelen AB und CD und deren Parallele durch S in eine **Schar von äquidistanten Parallelen** einbetten lassen. Wenn dies für jede Figur der angegebenen Art mit den Punkten S, A, B, C, D stets möglich ist, dann hätten wir die Strahlensätze schon bewiesen. Das einzige noch offene Problem für den Beweis der Strahlensätze besteht demnach darin, ob sich die Parallelen AB und CD und ihre Parallele durch S stets und immer in eine Schar äquidistanter Parallelen einbetten lassen.

Zunächst könnte man meinen, dies sei kein Problem, man müsse eben nur die Unterteilung beliebig fein machen, also die Parallelen der Schar genügend dicht legen, um die Einbettung passend zu bewerkstelligen. Umso erstaunlicher ist es, dass dies in bestimmten Fällen prinzipiell nicht geht, wenn z. B. die Strecken SA und SB *inkommensurabel* sind, also kein gemeinsames Maß besitzen. Dies ist überraschender Weise schon mit Quadratseite und Quadratdiagonale der Fall und ebenso mit der Seite und Diagonale des regelmäßigen Fünfecks:

Inkommensurabilität der Quadratseite und der Quadratdiagonale.
Die Seite a und die Diagonale d eines Quadrats wären *kommensurabel*, wenn es eine Streckenlänge m gäbe (m = gemeinsames Maß), die ganzzahlig in beide Strecken passt. Es müsste also eine Länge m und ganze Zahlen p und q geben, mit $a = p \cdot m$ und $d = q \cdot m$.

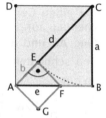

Wir beweisen die Inkommensurabilität indirekt:
Wir nehmen an, es gebe eine solche Streckenlänge m.
Dann können wir wie folgt schließen:
Ein gemeinsames Maß m von a und d ist auch ein Maß, das ganzzahlig in AE = d − a = b passt. Nach Konstruktion gilt AE = EF = FB (Be-

gründung?). Daher ist m auch ein Maß, das ganzzahlig in die Strecke AF = a – b = e passt, also insgesamt ein gemeinsames Maß von b und e. Somit erkennen wir:
Jedes gemeinsame Maß von a und d ist auch ein gemeinsames Maß von b und e.
Nun sind aber b und e jeweils kleiner als die halben entsprechenden Strecken a bzw. d. Dieses Verfahren kann man nun ad infinitum weitertreiben und so schließen, dass ein gemeinsames Maß von a und d kleiner sein muss als jede beliebige Potenz von ½ multipliziert mit einer Strecke s, die kleiner oder gleich b ist. Damit kann aber m keinen endlichen Wert mehr annehmen, denn man könnte diesen durch Fortsetzung des Verfahrens (Exhaustion) unterbieten. Es kann also kein gemeinsames Maß von a und d geben.

Ergebnis: Seite und Diagonale eines Quadrats sind inkommensurabel.

Arithmetisch bedeutet dies nichts anderes als die Tatsache, dass das Verhältnis der Längen von Diagonale und Seite des Quadrats, also die Zahl $\sqrt{2}$, ***irrational*** ist.
Wir werden später beweisen, dass auch die Seite und die Diagonale eines regelmäßigen Fünfecks inkommensurabel sind.
Die Begriffe der *Inkommensurabilität* von Strecken und der *Irrationalität* der Längenverhältnisse sind zwei Beschreibungen derselben Sache. Das Verfahren, um ein gemeinsames Maß zu finden, ist der Euklid-Algorithmus, bekannt aus der Zahlentheorie zur Ermittlung des größten gemeinsamen Teilers zweier Zahlen. Der Euklid-Algorithmus muss im geometrischen Fall *nicht* nach endlich vielen Schritten zum Ende führen, weil die Reste beliebig teilbar sind – im Gegensatz zu den natürlichen Zahlen.

Nach unseren bisherigen Überlegungen gelten die Strahlensätze nur, wenn die Längen ein rationales Verhältnis bilden, denn *dann und nur dann* sind die drei Parallelen durch S, A und B in eine Schar äquidistanter Parallelen einbettbar. Durch beliebig genaue Einschachtelung (Intervallschachtelung) lässt sich jedoch die Gültigkeit der Strahlensätze auch für den Fall inkommensurabler Strecken beweisen, d. h. sie gelten für beliebige reelle Streckenverhältnisse.

Hinweis:
Zum 1. Strahlensatz gilt die Umkehrung, nicht aber zum 2. Strahlensatz.

Wir formulieren die Umkehrung zum 1. Strahlensatz:
Sind D und E Punkte auf den Seitengeraden CB bzw. CA eines Dreiecks ABC und teilt D die Strecke CB im selben Verhältnis wie E die Strecke CA, dann sind DE und AB zueinander parallel.

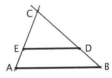

Aufgabe 8:
a) Beweisen Sie die Gültigkeit der Umkehrung zum 1. Strahlensatz.
b) Formulieren Sie die Umkehrung zum 2. Strahlensatz und zeigen Sie durch ein Gegenbeispiel, dass sie nicht immer gilt.

Hinweis:
Warum heißen die Sätze „*Strahlensätze*", obwohl wir sie für „Geraden" statt für „Strahlen" formuliert haben?

Natürlich gelten die Sätze auch für zwei von einem Punkt S ausgehende „Strahlen" (Halbgeraden), aber das ist nur ein spezieller Fall. Wir haben die Sätze etwas allgemeiner für beliebige Geraden durch S formuliert.

Aufgabe 9:

Welche Verhältnisse gelten aufgrund der Strahlensätze in der nebenstehenden Figur (AC parallel zu BD)? Wie kann man die Richtigkeit begründen, wenn die Parallelen auf verschiedenen Seiten von S liegen? Hinweis: Punktspiegelung.

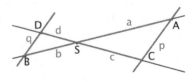

Aufgabe 10:

Von zwei Strecken x und y ist das Verhältnis $v = x : y = p : q$ gegeben.
Außerdem kennt man noch
a) die Summe der beiden Strecken $s = x + y$.
b) die Differenz der beiden Strecken $d = x - y$.
c) das Produkt der beiden Strecken $A = x \cdot y$ etwa in Form einer Quadratfläche.
Man ermittle die Streckenlängen x und y durch Konstruktion und Rechnung.
Hinweis: Man benötigt in den beiden ersten Fällen die Strahlensätze, beim dritten Fall jedoch z. B. den Höhen- oder Kathetensatz. Rechnerisch führen die ersten zwei Probleme auf lineare, das dritte auf quadratische Gleichungen.

Aufgabe 11:

Man konstruiere zu einer gegebenen Strecke AB den inneren und den äußeren Teilpunkt für ein gegebenes Verhältnis $p : q$ („*harmonische Teilung einer Strecke*", d. h. innen und außen im selben gegebenen Verhältnis).

Aufgabe 12:

Konstruieren Sie allein mit Zirkel und Lineal zu gegebenen Streckenlängen a und b die Streckenlängen
a) $a + b$ b) $a - b$ c) $a \cdot b$ d) $a : b$ e) $1 : a$ f) $\sqrt{a}$ (z. B. mit Höhensatz)

7.3   Hinweise und Lösungen zu den Aufgaben

Aufgabe 1:

Wir wenden das Überlagerungsprinzip für Bewegungen an auf die Eigenbewegung des Bootes mit der Geschwindigkeit $\vec{v}$ und die Fließbewegung mit der Geschwindigkeit $\vec{w}$. Die Vektoren $\vec{v}$, $\vec{w}$ und $\vec{r}$ in der Zeichnung stellen den pro Zeiteinheit (z. B. je Sekunde) zurückgelegten Weg dar, wobei $\vec{r}$ das Resultat der Überlagerung ist.
In der Skizze ist S der Startpunkt, Z der Zielpunkt für den Kurs der Eigenbewegung des Bootes und A

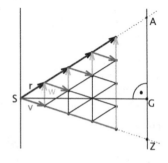

der wirkliche Ankunftspunkt. Wir verwenden diese Zeichnung für alle folgenden Fälle und passen jeweils die Punkte Z und A der Aufgabenstellung an.

a) Es ist Z = G und damit SZ = SG = b = 200 m und $\angle AZS = 90°$. Weiter gilt SZ : ZA = $(k \cdot v) : (k \cdot w) = v : w = 4 : 3$. Damit ist Dreieck SZA bzw. SGA eindeutig bestimmt und man konstruiert bzw. berechnet $\dfrac{ZA}{SZ} = \dfrac{k \cdot w}{k \cdot v} = \dfrac{w}{v}$ und

ZA = $b \cdot \dfrac{w}{v}$ = 150 m. Der mit dem Boot zurückgelegte Weg ist SA = 250 m

(Pythagoras), die benötigte Zeit t = $\dfrac{b}{v} = \dfrac{AZ}{w}$ = 100 s.

b) Fall 1: GB_1 = 150 m, wobei B_1 flussabwärts von G liegt. B_1 spielt die Rolle von Z. Damit ergibt sich SB_1 = 250 m.

Analog zu ZA = SZ $\cdot \dfrac{w}{v}$ erhalten wir hier $B_1A_1 = SB_1 \cdot \dfrac{w}{v}$ = 187,5 m. A_1 liegt

also um 337,50 m flussabwärts von G. Die gesamte Fahrstrecke SA_1 ergibt sich zu SA_1 = 392,31 m und man erhält eine Fahrzeit von t_1 = 125 s.

Fall 2: GB_2 = 150 m, wobei B_2 flussaufwärts von G liegt. B_2 spielt die Rolle von Z. Damit ergibt sich SB_2 = 250 m.

Analog zu ZA = SZ $\cdot \dfrac{w}{v}$ erhalten wir hier $B_2A_2 = SB_2 \cdot \dfrac{w}{v}$ = 187,5 m. A_1 liegt

also um 37,50 m flussabwärts von G. Die gesamte Fahrstrecke SA_2 ergibt sich zu SA_1 = 203,49 m und man erhält eine Fahrzeit von t_2 = 125 s. Das ist dieselbe Fahrzeit wie bei Fall 1 (Begründung?).

c) Wir müssen C (als Zielpunkt Z) so wählen, dass A_3 = G wird. Damit ist der insgesamt zurückgelegte Weg SA_3 = SG = b = 200 m. Das Dreieck SGC ist bestimmt durch folgende Angaben: $\angle SGC = 90°$; SG = b = 200 m; SC : CG = v : w = 4 : 3. Man erhält folgende Werte: GC = 226,77 m; SC = 302,37 m.

Gefahrene Strecke SA_3 = SG = b = 200 m und Fahrzeit $t_3 = \dfrac{GC}{w}$ = 151,2..s.

Die Fahrzeit ist also länger als in allen bisherigen Fällen, obwohl die Fahrstrecke die kürzeste ist! Wie lässt sich dies physikalisch begründen?

Aufgabe 2:
Mit ES = D und EM = d erhält man folgende Verhältnisgleichung:

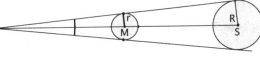

$\dfrac{r}{R} = \dfrac{d}{D}$ und daraus R = $\dfrac{150000000}{385000} \cdot 1750$ = 682 000 km.

Damit erhält man für den Sonnendurchmesser ca. 1 364 000 km.

Für den halben „Sehwinkel" gilt: sin $\varphi/2 = \dfrac{r}{d} = \dfrac{1750}{385000}$ = 0,0045. Daraus $\varphi/2 =$

0,28°. Man erhält den scheinbaren Sonnen- bzw. Monddurchmesser $\varphi \approx 0,5°$.

Aufgabe 3:
Die Seitenverhältnisse stimmen nicht überein, daher kann es sich nicht um eine maßstäbliche Vergrößerung handeln.

Aufgabe 4:

a) Man muss $x = \dfrac{h}{\sqrt{2}} = \dfrac{h \cdot \sqrt{2}}{2} = 0{,}707\dots \cdot h$ wählen, damit die Fläche halbiert wird.

b) Wählt man $x = \frac{1}{2} \cdot h$, so erhält man für den oberen Teil nur ¼ der Fläche.

c) Zur Halbierung der Oberfläche muss man $x = \dfrac{h}{\sqrt{2}} = \dfrac{h \cdot \sqrt{2}}{2} = 0{,}707\dots \cdot h$ wählen.

Zur Halbierung des Volumens ist $x = \dfrac{h}{\sqrt[3]{2}} = h \cdot \dfrac{\sqrt[3]{4}}{2} = 0{,}7937\dots \cdot h$ zu wählen.

Aufgabe 5:
Winkelgrößen bleiben unverändert, Längen werden mit Faktor 3 und Flächeninhalte mit dem Faktor $3^2 = 9$ verändert.

Aufgabe 6:

a) Steigung in % und zugehöriger Neigungswinkel:

Steig. in %	10	20	30	40	50	60	70	80	90	100	200	300
Winkel in Grad	5,7	11,3	16,7	21,8	26,6	31	35	38,7	42	45	63,4	71,6

b) Neigungswinkel φ und zugehörige Steigung in Prozent:

Winkel φ in Grad	10	20	30	40	50	60	70	80
Steigung in %	17,6	36,4	57,7	83,9	119,2	173,2	274,7	567,1

c) Zum Winkel 5° gehört die Steigung $\tan 5° = 0{,}08748\dots = 8{,}748\dots$ %, es ist also im Steigungsdreieck $h = 0{,}087\dots \cdot w$. Damit können wir die zurückgelegte Strecke s als Hypotenuse berechnen: $s^2 = w^2 + (0{,}87\dots \cdot w)^2$ bzw. $w \approx 9\,962$ m und damit $h = w \cdot 0{,}08748\dots = 871{,}6\dots$ m. Für praktische Zwecke kann man w und s oft gleichsetzen und erhält $h \approx 0{,}08748\dots \cdot s \approx 875$ m.
Hinweis: Für kleine Winkel gilt hinreichend genau $\sin \varphi \approx \tan \varphi$.

Aufgabe 7:
Wir zeigen die Streckenteilung in fünf gleiche Teile nach dem Projektionssatz bzw. Strahlensatz: Von A aus werden auf einer Geraden 5 gleichlange Strecken $AP_1 = P_k P_{k+1}$ abgetragen. Dann wird der Punkt P_5 mit B verbunden und durch P_1, P_2, … Parallelen dazu gezogen. Die Schnittpunkte Q_1, Q_2, … der Parallelen mit AB sind die gesuchten Teilpunkte.

Aufgabe 8:

a) Voraussetzung:
Die Geraden AC und BD schneiden sich in S
und es gilt SA : SC = SB : SD wobei A und C
sowie B und D jeweils auf der gleichen Seite
von S aus liegen. Zu zeigen ist, dass AB par-
allel zu CD ist.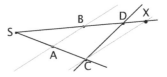
Die Parallele zu AB durch C schneide SB in X. Dann gilt nach dem 1. Strah-
lensatz SA : SC = SB : SX und damit unter Verwendung der Voraussetzung
SD = SX.
X ist also ein Punkt auf der Gerade SB mit der Eigenschaft SD = SX. Da beide auf
derselben Seite von S liegen, muss X = D gelten und es ist CD parallel zu AB.

b) Voraussetzung: AC und BD schneiden sich in S.
Liegen A und C sowie B und D jeweils auf
derselben Seite von S und gilt AB : CD = SA :
SC, dann sind AB und CD parallel.
Gegenbeispiel siehe Zeichnung.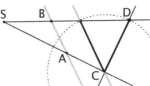
Hinweis: Die Formulierung der Umkehrungen
ist einfacher, wenn man von Strahlen (Halbge-
raden) an Stelle von Geraden ausgeht. So muss die Lage („auf der gleichen
Seite von S") besonders erwähnt werden. Natürlich gilt dies auch für die Lage
„jeweils auf verschiedenen Seiten von S".

Aufgabe 9:
Es gilt: $a : b = c : d = p : q$ (1) $a : (a + b) = c : (c + d) = p : (p + q)$ (2)
$(a - b) : b = (c - d) : d = (p - q) : q$ (3)
Beweisen Sie (2) und (3) mithilfe von (1). Man kann diesen Fall zurückführen auf
den Fall mit Parallelen auf derselben Seite von S, indem man DB an S spiegelt.

Aufgabe 10:
a) und b) lassen sich mit Strahlensatzfiguren lösen, c) z. B. mit dem Höhensatz.

Aufgabe 11:
Die Skizze zeigt die Konstruktion.

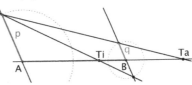

Aufgabe 12:
Die Aufgaben a) und b) lassen sich durch einfaches Streckenabtragen erledigen.
Für c), d) und e) kann nach Strahlensatz konstruiert werden (siehe Skizzen).

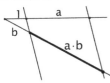
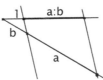

Aufgabe f) löst man z. B. mit dem Höhensatz: Die Hypotenusenabschnitte der
Längen 1 und a ergeben für die Höhe den Wert $h = \sqrt{a}$.

8 Teilverhältnisse

8.1 Teilverhältnisse und harmonische Teilung

Ist T ein Punkt auf der Strecke AB, so nennt man das

Verhältnis $\lambda = AT : TB = \dfrac{AT}{TB}$ das *Teilverhältnis*

des Punktes T für die Strecke AB bzw. für die Punkte A und B. Durch die Schreibweise AT bzw. TB wollen wir andeuten, dass es sich um gerichtete Strecken handelt.

Aufgabe 1:

a) Zeichnen Sie eine Strecke AB von 20 cm Länge. Tragen Sie für jeden Teilpunkt bei vollen Zentimetermarken zwischen A und B den Wert des zugehörigen Teilverhältnisses ein wie im Beispiel angegeben:

b) Welchen Wert hat das Teilverhältnis λ, wenn der Teilpunkt T gleich dem Anfangspunkt A bzw. dem Endpunkt B bzw. dem Mittelpunkt M von AB ist?

Jeder Punkt der Strecke AB – mit Ausnahme des Endpunktes B – erhält eindeutig einen Zahlenwert λ als Teilverhältnis bezüglich der Punkte A und B zugewiesen. Die Zuordnung der Teilpunkte T zu ihren Teilverhältnissen λ ist umkehrbar eindeutig, so dass die Vorgabe des Punktes T auf der Strecke AB eindeutig das Teilverhältnis λ festlegt und umgekehrt zu jedem positiven Wert von λ eindeutig der Teilpunkt T bestimmt ist. Zeichnerisch kann man dies mithilfe der Strahlensätze verdeutlichen. Die folgende Figur lässt erkennen, wie zu gegebenem Teilpunkt T das Verhältnis λ bzw. umgekehrt zu gegebenem Verhältnis λ der Teilpunkt T konstruiert wird:

Die nebenstehende Figur zeigt jedoch noch etwas anderes:

Außer dem Teilpunkt T auf der Strecke AB gibt es noch einen zweiten Teilpunkt U auf der Geraden AB außerhalb der Strecke,

für den ebenfalls gilt $AU : UB = \dfrac{AU}{UB} = \lambda$.

Um diese Zweideutigkeit zu beheben verschärft man den Begriff des Teilverhältnisses:

> **Definition:**
> *Der Wert λ = TV(AB, T) heißt Teilverhältnis des Punktes T bezüglich der
> Punkte A und B, wenn für die Vektoren $\overrightarrow{AT}$ und $\overrightarrow{TB}$ gilt: $\overrightarrow{AT} = \lambda \cdot \overrightarrow{TB}$.*

Wir ziehen einige Folgerungen aus dieser Definition.

Aufgabe 2:
Begründen Sie anschaulich unter Verwendung der obigen Zeichnung folgende Behauptungen: Der Wert des Teilverhältnisses λ = TV(AB, T) des Punktes T bezüglich der Punkte A und B

- ist genau dann positiv, wenn T zwischen A und B liegt, also auf der Strecke AB.
- ist genau dann negativ, wenn T außerhalb der Strecke AB liegt.
- geht gegen den Wert –1, wenn T auf der Geraden AB gegen „unendlich" geht.
- ist betragsmäßig kleiner als 1, wenn T näher bei A als bei B liegt.
- ist betragsmäßig größer als 1, wenn T näher bei B als bei A liegt.
- nimmt den reziproken Wert (= Kehrwert) an, wenn man A und B vertauscht.

In der obigen Zeichnung haben wir mit T und U zwei Punkte gefunden, welche die
Strecke AB innen und außen mit betragsmäßig gleichem Teilverhältnis teilen, für
die also gilt: TV(AB, T) = – TV(AB, U). Ihr Teilverhältnis unterscheidet sich da-
her nur im Vorzeichen, nicht im Betrag. Man nennt die Teilung der Strecke durch
T und U innen und außen im betragsmäßig gleichen Verhältnis auch *harmonische
Teilung* der Strecke AB.

Das folgende Diagramm zeigt den Wert des Teilverhältnisses TV(AB, T) in Abhängigkeit von der Lage des Punktes T(x) auf der x-Achse, wobei A mit dem x-
Wert 0 der Anfangspunkt und B mit dem x-Wert 1 der Endpunkt der gegebenen
Strecke ist. Man erkennt die oben beschriebenen Eigenschaften der **Teilverhältnis-
funktion $\lambda(x) = \dfrac{x}{1-x}$**.

- Bewegt sich T von A aus gegen B, so nimmt λ von 0 (beim Anfangspunkt A)
  über 1 (beim Mittelpunkt) laufend zu und strebt gegen $+\infty$, wenn T gegen B
  strebt.
  Für T = B ist λ nicht mehr definiert. Man ordnet dem Fall T = B formal als
  Teilverhältnis TV(AB, B) das Symbol ∞ zu.
- Bewegt sich T weiter über B hinaus, so nimmt λ von $-\infty$ her kommend stetig
  zu und strebt für $x \to +\infty$ von unten her dem Grenzwert –1 zu.
- Bewegt sich dagegen T von A aus nach links, so nimmt λ vom Wert 0 an laufend ab und strebt für $x \to -\infty$ von oben her dem Grenzwert –1 zu.
- Zum Mittelpunkt einer Strecke gehört als vierter harmonischer Punkt der „un-
  endlich ferne Punkt" auf der Geraden AB mit dem Teilverhältnis TV(AB, ∞) =
  –1. Dieser „unendlich ferne Punkt" einer Geraden erhält in der projektiven
  Geometrie einen konkreten und wohl definierten Sinn (siehe Kap. 13).

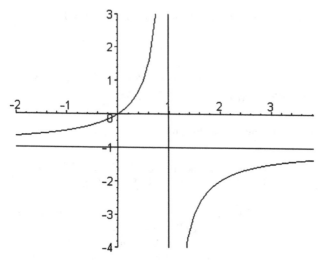

Aufgabe 3:
Konstruieren Sie zu einer gegebenen Strecke AB die harmonischen Teilpunkte für die Verhältnisse a) 2 : 5   b) 5 : 2   c) 1 : 3   d) 3 : 1   e) 4   f) 0,25

Aufgabe 4:
Beweisen Sie: Trennen die Punkte T und U die Punkte A und B harmonisch im Verhältnis $\pm\,\lambda$, dann trennen umgekehrt die Punkte A und B die Punkte T und U ebenfalls harmonisch und zwar im Verhältnis $\mu = \pm\,\dfrac{\lambda-1}{\lambda+1}$.

Aufgabe 5:
a) Was versteht man unter dem Begriff „*Teilverhältnistreue*" einer Abbildung?
b) Was versteht man unter dem Begriff „*Streckenverhältnistreue*" einer Abbildung?
c) Machen Sie sich den Unterschied zwischen diesen Begriffen klar. Überprüfen Sie bei folgenden beiden Abbildungen, welche der beiden Eigenschaften jeweils erfüllt bzw. nicht erfüllt sind.

  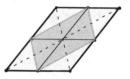

Original   Abbildung 1   Abbildung 2

d) Wie hängen „Teilverhältnistreue" und „Streckenverhältnistreue" zusammen?

8.2 Winkelhalbierendensatz und Apolloniuskreis

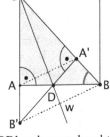

Wir betrachten die nebenstehende Figur:
Durch Einzeichnen einer Diagonalen in ein Quadrat entsteht das gleichschenklig-rechtwinklige Dreieck ABC.
Seine Seiten AC und BC verhalten sich wie die Seite und die Diagonale des Quadrats, also wie $1 : \sqrt{2}$.
Wir wollen zeigen, dass die Winkelhalbierende $w = CD$ die Seite AB genau in diesem Verhältnis teilt, dass also auch AD : DB = $1 : \sqrt{2}$ gilt. Dies beweist man wie folgt:
Wir spiegeln das Dreieck an der Winkelhalbierenden des Winkels γ bei C und erzeugen so die Punkte A' und B'. AA' und BB' stehen senkrecht auf der Winkelhalbierenden w. Aus Symmetriegründen gilt: DA' ⊥ BC (weil DA ⊥ AC) und DA' = DA. Ferner gilt ∠ BDA' = 45° (Winkelsumme im Dreieck DBA').
Also ist A'DB ein ebenfalls rechtwinklig-gleichschenkliges Dreieck mit dem Seitenverhältnis A'D : DB = $1 : \sqrt{2}$. Mit A'D = AD folgt daher AD : DB = $1 : \sqrt{2}$.
Ergebnis: Die Winkelhalbierende eines spitzen Winkels im gleichschenklig-rechtwinkligen Dreieck teilt die Gegenseite im Verhältnis der anliegenden Seiten, also im Verhältnis $1 : \sqrt{2}$. Dieses Ergebnis lässt sich verallgemeinern:

> Die Winkelhalbierende eines Dreieckswinkels teilt die Gegenseite im Verhältnis der dem Winkel anliegenden Dreiecksseiten.

Aufgabe 6:
Beweisen Sie den angegebenen Winkelhalbierendensatz für beliebige Dreiecke.
Hinweis: Gehen Sie bei der Lösung der Aufgabe vor wie im obigen Sonderfall: Spiegeln Sie das Dreieck an der Winkelhalbierenden und verwenden Sie dann Strahlensätze.

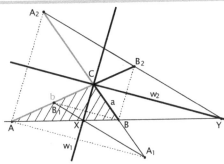

Aufgabe 7:
Beweisen Sie, dass der Winkelhalbierendensatz auch für den Außenwinkel im Dreieck gilt: Der Außenwinkel (Nebenwinkel) eines Dreieckswinkels teilt die Gegenseite außen im Verhältnis der dem Winkel anliegenden Dreiecksseiten.
Hinweis: Spiegeln Sie das Dreieck an der Winkelhalbierenden des Außenwinkels.

> Die Winkelhalbierenden eines Dreieckswinkels und seines Außenwinkels teilen die Gegenseite harmonisch im Verhältnis der dem Winkel anliegenden Dreiecksseiten:
> AX : XB = AY : YB = AC : BC = b : a.

Der Satz des Apollonius und der Apolloniuskreis als Ortslinie:

Die **Mittelsenkrechte** der Strecke AB enthält die Menge all der Punkte der Ebene, die von A und B jeweils dieselbe Entfernung haben, für die also gilt:
AP : BP = 1 : 1 = 1.
In der Figur zu Aufgabe 6 haben wir mit X, Y und C drei verschiedene Punkte, die alle dasselbe Entfernungsverhältnis zu A und B haben, nämlich AC : BC = AX : BX = AY : BY = b : a = v. Wir suchen nach weiteren Punkten mit dieser Eigenschaft und bestimmen den geometrischen Ort *sämtlicher* Punkte mit dieser Eigenschaft.

Aufgabe 8:
a) Konstruieren Sie ein Dreieck ABC mit AB = c = 6 cm, AC = b = 8 cm und BC = a = 4 cm.
b) Konstruieren Sie die Winkelhalbierenden des Winkels γ bei C und seines Außenwinkels sowie deren Schnittpunkte mit der Geraden AB.
c) Konstruieren Sie nun weitere Punkte P (möglichst viele) mit der Eigenschaft AP : BP = 2 : 1. Wo liegen alle diese Punkte? Verwenden Sie ein DGS.

> **Satz von Apollonius:**
> Genau die Punkte P, die von zwei gegebenen Punkten A und B dasselbe feste Abstandsverhältnis PA : PB = v = p : q haben, liegen auf einer Kreislinie.
> Diese Kreislinie ist der Thaleskreis über den Punkten X und Y, welche die Strecke AB harmonisch im Verhältnis v = p : q = PA : PB teilen.

Den im vorigen Satz genannten Kreis nennt man:
„Apolloniuskreis für die Strecke AB für das Verhältnis v"

Beweis des Satzes von Apollonius (siehe Figur zu Aufgabe 6):
a) Im ersten Teil beweisen wir, dass jeder Punkt P, für den das Abstandsverhältnis AP : BP = v ist, auf dem Apolloniuskreis über AB mit dem Verhältnis v liegt. Es sei also P ein Punkt mit PA : PB = v. Dann sind nach dem Winkelhalbierendensatz die Verbindungsgeraden PX und PY die Winkelhalbierenden des Winkels γ bzw. seines Außenwinkels. Da sich diese beiden Winkel auf 180° ergänzen, stehen ihre Winkelhalbierenden aufeinander senkrecht. Folglich ist Dreieck XPY rechtwinklig und P liegt auf dem Thaleskreis über XY.

b) Nun beweisen wir den umgekehrten Sachverhalt: Gegeben sei eine Strecke AB mit den harmonischen Teilpunkten X und Y. C sei ein beliebiger Punkt auf dem Thaleskreis über XY, also dem Apolloniuskreis zu AB für das Teilverhältnis TV(AB, X).

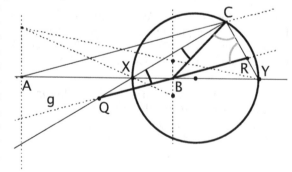

Wir zeigen, dass dann gilt:
AC : BC = AX : BX = AY : BY.
Sei g die Parallele zu AC durch B. Die Gerade g schneide CX in Q und CY in R. Dann gilt:
2. Strahlensatz mit Zentrum X (innen):   AX : XB = AC : BQ   (1)
2. Strahlensatz mit Zentrum Y (außen):   AY : YB = AC : BR   (2)
Weiter gilt ja nach Voraussetzung: AX : XB = AY : YB   (3)
Damit erhält man BQ = BR, d. h. B ist die Mitte von QR.
Nach Voraussetzung liegt C auf dem Thaleskreis über XY. Folglich ist der Winkel $\angle$XCY = 90°. B ist daher Hypotenusenmitte, d. h. Umkreismitte des rechtwinkligen Dreiecks QCR, und daher ist BC = BR = BQ. Die beiden Dreiecke QBC und CBR sind also gleichschenklige Dreiecke, und es gilt: $\angle$QCB = $\angle$BQC.
Nun ist $\angle$ACQ = $\angle$BQC (Wechselwinkel an Parallelen) und daher XC die Winkelhalbierende von $\angle$ACB = γ. Damit gilt nach dem Winkelhalbierendensatz für Dreiecke AC : BC = AX : BX, und der Beweis ist erbracht.

Der Apolloniuskreis k über der Strecke AB für das Verhältnis λ = p : q ist der Thaleskreis über den harmonischen Teilpunkten für die Strecke AB im Verhältnis λ = p : q.

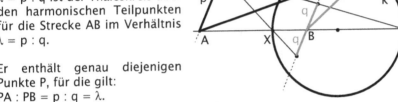

Er enthält genau diejenigen Punkte P, für die gilt:
PA : PB = p : q = λ.

Aufgabe 9:
Konstruieren Sie die folgenden Dreiecke:
a) c = AB = 8 cm; a : b = 2 : 5; h_c = 3 cm.
b) a = BC = 6 cm; r_u = 5 cm; b : c = 1 : 3.

Aufgabe 10:
Beweisen Sie: *Der Kantenschwerpunkt eines Dreiecks ist die Inkreismitte seines Mittendreiecks.*
Hinweis:
Man kann sich die Masse der beiden Kanten a und b vorstellen als Punktmasse von a kg bzw. b kg in den Mittelpunkten D bzw. E der Seiten BC bzw. AC. Deren gemeinsamer Schwerpunkt S_{ab} teilt die Strecke DE im Verhältnis b : a. Das tut die Winkelhalbierende von Winkel DFE ebenfalls.

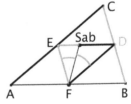

Aufgabe 11:
Bestimmen Sie konstruktiv den Kantenschwerpunkt eines gegebenen Vierecks.
Hinweis: Fassen Sie je zwei Seiten geschickt zusammen wie in Aufgabe 10.

8.3 Die Sätze von Ceva und Menelaos

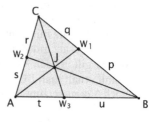

Wir wenden uns rückblickend noch einmal den Winkelhalbierenden im Dreieck zu: *Jede Winkelhalbierende teilt die Gegenseite im Verhältnis der anliegenden Seiten, und die drei Winkelhalbierenden treffen sich in einem Punkt, der Inkreismitte des Dreiecks.*

Betrachten wir die drei Teilverhältnisse der Schnittpunkte auf den Seiten, so gilt für ihr Produkt

$$\mathrm{TV}(AB, W_3) \cdot \mathrm{TV}(BC, W_1) \cdot \mathrm{TV}(CA, W_2) = \frac{t}{u} \cdot \frac{p}{q} \cdot \frac{r}{s} = \frac{b}{a} \cdot \frac{c}{b} \cdot \frac{a}{c} = 1.$$

Auch die Seitenhalbierenden mit ihrem Schnittpunkt im Schwerpunkt S des Dreiecks weisen diese Besonderheit auf: $\mathrm{TV}(AB, M_3) \cdot \mathrm{TV}(BC, M_1) \cdot \mathrm{TV}(CA, M_2) = 1 \cdot 1 \cdot 1 = 1$.

Offenbar besteht ein innerer Zusammenhang zwischen der Schnittpunktseigenschaft und diesen Teilverhältnissen bei den sogenannten *„Ecktransversalen"* (das sind Geraden durch die Ecken eines Dreiecks) in Dreiecken. Diesen Zusammenhang wollen wir im Folgenden aufdecken.

Schwerpunkte von Massenpunkten

Der *Schwerpunkt zweier Massenpunkte* A und B mit gleich großen Massen ist der Mittelpunkt der Strecke AB.

Sind die beiden Massen verschieden, z. B. a kg in A und b kg in B, so ist der Schwerpunkt dieser beiden Punkte nach dem Hebelgesetz der Punkt S, der die Strecke AB im Verhältnis p : q = b : a teilt.

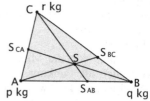

$$a \cdot p = b \cdot q \text{ bzw. } \frac{p}{q} = \frac{b}{a}$$

Wir wollen nun den gemeinsamen *Schwerpunkt von drei Massenpunkten* mit verschiedenen Massen p kg in A, q kg in B und r kg in C ermitteln:

Der Schwerpunkt S_{AB} der beiden Massenpunkte in A und B liegt auf der Strecke AB und teilt diese im umgekehrten Verhältnis der beiden Massen p und q. Der gemeinsame Schwerpunkt S aller drei Massen ist daher der gemeinsame Schwerpunkt der Ersatzmasse (p + q) im Punkt S_{AB} und der Masse r im Punkt C. Dieser muss daher notwendigerweise auf der Strecke CS_{AB} liegen.

Dasselbe Argument können wir anwenden für S_{BC} und für S_{CA}. Da es sich stets um ein und denselben Schwerpunkt S handelt, müssen sich die drei „Ecktransversalen" CS_{AB}, AS_{BC} und BS_{AC} notwendigerweise in diesem gemeinsamen Punkt S treffen. Für das Produkt der Teilverhältnisse gilt jedoch:

$$\mathrm{TV}(AB, S_{AB}) \cdot \mathrm{TV}(BC, S_{BC}) \cdot \mathrm{TV}(CA, S_{CA}) = \frac{q}{p} \cdot \frac{r}{q} \cdot \frac{p}{r} = 1.$$

Mit diesem überraschend einfach zu erhaltenden Ergebnis haben wir nun den entscheidenden Hinweis darauf, dass die Schnittpunktseigenschaft und das Teilverhältnisprodukt für die Ecktransversalen eines Dreiecks in engem Zusammenhang stehen. Experimente und Überlegungen zu Schwerpunkten führten den italienischen Mathematiker Ceva (1648 – 1734) zu dem nach ihm benannten Satz, den wir nun auch geometrisch beweisen wollen.

Aufgabe 12:
Gegeben ist ein Dreieck ABC und drei Ecktransversalen AE, BF und CD, die sich in einem Punkt S schneiden. Beweisen Sie, dass das Produkt der drei Teilverhältnisse TV(AB, D) · TV(BC, E) · TV(CA, F) = 1 ist.
Hinweis:
Verwenden Sie die Parallelstrecken r und s zu BC bzw. AC und Strahlensätze.

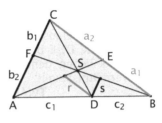

Man kann nun – unter Verwendung des Satzes selbst – zeigen, dass auch die Umkehrung gilt. Zeigen Sie dies:
Wenn drei Punkte D, E und F auf den Seiten AB, BC bzw. CA eines Dreiecks so liegen, dass das Produkt der Teilverhältnisse TV(AB, D) · TV(BC, E) · TV(CA, F) den Wert 1 ergibt, dann sind die zugehörigen Ecktransversalen AE, BF und CD kopunktal.

Satz und Umkehrung fassen wir zusammen im

> **Satz von Ceva:**
> Drei Ecktransversalen AE, BF und CD eines Dreiecks ABC sind genau dann kopunktal, wenn für das Produkt der Teilverhältnisse gilt:
> TV(AB, D) · TV(BC, E) · TV(CA, F) = 1

Aufgabe 13:
a) Bestätigen Sie den Satz von Ceva für die Höhen als Ecktransversalen.
b) Beweisen Sie: Teilen die Punkte P bzw. Q die Seiten BC bzw. AC eines Dreiecks im selben Verhältnis λ = TV(BC, P) = TV(AC, Q) und ist S der Schnittpunkt von AP mit BQ, so halbiert die Gerade CS die Seite AB des Dreiecks.

Der Satz von Menelaos

Aufgabe 14:
Eine Gerade g trifft die drei Seitengeraden eines Dreiecks in den Punkten D, E und F. Beweisen Sie, dass das Produkt der drei Teilverhältnisse TV(AB, D) · TV(BC, E) · TV(CA, F) = –1 ist.
Hinweis:

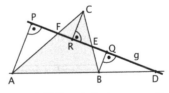

Zunächst macht man sich klar, dass das Produkt der drei Teilverhältnisse negativ ist, weil stets entweder einer oder alle drei Teilpunkte außerhalb der Seiten liegen.

Damit genügt es zu zeigen, dass für die Streckenlängen gilt: $\dfrac{AD}{DB} \cdot \dfrac{BE}{EC} \cdot \dfrac{CF}{FA} = 1$.

Benutzen Sie die eingezeichneten Hilfsstrecken AP, RC und BQ und Strahlensätze. Wir werden anschließend beweisen, dass auch die Umkehrung gilt:
Wenn drei Punkte auf den Seitengeraden eines Dreiecks so liegen, dass das Produkt der obigen Teilverhältnisse gleich –1 ist, dann liegen die drei Punkte kollinear.

Beide Behauptungen zusammen ergeben den

> **Satz von Menelaos:**
> Drei Punkte D, E bzw. F auf den Seitengeraden AB, BC bzw. CA eines Dreiecks liegen genau dann kollinear, wenn für das Produkt der drei Teilverhältnisse gilt:
> $$TV(AB, D) \cdot TV(BC, E) \cdot TV(CA, F) = -1$$

Wir beweisen nun die Umkehrung zu der in Aufgabe 14 aufgestellten Behauptung: Seien F, E und D Punkte auf den Seitengeraden eines Dreiecks, für die das Produkt der angegebenen Teilverhältnisse –1 ergibt. Man zeichnet z. B. die Gerade FE. Sie schneidet die Gerade AB in X. Nun ergibt sich für X nach dem vorher schon bewiesenen Teil in Aufgabe 14 dasselbe Teilverhältnis in Bezug auf AB wie das für D vorausgesetzte. Der Wert des Teilverhältnisses bezüglich AB legt jedoch einen Punkt auf der Gerade AB eindeutig fest, also muss X = D sein. Damit ist der Satz von Menelaos vollständig bewiesen. [Analog dazu beweist man die Umkehrung für den Satz von Ceva.]

Aufgabe 15:

a) Was erhält man, wenn man in der Figur des Satzes von Menelaos die Punkte E und F als Mitten der Seiten BC bzw. AC wählt?
   Wo befindet sich dann der Punkt D, und was ist das Teilverhältnis TV(AB, D)?
b) Auf der Seitengerade AB des Dreiecks ABC wird über B hinaus die Länge AB mehrfach abgetragen bis $D_1, D_2, D_3, D_4, ...$, und F sei der Mittelpunkt von AC. In welchem Verhältnis λ_k teilt die Verbindungsgerade FD_k die Seite BC?
c) Zeigen Sie: Teilen die Punkte P und Q die Seiten BC und AC eines Dreiecks ABC im gleichen Verhältnis λ, so ist die Gerade PQ parallel zu AB.

8.4   Hinweise und Lösungen zu den Aufgaben

Aufgabe 1:

a) Teilverhältnisse und innere Teilpunkte:

b) TV(AB, A) = 0; TV(AB, B) = ∞ (als formale Festsetzung; kein Zahlenwert),
   TV(AB, M) = 1 (siehe Skala).

Aufgabe 2:
Die Begründungen sind aus der Definition sofort klar, die Vorzeichen werden durch die Richtungen der beiden Vektoren $\overrightarrow{AT}$ und $\overrightarrow{TB}$ bestimmt.

Aufgabe 3:
Man geht genau entsprechend der im Text gezeigten Konstruktion vor.

Aufgabe 4:

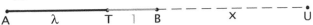

Wir benutzen die Längenbezeichnungen der Skizze:
$TV(AB, T) = \lambda : 1 = \lambda = - TV(AB, U)$, d. h. $AU : BU = \lambda = (\lambda + 1 + x) : x$.

Daraus ermittelt man $x = \dfrac{\lambda+1}{\lambda-1}$ und damit die Werte $\dfrac{BT}{BU} = BT : BU = 1 : x =$

$\dfrac{\lambda-1}{\lambda+1}$ und $\dfrac{AT}{AU} = \dfrac{\lambda}{\lambda+1+x} = \dfrac{1}{x} = \dfrac{\lambda-1}{\lambda+1} = \mu$. Damit ist gezeigt, dass B und A die Strecke TU innen und außen im betragsmäßig selben Verhältnis μ harmonisch trennen.

Aufgabe 5:
a) Eine Abbildung heißt *teilverhältnistreu*, wenn jedes Teilverhältnis TV(A'B', C') dreier kollinearer Bildpunkte denselben Wert hat wie das Teilverhältnis TV(AB, C) der drei kollinearen Originalpunkte.
b) Eine Abbildung heißt *streckenverhältnistreu*, wenn jedes Streckenverhältnis a' : b' beliebiger Bildstrecken den gleichen Wert hat wie das der Originale a : b. Es muss also gelten: a' : b' = a : b oder a' : a = b' : b = c' : c = ... = const. = k. Jede Streckenlänge ändert sich also bei der Abbildung mit demselben Faktor
c) Die Abbildung 1 ist streckenverhältnis- und teilverhältnistreu. Die Abbildung 2 ist zwar teilverhältnistreu (z. B. Vierteilung auf jeder Diagonale), jedoch nicht streckenverhältnistreu: Das Streckenverhältnis benachbarter Seiten wird verändert.
d) Selbstverständlich ist jede streckenverhältnistreue Abbildung auch teilverhältnistreu, aber nicht umgekehrt (wie in c) gezeigt). Teilverhältnistreue folgt also aus der Streckenverhältnistreue, jedoch nicht umgekehrt.

Aufgabe 6:
Folgende Voraussetzungen gelten: $CB = CB_1 = a$; $CA = CA_1 = b$; BB_1 parallel AA_1.
Somit gilt: $BB_1 : AA_1 = CB_1 : CA = a : b = XB : XA$ und der Beweis ist erbracht.

Aufgabe 7:
Der Beweis für die äußere Winkelhalbierende verläuft vollkommen analog zu dem in Aufgabe 6 geführten für die innere Winkelhalbierende (siehe Figur zu Aufgabe 6).

Aufgabe 8:

Am Beispiel von U und U' ist die Konstruktion von Punkten X mit der Eigenschaft AX : BX = 2 : 1 erläutert.

Alle Punkte der gesuchten Art liegen offenbar auf einem Kreis k, dem Thaleskreis über VR. V und R sind die Schnittpunkte der Winkelhalbierenden bei C mit der Geraden AB, sie teilen also die Strecke AB innen und außen im Verhältnis 2 : 1 = AC : BC.

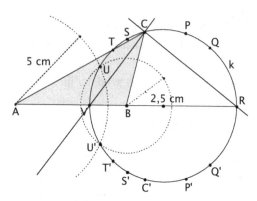

Aufgabe 9:

a)   a) Man erhält 2 Lösungsdreiecke.

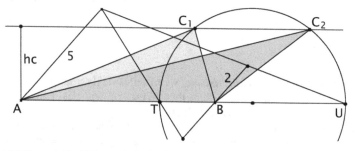

b)   b) Man erhält 2 Lösungsdreiecke.

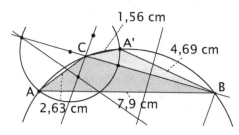

Aufgabe 10:

Wir denken uns das Dreieck als **Dreikant** aus Stäben, die homogen (proportional zu ihrer Länge) mit Masse belegt sind.

Nach dem Satz von der Mittelparallelen gilt FE : FD = BC : AC = a : b. Die Massen der Stäbe AC und BC denken wir uns in ihren jeweiligen Schwerpunkten E und D konzentriert. Daher teilt der gemeinsame Schwerpunkt S_{ab} dieser beiden Massen die Strecke ED im Verhältnis a : b. Wir erhalten also S_{ab} mithilfe der Winkelhalbierenden von Winkel DFE. Der Schwerpunkt aller drei Stäbe muss daher auf der Strecke FS_{ab} liegen. Dies gilt für jede Seite und damit ist der Satz bewiesen.

Aufgabe 11:
Man bestimmt wie in Aufgabe 10 zuerst S_{ab} und S_{cd}. Der gemeinsame Schwerpunkt muss auf der Verbindungsstrecke dieser beiden Punkte liegen. Danach bestimmt man S_{bc} und S_{da}, auf deren Verbindungsstrecke der gemeinsame Schwerpunkt ebenfalls liegen muss. Man erhält S als Schnitt von $S_{ab}S_{cd}$ mit $S_{bc}S_{da}$.

Aufgabe 12:
Aus $c_1 : AB = r : a_1 \quad a_2 : r = SC : SD \quad b_1 : s = SC : SD$ setzen wir c_1, a_2 und b_1 in folgendes Produkt ein und erhalten nach Kürzen das gewünschte Ergebnis:

$$\frac{c_1}{c_2} \cdot \frac{a_1}{a_2} \cdot \frac{b_1}{b_2} = \frac{AB \cdot r \cdot b_2}{a_1 \cdot AB \cdot s} \cdot \frac{a_1 \cdot SD}{r \cdot SC} \cdot \frac{s \cdot SC}{b_2 \cdot SD} = 1.$$

Aufgabe 13:
a) Man erhält mit den Höhenfußpunkten H_k folgende Verhältnisse:

$$\frac{AH_3}{H_3B} \cdot \frac{BH_1}{H_1C} \cdot \frac{CH_2}{H_2A} = \frac{b \cdot \cos\alpha}{a \cdot \cos\beta} \cdot \frac{c \cdot \cos\beta}{b \cdot \cos\gamma} \cdot \frac{a \cdot \cos\gamma}{c \cdot \cos\alpha} = 1$$

b) Ist $TV(AC, Q) = \lambda$, so ist $TV(CA, Q) = 1/\lambda$. Damit gilt für die drei Ecktransversalen AP, BQ und CR der Satz von Ceva und man erhält $TV(AB, R) = 1$, d. h. der Schnittpunkt R von CS mit AB ist die Mitte von AB.

Aufgabe 14:
Es sei $AP = p$, $BQ = q$ und $CR = r$. Dann gelten folgende Verhältnisse:
$AD : BD = p : q \qquad BE : CE = q : r \qquad CF : AF = r : p$.
Durch Multiplikation dieser drei Verhältnisse erhält man die Behauptung.
Das Vorzeichen ist gesondert zu behandeln.

Aufgabe 15:
a) Man erhält zwei der Teilverhältnisse zu je 1, das dritte muss den Wert −1 ergeben. Dies trifft jedoch nur für den unendlich fernen Punkt der Geraden EF zu, d.h. die Gerade EF hat mit AB keinen Punkt gemeinsam und ist daher parallel zu AB.

b) Man erhält offenbar $TV(AB, D_k) = -\dfrac{k+1}{k}$. Nach dem Satz von Menelaos

muss sich daher das Teilverhältnis $TV(BC, E_k) = \dfrac{k}{k+1}$ ergeben. Dies geht für

$k \to \infty$ gegen 1 und die Punkte E_k streben daher gegen den Mittelpunkt von BC.

c) Man erhält für die Teilverhältnisse $TV(BC, P) \cdot TV(CA, Q) = 1$ und daher muss das Teilverhältnis des Schnittpunkts R von PQ mit AB den Wert −1 haben. D. h aber, dass R der unendlich ferne Punkt von PQ bzw. AB ist, daher sind AB und PQ parallel.

9 Die zentrische Streckung

9.1 Einführende Beispiele

Im folgenden Beispiel zum maßstäblichen Vergrößern sind schon viele wesentliche Aspekte und Grundgedanken der Ähnlichkeitslehre enthalten. Es könnte als *tragendes Fundament für elementares Verständnis* dienen. Es ist besonders leicht einsichtig, wenn man der Zeichnung ein passendes Karoraster unterlegt:

Aufgabe 1:
Zeichnen Sie ein Quadrat auf Karoraster zunächst von der Größe eines Rasterkaros. Vergrößern Sie dieses Quadrat nacheinander maßstäblich mit den Maßstabsfaktoren k = 2, 3, 4, 5, ... Wie verändern sich im Vergleich zum Ausgangsquadrat jeweils die Winkelgrößen, die Seitenlängen, die Umfänge und die Flächeninhalte?

Streckenlängen (Seiten, Diagonalen, Umfänge):

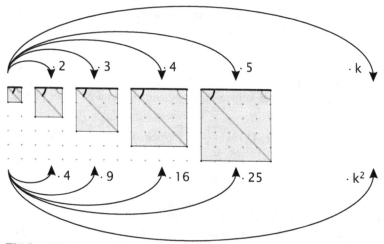

Flächeninhalte:

Aufgabe 2:
Verfahren Sie mit der nachstehend angegebenen Dreiecksfolge genau wie mit der Quadratfolge in Aufgabe 1. Stellen Sie eine Tabelle auf für die Winkelgrößen und ihre Summe, die Seitenlängen und den Umfang sowie den Flächeninhalt. Fassen Sie Ihre Beobachtungen zusammen.

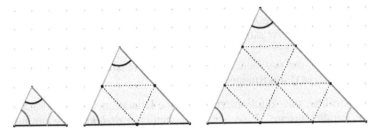

Aufgabe 3:
Untersuchen Sie analog zu Aufgabe 1 und 2 eine Serie von Würfeln mit den Kantenlängen 1, 2, 3, ..., k. Skizzieren Sie Schrägbilder. Stellen Sie Tabellen auf für geeignete Winkelgrößen, Längen der Kanten, der Flächen- und der Raumdiagonalen, den Flächeninhalt einer Seitenfläche, die Würfeloberfläche und das Würfelvolumen. Fassen Sie Ihre Beobachtungen zusammen.

9.2   Mathematischer Hintergrund: Dilatationen

Mit den Kongruenzabbildungen haben wir bijektive (also umkehrbar eindeutige, d. h. injektive und surjektive) Abbildungen der Punkte der Ebene auf sich selbst kennen gelernt, die folgende Zusatzeigenschaften hatten:

■ Wenn drei Punkte P, Q und R auf einer gemeinsamen Geraden liegen (d. h. sie sind kollinear), dann liegen auch ihre Bildpunkte P', Q' und R' wieder kollinear. Man sagt in diesem Fall: Die Abbildung ist **geradentreu** oder eine **Kollineation**.

■ Als unmittelbare Folge dieser Eigenschaft der Geradentreue oder Kollinearität der Abbildung ergibt sich: Wenn ein Punkt P auf einer Geraden g liegt, dann liegt sein Bildpunkt P' auf der Bildgeraden g', d. h. die Inzidenz zwischen Punkten und Geraden bleibt erhalten. Man sagt die Abbildung sei „**inzidenztreu**".

Der Begriff der **Inzidenz** zwischen Punkten und Geraden wird benützt, um den Sachverhalt „der Punkt P liegt auf der Gerade g" bzw. „die Gerade g verläuft durch den Punkt P" in einheitlicher Form zu beschreiben: „P inzidiert mit g" oder „P und g sind inzident".

> **Definition:**
> *Als Kollineationen einer Ebene bezeichnen wir bijektive und geraden-treue (und damit auch inzidenztreue) Punktabbildungen einer Ebene auf sich selbst.*

Wir kennen schon viele Beispiele für Kollineationen: Alle Kongruenzabbildungen wie Drehungen, Verschiebungen, Achsenspiegelungen und Gleitspiegelungen sind Kollineationen. Im Folgenden werden wir weitere kennen lernen.
Zunächst aber interessieren wir uns unter den Kollineationen für diejenigen, die *jede Gerade in eine dazu parallele Gerade abbilden*. Man nennt sie ***Dilatationen***.

> **Definition:** *Eine Dilatation ist eine Kollineation, für die gilt:*
> *Jede Bildgerade ist parallel zu ihrer Originalgeraden.*

Beispiele für Dilatationen, die wir bereits kennen, sind Translationen (Verschiebungen) und Halbdrehungen (Punktspiegelungen).

Man macht sich sofort klar, dass die Forderung an eine Dilatation viel mehr ist als die Forderung der „Parallelentreue". Eine Abbildung heißt *parallelentreu*, wenn für je zwei zueinander parallele Geraden g und h auch deren Bilder g' und h' zueinander parallel sind. Keineswegs müssen dazu jedoch g und g' oder h und h' zueinander parallel sein.

Aufgabe 4:
Welche der folgenden Abbildungen sind parallelentreu, welche sind sogar Dilatationen?

a) Achsenspiegelung   b) Punktspiegelung   c) Translation
d) Gleitspiegelung   e) Drehung um 90°   f) Schrägspiegelung

Wie hängen „Parallelentreue" und „Dilatationseigenschaft" logisch zusammen?

Bevor wir uns genauer den Dilatationen zuwenden, wollen wir einen grundlegenden Satz über Kollineationen der Ebene in sich beweisen.

> **Satz 1:**
> Jede Kollineation der Ebene in sich ist parallelentreu.

Der Beweis dieses Satzes ist einfach und wird indirekt geführt:
Wir nehmen an, g und h seien zwei echt zueinander parallele Geraden (d. h. g ≠ h), aber ihre Bilder g' und h' seien nicht zueinander parallel. Dann existiert ein Punkt S', der sowohl auf g' als auch auf h' liegt. Wegen der Bijektivität der Abbildung existiert zu S' ein Urbild S. Dieses liegt wegen der Inzidenztreue sowohl auf g als auch auf h. Dies steht jedoch im Widerspruch zur Voraussetzung, dass g und h zueinander echt parallel sind. Dieser Widerspruch zwingt uns zum Verwerfen unserer Annahme, dass sich g' und h' schneiden. Damit ist der Beweis für die Parallelentreue erbracht.

Als nächstes wollen wir zeigen, dass bei jeder Dilatation die Verbindungsgeraden von zugeordneten Punktepaaren P und P' jeweils Fixgeraden sind. Diese Verbindungsgeraden der Punkte P mit ihren Bildpunkten P' nennt man *„Spurgeraden"* der Abbildung.

> **Satz 2:**
> Bei jeder Dilatation sind die Spurgeraden PP' Fixgeraden.

Der Beweis dieses Satzes ergibt sich wie folgt:
Sei g = PP'. Wie verläuft die Bildgerade g' zu g? Da es sich um eine Dilatation handelt, ist g' parallel zu g. Da P auf g liegt, muss wegen der Inzidenztreue P' auf g' liegen. Die Bildgerade g' verläuft also parallel zu g durch P'. Dies tut aber g

selbst auch. Das Parallelenaxiom der Geometrie besagt nun, dass es nur *genau eine* solche Parallele zu g durch P gibt, und daher ist g' = g, also g fix.

Wir wollen nun zeigen, dass es genau zwei verschiedene Typen von Dilatationen gibt, solche *mit* einem Fixpunkt und solche *ohne* einen Fixpunkt:

■ *Typ 1: Dilatationen mit Fixpunkt (Streckungen)*

> **Satz 3:**
> Jede Gerade g, die durch einen Fixpunkt F einer Dilatation verläuft, ist eine Fixgerade, also g' = g.

Beweis: Die Bildgerade g' muss wegen der Inzidenztreue ebenfalls durch F' = F gehen und wegen der Dilatations-Eigenschaft zu g parallel sein. g' ist also die Parallele zu g durch F. Das ist aber wegen der Eindeutigkeit (Parallelenaxiom) g selbst.

> **Definition:**
> *Ein Fixpunkt F einer Abbildung heißt ein Zentrum, wenn jede durch ihn verlaufende Gerade eine Fixgerade ist, d. h. F bleibt sogar „geradenweise" fix.*

Satz 3 besagt demnach: **Jeder Fixpunkt einer Dilatation ist sogar ein Zentrum.**

Hinweis: Der Unterschied zwischen einer *Fixgeraden* und einer *Achse* („Fixpunktgerade") ist ganz analog dem Unterschied zwischen einem *Fixpunkt* und einem *Zentrum*. Man könnte daher ein Zentrum auch einen „Fixgeradenpunkt" nennen.

Aufgabe 5:
Welche Punkte bei folgenden Abbildungen sind Fixpunkte, welche sind sogar Zentren?
a) 90°-Drehung   b) Achsenspiegelung
c) Halbdrehung (Punktspiegelung)   d) 45°-Drehung

Wir wollen uns klarmachen, dass eine echte Dilatation, die also von der Identität verschieden ist, keine zwei Fixpunkte, also keine zwei Zentren haben kann:

> **Satz 4:**
> Eine echte (d. h. eine von der Identität verschiedene) Dilatation besitzt höchstens einen Fixpunkt.

Wir werden die zu Satz 4 logisch äquivalente Kontraposition beweisen:
Wenn eine Dilatation zwei verschiedene Fixpunkte besitzt, dann ist sie die Identität.
Angenommen F und G seien zwei verschiedene Fixpunkte einer Dilatation. Dann sind beide gemäß Satz 3 sogar Zentren. Ist nun P ein ganz beliebiger Punkt, so verbinden wir P mit F durch die Gerade f und mit G durch die Gerade g. Nach Satz 3 sind beide Geraden Fixgeraden, also f' = f und g' = g. Wegen der Inzidenztreue

muss P' sowohl auf f' als auch auf g' liegen, also muss P = P' sein. Dies gilt für jeden beliebigen Punkt, also muss die Dilatation die Identität sein.

Aufgabe 6:
Gegeben sei eine Dilatation mit Fixpunkt F. Konstruieren Sie zu den jeweils gegebenen Elementen die gesuchten Elemente.

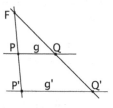

	Gegeben	Gesucht
a)	F, P, P'; Q, g	Q', g'
b)	F, g, g', P, h	P', h'
c)	F, P, P', Q', g'	Q, g
d)	F, g, g', P', h'	P, h

Man erhält als Ergebnis stets eine Abbildung, bei der alle Vektoren vom Zentrum F aus mit demselben Faktor gestreckt werden: *zentrische Streckung mit Zentrum F*.

> Ergebnis:
> Jede Dilatation mit einem Fixpunkt F ist eine zentrische Streckung.

Typ 2: Dilatationen ohne Fixpunkt (Translationen)

Wir wollen nun voraussetzen, dass die Dilatation **keinen** Fixpunkt hat und dann untersuchen, um welchen Abbildungstyp es sich handelt.
Als erstes wollen wir zeigen, dass alle Spurgeraden einer Dilatation ohne Fixpunkt zueinander parallel sind.

> Satz 5:
> Die Spurgeraden einer Dilatation ohne Fixpunkt sind sämtlich zueinander parallel.

Beweis: Es seien PP' = g und QQ' = h zwei Spurgeraden. Nach Satz 2 sind diese Fixgeraden, es ist also g' = g und h' = h. Hätten nun aber g und h einen gemeinsamen Schnittpunkt S, so wäre dieser auch Schnittpunkt von g' und h', also S = S'. Das hieße jedoch, die Dilatation hätte einen Fixpunkt im Widerspruch zur Voraussetzung. Also können g und h keinen gemeinsamen Punkt besitzen und müssen zueinander parallel sein.

Wir können uns nun ein klares Bild von einer Dilatation vom Typ 2 machen:

Gegeben seien P und P'. Nach Satz 2 ist g = PP' eine Fixgerade.
Nun geben wir einen weiteren Punkt Q vor. Nach Satz 5 wissen wir, dass die Spurgerade h = QQ' Fixgerade und zu g = PP' parallel ist, und können h = h' zeichnen. Außerdem muss Q' noch auf der

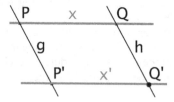

Parallelen x' zu x = PQ durch P' liegen. Q' ist also der Schnittpunkt von h = h' mit x'. Die Figur PQQ'P' erweist sich als Parallelogramm, und daher sind die Vektoren $\overrightarrow{PP'}$ und $\overrightarrow{QQ'}$ gleich und die Abbildung ist eine Verschiebung um diesen Vektor.

> Ergebnis:
> Jede Dilatation ohne Fixpunkt ist eine Translation.

Zusammenfassendes Ergebnis:

> Jede echte Dilatation (≠ Identität) der Ebene ist entweder fixpunktfrei und dann eine Translation, oder sie besitzt genau einen Fixpunkt und dieser ist das Zentrum einer zentrischen Streckung.
> Die Spurgeraden einer zentrischen Streckung sind genau die sämtlichen Fixgeraden durch das Zentrum Z, d. h. jeder Punkt liegt mit seinem Bildpunkt und dem Zentrum kollinear.
> Die Spurgeraden einer Translation sind sämtlich zueinander parallel.

9.3 Die zentrische Streckung

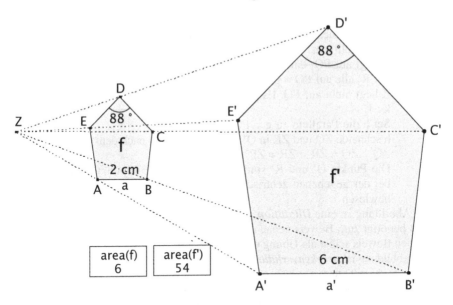

Die wichtigste Abbildung in der Ähnlichkeitsgeometrie ist die zentrische Streckung. Jeder Punkt P wird von Z aus gestreckt mit einem bestimmten, für alle gleichen Faktor.

Wir legen die zentrische Streckung mithilfe einer Konstruktionsvorschrift fest:

> **Konstruktionsvorschrift für die „Zentrische Streckung aus Z mit Faktor k":**
> Der Punkt Z ist ein Zentrum (also ein „Fixgeradenpunkt").
> Jeder Bildpunkt P' liegt mit seinem Original P auf der Geraden ZP.
> Es ist stets $\overrightarrow{ZP'} = k \cdot \overrightarrow{ZP}$.

Man beachte: Für k < 0 zeigt der Vektor $\overrightarrow{ZP'}$ in die entgegengesetzte Richtung wie der Vektor $\overrightarrow{ZP}$, d.h. die Punkte P und P' liegen „auf verschiedenen Seiten" von Z. Durch obige Vorschrift ist eine Abbildung der Ebene auf sich selbst eindeutig festgelegt, sofern k ≠ 0 ist, was wir im Folgenden stets voraussetzen wollen. Zu zeigen ist nun, dass sie bijektiv, geradentreu (und damit inzidenztreu) und eine Dilatation ist, also zu Recht den Namen „zentrische Streckung" verdient.

Eigenschaften der zentrischen Streckung:

1. Die Abbildung durch zentrische Streckung aus Z mit Faktor k (≠ 0) ist **bijektiv**.
    Erstens führt die Konstruktionsanweisung von jedem beliebigen Punkt P eindeutig zu einem zugeordneten Bildpunkt P', es liegt also eine *Abbildung* vor.
    Zweitens führt die Umkehrung der Konstruktionsvorschrift von jedem beliebigen Punkt P' der Ebene zu einem Originalpunkt P, die Abbildung ist also *surjektiv*.
    Drittens führen verschiedene Punkte P und Q auch auf verschiedene Bilder P' und Q', die Abbildung ist also *injektiv*.

2. Die Abbildung ist **geradentreu**:
    Seien P, Q, R kollinear. Zu zeigen ist: P', Q', R' sind ebenfalls kollinear.
    Fall 1: Z liegt auf PQ; dann liegen P, Q, R, P', Q', R' alle auf PQ = g = g'.
    Fall 2: Z liegt nicht auf PQ. Es gilt ZP' : ZP = k : 1.
    Sei h die Parallele zu g = PQ durch P'.
    h schneide ZQ und ZR in Q' und R'. Dann gilt nach dem 1. Strahlensatz
    ZQ' : ZQ = ZR' : ZR = ZP' : ZP = k : 1.
    Die Punkte Q' und R' sind daher genau die Bildpunkte von Q und P bei der gegebenen zentrischen Streckung. Damit ist die Geradentreue bewiesen.

3. Die Abbildung ist eine **Dilatation**, d. h. es gilt stets g' || g.
    Man benötigt zum Beweis genau die Umkehrung des 1. Strahlensatzes. Führen Sie den Beweis selbst als Übung durch.

4. Die Abbildung ist **streckenverhältnistreu**, d. h. für beliebige Strecken a, b und ihre Bilder a', b' gilt stets: a' : b' = a : b bzw. a' : a = $|k|$. (k könnte negativ sein!) Diese Eigenschaft folgt mithilfe des zweiten Strahlensatzes, zeigen Sie dies.

5. Alle Winkelgrößen bleiben erhalten, die Abbildung ist **winkel(maß)treu**.
    Dies folgt aus der Dilatationseigenschaft und den Sätzen über Winkel an Parallelen.

6. Die Abbildung ist **flächenverhältnistreu**. Entsprechende Flächeninhalte verhalten sich im Original und Bild gleich. Es gilt stets A' = k² · A. Dies folgt aus 4.

7. Die Abbildung ist *volumenverhältnistreu*. Entsprechende Volumina verhalten sich im Bild und Urbild gleich. Es gilt stets $V' = |k^3| \cdot V$. Dies ist eine Folge von 4.

8. Das Zentrum Z liegt auf dem Apolloniuskreis über PP' im Verhältnis 1 : $|k|$. Für die Längen ZP und ZP' gilt: ZP' = $|k| \cdot$ ZP, also ZP' : ZP = $|k|$: 1.

Aufgabe 7:

a) Konstruieren Sie zu gegebenen kollinearen Punkten Z, P und P' den Streckfaktor k als Strecke der Länge $|k|$.

b) Zeigen Sie: Zu zwei gegebenen zueinander parallelen Strecken a und a' gibt es stets zwei Dilatationen, die die eine auf die andere Strecke abbilden.

c) Gegeben sind folgende zugeordnete Punkte einer zentrischen Streckung: A(2; 0) und A'(12,5; 0) sowie B(7; 0) und B'(0; 0). Konstruieren Sie das Zentrum Z und den Streckfaktor k (als Strecke der Länge $|k|$) der Streckung S(Z; k), die A in A' und B in B' abbildet.
Hinweis: Benützen Sie einen Hilfspunkt C außerhalb der Geraden AB.

d) Gegeben sind die Punkte A(13; 2); B(7; 2) ; A'(5; 2); B'(3; 2). Bestimmen Sie eine zentrische Streckung $S_1(Z_1; k_1)$, die A in A' und B in B' abbildet, sowie eine zweite Streckung $S_2(Z_2; k_2)$, die A in B' und B in A' abbildet. Welcher Zusammenhang besteht zwischen S_1 und S_2?

Beispiel zur Anwendungen der zentrischen Streckung:

Man konstruiere ein Rechteck im Format 24 x 36 (Kleinbildnegativ bzw. Dia), dessen Diagonale die Länge 6 cm hat.

Lösung:
Man konstruiert zunächst eine zur Lösung ähnliche Figur ABCD, also ein Rechteck mit dem Seitenverhältnis 2 : 3. Durch anschließende zentrische Streckung z. B. aus der Ecke A sorgt man dafür, dass die Diagonale die gewünschte Länge 6 cm bekommt.

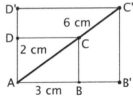

Aufgabe 8:

a) Konstruieren Sie ein Rechteck mit dem Seitenverhältnis 2 : 3 und 24 cm Umfang.

b) Konstruieren Sie in einem gegebenen Dreieck ein Quadrat, dessen Ecken auf den Seiten des Dreiecks liegen.

c) Man konstruiere ein Dreieck mit dem Seitenverhältnis a : b : c = 5 : 6 : 7 und dem Umkreisradius r = 5 cm.

d) Man konstruiere ein Rechteck mit dem Seitenverhältnis 1 : 2, dessen Flächeninhalt 50 cm² misst. (Hinweis: Höhensatz oder Kathetensatz benützen).

e) Man konstruiere ein gleichseitiges Dreieck, bei dem der Inkreisradius um 2 cm kürzer ist als der Umkreisradius.

> Das Grundprinzip der Ähnlichkeitskonstruktionen ist stets dasselbe:
> Man konstruiert zunächst eine zur Lösung nur ähnliche Figur (also die „Form" der Lösung).
> Durch eine anschließende zentrische Streckung sorgt man danach noch für die richtige „Größe", die Form bleibt dabei unverändert.

Aufgabe 9:
a) Manche Leute behaupten, die Erde sei etwa dreimal so groß wie der Mond.
    Andere sagen, sie sei etwa 10 Mal so groß und Dritte, sie sei etwa 30 Mal so
    groß wie der Mond. Alle haben Recht. Was sagen Sie dazu?
    Was bedeutet jeweils das „x-mal so groß wie"?
b) Die Sonne ist etwa 100, 10 000 oder 1 000 000 Mal so groß wie die Erde.
    Was meint man jedes Mal damit?
c) Ein Dreieck wird auf halber Höhe parallel zur Grundseite geschnitten.
    Wie verhalten sich Winkel, Streckenlängen, Umfang, Flächeninhalt der abge-
    schnittenen Spitze zu denen des Ausgangsdreiecks?
    In welcher Höhe (von der Spitze aus gemessen) muss man abschneiden, damit
    die Dreiecksfläche halbiert wird?
d) Eine Pyramide wird auf halber Höhe parallel zur Grundseite geschnitten.
    Wie verhalten sich Winkel, Streckenlängen, Flächeninhalte, Oberfläche und
    Rauminhalt der abgeschnittenen Spitze zu denen der Ausgangspyramide?
    In welcher Höhe (von der Spitze aus gemessen) muss man abschneiden, damit
    die Pyramidenoberfläche halbiert wird?
    In welcher Höhe (von der Spitze aus gemessen) muss man abschneiden, damit
    der Rauminhalt der Pyramide halbiert wird?
e) Mit welchem Faktor muss man vergrößern bzw. verkleinern, um von einem
    DIN-Format auf das nächst größere bzw. nächst kleinere zu kopieren? Was
    zeigt ein entsprechender Fotokopierer an?

Hinweis: $\sqrt{2} = 1{,}414 \ldots \approx 141\,\%$ $\dfrac{1}{\sqrt{2}} = \dfrac{\sqrt{2}}{2} = 0{,}707\ldots \approx 71\%$

$1{,}4^2 = 1{,}96 \approx 2$ $0{,}7^2 = 0{,}49 \approx 0{,}5 = \dfrac{1}{2}$.

Aufgabe 10:
a) Gegeben ist ein Kreis mit Durchmesser d = 1. Es ist eine Serie von 10 weiteren
    Kreisen anzugeben, die jeweils den doppelten Flächeninhalt haben wie der
    vorhergehende. Bestimmen Sie die Serie der Durchmesser beginnend mit d = 1.
b) Bei einer Spiegelreflexkamera kann man die Blendenöffnung durch einen aus-
    geklügelten Mechanismus stufenweise verändern. Auf dem Objektiv sind Stu-
    fen mit den folgenden „Blendenzahlen" versehen:
    1   1,4   2   2,8   4   5,6   8   11   16   22
    Warum stehen gerade diese Zahlen da? Was bedeuten sie?

Aufgabe 11:
Ein Sektkelch (exakte Kegelform) ist bis zur halben Höhe gefüllt. Wie viel könnte
man noch nachgießen, bis er randvoll wäre?

Aufgabe 12:
Im Winkelfeld zweier Geraden a und b liegt ein Punkt P. Man konstruiere Geraden
g durch P, die a in A und b in B schneiden und für die gilt: AP : PB = 2 : 3.
Hinweis: Lösen Sie zuerst die Aufgabe so, dass P die Strecke AB halbiert.

9.4 Verkettung von Dilatationen

Wir wollen nachweisen, dass sämtliche Dilatationen mit der Verkettung (Hintereinanderausführung) als Verknüpfung eine *Gruppe* bilden:

- Die Verkettung von Dilatationen führt nicht aus der Menge dieser Abbildungen hinaus (Begründung: Transitivität der Parallelenrelation).
- Für die Verkettung von Funktionen gilt immer das Assoziativgesetz.
- Die Identität ist trivialerweise auch eine Dilatation. Sie ist das neutrale Element bezüglich der Verkettung.
- Schließlich gibt es zu jeder Dilatation eine Umkehrabbildung (ein inverses Element): Eine Translation mit Vektor $\vec{v}$ wird durch die Verschiebung mit dem Gegenvektor $-\vec{v}$ rückgängig gemacht, eine Streckung S(Z; k) durch die Streckung $S(Z; \frac{1}{k})$.

> **Satz:**
> Die Menge sämtlicher Dilatationen (Translationen und Streckungen) bildet mit der Verkettung als Verknüpfung eine Gruppe, die Dilatationsgruppe.

Wir wollen nun etwas genauer untersuchen, was sich im Einzelfall als Ergebnis von Verkettungen von Abbildungen der Dilatationsgruppe ergibt.

Jeder Punkt X der Ebene kann mithilfe eines Koordinatensystems eindeutig durch seinen Ortsvektor vom Ursprung U zum Punkt X, also $\vec{x} = \overrightarrow{UX}$ beschrieben werden. Mithilfe der vektoriellen Darstellung lassen sich nun Dilatationen sehr einfach beschreiben.

Translation mit v	**Streckung S(Z, k)**

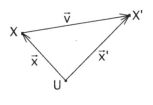

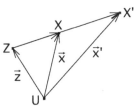

$$\vec{x}' = \vec{x} + \vec{v} \qquad (1)$$

$$\left(\vec{x}' - \vec{z}\right) = \vec{k} \cdot \left(\vec{x} - \vec{z}\right) \qquad (2)$$

Man kommt vom Punkt X zum Punkt X' durch Addition des Verschiebungsvektors $\vec{v}$ zum Ortsvektor $\vec{x}$ des Punktes X.

Man erhält den Vektor $\overrightarrow{ZX'} = \vec{x}' - \vec{z}$ als das k-fache des Vektors $\overrightarrow{ZX} = \vec{x} - \vec{z}$, d. h.

$$\vec{x}' = \vec{z} + k \cdot \left(\vec{x} - \vec{z}\right)$$

Wir untersuchen nun die Ergebnisse von Verkettungen von Dilatationen in Einzelfällen:

Fall 1: Verkettung einer Translation mit einer zentrischen Streckung:

a) Zuerst die Translation mit Vektor $\vec{v}$, dann die Streckung S(Z; k):

$$X \xrightarrow[\vec{x}' = \vec{x} + \vec{v}]{\text{Translation mit v}} X' \xrightarrow[(\vec{x}''-\vec{z}) = k \cdot (\vec{x}'-\vec{z})]{\text{Streckung S(Z; k)}} X''$$

Man erhält als Abbildungsgleichung der Verkettung

$$\vec{x}'' - \vec{z} = k \cdot \left(\vec{x}' - \vec{z}\right) = k \cdot \left(\vec{x} + \vec{v} - \vec{z}\right) \quad \text{oder:} \quad \vec{x}'' = k \cdot \vec{x} + k \cdot \vec{v} + (1-k) \cdot \vec{z} \qquad (3)$$

■ Sonderfälle:

Wenn $k = 1$ ist, dann erhält man eine Verschiebung mit dem Vektor $\vec{v}$.

Ist andererseits $\vec{v} = \vec{o}$ der Nullvektor, so erhält man die zentrische Streckung S(Z; k).

Ist dagegen $k = -1$, so hat man die Verkettung einer Translation mit einer Punktspiegelung und erhält bekanntlich wieder eine Punktspiegelung.

■ Allgemeinfall:

Wir wollen nun voraussetzen, dass weder $k = 1$ noch $\vec{v} = \vec{o}$ ist.

Wir vermuten aufgrund der Anschauung, dass (3) wieder eine zentrische Streckung mit Faktor k aus einem neuen Zentrum W darstellt.

Wenn dem so ist, müsste W ein Fixpunkt der Abbildung sein, also müsste für den Ortsvektor $\vec{w}$ des Punktes W gelten $\vec{w}'' = \vec{w}$. Eingesetzt in (3) ergibt dies:

$$\vec{w}'' = \vec{w} = k \cdot \vec{w} + k \cdot \vec{v} + (1-k) \cdot \vec{z} \quad \text{oder:} \quad \vec{w} = \frac{k \cdot \vec{v} + (1-k) \cdot \vec{z}}{1-k} = \vec{z} + \frac{k}{1-k} \cdot \vec{v} \quad (4)$$

Die durch (3) beschriebene Abbildung besitzt (für $k \neq 1$) genau einen Fixpunkt W.

An der zuletzt dargestellten Form (4) für $\vec{w}$ erkennt man: W liegt auf der Geraden durch Z in Richtung $\vec{v}$ und ist von Z aus um den Vektor $\overrightarrow{ZW} = \frac{k}{1-k} \cdot \vec{v}$ verschoben.

Nun wollen wir noch zeigen, dass (3) genau die zentrische Streckung S(W; k) aus dem Zentrum W mit Faktor k darstellt. Mit (3) und (4) erhält man:

$$\vec{x}'' - \vec{w} = k \cdot \vec{x} + k \cdot \vec{v} + (1-k) \cdot \vec{z} - \vec{z} - \frac{k}{1-k} \cdot \vec{v} = k \cdot (\vec{x} - \vec{w}) \qquad (3a)$$

Die Darstellung (3a) $\vec{x}'' - \vec{w} = k \cdot (\vec{x} - \vec{w})$ zeigt, dass die Verkettung wirklich eine zentrische Streckung mit dem Faktor k aus dem Zentrum W ist.

Ergebnis 1:

> Die Verkettung einer echten Translation mit Vektor $\vec{v}$ ($\neq \vec{0}$) und einer echten Streckung S(Z; k) ($k \neq 1$) ergibt eine Streckung S(W; k) mit $\overrightarrow{ZW} = \frac{k}{1-k} \cdot \vec{v}$.

b) *Zuerst die Streckung S(Z; k), danach die Translation mit Vektor $\vec{v}$:*

Man erhält in diesem Fall als Abbildungsgleichung der Verkettung:
$$\vec{x}'' = \vec{x}' + \vec{v} = k \cdot (\vec{x} - \vec{z}) + \vec{z} + \vec{v} = k \cdot \vec{x} + (1 - k) \cdot \vec{z} + \vec{v} \qquad (5)$$
Wieder untersuchen wir, ob die Verkettung (5) einen Fixpunkt Y besitzt:

$$\vec{y}'' = \vec{y} = k \cdot \vec{y} + (1 - k) \cdot \vec{z} + \vec{v} \text{ daraus: } \vec{y} = \frac{(1-k) \cdot \vec{z} + \vec{v}}{1 - k} = \vec{z} + \frac{1}{1-k} \cdot \vec{v} \quad (6)$$

Man erhält also (für $k \neq 1$) einen Fixpunkt Y, der von Z um den Vektor $\overrightarrow{ZY} = \frac{1}{1-k} \cdot \vec{v}$ verschoben ist. Das Ergebnis ist diesmal – wir übergehen den Rest der Rechnung – eine Streckung aus einem neuen Zentrum Y mit dem Faktor k.

Ergebnis 2:

> Die Verkettung einer echten Streckung S(Z; k) mit einer echten Translation $\vec{v}$ ist eine Streckung S(Y; k) aus einem Zentrum Y, wobei gilt: $\overrightarrow{ZY} = \frac{1}{1-k} \cdot \vec{v}$.

c) *Wann sind Translation und Streckung vertauschbar?*

Wann ist die Verkettung einer Translation mit einer Streckung vertauschbar? Selbstverständlich sind sie vertauschbar, wenn einer der beiden Faktoren die Identität ist, d. h. wenn $\vec{v} = \vec{o}$ oder $k = 1$ ist. Für $k \neq 1$ erhält man jeweils eine echte zentrische Streckung. Die beiden Verkettungen aus Schiebung und Streckung, die man bei vertauschten Reihenfolgen erhält, sind nur dann gleich, wenn die beiden Fixpunkte W und Y aus a) bzw. b) identisch sind. Dazu müsste gelten:

$$\vec{z} + \frac{k}{1-k} \cdot \vec{v} = \vec{z} + \frac{1}{1-k} \cdot \vec{v}$$ woraus sofort $\vec{v} = \vec{o}$ folgt. Dies würde aber bedeuten, dass die Translation die Identität ist.

Ergebnis 3:

> Die Verkettung einer *echten* Translation v und einer *echten* Streckung S(Z; k) ist nie vertauschbar. Das Ergebnis ist stets eine Streckung mit demselben Faktor k, aber verschiedenen Streckzentren.

Fall 2: Verkettung zweier zentrischer Streckungen

$$X \xrightarrow[\vec{x}'-\vec{a}=k \cdot (\vec{x}-\vec{a})]{\text{Streckung } S_1(A; k)} X' \xrightarrow[\vec{x}''-\vec{b}=m \cdot (\vec{x}'-\vec{b})]{\text{Streckung } S_2(B; m)} X''$$

Man erhält als Abbildungsgleichung der Verkettung

$$\vec{x}'' - \vec{b} = m \cdot (\vec{x}' - \vec{b}) = m \cdot (k \cdot (\vec{x} - \vec{a}) + \vec{a} - \vec{b})$$

$$\vec{x}'' = m \cdot k \cdot \vec{x} + (m - m \cdot k) \cdot \vec{a} + (1 - m) \cdot \vec{b} \tag{7}$$

▪ Sonderfall: $m \cdot k = 1$:

Ist $m \cdot k = 1$, so erhält man eine Verschiebung mit dem Vektor

$$\vec{v} = (m - 1) \cdot \vec{a} + (1 - m) \cdot \vec{b} = (1 - m) \cdot (\vec{b} - \vec{a}) = (1 - m) \cdot \overrightarrow{AB}.$$

Ergebnis 4:

> Das Produkt zweier zentrischer Streckungen $S_1(A; k) \circ S_2(B; m)$ ergibt für den Fall $k \cdot m = 1$ eine Translation mit dem Vektor $\vec{v} = (1 - m) \cdot \overrightarrow{AB}$.
> Die Verkettung ist genau dann vertauschbar, wenn $m = 1 = k$ oder wenn $A = B$ ist, also für echte Streckungen nur, wenn die beiden Zentren identisch sind.

▪ Allgemeinfall: $m \cdot k \neq 1$:

Ist jedoch $m \cdot k \neq 1$, so erwarten wir eine zentrische Streckung mit dem Faktor $m \cdot k$ aus einem neuen Zentrum C. Wir wollen dieses Zentrum C bestimmen. Dieses müsste bei der durch (7) beschriebenen Abbildung fix bleiben, also müsste gelten $\vec{c}'' = \vec{c}$. Damit erhalten wir aus (7):

$$\vec{c}'' = \vec{c} = m \cdot k \cdot \vec{c} + (m - m \cdot k) \cdot \vec{a} + (1 - m) \cdot \vec{b}. \text{ Aufgelöst nach } \vec{c} \text{ erhält man:}$$

$$\vec{c} = \frac{m \cdot (1 - k) \cdot \vec{a} + (1 - m) \cdot \vec{b}}{1 - m \cdot k} = \vec{a} + \frac{1 - m}{1 - m \cdot k} \cdot (\vec{b} - \vec{a}) \tag{8}$$

Für $m \cdot k \neq 1$ besitzt also die Verkettung genau einen Fixpunkt C. Dieser liegt auf der Verbindungsgerade AB der beiden Zentren und es gilt: $\overrightarrow{AC} = \dfrac{1 - m}{1 - m \cdot k} \cdot \overrightarrow{AB}$

Wir wollen nun zeigen, dass die Verkettung (7) in diesem Fall wirklich eine zentrische Streckung aus C mit dem Faktor $m \cdot k$ ist. Dazu formen wir die Abbildungsgleichung (7) unter Benutzung von (8) um:

$$\vec{x}'' - \vec{c} = m \cdot k \cdot \vec{x} + (m - m \cdot k) \cdot \vec{a} + (1 - m) \cdot \vec{b} - \frac{m \cdot (1 - k) \cdot \vec{a} + (1 - m) \cdot \vec{b}}{1 - m \cdot k}$$

$$\vec{x}'' - \vec{c} = m \cdot k \cdot \vec{x} - \frac{m \cdot k \cdot [m(1 - k) \cdot \vec{a} + (1 - m) \cdot \vec{b}]}{1 - m \cdot k} = m \cdot k \cdot (\vec{x} - \vec{c}) \tag{9}$$

Die nun gefundene Form (9) für (7) lässt erkennen, dass es sich wirklich um eine zentrische Streckung $S(C; m \cdot k)$ aus dem Zentrum C mit dem Faktor $m \cdot k$ handelt.

Ergebnis 5:

> Das Produkt zweier zentrischer Streckungen $S_1(A; k) \circ S_2(B; m)$ mit $k \cdot m \neq 1$
>
> ist eine zentrische Streckung $S(C; k \cdot m)$, und es gilt $\overrightarrow{AC} = \dfrac{1-m}{1-m \cdot k} \cdot \overrightarrow{AB}$.

Wir wollen nun auch noch im Allgemeinfall der Frage nachgehen, in welchen Fällen die Verkettung zweier zentrischer Streckungen vertauschbar ist:

■ *Wann ist die Verkettung zweier zentrischer Streckungen vertauschbar?*
In Anwendung des obigen Ergebnisses können wir für das vertauschte Produkt $S_2(B; m) \circ S_1(A; k) = S_4(D; m \cdot k)$ die Lage des Zentrums D sofort analog zu C angeben, indem wir die Rollen von A und B sowie von m und k vertauschen:

$$\vec{c} = \frac{m \cdot (1-k) \cdot \vec{a} + (1-m) \cdot \vec{b}}{1 - m \cdot k} \quad \text{wird nun zu} \quad \vec{d} = \frac{k \cdot (1-m) \cdot \vec{b} + (1-k) \cdot \vec{a}}{1 - m \cdot k} \quad (10)$$

Falls die Faktoren vertauschbar sind, muss jedenfalls $\vec{c} = \vec{d}$ gelten:

Man erhält: $\quad m \cdot \vec{a} - m \cdot k \cdot \vec{a} + \vec{b} - m \cdot \vec{b} = k \cdot \vec{b} - m \cdot k \cdot \vec{b} + \vec{a} - k \cdot \vec{a}$

oder: $\quad\quad (m - m \cdot k - 1) \cdot \vec{a} = (m - m \cdot k - 1 + k) \cdot \vec{b} \quad$ bzw.

$$(m - 1) \cdot (k - 1) \cdot \vec{a} = (m - 1) \cdot (k - 1) \cdot \vec{b} \quad (11)$$

Gleichung (11) ist genau dann erfüllt, wenn einer der folgenden Fälle vorliegt:

■ $k = 1$: Das ist genau dann der Fall, wenn die erste Streckung die Identität ist.

■ $m = 1$: Das ist genau dann der Fall, wenn die zweite Streckung die Identität ist.

■ $\vec{a} = \vec{b}$: Das ist genau dann der Fall, wenn die Streckzentren A und B gleich sind.

Ergebnis 6:

> Zwei echte zentrische Streckungen sind genau dann vertauschbar, wenn sie dasselbe Streckzentrum haben.

Zusammenfassung:
- Dilatationen bilden jede Gerade in eine dazu parallele Gerade ab.
- Es gibt zwei Typen von Dilatationen: Translation und zentrische Streckung.
- Sämtliche Dilatationen bilden bezüglich der Verkettung eine Gruppe.
- Die Translationen für sich bilden eine Untergruppe der Dilatationsgruppe.
- Die Verkettung einer echten Translation mit einer echten zentrischen Streckung ergibt wieder eine zentrische Streckung mit dem gleichen Streckfaktor.

- Die Verkettung zweier zentrischer Streckungen $S_1(A;k) \circ S_2(B;m)$ ist
  - eine Translation mit dem Vektor $\vec{v} = (m - 1) \cdot \overrightarrow{AB}$, falls $m \cdot k = 1$ ist.
  - eine zentrische Streckung $S(C; m \cdot k)$, falls $m \cdot k \neq 1$ ist.

    Dabei gilt für das Zentrum C: $\overrightarrow{AC} = \dfrac{1-m}{1-m \cdot k} \cdot \overrightarrow{AB}$
  - Vertauschbarkeit liegt vor, wenn $k = 1$ oder $m = 1$ oder $A = B$ ist.
- Eigenschaften der zentrischen Streckung $S(Z; k)$ sind:
  - Jede Gerade wird in eine dazu parallele Gerade abgebildet.
  - Alle Winkelgrößen bleiben erhalten.
  - Jede Strecke wird mit demselben Faktor $|k|$ gestreckt: $a' = |k| \cdot a$.
  - Alle Flächen werden mit demselben Faktor k^2 verändert.
  - Alle Rauminhalte werden mit demselben Faktor $|k|^3$ verändert.
- Ähnlichkeitskonstruktionen erfolgen in der Regel in zwei Schritten:
  - Man konstruiert eine zur Lösung formgleiche (ähnliche) Figur.
  - Diese wird durch eine zentrische Streckung maßgerecht angepasst.

9.5 Hinweise und Lösungen zu den Aufgaben

Aufgabe 1:
Winkelgrößen bleiben gleich, Streckenlängen werden mit dem Faktor $|k|$ und Flächeninhalte mit dem Faktor k^2 verändert. Alle Verhältnisse von entsprechenden Streckenlängen bzw. Flächengrößen bleiben daher unverändert.

Aufgabe 2:
Man bestätigt noch einmal alle Ergebnisse von Aufgabe 1.

Aufgabe 3:
Die Ergebnisse von Aufgabe 1 werden bestätigt. Neu hinzu kommt, dass sich alle Rauminhalte mit dem Faktor k^3 bzw. $|k^3|$ verändern, also bleiben die Verhältnisse entsprechender Volumina ebenfalls unverändert.

Aufgabe 4:
Alle diese Abbildungen sind zwar parallelentreu, jedoch nur b) und c) sind dilatorisch. Die Parallelentreue folgt zwar aus der Dilatationseigenschaft, jedoch nicht umgekehrt.

Aufgabe 5:
a) Der Drehpunkt ist einziger Fixpunkt, jedoch kein Zentrum.
b) Genau alle Achsenpunkte sind Fixpunkte, jedoch keine Zentren.
c) Der Drehpunkt ist einziger Fixpunkt und sogar ein Zentrum.
d) Der Drehpunkt ist einziger Fixpunkt, jedoch kein Zentrum.

Aufgabe 6:
Mithilfe der Spurgeraden FP = FP' und der Dilatationseigenschaft (g' ist parallel zu g für jede Gerade g) lassen sich alle Konstruktionen durchführen. Selbstverständlich müssen g und g' bei b) und d) zueinander parallel sein.

Aufgabe 7:

a) Man verwendet den 1. Strahlensatz mit dem Verhältnis ZP : ZP' = 1 : k.

b) Fall 1: Die beiden Strecken sind gleich lang.
   Dann gibt es eine Punktspiegelung und eine Translation, die das Gewünschte leisten. Erstellen Sie dazu eine entsprechende Zeichnung.
   Fall 2: Die beiden Strecken sind verschieden lang:
   Dann gibt es zwei zentrische Streckungen (positives und negatives k), die das Gewünschte leisten. Erstellen Sie eine entsprechende Zeichnung.

c) Die folgende Zeichnung zeigt die Konstruktion von Z mithilfe des Hilfspunktes C und seines Bildes C'. Der Streckfaktor ergibt sich zu k = – 2,5.

d) Mithilfe des Hilfspunktes C und seines Bildes C' bzw. C'' erhält man die beiden Zentren $Z_1(1; 2)$ und $Z_2(5,5; 2)$ (siehe Zeichnung). Beide Zentren liegen auf der Gerade AB und der Streckfaktor ist im ersten Fall $k_1 = 1/3$ und in zweiten Fall $k_2 = - 1/3$

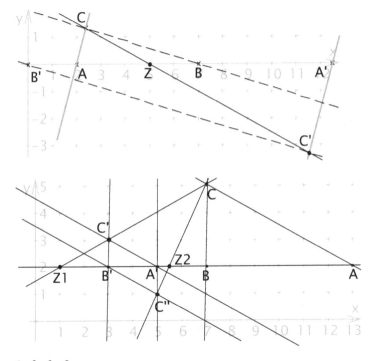

Aufgabe 8:

a) Man zeichnet ein Rechteck mit den Seiten 2 cm und 3 cm und verlängert eine Seite durch Drehung der Nachbarseite um 90° um diese. Dann streckt man die Figur, bis die Summe der beiden Seiten gleich dem halben Umfang ist, also 12 cm beträgt.

b) Man zeichnet ein Quadrat PQRS mit P und Q auf AB und S auf AC. Durch eine zentrische Streckung aus A (warum unbedingt aus A?) sorgt man dafür, dass auch noch R auf BC kommt.

c) Man konstruiert zuerst ein zur Lösung ähnliches Dreieck mit den Seiten a = 5 cm, b = 6 cm und c = 7 cm. Durch eine zentrische Streckung aus der Umkreismitte sorgt man dafür, dass der Umkreisradius r = 5 cm beträgt.

d) Zur Vorbereitung verschafft man sich ein Quadrat, dessen Inhalt 50 cm² beträgt, also mit der Seitenlänge s = $\sqrt{50}$ cm (Höhensatz, Kathetensatz, Pythagoras). Nun konstruiert man ein zur Lösung ähnliches Rechteck z. B. mit den Seitenlängen
a = 3 cm und b = 6 cm. Mithilfe z. B. des Höhensatzes konstruiert man ein dazu inhaltsgleiches Quadrat. Durch eine anschließende geeignete Streckung bringt man dann die Seitenlänge dieses Quadrats auf den gesuchten Wert s = $\sqrt{50}$ cm. Die dabei mit gestreckten Rechtecksseiten ergeben das gesuchte Rechteck.

e) Man konstruiert irgendein gleichseitiges Dreieck. Durch anschließende zentrische Streckung (Zentrum geeignet wählen!) sorgt man dafür, dass die Differenz zwischen Inkreis- und Umkreisradius 2 cm beträgt.

Aufgabe 9:

a) Der Erddurchmesser (bzw. Erdumfang) ist ca. dreimal so groß wie der des Mondes. Die Erdoberfläche ist etwa 10 Mal ($3^2 = 9 \approx 10$) so groß wie die Mondoberfläche. Der Rauminhalt der Erde ist etwa 30 Mal ($3^3 = 27 \approx 30$) so groß wie das Mondvolumen.

b) Analog zu Aufgabe a) ist hier der Längenfaktor k = 100, der Flächenfaktor $k^2 = 10\,000$ und der Volumenfaktor $k^3 = 1\,000\,000$,

c) Längen werden halbiert (k = 0,5), Flächeninhalte werden geviertelt ($k^2 = 0,25$). Damit die Flächengröße halbiert wird, muss man den Faktor k so wählen, dass

$$k^2 = 0,5 \text{ wird, d. h. } k = \sqrt{0,5} = \frac{\sqrt{2}}{2} = \frac{1}{\sqrt{2}} = 0,707... \approx 71\,\%.$$

d) Schnitt auf halber Höhe: k = 0,5 = 1/2; $k^2 = 0,25 = 1/4$; $k^3 = 0,125 = 1/8$. Zur Halbierung der Oberfläche muss $k^2 = \frac{1}{2}$, also k= 0,707... gewählt werden. Zur Halbierung des Rauminhalts muss $k^3 = \frac{1}{2}$, also k = $\sqrt[3]{0,5} = 0,7937.. \approx 0,8$ sein.

e) Vergrößerung um einen DIN-Schritt bedeutet Flächenfaktor $k^2 = 2$ also k = 1,414...
Verkleinerung um einen DIN-Schritt bedeutet Flächenfaktor $k^2 = 0,5$ also k = 0,707...

Aufgabe 10:

a) Jeder nachfolgende Kreis hat einen mit dem Faktor k = $\sqrt{2} \approx 1,4$ vergrößerten Durchmesser. Man erhält die folgenden gerundeten Werte:
1   1,4   2   2,8   4   5,6   8   11   16   22.

b) Bei jedem Schritt halbiert bzw. verdoppelt sich die Blendenöffnung, daher erhält man genau die in a) erhaltene Zahlenreihe. Ändert man die Blende um einen Schritt, so muss man zum Ausgleich die Belichtungszeit verdoppeln bzw. halbieren.

Aufgabe 11:
Sie werden es nicht glauben, aber man kann noch genau 7 Mal so viel nachgießen.

Aufgabe 12:
Wir analysieren die Situation an der angenommenen Lösung:

Eine zentrische Streckung $S(P; \frac{3}{2})$ bildet den Punkt A ab in den Punkt B. Man kennt zwar A nicht, aber eine Ortslinie auf der A liegt, nämlich die Gerade a. Diese wird durch $S(P; \frac{3}{2})$ abgebildet in a'. Der Schnittpunkt von a' mit b ist der gesuchte Punkt B.

10 Ähnlichkeitsabbildungen und ähnliche Figuren

Die wichtigste Ähnlichkeitsabbildung ist die zentrische Streckung. Man erhält weitere Ähnlichkeitsabbildungen, indem man eine zentrische Streckung mit irgendeiner Kongruenzabbildung verkettet:

> **Definition:**
> *Jede Verkettung einer zentrischen Streckung mit einer Kongruenzabbildung nennen wir eine Ähnlichkeitsabbildung.*

Wir wollen im Folgenden zwei wichtige Typen von Ähnlichkeitsabbildungen kennen lernen: *Drehstreckung (Streckdrehung)* und *Klappstreckung (Streckspiegelung).*

10.1 Die Drehstreckung oder Streckdrehung

Wir verketten eine zentrische Streckung $Z(S; k)$ mit einer Drehung $D(S; \alpha)$, *wobei der Drehpunkt S mit dem Streckzentrum S übereinstimmt:*

Die Figur F, hier das Dreieck ABC, wird folgenden Abbildungen unterworfen:

F wird durch die Streckung $Z(S; k)$ abgebildet in F_s und F_s anschließend durch die Drehung $D(S; \alpha)$ in $F_{sd} = F'$.

Entsprechend wird F durch die Drehung $D(S; \alpha)$ abgebildet in F_d und F_d anschließend durch die Streckung $Z(S; k)$ in $F_{ds} = F'$.

Man erkennt leicht, dass Drehung und Streckung in diesem Fall vertauschbar sind, d. h. es gilt: $F_{ds} = F_{sd} = F'$.

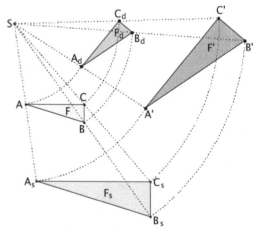

Begründen Sie die folgenden Eigenschaften einer Drehstreckung durch genaue Analyse der Zeichnung:

Eigenschaften einer Drehstreckung DS(S; α; k):

- Man darf die Streckung und die Drehung vertauschen, das Ergebnis ist dasselbe. Eine genauere Untersuchung zeigt, dass dies *dann und nur dann* gilt, wenn Drehpunkt und Streckzentrum identisch sind. Zeigen Sie dies mit einem DGS.
- Jede Strecke oder Gerade ist gegenüber ihrem Urbild um den Winkel α gedreht.

- Jede Strecke ist gegenüber ihrem Urbild mit dem Faktor $|k|$ gestreckt.
- Für jedes Paar von Urpunkt P und Bildpunkt P' gilt: $\angle PSP' = \alpha$.
  S liegt also auf dem Fasskreisbogen über PP' für den Drehwinkel α.
- Für jedes Paar von Urpunkt P und Bildpunkt P' gilt: SP' : SP = $|k|$: 1.
  S liegt also auf dem Apolloniuskreis über der Strecke P'P mit dem Verhältnis $|k| : 1$.
- Die Drehstreckung ist eine *gleichsinnige* Abbildung (orientierungstreu).
- Für $k \neq 1$ ist S der einzige Fixpunkt.
- Für $\alpha = n \cdot 180°$ sind genau die Geraden durch S Fixgeraden, d. h. in diesem Fall ist S sogar ein Zentrum. Bei allen anderen Fällen gibt es keine Fixgeraden.

Diese Eigenschaften gestatten es, zu gegebenem Urbilddreieck und Bilddreieck den Fixpunkt S, den Drehwinkel α und den Streckfaktor k zu bestimmen.
Hinweis:
Sonderfälle der Drehstreckung sind die **reine Streckung** ($\alpha = n \cdot 180°$), die **reine Drehung** (k = 1) und die **Identität**. *[Die Punktspiegelung ist eine Streckung mit k = – 1].*

Aufgabe 1:
Gegeben ist ein bei C rechtwinkliges Dreieck ABC mit der Höhe DC. Zeigen Sie, dass man das Teildreieck ADC durch eine Drehstreckung in das Teildreieck CDB abbilden kann. Bestimmen Sie den Fixpunkt S, den Drehwinkel α und den Streckfaktor k.

Aufgabe 2:
Gegeben sind zwei sich in S schneidende Geraden a und b sowie ein Punkt C im Winkelfeld der beiden Geraden. Konstruieren Sie ein gleichschenklig-rechtwinkliges Dreieck ABC mit A auf a und B auf b und dem rechten Winkel bei A.

10.2 Die Klappstreckung oder Streckspiegelung

Wir verketten eine zentrische Streckung Z(S; k) mit einer Spiegelung $\underline{a}$ an der Achse a, *wobei das **Streckzentrum S auf der Spiegelachse a liegt.***

Die Figur F, hier das Dreieck ABC, wird folgenden Abbildungen unterworfen:
F wird durch die Streckung Z(S; k) abgebildet in F_s und F_s anschließend durch die Spiegelung $\underline{a}$ an a in F_{sa} = F'.
Entsprechend wird F durch die Spiegelung $\underline{a}$ an a abgebildet in F_a und F_a anschließend durch die Streckung Z(S; k) in F_{as} = F'.

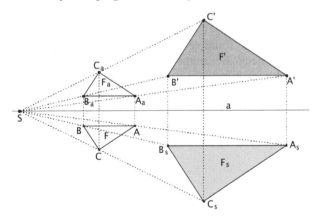

Man erkennt leicht, dass Spiegelung und Streckung in diesem Fall vertauschbar sind, d. h. es gilt: $F_{as} = F_{sa} = F'$.

Begründen Sie die folgenden Eigenschaften einer Klappstreckung durch genaue Analyse der Zeichnung:

Eigenschaften einer Klappstreckung KS(S; k; a):

- Man darf die Streckung und die Spiegelung vertauschen, das Ergebnis ist dasselbe. Eine genauere Untersuchung zeigt, dass dies *dann und nur dann* gilt, wenn das Streckzentrum S auf der Spiegelgerade a liegt. Zeigen Sie dies mit einem DGS.
- Eine Winkelhalbierende zwischen einer Geraden und ihrer Bildgeraden ist parallel zur Fixgeraden a.
- Jede Strecke ist gegenüber ihrem Urbild mit dem Faktor $|k|$ gestreckt.
- Für jedes Paar von Urpunkt P und Bildpunkt P' gilt:
  Die Fixgerade a teilt die Strecke PP' im Verhältnis 1 : $|k|$.
- Für jedes Paar von Urpunkt P und Bildpunkt P' gilt: SP' : SP = $|k|$: 1.
  S liegt also auf dem Apolloniuskreis über P'P für das Verhältnis $|k|$: 1.
- Die Klappstreckung ist eine *ungleichsinnige* Abbildung (orientierungsumkehrend).
- Für $k \neq 1$ ist der Punkt S auf der Achse a der einzige Fixpunkt.
- Einzige Fixgeraden sind die Fixgerade a und die dazu senkrechte Gerade durch S.

Diese Eigenschaften gestatten es, zu gegebenem Urbilddreieck und Bilddreieck den Fixpunkt S, die Fixgerade a (Achtung: a ist keine „Achse"!) und den Streckfaktor k zu bestimmen.
Hinweis:
Ein *Sonderfall* der Streckspiegelung (Klappstreckung) ist die *reine Spiegelung* (k = 1). Man beachte jedoch, dass die reine Streckung *kein* Sonderfall dieser Abbildung ist, denn diese wäre gleichsinnig.

Aufgabe 3:
Gegeben ist ein bei C rechtwinkliges Dreieck ABC mit der Höhe DC. Zeigen Sie, dass man das Teildreieck ADC durch eine Klappstreckung in das Dreieck ACB abbilden kann. Bestimmen Sie die Fixgerade a, den Fixpunkt S und den Streckfaktor k.

Aufgabe 4:
Gegeben ist ein Dreieck ABC mit der Winkelhalbierenden w = AD. Bilden Sie das Dreieck ABC durch die Klappstreckung KS(A; b/c; w) ab. Folgern Sie nun den Winkelhalbierendensatz für Dreiecke (vgl. Kap. 8.2).

10.3 Allgemeine Ähnlichkeitsabbildungen

Wie die Kongruenzabbildungen kann man auch die **Ähnlichkeitsabbildungen typisieren**. Ohne Beweis sei mitgeteilt, dass man wie bei den Kongruenzabbildungen genau vier Typen von Ähnlichkeitsabbildungen erhält:

Jede Ähnlichkeitsabbildung ist
- entweder eine gleichsinnige Ähnlichkeit, d. h. eine Drehstreckung oder eine Translation [Sonderfälle der Drehstreckung sind eine reine Drehung oder eine reine Streckung]
- oder eine gegensinnige Ähnlichkeit d. h. eine Klappstreckung oder eine Gleitspiegelung [Sonderfall einer Klappstreckung ist eine reine Achsenspiegelung].

Eigenschaften von Ähnlichkeitsabbildungen:
Die wichtigsten Eigenschaften aller Ähnlichkeitsabbildungen sind die sogenannten *Abbildungsinvarianten*, also die geometrischen Figureigenschaften, die bei jeder Ähnlichkeitsabbildung ungeändert (invariant) bleiben:

Bei jeder Ähnlichkeitsabbildung bleiben folgende Eigenschaften invariant:
Geradlinigkeit	*Parallelität*
Winkelgrößen	*Streckenverhältnisse*
Flächeninhaltsverhältnisse	*Volumenverhältnisse*

Bevor wir uns den ähnlichen Figuren zuwenden, wollen wir der Frage nachgehen, wie *Drehstreckungen bzw. Klappstreckungen mit negativen Faktoren k* aussehen:

Die Methode, nach der wir diese Frage klären werden, sei durch ein einfaches Analogbeispiel erläutert: $8 \cdot 5 = 8 \cdot 1 \cdot 5 = 8 \cdot (-1) \cdot (-1) \cdot 5 = (-8) \cdot (-5)$.
Mit $\underline{Z}$ bezeichnen wir die Punktspiegelung an Z, d. h. die Drehung um Z um 180°.
Es gilt $\underline{Z} \circ \underline{Z} = i =$ Identität ganz analog zum obigen Beispiel mit $(-1) \cdot (-1) = 1$.
$$\begin{aligned}
\mathbf{DS(Z;\ k;\ \alpha)} \quad &= D(Z; \alpha) \circ i \circ S(Z; k) \quad &&= D(Z; \alpha) \circ \underline{Z} \circ \underline{Z} \circ S(Z; k) \\
&= D(Z; \alpha + 180°) \circ S(Z; -k) \quad &&= \mathbf{DS(Z;\ -k;\ \alpha + 180°)}.
\end{aligned}$$
Jede Drehstreckung kann also auf zwei verschiedene Weisen dargestellt werden: einmal mit positivem Streckfaktor und einmal mit negativem Streckfaktor und um 180° vergrößertem Drehwinkel. Der Fixpunkt S ist in beiden Fällen derselbe.
Ein ganz analoges Ergebnis erhalten wir für die Klappstreckung:
$$\begin{aligned}
\mathbf{KS(Z;\ k;\ a)} \quad &= \underline{a} \circ i \circ S(Z; k) \quad &&= \underline{a} \circ \underline{Z} \circ \underline{Z} \circ S(Z; k) \\
&= \underline{a}^{\perp} \circ S(Z; -k) \quad &&= KS(Z; -k; a^{\perp}), \quad && \text{wobei } a^{\perp} \perp a \text{ in Z}.
\end{aligned}$$
Jede Klappstreckung kann also auf zwei verschiedene Weisen dargestellt werden: einmal mit positivem Streckfaktor und einmal mit negativem Streckfaktor und einer zur Spiegelachse a senkrechten Fixgeraden $a^{\perp}$. Der Fixpunkt S ist in beiden Fällen derselbe. *Man kann sich folglich bei Dreh- und Klappstreckungen immer auf positive Streckfaktoren beschränken und damit auf eindeutige Darstellungen.*

Aufgabe 5:

a) Was ist die Umkehrabbildung einer Drehstreckung DS(Z; k; α) bzw. einer Klappstreckung KS(Z; k; a) ?

b) Überzeugen Sie sich von der Richtigkeit der soeben dargestellten Dreh- bzw. Klappstreckungen mit negativem Faktor, indem Sie dies mit einem Dynamischen-Geometrie-System (DGS) durchspielen.

c) Füllen Sie die folgende „Verknüpfungstafel" für die Verkettung von Ähnlichkeitsabbildungen aus. Geben Sie möglichst viele Kenndaten für die Ergebnisse an.

	Translation $\vec{w}$	Drehstreckung DS(B; m; β)	Gleitspiegelung $\underline{b} \circ \vec{w} = \vec{w} \circ \underline{b}$	Klappstreckung KS(B; m; b)
Translation $\vec{v}$				
Drehstreckung DS(A; k; α)				
Gleitspiegelung $\underline{a} \circ \vec{v} = \vec{v} \circ \underline{a}$				
Klappstreckung KS(A; k; a)				

10.4 Ähnliche Figuren – Ähnlichkeitssätze

Analog zu den Kongruenzabbildungen benutzt man die Ähnlichkeitsabbildungen dazu, um Figuren zu vergleichen und zueinander ähnliche Figuren zu bestimmen:

> **Definition:**
> *Zwei Figuren nennt man zueinander ähnlich, wenn sie durch eine Ähnlichkeitsabbildung aufeinander abgebildet werden können.*

Aufgabe 6:

Gegeben sind zwei *gleichsinnig* ähnliche Dreiecke ABC und A'B'C' in beliebiger, aber nicht paralleler Lage. Konstruieren Sie den Streckfaktor k, den Drehwinkel α und den Fixpunkt S der Drehstreckung DS(S; k; α), die das Urbild- in das Bilddreieck abbildet. Benutzen Sie zur Konstruktion von S einmal die Längeneigenschaft (Apolloniuskreise für P'P im Verhältnis k : 1) und einmal die Winkeleigenschaft (Fasskreisbogen für α über P'P).

Aufgabe 7:

Gegeben sind zwei *ungleichsinnig* ähnliche Dreiecke ABC und A'B'C' in beliebiger Lage. Konstruieren Sie den Streckfaktor k, die Fixgerade a und den Fixpunkt S der Klappstreckung KS(S; k; a), die das Urbild- in das Bilddreieck abbildet.

Benutzen Sie zur Konstruktion von S einmal die Längeneigenschaft (Apolloniuskreise für P'P und das Verhältnis k : 1) und einmal die „Achseneigenschaft" (Fixgerade a teilt P'P im Verhältnis k : 1).

Beachtet man die Invarianten von Ähnlichkeitsabbildungen, so folgt sofort eine Reihe von *Eigenschaften ähnlicher Figuren*:

> Für zueinander ähnliche Figuren gilt:
> - Entsprechende Winkel sind gleich groß: $\alpha' = \alpha$; $\beta' = \beta$; ....
> - Entsprechende Streckenverhältnisse sind gleich:
> $a' : b' = a : b$ bzw. $a' : a = b' : b = c' : c = \ldots = |k|$.
> - Entsprechende Flächeninhalte F bzw. F' verhalten sich gleich und zwar wie die Quadrate entsprechender Längen:
> $A' : B' = A : B$ bzw. $A' : A = B' : B = C' : C = \ldots = a'^2 : a^2 = k^2$.
> - Entsprechende Rauminhalte R bzw. R' verhalten sich gleich und zwar ie die Kuben entsprechender Längen:
> $V' : W' = V : W$ bzw. $V' : V = W' : W = \ldots = a'^3 : a^3 = |k|^3$.

Wie bei den Kongruenzabbildungen kann man nun nach einfachen Kriterien fragen, um die Ähnlichkeit zweier Figuren zu erkennen, ohne – wie in den Aufgaben 6 und 7 – mühsam nach einer passenden Ähnlichkeitsabbildung suchen zu müssen. Diese Kriterien sind die Ähnlichkeitskriterien oder *Ähnlichkeitssätze*. Wir beschränken uns dabei auf die wichtigsten Sätze.

Ähnlichkeitssätze für Dreiecke:

Version 1:

> Zwei Dreiecke sind schon dann zueinander ähnlich, wenn
> - sie in zwei Winkeln übereinstimmen (WW) [wichtigster Ähnlichkeitssatz!],
> - sie in den Verhältnissen ihrer drei Seitenlängen übereinstimmen (SSS),
> - sie im Verhältnis zweier Seitenlängen und der Größe des eingeschlossenen Winkels übereinstimmen (SWS).

Version 2:

> Die Form eines Dreiecks ist schon eindeutig bestimmt durch Vorgabe
> - zweier Winkelgrößen (WW),
> - der Verhältnisse der drei Seitenlängen (SSS),
> - des Verhältnisses zweier Seitenlängen und der Größe des eingeschlossenen Winkels (SWS).

Zum Beweis der Ähnlichkeitssätze hat man z. B. für den Fall WW zu zeigen, dass zwei Dreiecke, die in zwei Winkeln übereinstimmen, durch eine Ähnlichkeitsabbildung aufeinander abgebildet werden können. Wir wollen dies für den Fall des Ähnlichkeitssatzes WW kurz skizzieren (siehe folgende Figur):

Gegeben seien zwei Dreiecke ABC und A'B'C' mit $\alpha = \alpha$' und $\beta = \beta$'. Im ersten Schritt verschieben wir Dreieck ABC um den Vektor $\overrightarrow{AA'}$ nach Dreieck $A_1B_1C_1$, wobei wir $A_1 = A$' wählen. Danach drehen wir $A_1B_1C_1$ um $A_1 = A$' so, dass C_2 auf der Gerade A'C' liegt und erhalten Dreieck $A'B_2C_2$. Liegt nun B_2 noch nicht auf der Gerade

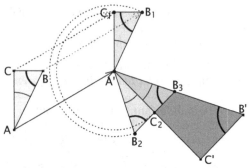

A'B', so spiegeln wir Dreieck $A'B_2C_2$ an A'C' nach $A'B_3C_2$.
Nun liegt mit Sicherheit – aufgrund der Voraussetzungen – B_3 auf A'B'. Wegen $\beta = \beta$' ist außerdem B_3C_2 parallel zu B'C'. Deshalb kann man nun durch die Streckung aus A', die B_3 in B' – und damit auch C_2 in C' – überführt, das Dreieck $A'B_3C_2$ auf das Dreieck A'B'C' abbilden. Die Verkettung aller dieser Abbildungen ist eine Ähnlichkeitsabbildung, also ist Dreieck ABC ähnlich zu Dreieck A'B'C'.

Aufgabe 8:
a) Formulieren Sie Ähnlichkeitssätze für gleichschenklige Dreiecke, gleichseitige Dreiecke, rechtwinklige Dreiecke, rechtwinkliggleichschenklige Dreiecke, Quadrate, Rechtecke, Rauten, Parallelogramme, regelmäßige Vielecke, Kreise, Kreissektoren.
b) Beweisen Sie einen dieser Ähnlichkeitssätze.

Zusammenfassung:

Jede Verkettung einer Kongruenzabbildung mit einer zentrischen Streckung ist eine Ähnlichkeitsabbildung.

Es gibt genau vier verschiedene Typen von Ähnlichkeitsabbildungen:
• Drehstreckungen (Sonderfälle: reine Drehungen oder reine Streckungen) und Verschiebungen als gleichsinnige Ähnlichkeiten,
• Klappstreckungen (Sonderfall: reine Achsenspiegelung) und Gleitspiegelungen als gegensinnige Ähnlichkeiten.

Zwei Figuren nennen wir zueinander ähnlich, wenn es eine Ähnlichkeitsabbildung gibt, die die eine in die andere abbildet.

Die wichtigsten Invarianten von Ähnlichkeitsabbildungen sind Winkelgrößen und Streckenverhältnisse. Ähnliche Figuren stimmen daher in entsprechenden Winkelgrößen und entsprechenden Streckenverhältnissen überein.

10.5 Hinweise und Lösungen zu den Aufgaben

Aufgabe 1:
Drehung um D um 90° (im Uhrzeigersinn) und anschließende Streckung aus D mit dem Faktor k = b/a, also mit der Drehstreckung DS(D; –90°; b/a).

Aufgabe 2:
Eine Analyse der Lösung zeigt, dass A durch die Drehstreckung DS(C; 45°; $\sqrt{2}$) abgebildet wird in B. Ist daher a' das Bild von a bei dieser Drehstreckung, so erhält man B als Schnitt von b mit a'.

Aufgabe 3:
Spiegelung an der Winkelhalbierenden w des Winkels α = ∠BAC und anschließende Streckung aus A mit dem Faktor k = c/b, also mit der Klappstreckung KS(A; c/b; w).

Aufgabe 4:
Dreieck ABD wird abgebildet in Dreieck ACD', diese sind also zueinander ähnlich. Weiter ist CD' = CD. Daher gilt: AC : CD = AB : BD oder AC : AB = CD : BD.

Aufgabe 5:
a) Invers zu DS(Z; k; α) ist die Drehstreckung DS(Z; 1/k; – α) = DS(Z; k; 360° – α). Invers zu KS(Z; k; a) ist die Klappstreckung KS(Z; 1/k; a).
b) Unter Verwendung eines DGS kann man die aufgezählten Eigenschaften der Ähnlichkeitsabbildungen und ihrer Verkettungen sehr anschaulich demonstrieren. Wir geben die wichtigsten Zusammenhänge in der folgenden Tabelle analog einer Verknüpfungstafel wieder:

	Translation $\vec{w}$	Drehstreckung DS(B; m; β)	Gleitspiegelung $\underline{b} \circ \vec{w} = \vec{w} \circ \underline{b}$	Klappstreckung KS(B; m; b)
Translation $\vec{v}$	Translation $\vec{v} + \vec{w}$	DS(X; m; β)	Gleitspiegelung	KS(W; m; c)
Drehstreckung DS(A; k; α)	DS(Y; k; α)	DS(W; m · k; α+β) bzw. Sonderfälle	KS(P; k; p)	KS(Q; m · k; q)
Gleitspiegelung $\underline{a} \circ \vec{v} = \vec{v} \circ \underline{a}$	Gleitspiegelung	KS(T; m; t)	D(R; 2 · ∠(a, b)) oder Verschiebung	DS(S; m; 2 · ∠(a, b)) bzw. Sonderfälle
Klappstreckung KS(A; k; a)	KS(U; k; u)	KS(V; k · m; v)	DS(C; k; 2 · ∠(a, b)) bzw. Sonderfälle	DS(D; m · k; 2 · ∠(a, b)) bzw. Sonderfälle

Aufgabe 6:
Sind die Dreiecke in paralleler Lage, so gibt es eine reine zentrische Streckung, die das Problem löst.

Man bestimmt den Drehwinkel α mithilfe von zwei zugeordneten Geraden und den Streckfaktor k (er sei positiv gewählt) mithilfe zweier zugeordneter Strecken. Den Drehpunkt bzw. das Streckzentrum S bestimmt man entweder mithilfe entsprechender Apolloniuskreise oder mithilfe entsprechender Fasskreisbögen.

Aufgabe 7:
Den Streckfaktor k (er sei positiv gewählt) bestimmt man mithilfe zweier zugeordneter Strecken. Die Richtung der Spiegelachse erhält man als Winkelhalbierende zweier zugeordneter Geraden. Die Fixgerade a selbst kann durch Teilung einer (oder zweier) Strecken P'P im Verhältnis k : 1 bestimmt werden. Das Streckzentrum S auf der Achse erhält man durch einen Apolloniuskreis über P'P mit dem Verhältnis k : 1 oder durch das Zwischenbild mithilfe der Achsenspiegelung.

Aufgabe 8:
Gleichseitige Dreiecke sind ebenso wie gleichschenklig-rechtwinklige Dreiecke, Quadrate bzw. Kreise stets jeweils zueinander ähnlich.

Gleichschenklige Dreiecke:	Übereinstimmung im Winkel an der Spitze oder in einem Basiswinkel.
Rechtwinklige Dreiecke:	Übereinstimmung in einem spitzen Winkel.
Rechtecke:	Übereinstimmung im Verhältnis der Seitenlängen.
Rauten:	Übereinstimmung in einem Winkel.
Parallelogramme:	Übereinstimmung in einem Winkel und dem Verhältnis der Seiten.
Regelmäßige Vielecke:	Übereinstimmung in der Eckenzahl.
Kreissektoren:	Übereinstimmung im Mittelpunktswinkel.

11 Ähnlichkeitsbeziehungen an speziellen Figuren

11.1 Ähnlichkeit am rechtwinkligen Dreieck

Aufgabe 1:
Es sei CD die Höhe auf der Hypotenuse AB im rechtwinkligen Dreieck ABC.

a) Begründen Sie, dass die Dreiecke ACD und CBD zueinander und zum Dreieck ABC ähnlich sind.

b) Welches Seitenverhältnis im Dreieck ABC entspricht dem Seitenverhältnis b : q im Dreieck ADC? Benutzen Sie Sätze über ähnliche Figuren, und leiten Sie daraus den Kathetensatz her.

c) Verfahren Sie wie in b) nun mit dem Teildreieck BDC, und leiten Sie erneut den Kathetensatz her. Wie folgt zusammen mit b) der Satz von Pythagoras?

d) Benutzen Sie die Ähnlichkeit der beiden Teildreiecke zur Herleitung des Höhensatzes.

e) Bestimmen Sie die Kenndaten derjenigen Ähnlichkeitsabbildungen (Dreh- bzw. Klappstreckungen), welche die drei zueinander ähnlichen Dreiecke aufeinander abbilden.

Einfache Winkelbetrachtungen an der Figur zu Aufgabe 1 lassen erkennen:

$$\angle ACD = \angle CBD = \beta = 90° - \alpha \qquad \angle DCB = \angle BAC = \alpha = 90° - \beta.$$

Satz:

> Die Höhe im rechtwinkligen Dreieck zerlegt dieses in zwei zueinander und zum ganzen ähnliche Dreiecke.

Als unmittelbare Folgerungen aus dieser Tatsache ergeben sich die in Aufgabe 1 gewonnen Ähnlichkeitsbeziehungen, also die Gruppe der sogenannten Flächensätze am rechtwinkligen Dreieck: **Höhensatz, Kathetensatz und Satz des Pythagoras**.

Wir wollen diese Aussagen noch ein wenig verallgemeinern:
Spiegelt man in der Figur von Aufgabe 1 das Dreieck ADC an AC, das Dreieck BDC an BC und das Dreieck ABC an AB, also jedes an seiner Hypotenuse, so erhält man zueinander ähnliche Figuren über den drei Seiten a, b und c des Dreiecks ABC. Dabei gilt: Die Summe der Flächeninhalte der Figuren über den Katheten ist gleich dem Flächeninhalt der Figur über der Hypotenuse. Dies ist klar, da ja die beiden Teildreiecke zusammen genau das Dreieck ABC ergeben.

Beim Satz des Pythagoras waren die Figuren über den Seiten drei Quadrate, also auch zueinander ähnliche Figuren. Offenbar ist die Ähnlichkeit dafür ausschlaggebend und es gilt **der verallgemeinerte Satz von Pythagoras:**

> Zeichnet man über den Seiten eines rechtwinkligen Dreiecks zueinander ähnliche Figuren im Verhältnis der Dreiecksseiten, so ist der Flächeninhalt der Figur über der Hypotenuse gleich der Summe der Flächeninhalte der Figuren über den beiden Katheten.

Beweis:
Es seien X, Y bzw. Z die Inhalte der Figuren über den Seiten a, b bzw. c. In ähnlichen Figuren verhalten sich Flächeninhalte wie die Quadrate entsprechender Seiten:

$$X : Z = a^2 : c^2 \qquad Y : Z = b^2 : c^2. \quad \text{Man erhält: } X = \frac{a^2}{c^2} \cdot Z \text{ und } Y = \frac{b^2}{c^2} \cdot Z.$$

Damit ergibt sich: $\quad X + Y = Z \cdot (\frac{a^2}{c^2} + \frac{b^2}{c^2}) = Z \cdot \frac{a^2 + b^2}{c^2} = Z.$

Aufgabe 2:
Zeichnen Sie über den Seiten eines rechtwinkligen Dreiecks zueinander ähnliche Figuren, und bestätigen Sie den obigen Satz für
a) rechtwinklig-gleichschenklige Dreiecke,   b) gleichseitige Dreiecke,
c) regelmäßige Sechsecke,   d) Halbkreise.
e) Beweisen Sie, dass in der nebenstehenden Figur die Summe der Flächeninhalte der beiden „Möndchen" exakt gleich dem Flächeninhalt des rechtwinkligen Dreiecks ist. („Möndchen des Hippokrates").

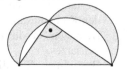

Wir stellen die wichtigsten *Anwendungen der Flächensätze* am rechtwinkligen Dreieck noch einmal zusammen:
- In einem rechtwinkligen Dreieck kann man bei zwei gegebenen Seitenlängen die dritte Seitenlänge berechnen (Satz des Pythagoras).
- Ein gegebenes Rechteck kann in ein inhaltsgleiches Quadrat verwandelt werden (Kathetensatz oder Höhensatz).
- Zwei gegebene Quadratflächen lassen sich in eine zur Summe inhaltsgleiche Quadratfläche verwandeln (Satz des Pythagoras).
- Ein gegebenes Quadrat kann in ein inhaltsgleiches Rechteck verwandelt werden, von dem z. B. noch folgende Eigenschaft vorgegeben ist:
  a) der Umfang bzw. die Summe der beiden Seiten (Höhensatz),
  b) das Seitenverhältnis, also die Form des Rechtecks (Katheten- oder Höhensatz),
  c) die Seitendifferenz (Höhensatz).

Aufgabe 3:
Lösen Sie die drei soeben unter a) bis c) genannten Aufgaben zur Flächenverwandlung mit selbst gewählten Beispielen.

Aufgabe 4:
Konstruieren Sie mithilfe der Flächensätze am rechtwinkligen Dreieck zu den Längen x = 4 cm und y = 9 cm das arithmetische, geometrische und harmonische Mittel.

11.2 Ähnlichkeit am Kreis

Aufgabe 5:
In der nebenstehenden Figur treten ähnliche Dreiecke auf (Peripheriewinkel).
a) Zeigen Sie: Dreieck A'BP ist ähnlich zum Dreieck B'AP. Leiten Sie daraus die folgende Beziehung her: $PA \cdot PA' = PB \cdot PB'$.
b) Zeigen Sie analog: $PA \cdot PA' = PD \cdot PD'$.
c) Begründen Sie die folgende Beziehung: $PT^2 = PC \cdot PC'$ (Hinweis: Kathetensatz).

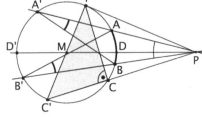

Wir fassen die Ergebnisse aus Aufgabe 5 zusammen:

> **Sekantensatz:**
> Sind A und A' bzw. B und B' die Schnittpunkte zweier beliebiger Sekanten eines Kreises durch einen gemeinsamen Punkt P, so ist das Produkt aus den beiden Sekantenabschnitten für beide Sekanten gleich:
> $$PA \cdot PA' = PB \cdot PB'$$
>
> **Sekanten – Tangenten – Satz:** $\quad PA \cdot PA' = PB \cdot PB' = (PT)^2$

Beweis:
Wir wählen die Bezeichnungen der Figur zu Aufgabe 5. Die Winkel BA'A und BB'A sind gleich groß (Umfangswinkel zum Bogen BA). Damit sind die Dreiecke AB'P und BA'P ähnlich, weil sie in zwei Winkeln übereinstimmen (bei A' und B' sowie bei P). Also sind die Verhältnisse entsprechender Strecken gleich: AP : PB' = BP : PA'. Daraus folgt sofort $PA \cdot PA' = PB \cdot PB'$.
Den Sekanten-Tangenten-Satz erhält man als Grenzfall des Sekantensatzes. Einen Sonderfall des Sekanten-Tangenten-Satzes erhält man, wenn man TC' als Kreisdurchmesser wählt (siehe Figur zur Aufgabe 5). Dann wird C'TP ein bei T rechtwinkliges Dreieck und CT steht senkrecht auf C'P (Begründung?). Der Kathetensatz für Dreieck C'TP und die Kathete TP ergibt genau den Sekanten-Tangenten-Satz.

Aufgabe 6:
a) Wählen Sie einen Punkt P innerhalb eines Kreises k. Zeichnen Sie zwei Sehnen AA' und BB' durch P. Beweisen Sie analog zum Sekantensatz den Sehnensatz:
$$\mathbf{PA \cdot PA' = PB \cdot PB'.}$$

b) Welchen bekannten Sonderfall erhält man, wenn man eine Sehne durch den Mittelpunkt und die andere senkrecht dazu wählt?

Das Ergebnis der Aufgabe 6 ist der **Sehnensatz** (auch „Schmetterlingssatz" genannt):

Sehnensatz:

Zeichnet man durch einen Punkt P im Inneren eines Kreises Sehnen, so sind die Produkte aus den Sehnenabschnitten konstant.

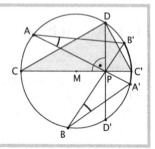

$$PA \cdot PA' = PB \cdot PB' = PC \cdot PC' = PD \cdot PD' = PD^2$$

Aufgabe 7:
Gegeben ist ein Rechteck R mit den Seitenlängen a = 6 cm und b = 10 cm.
a) Konstruieren Sie ein zu diesem Rechteck R inhaltsgleiches Rechteck R', dessen Seitenlängen die *Differenz* y − x = d = 5 cm haben. (Sekantensatz verwenden!)
b) Konstruieren Sie ein zum Rechteck R inhaltsgleiches Rechteck R'', dessen Seitenlängen die *Summe* y + x = s = 18 cm haben. (Sehnensatz verwenden!)

Wie beim rechtwinkligen Dreieck (siehe bei 5.3) lassen sich auch an der Kreisfigur die verschiedenen *Mittelwerte* von Größen und ihr Zusammenhang sehr übersichtlich darstellen:

Sind x = PX und y = PY die beiden Sekantenabschnitte, so ist
- MP = a das *arithmetische Mittel* von x und y
- PT = g das *geometrische Mittel* von x und y
- PH = h das *harmonische Mittel* von x und y.

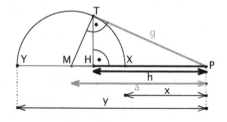

Man erkennt unmittelbar wieder die Beziehung: **x ≤ h ≤ g ≤ a ≤ y.**

11.3 Goldener Schnitt – Ähnlichkeit am regelmäßigen Fünfeck

Im folgenden Kapitel geht es um ein ganz bestimmtes Teilverhältnis, das unter dem Namen „goldener Schnitt" weite Verbreitung in der Natur, in der Kunst und in der Architektur findet. Man schreibt diesem Verhältnis, z. B. in Form des Seitenverhältnisses eines Rechtecks, eine besonders harmonische ästhetische Wirkung zu. Wir geben vorab eine einführende Orientierung:

Der Punkt T teilt die Strecke AB so, dass sich *der größere Teil zum kleineren Teil genau so verhält wie die ganze Strecke zum größeren Teil.*

Mit einem DGS lässt sich zu einer Strecke AB der Teilpunkt T so einpassen, dass die beiden Streckenverhältnisse AB : AT und AT : TB gleich sind. Welcher Wert ergibt sich?

Setzt man die genannte Bedingung für die obige Figur an, so erhält man:

$$x : 1 = (x + 1) : x \Leftrightarrow \frac{x}{1} = \frac{x+1}{x} \Leftrightarrow x^2 = x + 1 \Leftrightarrow \frac{1}{x} = x - 1 \Leftrightarrow x^2 - x - 1 = 0$$

Aus der letzten Gleichung ergibt sich der (positive) Wert $x = \dfrac{1+\sqrt{5}}{2} \approx 1{,}618...$

Man erhält daraus den Wert $\dfrac{1}{x} = x - 1 = \dfrac{-1+\sqrt{5}}{2} \approx 0{,}618...$

Man nennt die Teilung einer Strecke in genau diesem Verhältnis eine „Teilung nach dem goldenen Schnitt". Auch das Verhältnis selbst heißt der goldene Schnitt.

Goldener Schnitt und regelmäßiges Zehneck:

Aufgabe 8:
Von einem *regelmäßigen Zehneck* ist das Teildreieck MAB mit dem Mittelpunktswinkel 36° gegeben.

a) Bestimmen Sie ∠BAM und ∠MBA.
b) AC halbiert den Winkel BAM. Begründen Sie, dass die Dreiecke MAC und BCA gleichschenklig sind. Bestimmen Sie ihre Schenkellängen ausgedrückt mit r = MA = MB und s = AB.

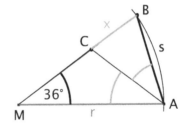

c) Begründen Sie, dass Dreieck AMB ähnlich ist zu Dreieck BAC. Ziehen Sie daraus Folgerungen, und zeigen Sie: Der Punkt C teilt die gesamte Strecke MB = r so, dass sich die ganze Strecke MB = r zum größeren Teil MC = s verhält, wie der größere Teil MC = s zum kleineren Teil BC = x = r – s.

Wir analysieren die Figur zum regelmäßigen Zehneck noch etwas genauer:
Die sich ergebenden Winkelgrößen sind in der Zeichnung angegeben. Wir erhalten zwei Formen von gleichschenkligen Dreiecken mit besonderen Seitenverhältnissen, nämlich denen des **goldenen Schnitts**.

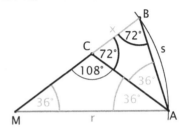

Die Dreiecke MAB und ABC sind zueinander ähnlich, daher gilt folgende Beziehung:
MA : AB = AB : BC bzw. r : s = s : x.

In allen drei vorkommenden Dreiecken ist das Verhältnis der längeren Seite zur kürzeren gleich, nämlich $\Phi = \dfrac{r}{s} = \dfrac{s}{x}$ gleich dem Verhältnis des goldenen Schnittes.

Der Punkt C teilt die Strecke MB = r in zwei Teilstücke MC = s und CB = x für die gilt:

Die ganze Strecke r verhält sich zum größeren Teil s wie der größere Teil s zum kleineren Teil x.

Es gilt also: r : s = s : (r – s) $\hfill$ (1)

Aus dieser Gleichung (1) berechnen wir das Verhältnis $\Phi = \dfrac{r}{s}$:

Man erhält aus (1): $\Phi = \dfrac{r}{s} = \dfrac{s}{r-s} = \dfrac{1}{\dfrac{r}{s}-1} = \dfrac{1}{\Phi-1}$ bzw. $\mathbf{\Phi^2 - \Phi - 1 = 0}$ $\hfill$ (2)

Die quadratische Gleichung (2) besitzt als positive Lösung den Wert des Verhältnisses des goldenen Schnitts: $\Phi = \dfrac{1+\sqrt{5}}{2} = 1,618...$ $\hfill$ (3)

> **Definition:**
> *Eine Strecke ist im Verhältnis des goldenen Schnitts geteilt, wenn sich die ganze Strecke zum größeren Teil genau so verhält wie der größere Teil zum kleineren.*

> **Das Verhältnis des goldenen Schnittes hat den Wert** $\Phi = \dfrac{1+\sqrt{5}}{2} = 1,618...$
>
> **Es gilt:** $\quad \Phi^2 - \Phi - 1 = 0$ und $\dfrac{1}{\Phi} = \Phi - 1 = \dfrac{-1+\sqrt{5}}{2} = 0,618...$

Mit den in Aufgabe 8 auftretenden gleichschenkligen Dreiecken hat man zwei Formen von sogenannten „**goldenen Dreiecken**", bei denen die auftretenden Seitenlängen genau das Verhältnis des goldenen Schnitts haben. Es gibt also genau zwei verschiedene Formen von goldenen Dreiecken. Beide sind gleichschenklig und das Verhältnis der vorkommenden Seitenlängen ist der goldene Schnitt. Dabei treten die Winkel 36°, 72° und 108° auf:

Goldene Dreiecke:

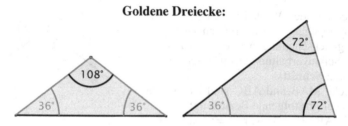

Man nennt das Verhältnis Φ auch das Verhältnis der „**stetigen Teilung**". Dies wollen wir im Folgenden erklären:

Teilt man eine Strecke AB im Punkt C im Verhältnis des goldenen Schnitts, so entstehen zwei Teilstrecken AC und CB. Trägt man auf der längeren nun wieder die kürzere ab, so wird die längere dadurch genau wieder im Verhältnis des goldenen Schnitts geteilt. Wir werden dies nachweisen:

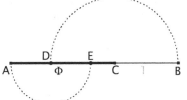

C teilt die Strecke AB im Verhältnis AC : CB = Φ : 1, also im Verhältnis des goldenen Schnittes. Dann teilt aber D die Strecke CA ebenfalls im Verhältnis des goldenen Schnittes: CD : DA = 1 : ($\Phi - 1$) = 1 : $\dfrac{1}{\Phi}$ = Φ.

Diesen Prozess der „stetigen Teilung" kann man nun beliebig fortsetzen und erhält stets das Verhältnis Φ. So teilt z. B. auch E die Strecke DC wieder im Verhältnis des goldenen Schnitts usf.

Die Grundkonstruktion für den goldenen Schnitt:

Zu einer gegebenen Einheitsstrecke e kann man eine Strecke der Länge $\Phi \cdot$ e bzw. e/Φ konstruieren mithilfe der folgenden Grundkonstruktion für den goldenen Schnitt:

Nach Pythagoras ist AC = $\dfrac{e}{2} \cdot \sqrt{5}$. Dann ist AD = AT = e $\cdot \dfrac{-1+\sqrt{5}}{2}$ = e $\cdot \dfrac{1}{\Phi}$

und TB = e $(1 - \dfrac{1}{\Phi})$. Man erhält damit:

$$\frac{AT}{TB} = \frac{\dfrac{1}{\Phi}}{1 - \dfrac{1}{\Phi}} = \frac{1}{\Phi - 1} = \Phi$$

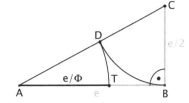

> **Ergebnis:**
> Das Verhältnis des goldenen Schnittes – und damit auch die goldenen Dreiecke sowie Winkel der Größe 36°, 72° und 108° – lässt sich allein mit Zirkel und Lineal – also ohne Zuhilfenahme des Winkelmessers – konstruieren.

Der goldene Schnitt und die goldenen Dreiecke begegnen uns erneut an der Figur des *regelmäßigen Fünfecks*.

Aufgabe 9:
a) Zeichnen Sie ein regelmäßiges Fünfeck mit seinen sämtlichen Diagonalen.
b) Zeigen Sie durch Winkelbetrachtungen, dass in der Figur mehrfach die Form der „goldenen Dreiecke" auftritt.

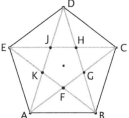

c) Beweisen Sie: Die Diagonale des regelmäßigen Fünfecks bildet mit der Seite das Verhältnis Φ des goldenen Schnitts.
d) Begründen Sie, dass Seite und Diagonale des regelmäßigen Fünfecks zueinander inkommensurabel sind.

Als Ergebnis der Aufgabe 9 erhält man:

> Die Diagonale des regelmäßigen Fünfecks bildet mit dessen Seite das Verhältnis des goldenen Schnitts. Man kann also ein regelmäßiges Fünfeck von gegebener Seitenlänge allein mit Zirkel und Lineal konstruieren. Seite und Diagonale des regelmäßigen Fünfecks sind inkommensurabel.

Wir wollen nun im Einzelnen zeigen, wie man ein regelmäßiges Zehneck, und damit auch ein regelmäßiges Fünfeck, entweder zu gegebenem Umkreis oder zu gegebener Seitenlänge allein mit Zirkel und Lineal konstruieren kann:

- Konstruktion des regelmäßigen Zehnecks (Fünfecks) zu gegebenem Umkreis:

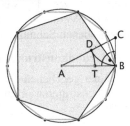

Bei der Grundkonstruktion des goldenen Schnittes wählt man AB = e = r = Radius des Umkreises, BC = e/2 = r/2. Die Strecke AT = s ergibt dann die Seite des regelmäßigen Zehnecks. Durch Auslassen jeder zweiten Ecke erhält man das regelmäßige Fünfeck.

- Konstruktion des regelmäßigen Fünfecks zu gegebener Seitenlänge:

EA = TA,   also BE = Φ · AB   AB = e = Φ · AT;
AB = Seitenlänge; BE = Diagonale   AB = Diagonale; AT = Seitenlänge

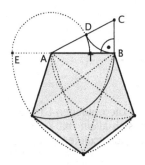 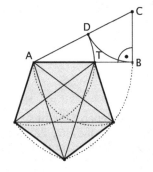

Aufgabe 10:
a) Konstruieren Sie je ein goldenes Dreieck mit vorgegebener Grundseite (Basis).
b) Konstruieren Sie je ein goldenes Dreieck mit vorgegebenen Schenkeln.
c) Konstruieren Sie ein regelmäßiges Fünfeck mit Umkreisradius r = 6 cm.
   Wie lang wird die Seitenlänge und wie lang die Diagonalenlänge des Fünfecks?
d) Konstruieren Sie ein regelmäßiges Fünfeck mit der Seitenlänge s = 6 cm.
   Wie lang wird die Diagonalenlänge bzw. der Umkreisradius?
e) Konstruieren Sie ein regelmäßiges Fünfeck mit der Diagonalenlänge d = 8 cm.
   Wie lang wird die Seitenlänge bzw. der Umkreisradius?

f) Konstruieren Sie ein regelmäßiges Zehneck mit der Seitenlänge s = 5 cm. Wie lang wird der Umkreisradius?

Aufgabe 11:
Die Fibonacci-Folge ist folgendermaßen definiert:
f(1) = 1;   f(2) = 1;   f(n) = f(n – 1) + f(n – 2) für n > 2
a) Berechnen Sie die ersten 12 Glieder der Folge.

b) Berechnen Sie jeweils die Quotienten $q(n) = \dfrac{f(n)}{f(n-1)}$ für die Fibonacci-Folge.

c) Betrachten Sie die Folge der Werte q(n). Welche Vermutung könnte man haben?

d) Falls die Folge q(n) für n → ∞ gegen einen Grenzwert g konvergiert, so kann man diesen berechnen. Dazu formen wir die Rekursionsgleichung für f(n) um:

$$\frac{f(n)}{f(n-1)} = 1 + \frac{f(n-2)}{f(n-1)} \quad \text{bzw.} \quad q(n) = 1 + \frac{1}{q(n-1)}.$$

Die Folge q(n) strebt gegen den Grenzwert g. Welche Beziehung folgt damit aus der zuletzt genannten Gleichung für den Grenzwert g selbst? Berechnen Sie damit den Wert für g. Was erhält man?
Hinweis:
Mit dem Ergebnis der Aufgabe 11 erhält man die Möglichkeit, das irrationale Verhältnis des goldenen Schnittes durch *Quotienten ganzer Zahlen*, also durch *rationale Verhältnisse*, beliebig genau anzunähern.

Aufgabe 12:
a) Gegeben ist ein besonderes Rechteck mit den Seitenlängen a und b mit b < a < 2b. Schneidet man von diesem Rechteck ein Quadrat mit der Seitenlänge b ab, so erhält man ein Restrechteck, das zum Ausgangsrechteck ähnlich ist. Welches Seitenverhältnis a : b hat das ursprüngliche Rechteck?

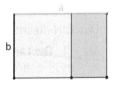

b) Zeichnen Sie eine Serie von Rechtecken mit ganzzahligen Seitenlängen, die das Format des „goldenen Rechtecks" immer besser annähern.

Aufgabe 13:
Zeichnen Sie ein Quadrat ABCD. Teilen Sie jede der vier Seiten wie in der Zeichnung angegeben im goldenen Schnitt. Zeigen Sie, dass PQRS ein „goldenes Rechteck" ist.

Aufgabe 14:
a) Zeichnen Sie ein (großes) goldenes Rechteck.
b) Trennen Sie wie nebenstehend angegeben das Quadrat mit der Breite als Seitenlänge ab. Verfahren Sie mit dem Restrechteck genauso usf.
Man erhält die sogenannte „goldene Spirale".
c) Welche Drehstreckung DS(Z; k; α) bildet jeweils eines der Rechtecke auf das nächst-

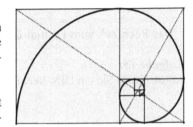

folgende ab? Zeigen Sie, dass k und α konstant bleiben. Welche Werte haben sie? Wo liegt der Fixpunkt Z?

11.4 Ähnlichkeit von Rechtecken – Das DIN-Format

Rechtecke sind zueinander ähnlich, wenn sie im Verhältnis ihrer Seitenlängen übereinstimmen. *Das Seitenverhältnis ist also eine charakteristische Kenngröße für die Form eines Rechtecks.* Wir haben bisher verschiedene Rechtecksformate kennen gelernt: Goldene Rechtecke mit dem Seitenverhältnis $\Phi : 1$ des goldenen Schnittes, Fotoformate (Filmnegative bzw. Diapositive) mit dem Seitenverhältnis $3 : 2 = 36 : 24 = 1{,}5$ sowie Quadrate mit dem Seitenverhältnis $1 : 1$ u. a. m.
Wir wollen nun den Grund für die bei uns üblichen Standardmaße des DIN-Formats, insbesondere der Format-Reihe DIN A, erforschen.

▪ **Die Format-Bedingung des DIN-Formats:**

Die wichtigste Eigenschaft der Rechtecke vom DIN-Format ist folgende: Wenn man ein Blatt vom DIN-Format durch Faltung quer zur längeren Seite halbiert, so entsteht ein Rechteck, das zum Ausgangsrechteck ähnlich ist. Es muss also gelten:

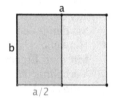

$$a : b = b : \frac{a}{2} \quad \text{bzw.} \quad a = b \cdot \sqrt{2}\,.$$

> Das DIN-Rechtecksformat ist gekennzeichnet durch das Seitenverhältnis $\sqrt{2} : 1$. Die Länge ist also das $\sqrt{2}$ -fache der Breite: Länge = Breite $\cdot \sqrt{2}$

Man kann diese Beziehung sehr schön an einem Blatt DIN A4 demonstrieren (Siehe Abschnitt 7.1 c)): Man faltet ein Quadrat mit der Breite b als Seitenlänge. Dessen Diagonale ist genau so lang wie die lange Seite des Ausgangsrechtecks.

▪ **Die Normierungs-Bedingung des DIN-Formats:**

Mit der Format-Bedingung sind die DIN-Rechtecke nur ihrer *Form* nach, nicht jedoch ihrer *Größe* nach festgelegt. Zur Festlegung der Größe benutzt man eine Normierungsbedingung. Sinnvollerweise setzte man fest, dass das Rechteck vom Format DIN A0 genau $1\ \text{m}^2 = 10\,000\ \text{cm}^2$ Flächeninhalt haben soll.

> Das Rechteck vom Format DIN A0 hat genau $1\ \text{m}^2$ Flächeninhalt.

Aufgabe 15:
Konstruieren Sie ein DIN-Rechteck mit 50 cm² Flächeninhalt.

Aufgabe 16:
a) Berechnen Sie die Seitenlängen und die Flächeninhalte der Rechtecksformate DIN A0, A1, A2, ..., A6. Stellen Sie eine Tabelle auf.
b) Welchen Flächeninhalt hat ein DIN-A4-Blatt?
c) Warum hat ein Schulheft vom Format DIN A4 genau 16 (bzw. 32) Blätter? Wie groß ist der Flächeninhalt des verwendeten Papiers? Welche Flächengröße steht zum Beschreiben zur Verfügung?
d) Die Format-Reihen B und C haben dasselbe Format wie die A-Reihe. Die B-Reihe hat als Ausgangswert für das Format B0 die Seitenlängen a = 141,4 cm und b = 100 cm. Ermitteln Sie die Seitenlängen der Rechtecke der DIN-B-Reihe (Tabelle).
e) Die Format-Reihe C hat als Seitenlängen jeweils das geometrische Mittel der Werte der A- und der B-Reihe. Ermitteln Sie die Maße des DIN-C0-Rechtecks. Stellen Sie eine Tabelle für die Maße der DIN-C-Reihe auf.
f) Wo kommen im täglichen Leben die Formate der DIN-B und DIN-C-Reihe vor?
g) Um wie viel Prozent unterscheiden sich die Seitenlängen bzw. die Flächeninhalte der B- und der C-Reihe vom jeweiligen Wert der A-Reihe?

(Hinweis: $\sqrt{2} = 1,414...$; $\sqrt{\sqrt{2}} = \sqrt[4]{2} = 1,189...$; $\sqrt{\sqrt{\sqrt{2}}} = \sqrt[8]{2} = 1,0905...$)

11.5 Stümpfe von Spitzkörpern – Keplers Fassregel

Grundsätzlich kann man den Rauminhalt eines Pyramiden- oder Kegelstumpfes berechnen, indem man vom Volumen des gesamten Körpers das der abgeschnittenen Spitze subtrahiert. Diese Methode ist einfach zu handhaben in den Fällen, in denen der gesamte Körper und die abgeschnittene Spitze sich zu einer Pyramide oder einem Kegel zusammensetzen lassen. Wir werden nun eine Volumenformel kennen lernen, die für eine allgemeinere Klasse von Körpern gilt, die „Keplersche Fassregel".

Aufgabe 17:
Gegeben ist ein *quadratischer Pyramidenstumpf*. Die Seitenlänge des Grundquadrats beträgt a = 12 cm, die des Deckquadrats b = 8 cm und die Höhe h = 6 cm.
a) Berechnen Sie den Rauminhalt V des Stumpfes durch *Zerlegung* in eine Säule mit dem Deckquadrat als „Grundfläche", vier Dreieckssäulen an den vier Seiten und vier Pyramiden an den Ecken. Skizzieren Sie ein Schrägbild mit den Teilkörpern.
b) Berechnen Sie einen Näherungswert V_1 für das Stumpfvolumen V, indem Sie den *Mittelwert zwischen ein- und umbeschriebener Säule* des Stumpfes berechnen.
c) Berechnen Sie einen Näherungswert V_2 für das Stumpfvolumen V, indem Sie den Stumpf durch eine *Säule über dem „Mittenquerschnitt"* (Querschnitt auf halber Höhe) des Stumpfes ersetzen. Skizzieren Sie wieder ein Schrägbild.

d) Vergleichen Sie die Werte von V_1, V_2 und V. Tragen Sie diese auf einer Skala ein. Begründen Sie, warum einer der Näherungswerte über und einer unter dem wirklichen Wert liegt. Um wie viel unterscheidet sich jeder der Werte V_1 bzw. V_2 vom wahren Wert? Wie könnte man V bei gegebenem V_1 und V_2 einfach berechnen?

e) Berechnen Sie das Volumen des Stumpfes, indem Sie zu einer Pyramide ergänzen und vom Volumen der gesamten Pyramide das Volumen des ergänzenden Teils (Spitze) subtrahieren.

Beim Lösen der Aufgabe 17 haben Sie schon die wichtigsten Methoden zur Volumenbestimmung von Stümpfen kennen gelernt. Wir wollen jedoch zuvor noch die Bedingungen klären, die einen Pyramidenstumpf charakterisieren.

Aufgabe 18:
a) Welche der folgenden Skizzen stellen den Grundriss eines Pyramiden- bzw. Kegelstumpfes dar und welche nicht? Begründen Sie Ihre Entscheidung.

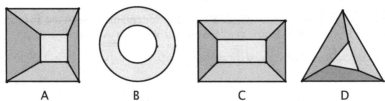

A   B   C   D

b) Welchen Bedingungen müssen Grund- und Deckfläche genügen, damit ein Pyramidenstumpf vorliegt?

Wir wollen nun mithilfe der Sätze über ähnliche Figuren eine Formel für das Volumen eines Pyramiden- oder Kegelstumpfes mit der Grundfläche G, der Deckfläche D und der Höhe h ermitteln. Die Form der Flächen spielt dabei keine Rolle, allerdings muss der Stumpf eines Spitzkörpers vorliegen, d. h. Grund- und Deckfläche müssen zueinander ähnlich und zentrisch gelegen sein. Wir benützen die Bezeichnungen aus nebenstehender Zeichnung, wobei g, m und d entsprechende Längen (z. B. Seitenlängen oder Kreisradien) der sich entsprechenden Flächen G, M und D sind.

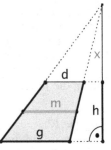

Bekanntlich verhalten sich bei zueinander ähnlichen Figuren die Flächeninhalte wie die Quadrate entsprechender Seiten, d. h. es gilt:

$G : D = g^2 : d^2$ oder $g : d = \sqrt{G} : \sqrt{D}$.

Wir ergänzen den Stumpf zur Pyramide: Der ergänzende Teil ist eine Pyramide mit der Höhe x. In ähnlichen Figuren verhalten sich die Flächeninhalte wie die Quadrate entsprechender Seiten. Also gilt nach dem Strahlensatz:

$$\left(\frac{x+h}{x}\right)^2 = \frac{g^2}{d^2} = \frac{G}{D} \text{ und daraus: } \frac{h}{x} = \sqrt{\frac{G}{D}} - 1 = \frac{\sqrt{G} - \sqrt{D}}{\sqrt{D}} \text{ bzw. } \frac{x}{h} = \frac{\sqrt{D}}{\sqrt{G} - \sqrt{D}}.$$

Das Volumen des Pyramidenstumpfes ergibt sich als Differenz zwischen dem Volumen der Gesamtpyramide und der ergänzenden Spitze:

$$V = \frac{1}{3} \cdot G \cdot (h + x) - \frac{1}{3} \cdot D \cdot x = \frac{1}{3} \cdot h \cdot [\, G + (G - D) \cdot \frac{x}{h} \,]$$

Nun ist: $(G - D) \cdot \frac{x}{h} = (G - D) \cdot \frac{\sqrt{D}}{\sqrt{G} - \sqrt{D}} = \left(\sqrt{G} + \sqrt{D}\right) \cdot \sqrt{D} = \sqrt{G \cdot D} + D$

Damit erhält man die Formel für das Volumen von Spitzkörperstümpfen:

$$V = \frac{1}{3} \cdot h \cdot (G + \sqrt{G \cdot D} + D) \text{ bzw. } V = \frac{\pi}{3} \cdot h \cdot (R^2 + \sqrt{R \cdot r} + r^2) \text{ für Kegelstümpfe (I)}$$

Dies ist die Form der Volumenformel, wie man sie häufig in Formelsammlungen von Schulbüchern findet. Bitte beachten Sie, dass wir an keiner Stelle von der *Form* der Grund- bzw. Deckfläche Gebrauch gemacht haben. Die Formel gilt also für alle möglichen Flächenformen der Grundflächen von Spitzkörperstümpfen. Wir wollen die Formel (I) noch ein wenig verallgemeinern:

Unter Verwendung des Wertes $m = \frac{g + d}{2}$ für die Seitenlänge des Schnittes auf halber Höhe (Mittenquerschnitt) ergibt sich folgendes Resultat:

$$M = \frac{m^2}{g^2} \cdot G = \frac{G}{g^2} \cdot \left(\frac{d^2 + 2dg + g^2}{4}\right) = \frac{1}{4} \cdot G \cdot (\frac{D}{G} + 2 \cdot \sqrt{\frac{D}{G}} + 1) = \frac{1}{4} \cdot (D + 2 \cdot \sqrt{D \cdot G} + G)$$

Daraus erhält man $4 \cdot M = G + 2 \cdot \sqrt{G \cdot D} + D$ und damit das Stumpfvolumen

$$V = \frac{1}{6} \cdot h \cdot (2G + 2 \cdot \sqrt{G \cdot D} + 2D) = \frac{1}{6} \cdot h \cdot (G + 4 \cdot M + D).$$

Das hiermit erhaltene Ergebnis ist die „*Keplersche Fassregel*".

> **Keplers Fassregel:**
> Das Volumen des Stumpfes eines Spitzkörpers mit Grundfläche G, Deckfläche D, Mittenquerschnittsfläche M und Höhe h beträgt
>
> $$V = \frac{1}{6} \cdot h \cdot (G + 4 \cdot M + D).$$

Dies ist die berühmte „Keplersche Fassregel", die Johannes Kepler bei der Untersuchung der Volumenmessmethoden für Weinfässer während seiner Zeit in Linz (1612 – 1626) entwickelt hat. Es hat sich herausgestellt, dass diese Formel nicht nur für die Stümpfe von Spitzkörpern exakt gilt, sondern für eine weit größere Klasse von Körpern. Sie gilt exakt für alle Körper, bei denen die Querschnittsfunktion q(x) in Abhängigkeit von der Höhe x über der Grundfläche eine ganzrationale Funktion von höchstens drittem Grad ist. Für beliebige Funktionen ist sie später im Rahmen der Integralrechnung von dem englischen Mathematiker T. Simpson (1710 – 1761) zur „Simpsonschen Regel", einer Formel zur (auch näherungsweisen) Berechnung von bestimmten Integralen, verallgemeinert worden.

Aufgabe 19:

a) Berechnen Sie mithilfe der Keplerschen Fassregel den Rauminhalt einer Kugel. Ist das Ergebnis exakt?

b) Berechnen Sie mithilfe der Keplerschen Fassregel den Rauminhalt eines liegenden Zylinders. Warum liefert die Formel hierbei einen falschen Wert? Warum liefert sie für einen stehenden Zylinder den richtigen Wert?

c) Berechnen Sie mithilfe der Keplerschen Fassregel den Inhalt eines Weinfasses: Grund- und Deckkreis haben einen Durchmesser von je 50 cm, der Mittenquerschnitt hat den Kreisdurchmesser 80 cm und die Höhe des Fasses beträgt 70 cm.

Wir wollen schließlich die Keplersche Fassregel für die Stümpfe von Spitzkörpern noch in Zusammenhang mit den Mittelwerten betrachten:

Für die Werte G, D und M gilt in diesem Falle (s. o.): $4 \cdot M = G + D + 2 \cdot \sqrt{G \cdot D}$.

Daraus erhalten wir $2 \cdot M = \dfrac{G+D}{2} + \sqrt{G \cdot D}$ oder $M = \dfrac{1}{2} \cdot (\dfrac{G+D}{2} + \sqrt{G \cdot D})$.

In der Klammer steht als erster Summand das arithmetische und als zweiter Summand das geometrische Mittel von G und D. Damit erhalten wir als Ergebnis:

> Bei Stümpfen von Spitzkörpern ist der Flächeninhalt M des Mittenquerschnitts das arithmetische Mittel aus dem arithmetischen und dem geometrischen Mittel von Grundflächeninhalt und Deckflächeninhalt.

Zusammenfassung:
Einfache Ähnlichkeitsbetrachtungen an konkreten Figuren lassen weitreichende Folgerungen zu:

- Beim rechtwinkligen Dreieck erhält man die bekannten Flächensätze sowie den verallgemeinerten Satz von Pythagoras für beliebige ähnliche Figuren an Stelle von Quadraten.
- Bei Kreisen ergeben sich der Sekanten- und der Sehnensatz mit den jeweiligen Sonderfällen Sekanten-Tangenten- bzw. Sehnen-Halbsehnen-Satz.
- Eines der bekanntesten Streckenverhältnisse, das des goldenen Schnittes, tritt am regelmäßigen Fünfeck und Zehneck sowie bei den goldenen Dreiecken auf. Diese Figuren lassen sich allein mit Zirkel und Lineal konstruieren.
- Rechtecke sind genau dann zueinander ähnlich, wenn sie im Verhältnis ihrer Seitenlängen übereinstimmen. Eines der bekanntesten Rechtecksformate ist das DIN-Format mit dem Seitenverhältnis $\sqrt{2} : 1 = 1,414...$.
- Stümpfe von Spitzkörpern entstehen durch Abschneiden der Spitze in einer zur Grundfläche parallelen Ebene. Der abgeschnittene Teil und der Ausgangskörper sind zueinander ähnlich. Das ermöglicht eine einfache Volumenberechnung mithilfe der Keplerschen Fassregel. Diese ist als gute Näherungsformel auch auf allgemeinere Körper anwendbar.

11.6 Hinweise und Lösungen zu den Aufgaben

Aufgabe 1:
a) Dreiecke ADC, CDB und ACB haben gleiche Winkel α, $90°$ und $\beta = 90° - \alpha$.
b) Es gilt $b : q = c : b$ und daraus $b^2 = c \cdot q$ (Kathetensatz).
c) Analog mit Dreiecken BDC und BCA $a : p = c : a$ und daraus $a^2 = c \cdot p$.
   Durch Addition der beiden Gleichungen folgt der Satz von Pythagoras.
d) Dreieck ADC ist ähnlich zu Dreieck CDB, also gilt $q : h = h : p$ oder $h^2 = p \cdot q$.
e) DS(D; $90°$; b : a) bildet Dreieck DBC ab auf Dreieck DCA.
   KS(A; w_α; c : b) bildet Dreieck ADC ab auf Dreieck ACB.
   KS(B; w_β; c : a) bildet Dreieck BDC ab auf Dreieck BCA.

Aufgabe 2:
Wir beschränken uns auf die Lösung der Aufgabe e): Möndchen des Hippokrates.
Es sei D die Dreiecksfläche und H_a, H_b bzw. H_c die Flächen der Halbkreise über den Dreiecksseiten. Wir betrachten die Fläche F_1, die aus dem Dreieck und den beiden Halbkreisen über den Katheten besteht: $F_1 = D + H_a + H_b$.
Da nach dem verallgemeinerten Satz von Pythagoras gilt $H_c = H_a + H_b$ ergibt sich $F_1 = D + H_c$. Die Möndchenfläche entsteht jedoch genau dadurch, dass man von F_1 den Teil H_c abdeckt, also bleibt genau der Teil D übrig und es gilt die Behauptung.

Aufgabe 3:
a) Man wählt die Seite des gegebenen Quadrats als Höhe und den halben Umfang (Seitensumme) als Hypotenuse eines rechtwinkligen Dreiecks. Die Hypotenusenabschnitte ergeben die gesuchten Rechtecksseiten x und y (Höhensatz).
b) Es sei das gegebene Seitenverhältnis r : s. Man zeichnet ein rechtwinkliges Dreieck mit den Hypotenusenabschnitten r und s. Dessen Höhe sei h. Nun streckt man die Figur zentrisch im Verhältnis k = h' : h bis die Höhe die Länge h' der Seite des gegebenen Quadrats hat. Die Strecken r' und s' sind die gesuchten Rechtecksseiten.
c) Gegeben sei die Quadratseite h und die Seitendifferenz d. In der nebenstehenden Zeichnung ist q von B aus auf c abgetragen, also EB = q = AD. Dann ergibt sich als Differenz der Hypotenusenabschnitte d = p − q = DE. Bei gegebenen Werten d und h ist die Figur konstruierbar und mit p und q die Seiten des gesuchten Rechtecks.

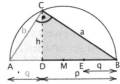

Aufgabe 4:
Ein rechtwinkliges Dreieck mit den Hypotenusenabschnitten x = 4 cm und y = 9 cm löst die Aufgabe. Man vergleiche die entsprechende Figur in Abschnitt 5.3.
Ergebnisse: a = 6,5 cm; g = 6 cm; h ≈ 6,245 cm.
Man erkennt wieder die Gültigkeit der Beziehung: $x \le h \le g \le a \le y$.

Aufgabe 5:
a) Die Winkel $\angle$BA'A und $\angle$BB'A sind gleich (Peripheriewinkel über dem Bogen BA). Damit stimmen Dreieck PA'B und PB'A in zwei Winkeln überein und sind zueinander ähnlich. Daraus folgt PA' : PB = PB' : PA oder PA · PA' = PB · PB'.

b) Analog zu a).

c) ∠TCC' ist ein rechter Winkel (Thales) ebenso wie C'TP. Daher folgt die Behauptung nach dem Kathetensatz für Dreieck C'TP.

Aufgabe 6:

a) Man gehe ganz analog zu Aufgabe 5 vor.

b) Man erhält in diesem Fall den Höhensatz.

Aufgabe 7:

a) Man verwende den Sekantensatz mit einem Kreis von $y - x = d = 5$ cm Durchmesser und einer Sehne AA' der Länge 4 cm, die man bis P um 6 cm verlängert. Die Sekantenabschnitte auf der Geraden PM liefern die gewünschten Rechtecksseiten.

b) Man verwendet analog zu a) hier den Sehnensatz mit einem Kreisdurchmesser von 18 cm.

Aufgabe 8:

a) ∠BAM = ∠MBA = 72°.

b) Wegen gleicher Basiswinkel sind die Dreiecke MAC und BCA gleichschenklig. Daher gilt AB = AC = MC.

c) Die beiden Dreiecke stimmen in den Winkeln überein.
Es gilt z. B. MB : AB = AC : CB bzw. MB : MC = MC : CB oder r : s = s : (r – s).

Aufgabe 9:

a) Man benützt den Mittelpunktswinkel eines Teildreiecks und den Umkreis.

b) Der Eckenwinkel im regelmäßigen Fünfeck ist 108°. Daher gilt ∠CED = ∠ DCE= 36° (Dreieck CDE ist gleichschenklig). Der Winkel zwischen einer Seite und einer Diagonalen an einer Ecke beträgt daher 36°, also z. B. ∠EDA = ∠BDC = 36°, daher muss auch der dritte Winkel ∠ADB = 36° betragen, damit die Summe 108° ergibt. Folglich tauchen mehrfach gleichschenklige Dreiecke mit den Winkeln 36° bzw. 108° an der Spitze auf.

c) Das Dreieck ECD ist nach b) ein goldenes Dreieck, daher verhalten sich die Seiten im goldenen Schnitt, also EC : ED = Φ.

d) Der Beweis verläuft analog zu dem für Quadratseite und -diagonale:
Angenommen Seite und Diagonale hätten ein endliches gemeinsames Maß m. Dann wäre dies auch ein Maß von AF = AC – CG und auch von FG = FC – CG. Nun ist jedoch KG = AF (weil z. B. EKGJ ein Parallelogramm und wegen EK = EJ sogar eine Raute ist). Das Maß m wäre also auch ein gemeinsames Maß von Seite und Diagonale des kleineren Fünfecks FGHJK. Dieses ist aber eine Verkleinerung des Ausgangsfünfecks ABCDE mit dem Faktor $k = 1 : Φ^2 < ½$. So fortfahrend müsste daher m jede beliebig kleine Größe unterschreiten, also kann es kein solches Maß m geben und die Strecken sind inkommensurabel.

Aufgabe 10:

Jede dieser Konstruktionen beruht auf der Konstruktion des goldenen Schnittes und geeigneter Wahl je eines der Streckenteile.

Aufgabe 11:
a) 1, 1, 2, 3, 5, 8, 13, 21, 34, 55, 89, 144, ...

b) $\frac{1}{1} = 1$; $\frac{2}{1} = 2$; $\frac{3}{2} = 1,5$; $\frac{5}{3} = 1,666...$; $\frac{8}{5} = 1,6$; $\frac{13}{8} = 1,625$; $\frac{21}{13} = 1,615...$;

$\frac{34}{21} = 1,619...$; $\frac{55}{34} = 1,617...$; $\frac{89}{55} = 1,61818...$; $\frac{144}{89} = 1,617977...$

c) Die Folge der Quotienten strebt gegen den Grenzwert Φ.
d) Man erhält für den Grenzwert g die Gleichung $g^2 - g - 1 = 0$, also genau die Bestimmungsgleichung für Φ und damit ist $g = \Phi$ nachgewiesen.

Aufgabe 12:
a) Es muss gelten: $a : b = b : (a - b)$ oder $(a - b) : b = b : a$ und damit für das Verhältnis $q = a : b$ die Gleichung $q - 1 = 1/q$ oder $q^2 - q - 1 = 0$. Man erhält daraus für q den Wert Φ des goldenen Schnitts.
b) Man verwendet Rechtecke mit den Seitenverhältnissen aus Aufgabe 11 b).

Aufgabe 13:
Die Rechtecksseiten haben dasselbe Verhältnis wie die Teilstücke auf einer Quadratseite (man beachte dazu die zueinander ähnlichen gleichschenklig-rechtwinkligen Dreiecke), also das Verhältnis des goldenen Schnitts.

Aufgabe 14:
a) Man verwende ein DGS.
b) Wie a).
c) Das Ausgangsrechteck wird durch eine Drehstreckung mit dem Winkel $\varphi = -90°$ und dem Faktor $k = \Phi$ auf das erste verkleinerte Rechteck abgebildet. Dabei geht die eingezeichnete Diagonale über in die des Bildrechtecks. Bei der zweiten Drehstreckung mit denselben Werten φ und k erhält man das dritte goldene Teilrechteck, dessen Diagonale auf der des Ausgangsrechtecks liegt, usf. Daher ist der Schnittpunkt der beiden Diagonalen der Drehpunkt bzw. das Streckzentrum Z.
Man kann den Drehpunkt bzw. das Streckzentrum der ersten Drehstreckung auch entweder mithilfe von Fasskreisbögen (in diesem Falle Thaleskreise) oder mithilfe der Apolloniuskreise konstruieren und erhält als Zentrum Z den Schnittpunkt der beiden eingezeichneten Diagonalen (gestrichelt): Jeder weitere Schritt benutzt daher dieselbe Drehstreckung $DS(Z, -90°, 1/\Phi)$.

Aufgabe 15:
Man konstruiert zuerst ein beliebiges DIN-Rechteck mit dem Seitenverhältnis $\sqrt{2} : 1$. Dessen Seiten wählt man als Hypotenusenabschnitte eines rechtwinkligen Dreiecks. Dieses Dreieck wird dann so zentrisch gestreckt, dass die Höhe die Länge $\sqrt{50}$ hat. Diese Länge kann man sich vorab konstruktiv beschaffen (z. B. mit dem Höhensatz).

Aufgabe 16:

a) Aus $a = b \cdot \sqrt{2}$ und $a \cdot b = 10\,000$ erhält man für die Maße des Formats DIN-A0 die Werte $a_0 = 118,9$ cm und $b_0 = 84,1$ cm.

DIN	A0	A1	A2	A3	A4	A5	A6	A7	A8
Länge in mm	1189	841	594	420	297	210	148	105	74
Breite in mm	841	594	420	297	210	148	105	74	52
Inhalt in m²	1	$\frac{1}{2}$	$\frac{1}{4}$	$\frac{1}{8}$	$\frac{1}{16}$	$\frac{1}{32}$	$\frac{1}{64}$	$\frac{1}{128}$	$\frac{1}{256}$

b) Ein DIN-A4-Blatt hat den Flächeninhalt 2^{-4} m² $= 1/16$ m² $= 625$ cm².

c) 16 Blätter A4 ergeben eine Papierfläche von 1 m² bzw. eine beschreibbare Fläche (mit Vor- und Rückseite) von 2 m².

d) Die Werte sind durch fortgesetztes Halbieren leicht zu bestimmen. Legen Sie eine Tabelle an wie bei a).

e) Das Format DIN-C0 hat die Seitenlängen 1297 mm und 917 mm.

f) A-Formate: Normales Schreibpapier. Die B- bzw. C-Formate werden für Kuverts, Hüllen, Aktendeckel, Musterbeutel, Fahrscheine etc. verwendet.

g) Die Seitenlängen der B bzw. C-Reihe sind jeweils um 18,9 % bzw. um 9,05 % größer als die der A-Reihe, die Flächeninhalte dagegen jeweils um 41,4% bzw. 18,9%.

Aufgabe 17:

a) Einbeschriebene Säule $V' = D \cdot h = 384$ cm³.
   Vier Dreieckssäulen an den Seiten: $V'' = 4 \cdot 8 \cdot 2 \cdot 6 \cdot ½ = 192$ cm³
   Vier Eckpyramiden an den vier Ecken: $V''' = 4 \cdot 1/3 \cdot 2 \cdot 2 \cdot 6 = 32$ cm³
   Gesamtvolumen $V = V' + V'' + V''' = 608$ cm³.

b) $V_1 = h \cdot \dfrac{G+D}{2} = 624$ cm³. V_1 ist zu groß um $V_1 - V = 16$ cm³.

c) $V_2 = h \cdot M = 600$ cm³. V_2 ist zu klein um $V - V_2 = 8$ cm³.

d) Man kann sich an Hand der Zeichnung oder eines Modells leicht klarmachen, dass V_1 einen zu großen und V_2 einen zu kleinen Wert ergeben.

Man bemerkt: V_2 weicht nur um halb so viel nach unten ab, wie V_1 nach oben, es gilt also: $V_1 - V = 2 \cdot (V - V_2)$. Daraus berechnet man $V = \dfrac{V_1 + 2 \cdot V_2}{3}$.

V ergibt sich demnach als gewichtetes Mittel aus dem Näherungswert V_1 und dem doppelt so genauen Näherungswert V_2.

e) Ergänzung zur Pyramide liefert eine Gesamthöhe von $H = 18$ cm.
   $V = 1/3 \cdot G \cdot 18 - 1/3 \cdot D \cdot 12 = 1/3 \cdot (18 \cdot 144 - 12 \cdot 64) = 608$ cm³.

Aufgabe 18:

a) Nur die Körper A und B sind Stümpfe von Spitzkörpern. Die Verlängerungen der Seitenkanten bei C und D treffen sich nicht in einem Punkt, was sie bei einem Spitzkörper müssten.

b) Grund- und Deckfläche müssen zueinander ähnlich sein. Dies ist eine notwendige, jedoch keineswegs hinreichende Bedingung für einen Spitzkörperstumpf wie das Beispiel D zeigt. Die Grund- und Deckfläche müssen sich auch noch in zentrisch ähnlicher Lage befinden, also durch zentrische Streckung auseinander hervorgehen.

Aufgabe 19:

a) $V = \dfrac{2 \cdot r}{6} \cdot (0 + 4 \cdot \pi \cdot r^2 + 0) = \dfrac{4}{3} \cdot \pi \cdot r^3$. Das ist das exakte Kugelvolumen.

b) Liegender Zylinder: $V = \dfrac{2 \cdot r}{6} \cdot (0 + 4 \cdot 2 \cdot r \cdot h + 0) = \dfrac{8}{3} \cdot h \cdot r^2$ statt $\pi \cdot h \cdot r^2$.

Für den stehenden Zylinder erhält man den richtigen Wert. Bestimmen Sie die Art der Querschnittsfunktion q(x) in Abhängigkeit von der Höhe x über der Grundfläche für den liegenden Zylinder. Man erhält eine Wurzelfunktion.

c) $V = \dfrac{7}{6} \cdot \dfrac{\pi}{4} \cdot (5^2 + 4 \cdot 8^2 + 5^2)$ dm^3 $= \dfrac{7\pi}{24} \cdot 306$ dm$^3 = 280{,}387...$ Liter.

Ein passendes Jahresquantum für einen Weingenießer!

12 Ähnlichkeitsbeziehungen am Dreieck

Begonnen haben wir unsere Ausführungen zur Ähnlichkeitsgeometrie mit Betrachtungen an der *Mittelparallelen* im Dreieck. Auch der *Schwerpunktssatz* (der Schwerpunkt teilt jede Seitenhalbierende von der Ecke aus im Verhältnis 2 : 1) ist eine typische Anwendung der Strahlensätze am Dreieck. Weitere Ähnlichkeitseigenschaften an Dreiecken haben wir beim *Winkelhalbierendensatz* (mit Apolloniuskreis), beim *Satz von Ceva*, beim *Satz von Menelaos*, bei den *Ähnlichkeitssätzen* für Dreiecke und schließlich beim *rechtwinkligen Dreieck* und bei den *„goldenen Dreiecken"* kennen gelernt. Im Folgenden sollen nun einige weitere fundamentale Ähnlichkeitsbeziehungen an Dreiecken aufgedeckt und studiert werden.

12.1 Dreiecksseiten und Dreieckshöhen

Die folgende Beziehung zwischen Höhen (als Strecken) und Seiten im Dreieck stellt einen fundamentalen Zusammenhang zwischen Ähnlichkeitslehre und Inhaltslehre her. Wir gehen folgender Frage nach: Warum erhält man bei der Inhaltsberechnung von Dreiecksflächen stets denselben Wert, unabhängig davon welche der drei Seiten man als Grundseite wählt, warum also gilt $2 \cdot A = a \cdot h_a = b \cdot h_b = c \cdot h_c$?

Wir betrachten das nebenstehende Dreieck mit den beiden Höhen $h_a = AD$ und $h_b = BE$. Offensichtlich sind die beiden Dreiecke ADC und BEC zueinander ähnlich (WW). Daher gilt $AD : AC = BE : BC$ bzw. $h_a : b = h_b : a$. Daraus folgt $a \cdot h_a = b \cdot h_b$.

> Ergebnis:
> Die Längen der Höhen im Dreieck verhalten sich umgekehrt wie die zugehörigen Seitenlängen.
> Die drei Produkte aus Seite und jeweils zugehöriger Höhe sind gleich.

Aufgabe 1:
Untersuchen Sie den entsprechenden Sachverhalt an Parallelogrammen.
Ermitteln Sie die entsprechenden ähnlichen Dreiecke.

12.2 Eulergerade und Feuerbachkreis

Die drei wichtigsten besonderen Punkte bei Dreiecken sind der **Schwerpunkt S**, der **Höhenschnittpunkt H** und die **Umkreismitte M**. Wir werden nun eine einfache Beziehung zwischen diesen drei Punkten aufdecken.

Die Anwendung der *zentrischen Streckung vom Schwerpunkt S mit dem Faktor* $k = -0,5$ gestattet eine Fülle interessanter Aussagen über Dreiecke:

> Ein Dreieck ABC wird durch die zentrische Streckung $Z(S; -\frac{1}{2})$ am Schwerpunkt S mit dem Faktor $k = -\frac{1}{2}$ auf sein Mittendreieck $A_1B_1C_1$ abgebildet.

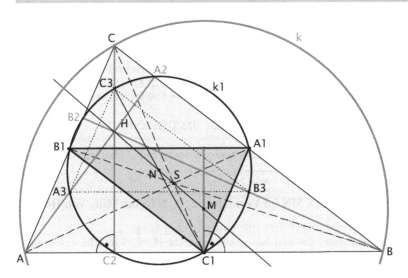

Aufgabe 2:
Gegeben ist das Dreieck ABC mit den Seitenmitten A_1, B_1 und C_1, den Höhenfußpunkten A_2, B_2 und C_2, der Umkreismitte M, dem Höhenschnittpunkt H und dem Schwerpunkt S.

a) Bilden Sie das Dreieck ABC durch die zentrische Streckung $\alpha = Z(S; -\frac{1}{2})$ ab.

In welche Punkte werden dabei A, B und C abgebildet?
In welche Geraden werden die Höhengeraden h_a, h_b bzw. h_c abgebildet?
In welchen Punkt X geht dabei also der Höhenschnittpunkt H über?
Wie müssen folglich H, S und X zueinander liegen?
Was ist bei dieser Streckung α das Bild k_1 des Umkreises k von Dreieck ABC?
Wo liegt der Bildpunkt N von M, also die Umkreismitte des Mittendreiecks?

b) Bilden Sie nun mit einer zweiten Streckung $\beta = Z(H; \frac{1}{2})$ das Dreieck ABC in
das Dreieck $A_3B_3C_3$ ab. Zeigen Sie, dass A_3 die Strecke AH halbiert, analog B_3
und C_3. In welchen Kreis k_3 geht dabei der Umkreis von Dreieck ABC über?
In welchen Punkt Y wird bei dieser Abbildung die Umkreismitte M des Dreiecks ABC abgebildet? Beachten Sie dabei das Ergebnis von a).
Beschreiben Sie genau die Lage der Punkte H, S, M und Y auf der Geraden HS.

c) Wir betrachten die Abbildung $\gamma = \beta^{-1} \circ \alpha$.
Begründen Sie, dass γ die Punktspiegelung am Punkt N ist.
In welche Punkte werden dabei A_3, B_3, C_3 bzw. H bzw. M abgebildet?
Was passiert mit dem Kreis k_3 bzw. mit k_1 bei der Abbildung γ?

Wir fassen die Ergebnisse der vorangehenden Aufgabe zusammen:

> *Feuerbach'scher Kreis oder Neunpunktekreis eines Dreiecks:*
> Der Umkreis des Mittendreiecks $A_1B_1C_1$ enthält außer den Seitenmitten
> A_1, B_1 und C_1 und den Höhenfußpunkten A_2, B_2 und C_2 auch noch die
> drei Mitten A_3, B_3 und C_3 der „oberen Höhenabschnitte".
> Der Schwerpunkt S, die Umkreismitte M, der Höhenschnittpunkt H und
> der Mittelpunkt N des Neunpunktekreises liegen auf einer Geraden.
> S teilt sowohl die Strecke HM als auch die Strecke MN im Verhältnis 2 : 1.
> N ist Mittelpunkt der Strecke HM.
> Die Gerade HM heißt die Eulersche Gerade des Dreiecks.

Wir stellen die *Verhältnisse auf der Eulergerade* noch einmal übersichtlich dar:

$$\overset{\times}{\underset{\text{H}}{\rule{0pt}{0pt}}} \xleftrightarrow{\quad 3\times \quad} \overset{\times}{\underset{\text{N}}{\rule{0pt}{0pt}}} \xleftrightarrow{\;\times\;} \overset{\times}{\underset{\text{S}}{\rule{0pt}{0pt}}} \xleftrightarrow{\quad 2\times \quad} \overset{\times}{\underset{\text{M}}{\rule{0pt}{0pt}}}$$

S teilt sowohl HM als auch MN im Verhältnis 2 : 1. N ist die Mitte von HM.

Aus diesen Beziehungen folgt sofort eine einfache Folgerung:
Genau dann können zwei der vier besonderen Punkte H, N, S und M zusammenfallen, wenn alle vier zusammenfallen.

Aufgabe 3:
Wie verläuft die Eulergerade in gleichschenkligen, wie in rechtwinkligen, wie in rechtwinklig-gleichschenkligen und wie in gleichseitigen Dreiecken? Konstruieren Sie.

Aufgabe 4:
Konstruieren Sie Dreiecke, von denen gegeben ist (Bezeichnungen wie in Aufgabe 2):
a) A (0; 0); A_1 (9; 3); H (4,5; 4,5)   b) A, H und M
c) N, S und C   d) B, S und H.

Aufgabe 5:
Den Feuerbachschen Neunpunktekreis kann man noch auf andere Weise erhalten.
Wir benutzen die Bezeichnungen von Aufgabe 2.
a) Begründen Sie, dass $A_3B_3A_1B_1$ ein Rechteck sein muss.
   Wo liegt dessen Umkreismittelpunkt?
   Warum müssen auch A_2 und B_2 auf dem Umkreis k' dieses Rechtecks liegen?

b) Begründen Sie, dass auch $B_1C_1B_3C_3$ ein Rechteck sein muss.
Warum hat dieses Rechteck denselben Umkreis k' wie das in a) genannte?
Warum müssen auch B_2 und C_2 auf diesem Umkreis k' liegen?

c) Es gibt noch weitere Rechtecke mit demselben Umkreis k'. Benennen Sie diese. Zeigen Sie nun, dass k' genau der Feuerbachsche Neunpunktekreis ist.

12.3 Inkreis und Ankreise – Die Inhaltsformel von Heron

Im Folgenden wollen wir eine kleine Auswahl aus der Vielfalt der geometrischen Beziehungen am Dreieck darstellen, die in geschicktem Zusammenspiel zur berühmten Inhaltsformel von Heron führen. Dabei spielen die Winkelhalbierenden, der Inkreis und die Ankreise eine zentrale Rolle.

Aufgabe 6:
a) Zeichnen Sie ein Dreieck ABC z. B. mit den Seiten a = 7 cm, b = 11 cm und c = 8 cm.

b) Konstruieren Sie die Winkelhalbierenden und ihren Schnittpunkt J samt dem Inkreis k sowie dessen Berührpunkte A_i, B_i und C_i auf den Seiten a bzw. b bzw. c.

c) Konstruieren Sie die Winkelhalbierenden der Außenwinkel von γ und β. Warum treffen sich diese auf der Winkelhalbierenden von α? Welche geometrische Bedeutung hat dieser Schnittpunkt M_a? Konstruieren Sie den Ankreis k_a des Dreiecks ABC an der Seite a samt seinen Berührpunkten A_a, B_a und C_a auf den Seitengeraden.

d) Zeigen Sie, dass U und A die Strecke M_aJ harmonisch teilen und zwar im Verhältnis $\rho_a : \rho$. In welchem Verhältnis teilen dann umgekehrt die Punkte M_a und J die Strecke UA harmonisch?

e) Begründen Sie folgende Gleichheiten: $BC_a = BA_a$ $BC_i = BA_i$ $CB_i = CA_i$ $AC_i = AB_i$ $AC_a = AB_a$ $C_iC_a = B_iB_a$

f) Begründen Sie, dass die grauen Dreiecke BC_iJ und M_aC_aB zueinander ähnlich sind. Leiten Sie daraus die Beziehung her: $\rho_a \cdot \rho = BC_a \cdot BC_i$.

Mit den Vorbereitungen von Aufgabe 6 können wir nun einige weitere Folgerungen ziehen und schließlich die Flächenformel von Heron ableiten:
Mit den Bezeichnungen der Figur zu Aufgabe 6 ergibt sich:
$C_iC_a = B_iB_a$ d. h. $C_iB + BC_a = B_iC + CB_a$ oder: $BA_i + BA_a = CA_i + CA_a$
Andererseits ist $BC = BA_i + CA_i = CA_a + BA_a$

Wir addieren die beiden Gleichungen: $2 \cdot BA_i + (BA_a + CA_i) = 2 \cdot CA_a + (BA_a + CA_i)$
Daraus folgt sofort: $BA_i = CA_a$ und weiter $CA_i = BA_a$.   (1)

Selbstverständlich gelten diese Beziehungen jeweils analog auch an den beiden anderen Seiten des Dreiecks. Man erhält sie aus den obigen einfach durch zyklische Vertauschungen der Bezeichnungen.

Wir leiten nun eine zweite wichtige und überraschende Beziehung ab:

Im Streckenzug C_a B A C B_a knicken wir die erste Strecke C_aB ab zu BA_a und die letzte CB_a zu CA_a und erhalten genau den Umfang des Dreiecks ABC. Daher gilt:
$$C_aA + AB_a = 2 \cdot C_aA = 2 \cdot AB_a = u = a + b + c = 2 \cdot s. \qquad (2)$$

Analog erhält man entsprechende Gleichungen für die anderen Seiten des Dreiecks:

> Die Strecken $AC_a = AB_a$, $BC_b = BA_b$ und $CA_c = CB_c$ sind jeweils gleich lang, und zwar genau so lang wie der halbe Dreiecksumfang $s = u/2 = 0{,}5 \cdot (a + b + c)$.

Die Strecke C_iC_a ist genau so lang wie die Seite BC = a, denn es gilt:
$C_iC_a = C_iB + BC_a = BA_i + BA_a = BA_i + A_iC$ aufgrund von (1).
Wir erhalten daher $\qquad C_iC_a = B_iB_a = a = BC \qquad$ und $AC_i = AB_i = s - a$. $\qquad$ (3a)
Analog dazu erhält man wieder die Gleichungen für die beiden anderen Seiten:
$A_iA_b = C_iC_b = b = AC \qquad$ und $BA_i = BC_i = s - b$ $\qquad$ (3b)
$B_iB_c = A_iA_c = c = BA \qquad$ und $CB_i = CA_i = s - c$ $\qquad$ (3c)
Unter Ausnutzung des Strahlensatzes mit Zentrum A und Parallelen JC_i und M_aC_a erhalten wir unter Benutzung von (2) und (3a):
$$JC_i : M_aC_a = \rho : \rho_a = AC_i : AC_a = (s - a) : s \quad \text{bzw.} \quad \frac{\rho}{\rho_A} = \frac{s-a}{s} \qquad (4)$$

Aus der Ähnlichkeit der Dreiecke BC_iJ und M_aC_aB folgt schließlich:
$$\rho : BC_i = BC_a : \rho_a \quad \text{bzw.} \quad \rho \cdot \rho_a = BC_i \cdot BC_a = (s - b) \cdot (s - c) \qquad (5)$$
Wir multiplizieren (4) mit (5) und erhalten: $s \cdot \rho^2 = (s - a) \cdot (s - b) \cdot (s - c)$ $\qquad$ (6)

Der Flächeninhalt des Dreiecks ABC setzt sich zusammen aus dem der Teildreiecke ABJ, BCJ und CAJ. Man erhält demnach:
$$2 \cdot \text{Inhalt (ABC)} = 2 \cdot F = (a + b + c) \cdot \rho = 2s \cdot \rho.$$

Zusammen mit (6) ergibt sich die **Flächeninhaltsformel von Heron**:

> Ein Dreieck mit den Seitenlängen a, b und c sowie dem halben Umfang
> $$s = \frac{u}{2} = \frac{a+b+c}{2} \text{ hat den Flächeninhalt } F = \sqrt{s \cdot (s-a) \cdot (s-b) \cdot (s-c)}$$

Die Bedeutung und der Wert der Formel von Heron liegen darin, dass sie es ermöglicht, den Flächeninhalt eines Dreiecks *allein* aus den gegebenen drei Seitenlängen zu berechnen, ohne Benutzung einer Dreieckshöhe.

Historischer Hinweis:
Heron von Alexandria, *griechischer Mathematiker und Physiker, lebte ca. 100 v. Chr.; er verfasste Schriften zur Mechanik, Hydraulik, Optik und Geometrie. Er war*

Erfinder vieler hydraulischer Geräte und Maschinen (u. a. des Siphons). Er gilt zusammen mit Archimedes von Syrakus als der typische Vertreter einer „experimentellen Geometrie" im Gegensatz zur theoretisch-axiomatischen Orientierung etwa von Euklid.

Dreieck mit Inkreis und Ankreisen:

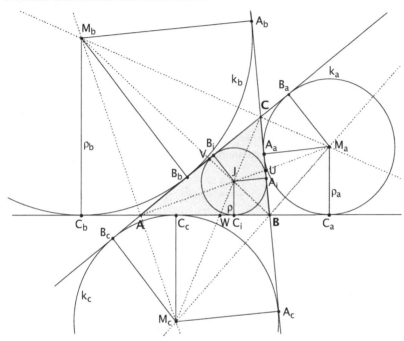

Aufgabe 7:

a) Beweisen Sie, dass sich die Ecktransversalen AA_a, BB_b und CC_c in einem Punkt P schneiden (Nagelpunkt des Dreiecks). Hinweis: Benutzen Sie die Umkehrung des Satzes von Ceva sowie die Gleichungen (1) bis (6) in diesem Abschnitt.

b) Bestätigen Sie an Hand einer Zeichnung, dass der Schwerpunkt S, die Inkreismitte J und der Nagelpunkt P (siehe a)) kollinear liegen (zweite Eulersche Gerade) und dass S die Strecke JP im Verhältnis 1 : 2 teilt.

Zusammenfassung:

- Die Höhen im Dreieck zerlegen dieses in bestimmte, zueinander ähnliche Teildreiecke.

- Die Anwendung der zentrischen Streckung $Z(S; -\frac{1}{2})$ aus dem Schwerpunkt S mit dem Faktor $-\frac{1}{2}$ auf ein Dreieck samt dessen Höhen und

Mittelsenkrechten führt auf die Eulergerade, den Feuerbachkreis und eine einfache Lagebeziehung:
- Der Schwerpunkt S teilt die Strecken HM und MN jeweils im Verhältnis 2 : 1, wobei H Höhenschnittpunkt, M Umkreismitte und N Mittelpunkt des Neunpunktekreises sind.
- Ähnlichkeitsbetrachtungen rund um die Winkelhalbierenden, den Inkreis und die Ankreise beim Dreieck ergeben neben harmonischen Lagebeziehungen die berühmte Heronsche Dreiecksformel

$$F = \sqrt{s \cdot (s - a) \cdot (s - b) \cdot (s - c)}.$$

12.4 Hinweise und Lösungen zu den Aufgaben

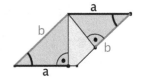

Aufgabe 1:
Nebenstehende Figur zeigt die zueinander ähnlichen Dreiecke an einem Parallelogramm.
Es gilt $a \cdot h_a = b \cdot h_b$.

Aufgabe 2:
a) Die Höhe h_c geht durch C und steht senkrecht auf c = AB. Daher geht das Bild von h_c durch C_1 und ist parallel zu h_c (die zentrische Streckung ist eine Dilatation), also auch senkrecht zu c = AB und ist daher die Mittelsenkrechte von c = AB. *Die Höhen werden also abgebildet in die Mittelsenkrechten und der Höhenschnittpunkt H in die Umkreismitte X = M des Dreiecks ABC.* Daher liegen H, S und M kollinear und es gilt HS = 2 · SM. Der Umkreis k von Dreieck ABC geht über in den Umkreis k_1 von Dreieck $A_1B_1C_1$. Das Bild N von M bei der Streckung liegt auf der Gerade MS und es gilt MS = 2 · SN, also ist N die Mitte von HM.
b) Wegen des Streckfaktors ½ bei der Streckung β sind A_3, B_3 und C_3 die Mitten der Strecken AH, BH und CH. Der Kreis k geht über in den Umkreis k_3 von $A_3B_3C_3$. M wird abgebildet auf den Mittelpunkt von HM, also auf N, d. h. Y = N. Daher liegen H, N, S und M kollinear und M ist Mitte von HM. S teilt HM und MN im Verhältnis 2 : 1.
c) Die Abbildung γ ist eine Streckung mit Faktor –1, also eine Punktspiegelung. Der Punkt N geht bei $β^{-1}$ über in M und anschließend geht M bei α über in N. Es handelt sich bei γ also um eine Punktspiegelung am Mittelpunkt N des Umkreises von Dreieck $A_1B_1C_1$. Dabei geht A_3 über in A_1, B_3 in B_1, C_3 in C_1, der Umkreis von $A_3B_3C_3$ in den Umkreis k_1 von $A_1B_1C_1$, H in M und A_1A_3, B_1B_3 und C_1C_3 haben den gemeinsamen Mittelpunkt N. Daher haben $A_3B_3C_3$ und $A_1B_1C_1$ denselben Umkreis $k_1 = k_3$, der Fixkreis der Abbildung γ ist.
Wir zeigen zusätzlich, dass auch noch die Höhenfußpunkte A_2, B_2 und C_2 auf dem Kreis k_1 liegen. Dies gilt, weil z. B. C_2 auf dem Thaleskreis über C_1C_3 liegt, letzterer ist aber genau der Kreis k_1, weil N Mitte von C_1C_3 ist.
Damit sind die Aussagen über die **Eulergerade** und den **Feuerbachschen Neunpunktekreis** vollständig bewiesen.

Aufgabe 3:
In gleichschenkligen Dreiecken ist die Eulergerade die Symmetrieachse, bei rechtwinkligen die Seitenhalbierende zur Hypotenuse, bei rechtwinklig-gleichschenkligen die Symmetrieachse und bei gleichseitigen Dreiecken ist die Eulergerade unbestimmt.

Aufgabe 4:
a) Siehe nebenstehende
    Zeichnung.
b) Man konstruiert schrittweise:
    Umkreis k; Schwerpunkt S;
    Seitenmitte A_1; Höhenfußpunkt A_2; Ecken C
    und B.
c) Seitenmitte C_1; Höhenschnittpunkt H; Umkreismitte M; Umkreis
    k; Höhenfußpunkt C_2;
    Ecken A und B.

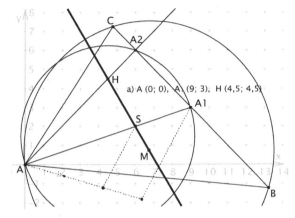

a) A (0; 0), A (9; 3); H (4,5; 4,5)

d) Seitenmitte B_1;
    Umkreismitte M; Umkreis k; Höhenfußpunkt B_2; Ecken A und C.

Aufgabe 5:
a) A_1B_1 ist Mittelparallele zu AB im Dreieck ABC ebenso wie A_3B_3 im Dreieck
    ABH.
    Andererseits ist A_3B_1 Mittelparallele zu HC im Dreieck AHC ebenso wie A_1B_3
    im Dreieck BHC. Da HC und AB zueinander senkrecht sind, ist $A_3B_3A_1B_1$ ein
    Rechteck. Sein Umkreis ist die Mitte von A_1A_3 und gleichzeitig Mitte von
    B_1B_3.
    A_2 liegt auf dem Thaleskreis über A_1A_3, also auf dem Kreis k'. Analog für B_2.
b) Die Begründung für das Viereck $B_1C_1B_3C_3$ verläuft analog wie für $A_3B_3A_1B_1$.
    Diese beiden Rechtecke haben die Diagonale B_1B_3 gemeinsam also auch den
    Umkreis k'. B_2 liegt ebenfalls auf dem Thaleskreis über B_1B_3. Analog C_2.
c) $A_1B_1A_3B_3$; $A_1C_1A_3C_3$; $B_1C_1B_3C_3$; $A_3C_1A_1C_3$; $A_3B_1A_1B_3$; $B_3C_1B_1C_3$.
    Der Kreis k' ist genau der Umkreis von $A_1B_1C_1$ mit Mittelpunkt N, also der
    Feuerbachsche Neunpunktekreis.

Aufgabe 6:
a) Siehe Zeichnung zur Aufgabenstellung.
b) Siehe Zeichnung.
c) Die Winkelhalbierenden sind die Ortslinien der Punkte, die jeweils von beiden
    Schenkeln gleichen Abstand haben. M_a hat von AC und von BC sowie von BC
    und von BA gleichen Abstand, also auch von AC und AB und liegt daher auf
    der Winkelhalbierenden von $\alpha = \angle BAC$. M_a ist Mittelpunkt des Ankreises an
    die Seite a = BC.

d) Strahlensatz mit Zentrum U ergibt: $UM_a : UJ = \rho a : \rho$.

Strahlensatz mit Zentrum A ergibt: $AM_a : AJ = \rho a : \rho$.

Teilen C und D die Strecke AB im Verhältnis λ, so teilen A und B die Strecke CD im Verhältnis $\dfrac{\lambda - 1}{\lambda + 1}$. Mit $\lambda = \dfrac{\rho_a}{\rho}$ erhält man für das Teilverhältnis

$\dfrac{\rho_a - \rho}{\rho_a + \rho}$.

e) Alle Gleichheiten folgen aus der Tatsache, dass von einem Punkt P aus die beiden Tangentenabschnitte an einen Kreis k gleich lang sind.

f) Die beiden Dreiecke haben neben dem rechten Winkel (bei C_i bzw. C_a) noch die Winkel $\beta/2$ (bei B bzw. M_a) und $90° - \beta/2$ (bei J bzw. B) gemeinsam und sind daher ähnlich. Es gilt daher $JC_i : C_iB = BC_a : M_aC_a$ bzw. $BC_a \cdot BC_i = \rho_a \cdot \rho$.

Aufgabe 7:

a) Das Produkt der Teilverhältnisse der Punkte A_a, B_b und C_c auf den jeweiligen Dreiecksseiten ergibt $\dfrac{BA_a}{CA_a} \cdot \dfrac{CB_b}{AB_b} \cdot \dfrac{AC_c}{BC_c} = \dfrac{CA_i}{BA_i} \cdot \dfrac{AB_i}{CB_i} \cdot \dfrac{BC_i}{AC_i} = \dfrac{CB_i}{BC_i} \cdot \dfrac{AC_i}{CB_i} \cdot \dfrac{BC_i}{AC_i} = 1$,

daher sind nach dem Satz von Ceva die zugehörigen Ecktransversalen kopunktal.

b) Der Beweis dieser Behauptung ist etwas aufwendiger und wird hier nicht geführt. Wir begnügen uns mit der zeichnerischen Bestätigung.

13 Trigonometrie

Eine weitere Anwendung der Ähnlichkeitslehre ist die Trigonometrie. Wie schon die Wortbedeutung – *trigonon (gr.)* für Dreieck und *metron* für Maß – besagt, befasst sich die Trigonometrie mit dem Ausmessen bzw. Berechnen von Dreiecken. Neben der ebenen Trigonometrie, die sich auf die euklidische Ebene beschränkt, gibt es noch die sphärische Trigonometrie, die sich mit Dreiecken auf der Kugeloberfläche befasst und eine wichtige Rolle bei der Vermessung der Erde und des Weltalls spielt. Die sphärische Trigonometrie wird hier nicht behandelt.

13.1 Steigungen

Steigungen im Gelände werden entweder durch Angabe eines Winkels (Erhebungswinkel, Neigungswinkel, Anstiegswinkel) oder durch Angabe eines Verhältnisses in Prozentform beschrieben. Nimmt z. B. auf einer horizontalen Basisstrecke von 10 km Länge die Meereshöhe um 2 000 m zu, so spricht man von einer Steigung von 20 %. Selbstverständlich wird im wahren Gelände die Steigung nicht gleichmäßig sein, aber für eine globale Betrachtung geht man von folgendem vereinfachten Schema aus:

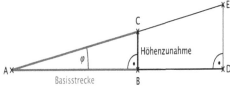

Man erhält durch eine maßstabsgerechte Zeichnung für den angegebenen Fall einen Anstiegswinkel der Größe $\varphi = 11{,}3°$. Als *Steigung* der Wegstrecke AC gibt man den Quotienten von *Höhenzunahme* und horizontaler *Basisstrecke* (in der Regel in Prozentform) an. Wie man leicht an der Ähnlichkeit der Dreiecke ABC und ADE erkennt, ist die Steigung unabhängig von der Länge der Basisstrecke und allein abhängig vom Anstiegs- oder Erhebungswinkel φ und daher eine Funktion dieses Winkels, also eine Winkelfunktion. Man nennt sie den **Tangens** des Winkels φ.

$$\textbf{Steigung} = \frac{\textbf{Höhenzunahme}}{\textbf{Basisstrecke}} = \frac{\textbf{BC}}{\textbf{AB}} = \textbf{tan } \varphi$$

Hinweis:
Sofern es sich nicht um Steigungsangaben handelt, werden Tangenswerte üblicherweise nicht in Prozentform, sondern in Dezimalform angegeben. Bei der Ermittlung der Werte mithilfe des Taschenrechners muss auf die korrekte Einstellung

der Winkelangabe (*deg* für die Winkeleingabe in Grad, *rad* für die Eingabe im Bogenmaß und *grad* für die Eingabe in Neugrad; vgl. 13.4) geachtet werden. Will man umgekehrt zum gegebenen Tangenswert die zugehörige Winkelgröße ermitteln, kann man dies mithilfe der Umkehrfunktion erreichen. Diese ist auf den üblichen Taschenrechnern entweder mit der *INV*-Taste in Verbindung mit tan oder über die *tan⁻¹*-Taste bzw. (wie meist in Tabellen) mit *arctan* erreichbar.

Aufgabe 1:
a) Bestimmen Sie mithilfe einer Zeichnung die Steigungen für die Winkel 15°, 30°, 45°, 60°, 75° und 90°.
b) Füllen Sie folgende Tabelle aus, indem Sie die Werte der Tangensfunktion einer Funktionentafel oder dem Taschenrechner entnehmen:

Winkel φ	2°	4°	6°	8°	10°	15°	20°	25°	**30°**
Steigung tan φ									
Winkel φ	35°	40°	**45°**	50°	**60°**	70°	80°	85°	90°
Steigung tan φ									

c) Zeichnen Sie ein Schaubild der Funktion φ → tan φ im Bereich zwischen 0° und 80°.

Mithilfe der Ergebnisse aus Aufgabe 1 können wir schon einige *Eigenschaften der Tangensfunktion* feststellen:
1. Die Steigung 100% entspricht nicht dem Winkel von 90°, sondern dem von 45° und es gibt durchaus Steigungen von mehr als 100%, also Tangenswerte größer als 1.
2. Die Steigung nimmt mit dem Steigungswinkel zwar zu, diese Zunahme ist jedoch keineswegs proportional. Dies ist allenfalls bei kleinen Winkeln bis etwa 10° näherungsweise der Fall. Danach nimmt die Steigung wesentlich stärker als proportional zum Winkel zu. Sie strebt bei 90° sogar gegen unendlich.

Es ist eine rein willkürliche Festlegung, wenn bei der Steigung die *horizontale Basisstrecke* als Bezugswert genommen wird. Deshalb wollen wir an dieser Stelle eine Alternative für die Steigung betrachten, bei der die *zurückgelegte Wegstrecke* und nicht die *horizontale Basisstrecke* als Bezugswert genommen wird. Wie der Tangens hängt auch dieses Verhältnis allein vom Winkel φ ab, ist also ebenfalls eine Winkelfunktion und wird als **Sinus** bezeichnet:

$$\sin \varphi = \frac{\textbf{Höhenzunahme}}{\textbf{Wegstrecke}} = \frac{BC}{AC}$$

Aufgabe 2:
a) Füllen Sie folgende Tabelle aus, indem Sie die Sinus- und die Tangenswerte mit dem Taschenrechner oder aus einer Tafel ermitteln:

φ	2°	4°	6°	8°	10°	15°	20°	25°	30°
tan φ									
sin φ									
φ	35°	40°	45°	50°	60°	70°	80°	85°	90°
tan φ									∞
sin φ									1,0000

b) Zeichnen Sie Schaubilder der beiden Funktionen für Winkel zwischen 0° und 90°.

Eigenschaften der Sinusfunktion:

1. Im Gegensatz zum Tangens nimmt der Sinus nur Werte an, die kleiner oder gleich 1 sind. Der Wert 1 wird erst bei einem Winkel von 90° erreicht.
2. Wie beim Tangens nimmt der Sinus bei kleinen Winkeln bis unter 10° näherungsweise proportional zum Winkel zu. Danach nimmt der Sinus allerdings weit langsamer zu und erreicht bei 90° erst den Wert 1.
3. Für kleine Winkelgrößen unter 10° unterscheiden sich die Werte für Sinus und Tangens nur sehr wenig. Daher ist es im täglichen Leben oft unwichtig, ob Steigungen mit dem Tangens oder mit dem Sinus angegeben werden.

Hauptstrecken bei der **Bahn** haben Steigungen bis maximal 3%. Nebenstrecken der Bahn können bis zu 7% Steigung aufweisen. Die steilste Bahnstrecke ist die Pöstlingbergbahn bei Linz (max. 10,5%; insgesamt 255 Höhenmeter bei 4,14 km Streckenlänge). Die Uetlibergbahn bei Zürich hat maximal 7,9% Steigung und die Höllentalbahn bei Freiburg 5,7%. Eine der steilsten Autobahnstrecken Deutschlands, der Albaufstieg der A8, wurde durch den Neubau von über 7% auf ca. 5,3% Steigung entschärft. Heutige PKW erreichen Steigfähigkeiten in der Größenordnung von 50%. Die steilste Zahnradbahn auf den Pilatus in der Schweiz hat eine maximale Steigung von 48%

Aufgabe 3:
Die Berninabahn in der Schweiz hat eine maximale Steigung von 7%. Sie startet in St. Moritz auf 1 716 m Höhe und erreicht nach 22,3 km Fahrstrecke ihren höchsten Punkt beim Berninahospiz auf 2 253 m. Bei Cadera (38,2 km von St. Moritz) ist sie bereits wieder auf 1 383 m abgestiegen. Nach insgesamt 60,7 km erreicht sie Tirano in Italien auf 429 m Meereshöhe. Berechnen Sie die mittlere Steigung der Teilstrecken und die mittlere Steigung beim Aufstieg und bei der Abfahrt.

Aufgabe 4:
Die alte Pöstlingbergbahn hat 255 Höhenmeter auf einer *Fahrstrecke* von 2,9 km erklommen. Wie hoch war ihre mittlere Steigung? Vergleichen Sie sie mit der neuen Bahn.

Aufgabe 5:
Auf einer Wanderkarte im Maßstab 1 : 25 000 (Was bedeutet das?) haben benachbarte 20-Meter-Höhenlinien einen Abstand von 5 mm (bzw. 3 mm, bzw. 1 mm). Wie steil ist das Gelände? Bestimmen Sie Steigung und Neigungswinkel des Geländes.

Aufgabe 6:
Berechnen Sie die Steigungen und die Neigungswinkel für die beiden Dachflächen des nebenstehenden Pultdaches.

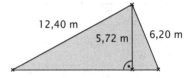

13.2 Seitenverhältnisse in rechtwinkligen Dreiecken

Gemäß dem Ähnlichkeitssatz WW (siehe Kap.10.4) sind zwei Dreiecke schon dann zueinander ähnlich, wenn sie in zwei Winkeln übereinstimmen. Da *rechtwinklige Dreiecke* auf alle Fälle in *einem* Winkel, dem rechten, von vornherein übereinstimmen, gilt folgender

> Ähnlichkeitssatz für rechtwinklige Dreiecke:
> Alle rechtwinkligen Dreiecke, die in der Größe eines spitzen Winkels übereinstimmen, sind zueinander ähnlich.

In ähnlichen Figuren stimmen die Längenverhältnisse entsprechender Strecken überein (siehe Kap. 10.4), daher haben alle rechtwinkligen Dreiecke mit einem gleich großen spitzen Winkel dieselben Längenverhältnisse entsprechender Seiten (siehe Kap. 5.3). Diesen Seitenverhältnissen in rechtwinkligen Dreiecken (bezogen auf den betreffenden spitzen Winkel) hat man feste Namen gegeben und man bezeichnet sie als Winkelfunktionen.

Definition:

„**Winkelfunktionen**" oder
„**trigonometrische Funktionen**"
am rechtwinkligen Dreieck

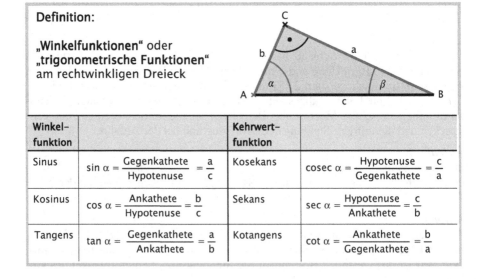

Winkel-funktion		Kehrwert-funktion	
Sinus	$\sin \alpha = \dfrac{\text{Gegenkathete}}{\text{Hypotenuse}} = \dfrac{a}{c}$	Kosekans	$\operatorname{cosec} \alpha = \dfrac{\text{Hypotenuse}}{\text{Gegenkathete}} = \dfrac{c}{a}$
Kosinus	$\cos \alpha = \dfrac{\text{Ankathete}}{\text{Hypotenuse}} = \dfrac{b}{c}$	Sekans	$\sec \alpha = \dfrac{\text{Hypotenuse}}{\text{Ankathete}} = \dfrac{c}{b}$
Tangens	$\tan \alpha = \dfrac{\text{Gegenkathete}}{\text{Ankathete}} = \dfrac{a}{b}$	Kotangens	$\cot \alpha = \dfrac{\text{Ankathete}}{\text{Gegenkathete}} = \dfrac{b}{a}$

Aufgabe 7:
Jede der Winkelfunktionen lässt sich durch eine andere Funktion des Ergänzungs-winkels auf 90° ausdrücken z. B. cos α = b/c = sin (90° − α) = sin β.
Drücken Sie alle sechs Funktionen für α durch entsprechende für β = 90° − α aus.

Die Funktionen cosec, sec und cot sind jeweils nur die Kehrwerte von sin, cos bzw. tan. Man kann auf sie deshalb verzichten. Daran wollen wir uns im Folgenden halten.
Wir bemerken ausdrücklich, dass unsere bisher behandelten Begriffe beim Thema „Steigungen" sich ohne Widersprüche mit den hier definierten Festlegungen für die Winkelfunktionen an beliebigen rechtwinkligen Dreiecken vertragen und das Stei-gungsdreieck nur ein Spezialfall ist. Überzeugen Sie sich durch Nachprüfen am (rechtwinkligen) Steigungsdreieck selbst davon.
Sind die Funktionswerte dieser Winkelfunktionen einmal bekannt, kann man mit ihrer Hilfe Dreiecke berechnen. Aus dieser Eigenschaft erklärt sich auch der Name „Trigonometrie" d. h. „Dreiecksmessung".

Beispielaufgabe:
Man berechne die Seitenlängen, die Höhe und den Flächeninhalt eines rechtwinkligen Dreiecks mit der Hypotenusenlänge c = 7 cm und dem spitzen Winkel α = 40°. Fertigen Sie zuerst eine Skizze an. Kontrollieren Sie die Ergebnisse durch eine Zeichnung.

Lösung:
Es gilt sin α = a/c und mit dem Wert für sin 40° = 0,6428 erhält man die Länge der Seite a = 0,6428 · 7 cm ≈ 4,5 cm. (Warum ist es nicht sinnvoll, die Streckenlänge genauer anzugeben?). Analog ergibt sich mit cos 40° = 0,7660 = b/c die Länge der Ankathete von α zu b = 0,7660 · 7 cm ≈ 5,4 cm. Da die Höhe im rechtwinkligen Dreieck dies in zwei zueinander und zum Ausgangsdreieck ähnliche Dreiecke zer-legt (Kap. 11.1), kann die Länge der Höhe h wieder über sin α berechnet werden, diesmal aber mit der Hypotenuse b: Man erhält h = 0,6428 · 5,4 cm ≈ 3,5 cm. Der Flächeninhalt beträgt dann A ≈ 0,5 · 3,5 · 7 cm² = 12,25 cm² oder aber A ≈ 0,5 · 4,5 · 5,4 cm² = 12,15 cm². (Machen Sie sich klar, woher der Unterschied kommt.)

Aufgabe 8:
Die Werte der Winkelfunktionen für spezielle Winkel kann man aufgrund der Kenntnisse über wichtige geometrische Grundfiguren wie *Quadrat* und *gleichseiti-ges Dreieck* bestimmen:
a) Berechnen Sie mithilfe des Satzes von Pythagoras die Länge der Diagonale ei-nes Quadrats mit der Seitenlänge a sowie die Höhe h eines gleichseitigen Drei-ecks mit der Seitenlänge a.
b) Bestimmen Sie damit die exakten Werte der Winkelfunktionen für die Winkel der Größen 30°, 45° und 60°.
c) Für die Sinuswerte der besonderen Winkel gibt es eine einfache Merkhilfe:

Besonderer Winkel	0°	30°	45°	60°	90°
Sinuswert	$\dfrac{\sqrt{0}}{2}$	$\dfrac{\sqrt{1}}{2}$	$\dfrac{\sqrt{2}}{2}$	$\dfrac{\sqrt{3}}{2}$	$\dfrac{\sqrt{4}}{2}$

Ergänzen Sie die Tabelle um die exakten Werte für Kosinus und Tangens.

Aufgabe 9:

a) Berechnen Sie die Seitenlängen eines rechtwinkligen Dreiecks mit einer Seitenlänge von 5 cm und einem Winkel von 25°.

b) Die beiden Katheten eines rechtwinkligen Dreiecks haben die Längen 3 und $\sqrt{7}$. Wie groß ist cos α, wenn α der kleinste der drei Winkel ist? Geben Sie den Wert exakt an.

c) Zwei Stangen stoßen in derselben Höhe auf eine Wand. Das andere Ende steht auf dem Boden. Die eine Stange ist 1,5-mal so lang wie andere. In welchem Winkel steht die längere der beiden, wenn die andere in einem Winkel von 60° zum Boden steht?

d) Bestimmen Sie die Winkel und Diagonalenlängen eines Drachens mit den Seitenlängen 4,5 cm und 6,7 cm und dem Winkel α = 112°.

Aufgabe 10:

a) Erstellen Sie eine Wertetabelle entsprechend Aufgabe 2 für die Kosinusfunktion.

b) Zeichnen Sie ein Schaubild für die Kosinusfunktion zwischen 0° und 90°. Vergleichen Sie das Schaubild mit dem der Sinusfunktion.

c) Begründen Sie folgende Zusammenhänge:

(1) $\tan \varphi = \dfrac{\sin \varphi}{\cos \varphi}$

(2) $\sin^2 \varphi + \cos^2 \varphi = 1$

(3) $\sin \varphi = \cos (90° - \varphi)$

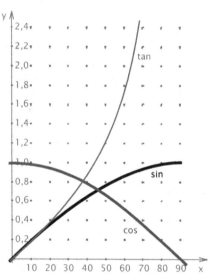

Eigenschaften der Kosinusfunktion:

1. Der Kosinus nimmt für zunehmende Winkel von 0° bis 90° fortlaufend vom Wert 1 bis auf den Wert 0 ab.

2. Im Gegensatz zu Sinus und Tangens nimmt der Kosinus bei kleinen Winkeln vom Wert 1 an zuerst nur sehr langsam dann jedoch schneller ab und erreicht bei 90° den Wert 0.

3. Wie der Sinus nimmt auch der Kosinus nur Werte an, die kleiner oder gleich 1 sind.

Aufgabe 11:
Eine schiefe Ebene bildet mit der Horizontalen
den Neigungswinkel φ. Die Gewichtskraft einer
Masse m (in der Abbildung eine Kugel) lässt
sich in zwei Komponenten zerlegen: Die Normalkraft N, die senkrecht auf die Unterlage wirkt,
und die Hangabtriebskraft H, die die Masse m
längs der schiefen Ebene abwärts beschleunigt.

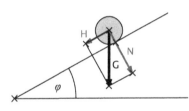

a) Bestimmen Sie jeweils die prozentualen Anteile an der Gewichtskraft für den
   Hangabtrieb und für die Normalkraft bei verschiedenen Neigungswinkeln φ
   (0°, 15°, 30°, 45°, 60°, 75°, 90°).
b) Bei welchem Neigunswinkel φ ist der Hangabtrieb H (bzw. die Normalkraft N)
   gerade halb so groß wie die Gewichtskraft G?
c) Was bedeuten diese Ergebnisse für ein Fahrzeug an einer Steigung, einen
   Dachdecker auf dem Dach oder einen Bergsteiger?

Aufgabe 12:
Aristarch von Samos (300 vor Chr.; Vertreter des heliozentrischen Weltbildes)
wollte das Verhältnis der Entfernungen
von Mond und Sonne zur Erde auf folgende Weise bestimmen: Man muss nur
bei exaktem Halbmond den Winkelabstand
α zwischen Sonne und Mond messen. Er
hat den Wert zu α = 87° „gemessen".

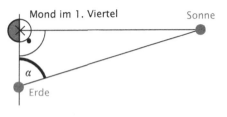

a) Welches Verhältnis der Entfernungen des Mondes und der Sonne erhält man
   damit?
b) Vergleichen Sie den Wert Aristarchs mit dem wahren Wert heutiger Erkenntnis.
c) Wo liegen die Schwierigkeiten und Fehlerquellen für die Messung?

Aufgabe 13:
Merkur, Venus und Erde beschreiben
nahezu kreisförmige Bahnen um die
Sonne mit Radien von 58 Mio. km bzw.
108 Mio. km bzw. 150 Mio. km. Aus
diesem Grund kann man von der Erde
aus die Planeten Merkur und Venus
immer nur in engem Winkelabstand zur
Sonne sehen, also z. B. nie um Mitter-
nacht der Sonne gegenüber.

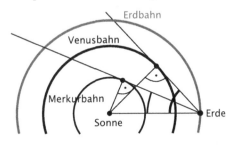

a) Zeichnen Sie die Bahnkreise maßstäblich. Messen Sie den größtmöglichen
   Winkelabstand von der Sonne, unter dem man die Planeten von der Erde aus
   sieht.
b) Berechnen Sie den jeweils größten östlichen bzw. westlichen Winkelabstand
   der beiden inneren Planeten von der Sonne.
c) Wie kommt es, dass man die helle Venus sowohl als „Abendstern" als auch als
   „Morgenstern" bezeichnen kann?

Aufgabe 14:
Ein kugelförmiger Freiballon mit 16 m Durchmesser wird unter dem Sehwinkel $\alpha = 0{,}6°$ gesehen. Wie groß ist die Entfernung vom Betrachter?

Aufgabe 15:
Der Erdradius misst 6370 km. Wie lang ist der Äquator, wie lang sind die Breitenkreise auf 23,5° (Wendekreis), 30°, 45°, 66,5° (Polarkreis) nördlicher bzw. südlicher Breite?

Aufgabe 16:
Ein Turm mit quadratischem Querschnitt erhält als Bedachung eine Pyramide, bei der alle Kanten gleich lang sind. Berechnen Sie den Neigungswinkel der Dachflächen und der Dachkanten gegen die horizontale Ebene.

Aufgabe 17:
Ein Quader hat die Kantenlängen 5 m, 8,3 m und 11,4 m. Berechnen Sie die Winkel, die eine Raumdiagonale mit den Flächendiagonalen bildet. Fertigen Sie dazu eine Schrägbildskizze an. Wie groß sind die entsprechenden Winkel bei einem Würfel?

Aufgabe 18:
Zur Messung der Höhe eines Turmes wird eine gerade auf den Turm zulaufende Standlinie AB der Länge s = 53 m ausgewählt. Von den Enden dieser Standlinie wird die Spitze unter dem Erhebungswinkel $\alpha = 31{,}38°$ bzw. $\beta = 49{,}31°$ angepeilt. Wie hoch ist der Turm? Berücksichtigen Sie die Augenhöhe von 1,70 m. Wie weit weg vom Turmfuß beginnt die Standlinie?

Aufgabe 19:
Kennt man für einen Winkel φ den Wert *einer* der drei Winkelfunktionen, so kann man den Wert der beiden anderen ermitteln, ohne den Winkel selbst zu bestimmen.
a) Geben Sie für das nebenstehend skizzierte rechtwinklige Dreieck sin φ und cos φ in Abhängigkeit von tan φ an.
b) Drücken Sie analog dazu den Sinus und den Tangens durch den Kosinus aus. Welche Seite wird man nun mit dem Wert 1 annehmen?
c) Drücken Sie schließlich noch cos und tan durch sin aus.

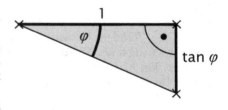

Aufgabe 20:
Ein Haus ist 12,7 m lang und 8,1 m breit. Diesem wird ein Walmdach aufgesetzt. Die trapezförmigen Dachflächen sind unter 37°, die dreieckigen unter 52° gegen die Horizontale geneigt. Fertigen Sie eine Maßstabszeichnung an (DGS). Berechnen Sie die Höhe des Daches, die Firstlänge, die Länge der Grate, die Größe der Dachfläche und den Neigungswinkel der Grate.

Aufgabe 21:
In einem Halbkreis über dem Durchmesser AB ist eine Sehne CD parallel zu AB eingezeichnet. CD ist halb so lang wie AD. Welchen Abstand haben AB und CD?

13.3 Trigonometrie in beliebigen Dreiecken

Der Sinussatz für Dreiecke

Die Winkelfunktionen sin, cos und tan beziehen sich laut Definition auf *rechtwinklige* Dreiecke. Es erhebt sich die Frage, ob man mit ihrer Hilfe auch *beliebige* Dreiecke berechnen kann. Dies wollen wir mithilfe der Aufgabe 22 untersuchen:

Aufgabe 22:
a) Konstruieren Sie ein Dreieck mit den Seitenlängen b = 8 cm, c = 9,8 cm und der Winkelgröße $\gamma = 60°$.
b) Berechnen Sie die fehlende Seitenlänge a und die fehlenden Winkelgrößen α und β des Dreiecks. (Hinweis: Erzeugen Sie durch Einzeichnen einer geeigneten Höhe rechtwinklige Teildreiecke und berechnen Sie diese.)

Die Lösung der Aufgabe 22 gibt den entscheidenden Hinweis zur Anwendung der Trigonometrie auf beliebige nicht rechtwinklige Dreiecke:
Durch Einzeichnen einer geeigneten Höhe kann man das Dreieck in zwei rechtwinklige Dreiecke zerlegen und diese mithilfe der Winkelfunktionen berechnen.
Wir wollen dies an einem Beispiel in allgemeiner Form zeigen und dabei sogleich eine Beziehung zwischen Seiten und Winkeln eines Dreiecks gewinnen. Bekannt ist ja, dass im Dreieck zur größeren Seite der größere Gegenwinkel gehört. Nun könnte man zunächst einmal Proportionalität vermuten (zum doppelten Winkel gehört die doppelte Gegenseite). Ein Blick auf das rechtwinklig gleichschenklige Dreieck oder das durch eine Höhe halbierte gleichseitige Dreieck widerlegt diese Hypothese sofort. [Machen Sie sich die Verhältnisse der Winkelgrößen und Seitenlängen an diesen Beispielen klar.]

Beispiel:
Von einem Dreieck seien zwei Seitenlängen a und b (mit a > b) und der Winkel α gegeben. Man berechne die restlichen Stücke.

Lösung:
Wir zerlegen das Dreieck ABC durch Einzeichnen der Höhe h_c in zwei rechtwinklige Dreiecke. Nun gelten in den beiden rechtwinkligen Teildreiecken die folgenden Beziehungen:
$h_c = b \cdot \sin \alpha = a \cdot \sin \beta$.

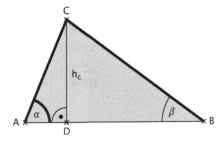

Durch Umformung erhalten wir daraus:

$$a : b = \sin \alpha : \sin \beta \text{ oder } \frac{a}{\sin \alpha} = \frac{b}{\sin \beta}.$$

In Worten besagt dies: Die Seitenlängen eines Dreiecks verhalten sich *nicht* wie ihre Gegenwinkel, sondern wie die Sinuswerte ihrer Gegenwinkel.

Natürlich kann man die oben dargestellte allgemeine Berechnung mit anderen Seitenpaaren und deren Gegenwinkeln durchführen und erhält das gleiche Ergebnis. Es gilt daher der folgende

> **Sinussatz für Dreiecke:**
> Die Seitenlängen eines Dreiecks verhalten sich wie die Sinuswerte ihrer Gegenwinkel: $a : b : c = \sin \alpha : \sin \beta : \sin \gamma$

Das Verhältnis von Seitenlänge zu Sinuswert des Gegenwinkels spielt noch in einem anderen Kontext eine Rolle. Diesen soll uns die folgende Aufgabe erschließen:

Aufgabe 23:
a) Zeichnen Sie eine Strecke AB = c mit der Länge 9 cm. Zeichnen Sie dazu mehrere Dreiecke ABC mit dem Winkel $\gamma = 70°$. Wo liegen sämtliche Punkte C? (Vgl. Kap. 4.6)

b) Offenbar bestimmen c und γ den Umkreis sämtlicher dieser möglichen Dreiecke ABC. Berechnen Sie diesen Umkreisradius r bzw. den Durchmesser d in Abhängigkeit von c und γ.

c) Begründen Sie:
$d = 2 \cdot r = c/\sin \gamma = a/\sin \alpha = b/\sin \beta$.
Wie folgt daraus der Sinussatz für Dreiecke?

d) Beweisen Sie den folgenden „*Sehnensatz*":
In einem Kreis mit Radius r gehört zum Umfangswinkel φ eine Sehne der Länge
$s = 2 \cdot r \cdot \sin \varphi$.

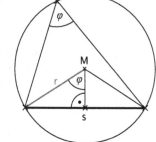

Mit dem Ergebnis der Aufgabe 23 können wir den Sinussatz für Dreiecke noch verschärfen:

> **Verschärfter Sinussatz für Dreiecke:**
>
> In einem beliebigen Dreieck sind die Quotienten aus einer Seitenlänge und dem Sinuswert des Gegenwinkels gleich groß und zwar gleich dem Durchmesser des Umkreises:
>
> $$\frac{a}{\sin \alpha} = \frac{b}{\sin \beta} = \frac{c}{\sin \gamma} = 2 \cdot r = d.$$

Aufgabe 24:
Bestimmen Sie durch geeignete Zerlegung bzw. mithilfe des Sinussatzes die fehlenden Seitenlängen und Winkel für folgende Dreiecke:
a) $\gamma = 75°$, c = 10 cm und b = 7 cm   c) $\alpha = 35°$, $\beta = 55°$ und a = 12 cm
b) $\alpha = 60°$, $\beta = 60°$ und c = 8 cm   d) $\alpha = 36{,}2°$, $\beta = 68{,}7°$ und r = 8,5 cm

Aufgabe 25:
Entwickeln Sie eine Formel für die Bestimmung des Flächeninhalts beliebiger Dreiecke ohne Kenntnis der Höhe bzw. ohne Kenntnis einer einzigen Seitenlänge.

Aufgabe 26:
Bestimmen Sie die fehlenden Seitenlängen und Winkel in den angegeben Dreiecken durch Verwendung der Höhen.
a) $\gamma = 120°$, $\beta = 20°$ und b = 8 cm   b) $\alpha = 105°$, c = 10 cm und a = 7 cm
c) allgemein bei gegebenem $\gamma > 90°$, β und a

In Aufgabe 26 a) bis c) ist zu erkennen, dass Sinuswerte auch für Winkel größer als 90° Sinn ergeben. Wie kann man diese Werte bestimmen?

Aufgabe 27:
a) Konstruieren Sie ein Dreieck mit den Größen
    $\alpha = 125°$, a = 7,5 cm und b = 4 cm.
b) Berechnen Sie mithilfe einer geeigneten Höhe den Winkel β ohne Benutzung des Sinussatzes.
c) Welche Festlegung über den Sinus stumpfer Winkel muss man treffen, damit der Sinussatz auch für stumpfwinklige Dreiecke gilt?

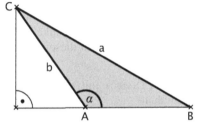

d) Berechnen Sie die Seitenlänge c, die Winkelgröße γ sowie den Flächeninhalt F des Dreiecks.
e) Begründen Sie folgende **Flächeninhaltsformel für Dreiecke:**
    $F = 0{,}5 \cdot a \cdot b \cdot \sin \gamma = 0{,}5 \cdot b \cdot c \cdot \sin \alpha = 0{,}5 \cdot c \cdot a \cdot \sin \beta$
    $= 2 \cdot r^2 \cdot \sin \alpha \cdot \sin \beta \cdot \sin \gamma$

Aufgabe 28:
a) Erweitern Sie die Tabelle für den Sinus bis 180° (Taschenrechner).

Winkel	0°	15°	30°	45°	60°	75°	90°	105°	120°	135°	150°	165°	180°
Sinuswert													

b) Welchen Zusammenhang vermuten Sie?
c) Begründen Sie diesen Zusammenhang grafisch. (Tipp: Zeichnen Sie verschiedene rechtwinklige Dreiecke mit den Werten aus der Tabelle für den Winkel α. Wenn die Länge der Hypotenuse 1 beträgt, lassen sich die Sinuswerte direkt abmessen.)

Die Erfahrungen aus den Aufgaben 26 bis 28 zeigen, dass der Sinussatz unverändert auch für stumpfwinklige Dreiecke gilt, wenn man folgende Festsetzung vornimmt:

Für stumpfe Winkel φ soll gelten: sin φ = sin (180° – φ)

Mit dieser Festlegung gilt der Sinussatz unverändert auch für stumpfwinklige Dreiecke.

Aufgabe 29:
Über die sogenannten „Ecktransversalen" eines Dreiecks wie Schwerlinien (Seitenhalbierende), Höhen und Winkelhalbierende macht der Satz von Ceva (siehe Kap. 8.3) folgende Aussage: Die Transversalen sind genau dann kopunktal, wenn das Produkt der Teilverhältnisse, die ihre Schnittpunkte auf den Gegenseiten erzeugen, den Wert 1 ergibt. Für die Seitenhalbierenden ist dies klar, da jedes der drei Teilverhältnisse den Wert 1 hat.
a) Berechnen Sie die Längen der Abschnitte auf jeder Dreiecksseite, die die Fußpunkte der Dreieckshöhen erzeugen. Bestätigen Sie durch Nachrechnen die Gültigkeit des Satzes von Ceva.
b) Die Winkelhalbierende des Winkels γ schneide die Gegenseite c im Punkt T. Wenden Sie den Sinussatz auf das Dreieck ATC und das Dreieck TBC an und berechnen Sie das Teilverhältnis AT:TB. Bestätigen Sie durch Nachrechnen den Satz über die Winkelhalbierenden (siehe Kap. 8.2) im Dreieck und den Satz von Ceva für diesen Fall.

Aufgabe 30:
Welches Dreieck mit zwei Seitenlängen von 9 m und 7 m hat den größten Flächeninhalt?

Der Kosinussatz für Dreiecke

Mithilfe des Sinussatzes lassen sich die beiden Grundaufgaben der Dreiecksberechnung SsW und WWS bzw. WSW lösen. Wir wenden uns nun dem Fall SWS zu:

Aufgabe 31:
a) Konstruieren Sie ein Dreieck mit den Seitenlängen a = 9,6 cm, b = 5,2 cm und dem eingeschlossenen Winkel γ = 81°.
b) Berechnen Sie die fehlende Seitenlänge c und die fehlenden Winkelgrößen α und β sowie den Flächeninhalt des Dreiecks. (Hinweis: Benutzen Sie eine geeignete Dreieckshöhe zur Berechnung).

Bei der Lösung der Aufgabe 31 ist – wie bei Aufgabe 22 – die Zerlegung des Dreiecks durch eine Höhe in rechtwinklige Dreiecke die entscheidende Idee. Wir wollen dies nun in allgemeiner Form durchführen und damit eine weitere Beziehung für Dreiecke gewinnen, die zur Lösung der noch fehlenden Grundaufgaben SWS und SSS führt:

Beispiel:
Man berechne die fehlenden Stücke eines Dreiecks, von dem zwei Seiten und der eingeschlossene Winkel gegeben sind, also z. B. b, c und α.

Lösung:
Wir zeichnen die Höhe h_c ein. Diese und die Strecke AD können wir nun berechnen:

$h_c = b \cdot \sin \alpha \qquad AD = b \cdot \cos \alpha$

Nun kennen wir im rechtwinkligen Teildreieck BCD die beiden Seitenlängen DB = c – AD und CD = h_c und können a mithilfe des Satzes von Pythagoras berechnen:

$a^2 = b^2 \cdot \sin^2 \alpha + (c - b \cdot \cos \alpha)^2$
$\quad = b^2 \cdot \sin^2 \alpha + c^2 - 2 \cdot b \cdot c \cdot \cos \alpha + b^2 \cdot \cos^2 \alpha$
$\quad = b^2 + c^2 - 2 \cdot b \cdot c \cdot \cos \alpha$

Mit diesem Ergebnis ist die dritte noch unbekannte Seitenlänge a berechnet. Selbstverständlich gilt der Zusammenhang anlog für jede der drei Seiten und man gewinnt so eine Aussage, die den Satz des Pythagoras verallgemeinert. Man nennt diesen Zusammenhang im Dreieck den Kosinussatz:

Kosinussatz für Dreiecke:	In beliebigen Dreiecken gilt:
$a^2 = b^2 + c^2 - 2 \cdot b \cdot c \cdot \cos \alpha$	Das Quadrat einer Seite ist gleich der Summe der Quadrate der beiden anderen Seiten vermindert um das doppelte Produkt aus den beiden anderen Seiten und dem Kosinus des von ihnen eingeschlossenen Winkels.
$b^2 = a^2 + c^2 - 2 \cdot a \cdot c \cdot \cos \beta$	
$c^2 = a^2 + b^2 - 2 \cdot a \cdot b \cdot \cos \gamma$	

Die Auflösung des Kosinussatzes nach dem Kosinus eines Winkels erlaubt die Berechnung eines Winkels aus den drei Seitenlängen und damit ist die vierte Grundaufgabe SSS ebenfalls mit dem Kosinussatz zu lösen.

Aufgabe 32:
Berechnen Sie die Winkelgrößen und den Flächeninhalt eines Dreiecks mit den Seitenlängen 7,3 cm, 5,9 cm und 9,2 cm.

Aufgabe 33:
Konstruieren Sie ein Trapez mit den Seitenlängen a = 12,7 cm, b = 8,8 cm, c = 3,2 cm und d = 5,7 cm. Berechnen Sie die Innenwinkel, den Flächeninhalt und die Diagonalenlängen des Trapezes.

Aufgabe 34:
Ein Sehnenviereck hat die Seitenlängen a = 9,5 cm, b = 7 cm und c = 9 cm. Sein Umkreisradius misst r = 6,7 cm. Berechnen Sie die Seitenlänge d, die Innenwinkel, die Diagonalenlängen und den Flächeninhalt des Sehnenvierecks.

Aufgabe 35:
Konstruieren Sie ein Dreieck mit den Größen
b = 7 cm, c = 5 cm und α = 125°.

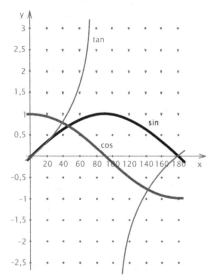

a) Berechnen Sie mithilfe einer geeigneten Höhe die Länge der Seite a ohne Benutzung des Kosinussatzes.

b) Welche Festlegung über den Kosinus stumpfer Winkel muss man treffen, damit der Kosinussatz auch für stumpfwinklige Dreiecke gilt?

c) Berechnen Sie die Größen der Winkel β und γ sowie den Flächeninhalt des Dreiecks.

Die Erfahrungen von Aufgabe 35 zeigen, dass der Kosinussatz unverändert auch für stumpfwinklige Dreiecke gilt, wenn man Folgendes festlegt:

Für stumpfe Winkel φ soll gelten:
$cos\ φ = - cos\ (180° - φ)$

Mit dieser Festlegung gilt der Kosinussatz unverändert auch für stumpfwinklige Dreiecke.

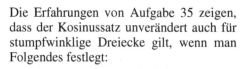

Aufgabe 36:
Skizzieren Sie Schaubilder der Funktionen sin und cos für Winkel von 0 bis 180° unter Benutzung der Werte für 0°, 30°, 45°, 60°, 90° und Beachtung der Definitionen für stumpfe Winkel.

Aufgabe 37:
Die Punkte A, B, C, D, E, F, G und H teilen den Einheitskreis in acht gleiche Teile. A wird mit allen anderen Punkten durch Sehnen verbunden. Berechnen Sie das Produkt der Längen dieser sieben Sehnen.

Aufgabe 38:
Beweisen Sie mithilfe des Kosinussatzes: In einem Parallelogramm mit den Seiten a und b und den Diagonalen e und f gilt: $e^2 + f^2 = 2 \cdot (a^2 + b^2)$.

Analyse der Kongruenzsätze für Dreiecke

In Kenntnis des Verlaufs der Sinus- und Kosinusfunktion für Winkel von 0° bis 180° und mithilfe des Sinus- und des Kosinussatzes wollen wir noch einmal die Kongruenzsätze für Dreiecke analysieren.

Aufgabe 39:
Die vier Kongruenzsätze für Dreiecke machen Aussagen über eindeutige Dreieckskonstruktionen. Für welche der vier Grundaufgaben (SSS, WWS bzw. WSW, SsW und SWS) kann man die fehlenden Größen durch Anwendung des Sinussatzes bzw. des Kosinussatzes berechnen? Berechnen Sie für jeden möglichen Fall ein Beispiel und überprüfen Sie die Rechnung durch Konstruktion.

Kongruenzsatz SSS:
Sind drei Seitenlängen gegeben, so kann man mithilfe des Kosinussatzes (Auflösen nach dem Kosinus eines Winkels) den Kosinuswert eindeutig bestimmen. Sofern dieser Wert im Bereich zwischen −1 und +1 liegt (Dreiecksungleichung muss erfüllt sein), ist der dazugehörige Winkel und damit das gesamte Dreieck eindeutig bestimmt.

Kongruenzsatz SWS:
Man berechnet mithilfe des Kosinussatzes die Länge der dritten Seite und erhält damit eine eindeutige Lösung.

Kongruenzsatz WSW bzw. SWW:
Mit zwei Winkelgrößen sind aufgrund des Winkelsummensatzes alle drei Dreieckswinkel bekannt. Mithilfe des Sinussatzes kann man daher mit der gegebenen Seite und den drei Winkeln die beiden weiteren Seitenlängen eindeutig berechnen.

Kongruenzsatz SsW:
Dies ist der interessanteste Fall. Wir wollen die Frage klären, warum der Gegenwinkel der größeren Seite gegeben sein muss. Es seien a, b und α gegeben. Der Kosinussatz ist nicht anwendbar. Wir lösen den Sinussatz auf nach $\sin \beta = b/a \cdot \sin \alpha$. Für jeden berechneten Sinuswert zwischen 0 und 1 erhalten wir nun *zwei* mögliche Winkel, die symmetrisch zum Wert 90° liegen (siehe Schaubild der Sinusfunktion).

- Fall 1: Ist **a > b**, so muss auch $\alpha > \beta$ sein („der größeren Seite liegt der größere Winkel gegenüber") und für β kommt nur der spitze Winkel in Frage, denn ein Dreieck kann keine zwei stumpfen Winkel haben. In diesem Fall ist also die Lösung eindeutig. Das ist die Aussage des Kongruenzsatzes SsW.

- Fall 2: Ist jedoch **a < b**, also der Gegenwinkel der kleineren Seite gegeben, dann ist der Bruch b/a größer ist als 1. Damit können folgende Möglichkeiten auftreten:
  Es ergibt sich ein Sinuswert größer als 1. Dann gibt es keinen möglichen Winkel β, die Dreiecksaufgabe hat also in diesem Fall keine Lösung. Es könnte sich $\sin \beta = 1$ ergeben. In diesem Fall hätte man genau eine Lösung, nämlich ein rechtwinkliges Dreieck mit $\beta = 90°$.

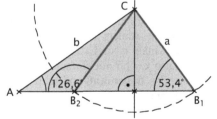

Schließlich könnte sich ein Wert $\sin \beta < 1$ ergeben und wir hätten zwei mögliche Winkel ß, die symmetrisch zum Wert 90° darüber und darunter liegen. In diesem Fall gäbe es also zwei mögliche Lösungsdreiecke (siehe Zeichnung).

Aufgabe 40:
a) Konstruieren Sie ein Dreieck mit a = 5 cm, b = 7 cm und α = 35°. Berechnen Sie die restlichen Seitenlängen und Winkelgrößen. Welche Besonderheit ergibt sich?
b) Was ergibt sich mit a = 3,5 cm bzw. a = 4 cm bzw. a = 7 cm bzw. a = 8 cm? Benutzen Sie ein DGS mit variabler Streckenlänge a.
c) Was erhält man im Falle a = b · sin α = 4,015 cm?

13.4 Trigonometrische Funktionen

Winkelmaße

Wir haben bisher das alt vertraute Winkelmaß benutzt, das bereits auf die Babylonier zurückgeht. Dabei wird der Vollwinkel (Kreis) eingeteilt in 360 gleiche Teile zu je 1 **Grad**. Der gestreckte Winkel misst daher 180° und der rechte Winkel 90°. Zu genaueren Maßangaben wird 1 **Grad (Altgrad)** eingeteilt in 60 **Winkelminuten** und jede Winkelminute ihrerseits in 60 **Winkelsekunden**:

1° = 60' (Winkelminuten)	1' = 60'' (Winkelsekunden)	1° = 3600''
0,1° = 6' 0,01° = 36''	0,001° = 3,6'' 1' = 0,0166...°	1'' = 0,0002777...°

In Anlehnung an das Dezimalsystem hat man z. B. in der Vermessungstechnik das sogenannte **Neugrad** oder **Gon** eingeführt, bei dem der rechte Winkel 100 Neugrad misst. Jedes Neugrad ist in 100 **Neuwinkelminuten** und jede Neuwinkelminute in 100 **Neuwinkelsekunden** eingeteilt, daher gilt z. B. $17^g 24^c 13^{cc}$ = $17,2413^g$.

1 Neugrad = 1 Gon = 1^g	Vollwinkel = 400^g	rechter Winkel = 100^g
1^g = 100^c (Neuwinkelminuten)	1^c = 100^{cc} (Neuwinkelsekunden)	1^g = $10\,000^{cc}$
Zwischen Alt- und Neugrad gelten folgende Beziehungen:		
90° = 100^g	1g = 0,9°	1° = 1,111...^{g}

Die Winkelfunktionen sin, cos und tan sind mit ihren Werten nicht als Winkelmaß geeignet, weil sie sich nicht proportional zum Winkel φ verändern. Ganz anders ist dies der Fall mit einem Winkelmaß, das den Kreisbogen in den Blick nimmt. Ein Kreissektor ist nämlich durch seinen Mittelpunktswinkel φ der Form nach eindeutig bestimmt. Anders ausgedrückt heißt dies: Alle Kreissektoren mit demselben Mittelpunktswinkel φ sind zueinander ähnlich. Daher ist das Verhältnis Bogenlänge zu Radius also x = b/r ein einfaches Maß für die Größe des Mittelpunktswinkels. Man nennt es das **Bogenmaß** und schreibt dafür arc φ (gelesen „arcus φ"). Für r = 1, also am Einheitskreis, gibt uns daher das Längenmaß des Kreisbogens auch das Bogenmaß an:

Das Bogenmaß des Mittelpunktswinkels φ ist das Verhältnis des zugehörigen Kreisbogens zum Radius. Es ist zahlenmäßig gleich der Bogenlänge des zugehörigen Kreissektors im Einheitskreis.

Bogenmaß des Winkels φ :

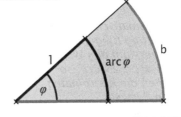

$$\text{arc}\,\varphi = \frac{\text{Bogenlänge}}{\text{Radius}} = \frac{b}{r}$$

$$360° = 2\pi \qquad 180° = \pi$$

$$90° = \pi/2 \qquad 1° = \pi/180 = 0{,}017453\ldots$$

Anmerkung: Aufgrund seiner Definition als Quotient zweier Längen ist das Bogenmaß eine reine Maßzahl ohne Einheit. Dennoch erhält sie im SI-Einheitssys-
tem eine Benennung und zwar **Radiant (rad)**. Damit gilt zwischen einem Winkel
φ im Gradmaß und seiner Entsprechung x rad im Bogenmaß folgende Gleichung:
x : 2π rad = φ : 360°.

Aufgabe 41:
Berechnen Sie den Mittelpunktswinkel φ in Grad, der zur Bogenlänge b = r, also
zum Bogenmaß arc φ = 1 gehört. Ergänzen Sie die folgende Tabelle:

φ	180°	90°	60°	30°	1°				
arc φ						1,0	0,1	5	6,283

Allgemeine Winkelfunktionen

Die Werte für das Bogenmaß arc und die Winkelfunktionen sin, cos und tan lassen sich übersichtlich
am Einheitskreis (Radius r = 1) im Koordinatensystem darstellen. Begründen Sie die Richtigkeit der
Angaben in den nachstehenden Zeichnungen aufgrund der bisherigen Definitionen. An diesen Figuren zeigt sich, dass für die Darstellung der Winkelfunktionen im Koordinatensystem das *Bogenmaß*
für Winkel eine natürliche Einheit darstellt. Wir benutzen diese Darstellung, um in natürlicher Weise
den Definitionsbereich der Winkelfunktionen über
den Bereich von 0 bis 180° hinaus auszuweiten:

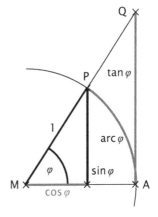

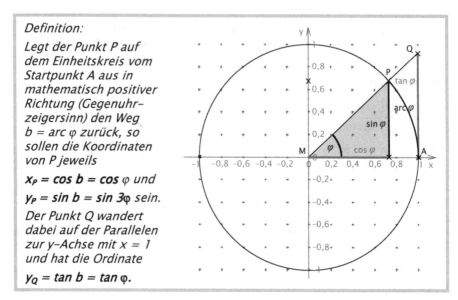

Definition:

Legt der Punkt P auf dem Einheitskreis vom Startpunkt A aus in mathematisch positiver Richtung (Gegenuhr–zeigersinn) den Weg b = arc φ zurück, so sollen die Koordinaten von P jeweils

$x_P = cos\ b = cos\ φ$ *und*

$y_P = sin\ b = sin\ 3φ$ *sein.*

Der Punkt Q wandert dabei auf der Parallelen zur y–Achse mit x = 1 und hat die Ordinate

$y_Q = tan\ b = tan\ φ.$

Aufgabe 42:
Begründen Sie, dass die hier gegebene Definition den bisher nur für den Bereich von 0° bis 180° bzw. von 0 bis π definierten Winkelfunktionen sin, cos und tan entspricht. Zeigen Sie, dass die Beziehungen sin² x + cos² x = 1 und tan x = sin x/cos x weiterhin Gültigkeit haben. (Hinweis: Nutzen Sie Eigenschaften der Figur aus.)

Mithilfe des Bogenmaßes – und der Vorstellung, dass die Winkel größer als 2π ein mehrfaches „Durchlaufen" bzw. Winkel kleiner als 0 ein „Rückwärtsdurchlaufen„ des Einheitskreises bedeuten – lassen sich die trigonometrischen Funktionen auf dem gesamten Zahlbereich der reellen Zahlen definieren und man erhält die nachfolgend dargestellten Schaubilder.

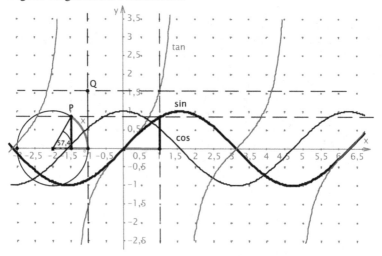

Aufgabe 43:
a) Skizzieren Sie Schaubilder der Funktionen sin, cos und tan für den Bereich $-2\pi < x < 4\pi$ unter Benutzung der speziellen Werte für $x = 0$, $\pi/6$, $\pi/4$, $\pi/3$ und $\pi/2$ und der obigen Definition am Einheitskreis.
b) Beschreiben Sie die wichtigsten Eigenschaften dieser Funktionen.
c) Drücken Sie die Sinusfunktion $y = f(x) = \sin x$ mithilfe der Kosinusfunktion aus und umgekehrt.

Aufgabe 44:
Untersuchen Sie den Einfluss der Parameter a, b, c und k auf das Schaubild der Funktion mit der Gleichung $y = f(x) = a \cdot \sin [k \cdot (x - b)] + c$ mithilfe eines DGS oder CAS.
▪ Wie verändert sich das Schaubild der Funktion $y = a \cdot \sin x$ bei veränderlichem a? Warum nennt man $|a|$ die *Amplitude* der Sinuskurve?
▪ Wie verändert sich das Schaubild der Funktion $y = \sin (x - b)$ bei veränderlichem b? Warum nennt man b die *Phasenverschiebung* der Sinuskurve?
▪ Wie verändert sich das Schaubild der Funktion $y = \sin (k \cdot x)$ bei veränderlichem k? Begründen Sie, warum diese Funktion die Periodenlänge $p = 2 \cdot \pi/k$ besitzt.

Funktionswerte von Winkelsummen

Ohne Beweis geben wir einige Beziehungen für die Winkelfunktionen an, die bei Berechnungen und Umformungen hilfreich sind:

$\sin (\alpha + \beta) = \sin \alpha \cdot \cos \beta + \cos \alpha \cdot \sin \beta$	$\sin (\alpha - \beta) = \sin \alpha \cdot \cos \beta - \cos \alpha \cdot \sin \beta$
$\cos (\alpha + \beta) = \cos \alpha \cdot \cos \beta - \sin \alpha \cdot \sin \beta$	$\cos (\alpha - \beta) = \cos \alpha \cdot \cos \beta + \sin \alpha \cdot \sin \beta$
$\tan (\alpha + \beta) = \dfrac{\tan \alpha + \tan \beta}{1 - \tan \alpha \cdot \tan \beta}$	$\tan (\alpha - \beta) = \dfrac{\tan \alpha - \tan \beta}{1 + \tan \alpha \cdot \tan \beta}$

Aufgabe 45:
a) Welche speziellen Aussagen erhält man aus den obigen Formeln für $\alpha = \beta$?
b) Berechnen Sie sin, cos und tan von 15° und von 75° aus den bekannten Werten für 30° und 45°.

Zusammenfassung für Kapitel 13:

- Einen ersten Zugang zu der Winkelfunktion tan gewinnen wir durch Untersuchungen am rechtwinkligen **Steigungsdreieck**:

  $\tan \varphi = \dfrac{\text{Höhenzunahme}}{\text{Basisstrecke}}$. Die tan-Werte nehmen von 0 bei 0° bis gegen ∞ bei 90° zu.

- Die Seitenverhältnisse $\sin \alpha = \dfrac{\text{Gegenkathete}}{\text{Hypotenuse}}$, $\cos \alpha = \dfrac{\text{Ankathete}}{\text{Hypotenuse}}$

  und $\tan \alpha = \dfrac{\text{Gegenkathete}}{\text{Ankathete}}$ in einem **rechtwinkligen Dreieck** werden allein durch den spitzen Winkel α bestimmt. Mithilfe der einmal bestimmten Werte dieser Winkelfunktionen kann man rechtwinklige Dreiecke berechnen.

- **Beliebige Dreiecke** können durch Einzeichnen einer Höhe in rechtwinklige Dreiecke zerlegt und damit berechnet werden. Die allgemeine Form dieser Berechnungen ist im **Sinussatz** (SWW und SsW) bzw. im **Kosinussatz** (SSS und SWS) konzentriert.

- Mit Einführung des **Bogenmaßes** für Winkel werden die **Winkelfunktionen** für beliebige reelle Werte definiert. Die Funktionen sin und cos sind periodisch mit der Periodenlänge 2π und nehmen nur Werte zwischen -1 und +1 an.

  Die Tangensfunktion ist periodisch mit der Periodenlänge π. Sie nimmt alle reellen Werte zwischen $-\infty$ und $+\infty$ an. Die Tangensfunktion hat Definitionslücken bei den Stellen $x = \pi/2 \pm k \cdot \pi$ für alle ganzen Zahlen k.

13.5 Hinweise und Lösungen zu den Aufgaben

Aufgabe 1:

a)

Winkel φ	15°	30°	**45°**	60°	75°	90°
Steigung $\tan \varphi$	26,8%	57,7%	**100%**	173,2%	373,2%	∞

b)

φ	2°	4°	6°	8°	10°	15°	20°	25°	**30°**
$\tan \varphi$	0,0349	0,0699	0,1051	0,1405	0,1763	0,2679	0,3640	0,4663	0,5773
φ	35°	40°	**45°**	50°	**60°**	70°	80°	85°	90°
$\tan \varphi$	0,7002	0,8391	**1,0000**	1,1918	1,7321	2,7475	5,6713	11,430	∞

c)   Siehe Abbildung im Textteil bei Aufgabe 10.

Aufgabe 2:
a)

φ	2°	4°	6°	8°	10°	15°	20°	25°	30°
tan φ	0,0349	0,0699	0,1051	0,1405	0,1763	0,2679	0,3640	0,4663	0,5773
sin φ	0,0349	0.0698	0,1045	0,1392	0,1736	0,2588	0,3420	0,4226	0,5000

φ	35°	40°	45°	50°	60°	70°	80°	85°	90°
tan φ	0,7002	0,8391	1,0000	1,1918	1,7321	2,7475	5,6713	11,430	∞
sin φ	0,5736	0,6428	0,7071	0,7660	0,8660	0,9397	0,9848	0,9962	1,0000

b) Siehe Abbildung im Textteil bei Aufgabe 10.

Aufgabe 3:
Mittlere Steigungen:
St. Moritz – Hospiz: 0,02408... ≈ 2,4 %   Hospiz – Cadera: 0,5471... ≈ 5,47 %
Hospiz – Tirano: 0,0475 = 4,75 % Cadera – Tirano: 0,0424 = 4,24 %

Aufgabe 4:
Mittlere Steigung der alten Bahn = 0,087931... ≈ 8,8 %. Neue Bahn: 6,16 %

Aufgabe 5:
Waagrechte Basisstrecke = 5 mm · 25 000 =125 m. Steigung = 20/125 = 0,16 = 16 %.
Bei 3 mm Abstand: 20/75 = 0,2666... ≈ 26,7 %. Bei 1 mm Abstand: 20/25 = 0,8 = 80 %.

Aufgabe 6:
Man erhält mithilfe der Sinusfunktion $\alpha = 27{,}47°$ und $m_1 = \tan \alpha = 51{,}99\%$ sowie analog dazu $\beta = 67{,}31°$ und $m_2 = \tan \beta = 239{,}1\%$.

Aufgabe 7:
$\sin \alpha = \cos \beta$ $\tan \alpha = \cot \beta$ $\sec \alpha = \operatorname{cosec} \beta$
$\cos \alpha = \sin \beta$ $\cot \alpha = \tan \beta$ $\operatorname{cosec} \alpha = \sec \beta$

Aufgabe 8:

a) Konstruieren Sie die Figuren. Diagonale = $a \cdot \sqrt{2}$. Höhe im gls. Dreieck = $a \cdot \dfrac{\sqrt{3}}{2}$.

b) $\tan 45° = 1;$ $\sin 45° = \dfrac{\sqrt{2}}{2};$ $\cos 45° = \dfrac{\sqrt{2}}{2}$

$\tan 30° = \dfrac{\sqrt{3}}{3};$ $\sin 30° = \dfrac{1}{2};$ $\cos 30° = \dfrac{\sqrt{3}}{2};$

$\tan 60° = \sqrt{3};$ $\sin 60° = \dfrac{\sqrt{3}}{2};$ $\cos 60° = \dfrac{1}{2}$

Aufgabe 9:
Fertigen Sie sich für jeden Fall eine Kontrollzeichnung (DGS) an.
a) Fall 1: 5 cm ist Hypotenusenlänge c:
   $a = 5 \cdot \sin 25° = 2,1$ cm; $b = 5 \cdot \cos 25° = 4,5$ cm
   Fall 2: 5 cm ist Ankathete für $\alpha = 25°$:
   $b = 5 \cdot \tan 25° = 2,3$ cm $c = 5/\cos 25° = 5,5$ cm
   Fall 3: 5 cm ist Gegenkathete für $\alpha = 25°$:
   $b = 5/\tan 25° = 10,7$ cm $c = 5/\sin 25° = 11,8$ cm

b) $\sqrt{7} = 2,645...< 3$, also ist α Gegenwinkel von $\sqrt{7}$; $\tan \alpha = \sqrt{7}/3$; $\alpha = 41,4°$

c) Es gilt $\sin \beta = \dfrac{\sqrt{3}}{3} = 0,577..$ also $\beta = 35,26°$

d) Man erhält je nach Lage des Winkels zwei Lösungen:
   Lösung 1: Es sei $\alpha = 112°$ der stumpfe Winkel des Drachens an der Spitze.
   Teilstück der langen Diagonale (Achse): $e_1 = 4,5 \cdot \cos 56° = 2,5$ cm.
   Hälfte der kurzen Diagonale: $f_1 = 4,5 \cdot \sin 56° = 3,73$ cm; $f = 2 \cdot f_1 = 7,46$ cm.
   Halber Gegenwinkel von α aus $\sin \gamma/2 = f_1/6,7 = 0,5568..$, also $\gamma = 67,7°$.
   Zweites Teilstück der langen Diagonale $e_2 = 6,7 \cdot \cos \gamma/2 = 5,6$ cm.
   Damit $e = 8,1$ cm. Die restlichen Winkel ergeben sich aus der Winkelsumme:
   $2 \cdot \beta = 2 \cdot \delta = 360° - 112° - 67,672° = 180,328$ und damit $\beta = \delta = 90,2°$.
   Lösung 2: Nun sei $\alpha = \gamma = 112°$ die Größe der gleichgroßen symmetrisch zur
   Achse liegenden Winkel. Man erhält $e = 5,97$ cm, $f = 9,37$ cm, $\beta = 52,9°$ und
   $\delta = 83,1°$.

Aufgabe 10:
a) Mithilfe der Beziehung $\cos \varphi = \sin (90° - \varphi)$ kann man alle Werte aus der Tabelle von Aufgabe 2 entnehmen.
b) Siehe Grafik beim Aufgabentext.
c) Die Beziehung (2) nennt man „trigonometrische Form des Satzes von Pythagoras".

Aufgabe 11:

φ	0°	15°	30°	45°	60°	75°	90°
$\sin \varphi$	0%	25,88%	50%	70,71%	86,6%	96,6%	100%
$\cos \varphi$	100%	96,6%	86,6%	70,71%	50%	25,88%	0%

a) Das Kräfteparallelogramm ist ein Rechteck: $H = G \cdot \sin \varphi$. $N = G \cdot \cos \varphi$.
b) Bei 30° Neigung ist der Hangabtrieb und bei 60° die Normalkraft genau halb
   so groß wie die Gewichtskraft.
c) Schon bei 30° Neigungswinkel ist der Hangabtrieb halb so groß wie die Gewichtskraft. Um in Ruhe zu bleiben und nicht abzurutschen, muss die halbe
   Gewichtskraft als Haftreibung von der Unterlage aufgebracht werden –. dies, obwohl der Druck auf die Unterlage nur noch mit 87% der Gewichtskraft erfolgt.
   Bei 60° Neigung ist der Hangabtrieb schon fast die volle Gewichtskraft (87%).
   Die Haftreibung wird durch den geringen Druck auf die Unterlage (Normalkraft ist nur noch halbe Gewichtskraft) stark reduziert.

An der senkrechten Wand gibt es keine Haftreibung mehr, die gesamte Gewichtskraft zieht als Hangabtrieb nach unten.

Aufgabe 12:
a) EM : ES = cos α = 0,0523 $\approx$ 1 : 20.
b) EM $\approx$ 360 000 km. ES $\approx$ 150 000 000 km. Also EM : ES $\approx$ 1 : 400.
c) Es ist nahezu unmöglich, den exakten Zeitpunkt der 90°-Stellung des Mondes genau zu bestimmen. Außerdem erhält man einen Winkel α der Größe 89,86°, also nahezu 90°, der außerordentlich schwer zu messen ist.

Aufgabe 13:
a) Maximaler Winkelabstand von der Sonne: Merkur 22,7° und Venus 46,1°.
b) sin α = 58/150 = 0,389 ergibt für Merkur α = 22,9° und
sin β = 108/150 = 0,72 für Venus β = 46,05°.
c) Merkur und auch Venus können sowohl westlich vor der Sonne als Morgensterne als auch östlich hinter der Sonne als Abendsterne beobachtet werden.

Aufgabe 14:
Es gilt sin 0,3° = d/2x. Damit erhält man x = 1528 m = 1,528 km.

Aufgabe 15:
Ein ebener Schnitt durch die Erdachse zeigt die Situation. Der Radius des Breitenkreises auf der Breite φ hat die Länge ρ = r $\cdot$ cos φ. Die Länge des Breitenkreises ist also gegenüber dem Äquator mit dem Faktor cos φ verkleinert.
Äquator: a = 2 $\cdot$ π $\cdot$ r = 40 024 km. Wendekreis: w = a $\cdot$ cos 23,5°= 36 704 km.
30°-Breitenkreis b = a $\cdot$ cos 30° = 34 662 km. 45°-Kreis: c = a $\cdot$ cos 45° = 28 301 km.
Polarkreis p = a $\cdot$ cos 66,5° = 15 959 km.

Aufgabe 16:
Man erkennt am Schrägbild: Der ebene Schnitt durch die Diagonale des Grundquadrats und die Spitze ergibt ein gleichschenklig rechtwinkliges Dreieck (zwei Seiten der Länge a und eine der Länge a $\cdot\sqrt{2}$). Also haben die Dachkanten die Neigung 45° gegen die Grundlinie. Ein ebener Schnitt durch die Mittelparallele des Grundquadrats und die Spitze ergibt ein rechtwinkliges Teildreieck mit Ankathete a/2 zum Neigungswinkel und Hypotenuse a/2 $\cdot \sqrt{3}$ (Höhe im gleichseitigen Dreieck).
Für den Neigungswinkel α gilt daher cos α = 1/$\sqrt{3}$ = 0,57735 und daraus α = 54,74°.

Aufgabe 17:
Länge der Raumdiagonale D = $\sqrt{a^2 + b^2 + c^2}$ = 14,9616 m. Je eine Flächendiagonale, die dritte Kante und die Raumdiagonale bilden ein je ein rechtwinkliges Dreieck. sin α = c/D = 0,76195 und α = 49,636°. sin β = b/D = 0,55475 und β = 33,694°. sin γ = a/D = 0,33419 und γ = 19,523°. Beim Würfel sind diese drei Winkel alle gleich groß und es gilt sin φ = 1/$\sqrt{3}$ = 0,57735 und φ = 35,264°.

Aufgabe 18:
Zeichnen Sie eine Skizze. Es sei AB die Standlinie, S die Turmspitze und F der Fußpunkt des Turmes (A, B und F auf Augenhöhe). Dann lässt sich der Winkel ASB berechnen zu $\gamma = 17{,}9°$. Mit dem Sinussatz für Dreieck ABS erhält man: AB : BS = sin γ : sin α und man erhält BS = AB $\cdot$ sin α/sin γ = 89,842 m. Damit h = FS = BS $\cdot$ sin β = 68,1 m. Unter Berücksichtigung der Augenhöhe erhält man 69,9 m. Abstand der Standlinie vom Turmfuß BF = 58,5 m.

Aufgabe 19:
a) Man erhält mithilfe des Satzes von Pythagoras:

$$\sin \varphi = \frac{\tan \varphi}{\sqrt{1 + \tan^2 \varphi}} \quad \text{und} \quad \cos \varphi = \frac{1}{\sqrt{1 + \tan^2 \varphi}}$$

b) Nun wählt man die Hypotenuse zu 1 und damit die Ankathete als cos φ:

$$\sin \varphi = \sqrt{1 - \cos^2 \varphi} \quad \text{und} \quad \tan \varphi = \frac{\sqrt{1 - \cos^2 \varphi}}{\cos \varphi}$$

c) $\tan \varphi = \dfrac{\sin \varphi}{\sqrt{1 - \cos^2 \varphi}} \quad \text{und} \quad \cos \varphi = \sqrt{1 - \sin^2 \varphi}$

Aufgabe 20:
Dachhöhe h = b/2 $\cdot$ tan α = 3,0519 m. Trapezhöhe t = 0,5 $\cdot$ b/cos α = 5,0711 m. Giebelrücksprung r = h/tan β = 2,3844 m. Dreieckshöhe d = h/sin β = 3,8729 m. Firstlänge f = a $-$ 2 $\cdot$ r = 7,9312 m.

Gratlänge = g = $\sqrt{t^2 + r^2}$ = $\sqrt{d^2 + (b/2)^2}$ = 5,6037 m.

Neigungswinkel der Grate: sin γ = h/g = 0,5446 und γ = 33°.
Dachfläche A = t $\cdot$ (a + f) + b $\cdot$ d = 104,62 + 31,37 = 136 m².

Aufgabe 21:
Die „Methode des scharfen Hinsehens" ergibt r $\cdot$ $\sqrt{3}/2$ (gleichseitige Dreiecke!).

Aufgabe 22:
Man zeichnet die Höhe h_a = AD mit Höhenfußpunkt D auf BC. Dann ist das Dreieck ADC ein „halbes gleichseitiges" Dreieck, also die Länge CD = b/2 und AD = b/2 $\cdot \sqrt{3}$. Nun kann man ß errechnen aus tan β = AD/BD = 1,1945 zu β = 50,06° und damit die Seitenlänge c aus cos β = BD/c zu c = 9,035 cm. α = 69,94° (Winkelsumme).

Aufgabe 23:
a) Alle gesuchten Punkte C liegen auf dem Fasskreisbogenpaar für γ über AB.
b) Man erhält d = 2 $\cdot$ r = c/sin γ = 9,6 cm.
c) Die analoge Überlegung und Rechnung für die beiden anderen Seiten führt zum selben Umkreisdurchmesser d, also gilt d = 2 $\cdot$ r = c/sin γ = a/sin α = b/ sin β.
d) Der „Sehnensatz" folgt unmittelbar aus dem Ergebnis von c) durch Umformung.

Aufgabe 24:

a) Sinussatz ergibt $\sin \beta = \sin \gamma \cdot b/c = 0{,}6761$ und $\beta = 42{,}54°$. (Warum kommt der ebenfalls mögliche Wert $137{,}46°$ für β nicht in Frage?) Damit $\alpha = 62{,}46°$ (Winkelsumme). Aus Sinussatz $a = c \cdot \sin \alpha/\sin \gamma = 9{,}17$ cm.

b) Es handelt sich offensichtlich um ein gleichseitiges Dreieck.

c) $\gamma = 90°$ (Winkelsumme), also ist das Dreieck rechtwinklig und es ist
$c = a/\sin \alpha = 20{,}92$ cm und $b = c \cdot \sin \beta = 17{,}14$ cm.

d) $a = 2 \cdot r \cdot \sin \alpha = 10{,}04$ cm; $b = 2 \cdot r \cdot \sin \beta = 15{,}84$ cm; $\gamma = 75{,}1°$.
$c = a \cdot \sin \gamma/\sin \alpha = 16{,}43$ cm.

Aufgabe 25:

Es gilt z. B. $h_c = b \cdot \sin \alpha$ und damit $A = \frac{1}{2} \cdot c \cdot h_c = \frac{1}{2} \cdot c \cdot b \cdot \sin \alpha$.
Analog erhält man $A = \frac{1}{2} \cdot a \cdot c \cdot \sin \beta = \frac{1}{2} \cdot a \cdot b \cdot \sin \gamma$. Nun ersetzt man a und c aus dem verschärften Sinussatz durch $2r \cdot \sin \alpha$ bzw. $2r \cdot \sin \gamma$ und erhält so die Form $A = 2 \cdot r^2 \cdot \sin \alpha \cdot \sin \beta \cdot \sin \gamma$.

Aufgabe 26:

a) $\alpha = 40°$ (Winkelsumme). $a = b \cdot \sin \alpha/\sin \beta = 15{,}03$ cm.
$c_1 = b \cdot \cos \alpha = 6{,}128$ cm; $c_2 = a \cdot \cos \beta = 14{,}13$ cm; $c = c_1 + c_2 = 20{,}26$ cm.

b) Es ist der Gegenwinkel der kleineren Seite gegeben damit müsste γ größer sein als α und das Dreieck hätte zwei stumpfe Winkel. Es gibt daher keine Lösung.

c) Es sei D Höhenfußpunkt der Höhe h_b und $\gamma' = 180° - \gamma$ der Außenwinkel bei C. Dann gilt $h_b = a \cdot \sin \gamma'$ und $\sin \alpha = h_b/c$, also $\sin \alpha = a \cdot \sin \gamma'/c$ oder
$$\frac{a}{\sin \alpha} = \frac{c}{\sin \gamma'}.$$
Setzt man nun fest $\sin \gamma' = \sin (180° - \gamma) = \sin \gamma$, so gilt der Sinussatz unverändert auch für stumpfwinklige Dreiecke.

Aufgabe 27:

a) DGS verwenden.

b) $\sin \beta = h_a/a = b \cdot \sin (180° - \alpha)/a = 0{,}4369$ und $\beta = 25{,}905°$.

c) Umformung aus a) ergibt: $\dfrac{a}{\sin(180° - \alpha)} = \dfrac{b}{\sin\beta}$.

Mit der Festsetzung $\sin (180° - \alpha) = \sin \alpha$ für stumpfe Winkel α gilt der Sinussatz in der ursprünglichen Form unverändert auch für stumpfwinklige Dreiecke.

d) $\gamma = 29{,}1°$. $c = a \cdot \sin \gamma/\sin \alpha = 4{,}45$ cm.
$F = \frac{1}{2} \cdot c \cdot h_c = \frac{1}{2} \cdot c \cdot b \cdot \sin \alpha = 7{,}29$ cm²

e) Aus c) ergibt sich die Flächenformel analog für die anderen beiden Seiten. Ersetzung der Seitenlängen aus dem Sehnensatz ergibt die letztgenannte Form.

Aufgabe 28:
a)

φ	0°	15°	30°	45°	60°	75°	90°
sin φ	0,0000	0,2588	0,5000	0,7071	0,8660	0,9659	1
φ	180°	165°	150°	135°	120°	105°	
sin φ	0,0000	0,2588	0,5000	0,7071	0,8660	0,9659	

b) Man vermutet die Beziehung
sin (180° − φ) = sin φ.
c) Nebenstehende Grafik legt diese
Festsetzung nahe.

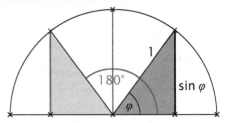

Aufgabe 29:
a) Man erhält umlaufend folgende Abschnittslängen:
b · cos α; a · cos β; c · cos β; b · cos γ; a · cos γ; c · cos α.
Das Produkt der drei Teilverhältnisse ergibt den Wert 1.
b) Man erhält AT : CT = sin γ/2 : sin α und TB : CT = sin γ/2 : sin β und damit
AT : TB = sin β : sin α = b : a. (Das besagt der Winkelhalbierendensatz.)
Das Produkt der drei entsprechenden Teilverhältnisse ergibt den Wert 1.

Aufgabe 30:
A = ½ · a · b · sin γ ist maximal, wenn sin γ maximal ist, also für γ = 90°.

Aufgabe 31:
D sei Höhenfußpunkt von h_b auf AC. DC = a · cos γ = 1,50 cm.
DB = a · sin γ = 9,48 cm. AD = b − DC = 3,70 cm. tan α = DB/DA = 2,59;
α = 68,68°. c = DA/cos α = 10,18 cm. β = 30,32°. A = 0,5 · a · b · sin γ = 24,65 cm².

Aufgabe 32:
Aus Kosinussatz: cos α = (b² + c² − a²)/2bc = 0,6094; α = 52,45°.
Analog β = 39,85° und γ = 87,7°. Flächeninhalt A = 21,52 cm².

Aufgabe 33:
Hinweis: Die Parallele zu BC durch D ergibt ein berechenbares Teildreieck (SSS).
α = 65,27°; β = 36,04°; γ = 143,96°, δ = 114,73°; Flächeninhalt A = 41,16 cm².
Diagonalen e = 7,62 cm; f = 11,54 cm.

Aufgabe 34:
d = 11.72 cm; α = 73,75°, β = 103,32°; γ = 106,25°, δ = 76,68°;
e = 13,03 cm; f = 12,86 cm; A = 83,68 cm².

Aufgabe 35:
a) Siehe Skizze beim Aufgabentext.

b) $CD = h_c = b \cdot \sin(180° - \alpha) = 5{,}734$ cm. $AD = b \cdot \cos(180° - \alpha) = 4{,}015$ cm.
$BD = AB + AD = c + b \cdot \cos \alpha' = 9.015$ cm.
$a^2 = BD^2 + DC^2 = (c + b \cdot \cos \alpha')^2 + b^2 \cdot \sin^2 \alpha'$
$= c^2 + 2bc \cdot \cos \alpha' + b^2 \cdot \cos^2 \alpha' + b^2 \cdot \sin^2 \alpha'$
$= b^2 + c^2 + 2 \cdot b \cdot c \cdot \cos \alpha' = 49 + 25 + 2 \cdot 7 \cdot 5 \cdot \cos 55° = 114{,}15$.
$a = 10{,}684$ cm.

c) Mit der Festlegung $\cos \alpha = -\cos \alpha' = -\cos(180° - \alpha)$ für stumpfe Winkel α ergibt sich der Kosinussatz in unveränderter Form.

d) $\sin \beta = CD/BC = 0{,}53669$ und damit $\beta = 32{,}46°$. $\gamma = 22{,}54°$.
$A = \frac{1}{2} \cdot c \cdot hc = 14{,}335$ cm².

Aufgabe 36:
Siehe Zeichnung beim Aufgabentext.

Aufgabe 37:
$AC = \sqrt{2} \cdot AB^2 = ED^2 = 2 - 2 \cdot \cos 45° = 2 - \sqrt{2}$. $AD^2 = 4 - (2 - \sqrt{2}) = 2 + \sqrt{2}$
Damit erhalten wir $AE \cdot AD^2 \cdot AC^2 \cdot AB^2 = 2 \cdot (2 + \sqrt{2}) \cdot (2 - \sqrt{2}) \cdot 2 = 8$.

Aufgabe 38:
In Parallelogrammen gilt $\alpha + \beta = 180°$ und daher $\cos \beta = -\cos \alpha$.
Damit erhalten wir $e^2 = a^2 + b^2 - 2ab \cdot \cos \beta$ und $f^2 = a^2 + b^2 - 2ab \cos \alpha$.
Daraus folgt sofort die Behauptung.

Aufgabe 39:
Sinussatz: Sind zwei (und damit eigentlich alle drei) Winkel und eine Seitenlänge gegeben, so kann der Sinussatz angewendet werden und das Ergebnis ist eindeutig. Sind jedoch zwei Seiten und ein Gegenwinkel gegeben, so kann ebenfalls der Sinussatz angewendet werden. Da in diesem Fall ein Sinuswert berechnet wird, gibt es drei Möglichkeiten: entweder man erhält einen Sinuswert größer als 1, dann gibt es keine Lösung, oder man erhält den Sinuswert 1, dann gibt es genau eine Lösung, oder man erhält einen Sinuswert kleiner als 1, zu dem es zwei mögliche Winkel zwischen 0 und 180° gibt. Ist der Gegenwinkel der größeren Seite gegeben, so kann für den berechneten Sinus der stumpfwinklige Winkelwert ausgeschlossen werden und die Lösung ist eindeutig (SsW). Andernfalls sind beide Lösungen möglich und es gibt zwei Lösungsdreiecke.
Kosinussatz: In den Fällen SSS und SWS kann mit dem Kosinussatz auf die fehlenden Winkel bzw. die fehlende Seitenlänge geschlossen werden. Dabei kann es höchstens sein, dass Kosinuswerte außerhalb des Intervalls von -1 bis $+1$ vorkommen und keine Lösung existiert. In allen anderen Fällen ist die Lösung eindeutig.

Aufgabe 40:
a) $\sin \beta = \sin \alpha \cdot b/a = 0{,}8030$. Damit $\beta_1 = 53{,}42°$ und $\beta_2 = 126{,}58°$.
$\gamma_1 = 91{,}58°$ und $\gamma_2 = 18{,}4°$. Mit dem Sinussatz erhält man:
$c_1 = a \cdot \sin \gamma_1/\sin \alpha = 8{,}71$ cm und $c_2 = = a \cdot \sin \gamma_2/\sin \alpha = 2{,}75$ cm.

b) Für $a = 3{,}5$ cm sowie für 4 cm erhält man kein Lösungsdreieck, mit $a = 7$ cm und 8 cm dagegen jeweils nur eine Lösung.

c) Für $a = b \cdot \sin \alpha = 4{,}015$ cm erhält man ein einziges bei B rechtwinkliges Dreieck.

Aufgabe 41:

$\varphi = 180°/\pi = 57,2957795... ° = 57°17'45''$.

φ	180°	90°	60°	30°	1°	57,296°	5,7296°	286,48°	360°
arc φ	π	$\pi/2$	$\pi/3$	$\pi/6$	0,0174533...	1,0	0,1	5	6,283

Aufgabe 42:

Die Definition am Einheitskreis ist identisch mit der am rechtwinkligen Dreieck. Die Vorzeichen ergeben sich aus der Lage der Punkte im Koordinatensystem. Wegen OP = 1 für alle Punkte auf dem Einheitskreis gilt die Pythagorasbeziehung und die Gleichung tan x = sin x/cos x folgt aus der Ähnlichkeit der Dreiecke.

Aufgabe 43:

a) Siehe Abbildung im Text.

b) Die Funktionen sin und cos sind periodisch mit der Periode 2π und nehmen nur Werte zwischen –1 und +1 an. Es gilt sin x = cos (x – $\pi/2$). Die Tangensfunktion ist periodisch mit der Periode π und nimmt alle reellen Werte zwischen $-\infty$ und $+\infty$ an.

c) Es gilt sin x = cos (x – $\pi/2$) und cos x = sin (x + $\pi/2$).

Aufgabe 44:

Der Faktor a bewirkt eine Streckung in y-Richtung mit diesem Faktor.

Das Glied – b bewirkt eine Verschiebung in x-Richtung um +b.

Der Faktor k verändert die Periodenlänge zu $2\pi/k$ (Stauchung in x-Richtung mit dem Faktor k).

Schließlich bewirkt der Summand +c eine Verschiebung in y-Richtung um +c.

Das Zusammenwirken der Parameter lässt sich sehr schön mit einem DGS demonstrieren.

Aufgabe 45:

a) $\sin 2\alpha = 2 \sin \alpha \cdot \cos \alpha \qquad\qquad \tan 2\alpha = \dfrac{2 \tan \alpha}{1 - \tan^2 \alpha}$

$\cos 2\alpha = \cos^2 \alpha - \sin^2 \alpha = 2 \cos^2 \alpha - 1 = 1 - 2 \sin^2 \alpha$

b) $\sin (45° - 30°) = \dfrac{\sqrt{6} - \sqrt{2}}{4} = 0,2588...; \qquad \cos 15° = \dfrac{\sqrt{6} + \sqrt{2}}{4} = 0,9659...$

$\tan 15° = \dfrac{3 - \sqrt{3}}{3 + \sqrt{3}} = 2 - \sqrt{3} = 0,2679; \qquad \sin (45° + 30°) = \dfrac{\sqrt{6} + \sqrt{2}}{4} = 0,9659...$

$\cos 75° = \dfrac{\sqrt{6} - \sqrt{2}}{4} = 0,2588...; \qquad \tan 75° = 2 + \sqrt{3} = 3,732...$

14 Affine und projektive Geometrie: Ein Überblick

14.1 Parallelprojektion und affine Abbildungen

Als **affine Ebene** bezeichnen wir die wohlbekannte beliebig ausgedehnte Ebene. Alle Punkte, die man z. B. mit einem kartesischen Koordinatensystem mit reellen Zahlen erfassen kann, gehören zur reellen affinen Ebene. Wenn wir bisher von „der Ebene" gesprochen haben, war immer diese reelle affine Ebene gemeint. In einer solchen Ebene gelten die folgenden beiden grundlegenden **Axiome**:

> **Axiome einer affinen Ebene:**
> A1 Zu zwei beliebigen Punkten existiert stets eindeutig eine Verbindungsgerade. (Axiom von der Existenz und Eindeutigkeit der Verbindungsgeraden)
> A2 Zu jeder Geraden g und jedem nicht auf ihr liegenden Punkt P gibt es genau eine Parallele zu g durch P. (Parallelenaxiom)

Wir betrachten nun *zwei nicht zueinander parallele affine Ebenen ε und ε'*. Diese bilden wir durch *Parallelprojektion* mit der Projektionsrichtung $\vec{p}$ aufeinander ab.

Die Projektionsrichtung $\vec{p}$ soll weder zu ε noch zu ε' parallel sein. Am einfachsten stellen wir uns eine vertikale Originalebene ε und eine horizontale Bildebene ε' vor.

Aufgabe 1:
Gegeben ist eine Abbildung durch Parallelprojektion in Richtung des Vektors $\vec{p}$ aus der Originalebene ε in die Bildebene ε'. P' ist dabei das Bild von P.
a) Konstruieren Sie zu einem Punkt Q aus ε den Bildpunkt Q' in ε'.
b) Konstruieren Sie zu einem gegebenen Punkt R' aus ε' das Urbild R in ε.
c) Konstruieren Sie zu einer gegebenen Geraden s aus ε das Bild s' in ε'.

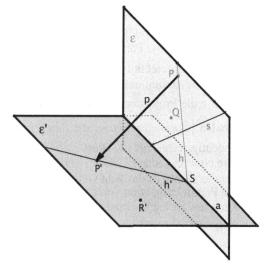

d) Konstruieren Sie zu einer gegebenen Geraden j' aus ε' das Urbild j in ε.
e) Konstruieren Sie die Bilder x' und y' zu zwei Parallelen x und y.
f) Konstruieren Sie zu einer äquidistanten Punktreihe B_1, B_2, B_3, ... auf einer Geraden b die Bilder.
g) Welche Punkte sind Fixpunkte bei dieser Abbildung durch Parallelprojektion?
h) Begründen Sie, dass die Abbildung bijektiv, geradentreu, parallelentreu und teilverhältnistreu ist.

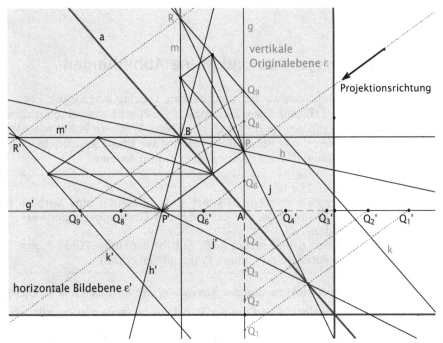

Wir machen uns folgende Eigenschaften der Parallelprojektion zwischen zwei nicht zueinander parallelen Ebenen klar (siehe oben stehende Figur):

1. Die Parallelprojektion von ε auf ε' ist **bijektiv**.
   Dies ist sofort einsichtig, denn es gibt eine eindeutig bestimmte Umkehrabbildung, nämlich die Parallelprojektion von ε' auf ε ebenfalls in der Richtung $\overline{p}$.

2. Die Parallelprojektion von ε auf ε' ist **geradentreu** (also eine Kollineation).
   Auch dies ist unmittelbar einsichtig: Wir denken uns an jedem Punkt einer Geraden g die Projektionsgerade in Richtung $\overline{p}$ angeheftet. Alle diese Projektionsgeraden bilden eine Ebene, die durch g und durch die Projektionsrichtung $\overline{p}$ eindeutig festgelegt ist. Diese „projizierende Ebene" schneidet die Bildebene ε' in einer Geraden g', denn zwei nicht parallele Ebenen haben als Schnitt eine Gerade. Daher ist das Bild von g wieder eine Gerade g'.

3. Die Parallelprojektion von ε auf ε' ist **parallelentreu**.
   Auch das ist leicht einzusehen: Seien f und j zwei zueinander parallele Gera-

den. Dann sind die zu f und j gehörigen „projizierenden Ebenen" ebenfalls zueinander parallel. Diese beiden parallelen Ebenen schneiden ε' aber in zwei zueinander parallelen Geraden f' und j'. Also ist die Abbildung parallelentreu, denn aus f parallel j folgt jeweils f' parallel j'.

4. Die Parallelprojektion von ε auf ε' ist *teilverhältnistreu*.

Zum Beweis betrachten wir die äquidistante kollineare Punkteschar Q_k in der Originalebene ε in der oben dargestellten Zeichnung. Diese Punkteschar geht über in die – aufgrund des Projektionssatzes ebenfalls – äquidistante Punkteschar Q_k'.

Ergebnis:

Die Parallelprojektion einer affinen Ebene ε auf eine zweite affine Ebene ε' mit einer nicht zu den beiden Ebenen parallelen Projektionsrichtung $\vec{p}$ ist eine bijektive, geradentreue, parallelentreue und teilverhältnistreue Abbildung.

Eine Abbildung mit diesen Eigenschaften nennen wir eine **affine Abbildung** oder **Affinität**.

Aufgabe 2:

Was kann bei Parallelprojektion auf eine Ebene aus folgenden Figuren entstehen?

a) Rechtwinkliges Dreieck   b) Gleichschenkliges Dreieck
c) Gleichseitiges Dreieck   d) Quadrat   e) Raute   f) Rechteck
g) Parallelogramm   h) Trapez   i) Schiefdrachen
j) Kreis   k) regelm. Sechseck.

Aufgabe 3:

Eine beliebig hohe Säule (schief oder senkrecht) wird mit einer Ebene geschnitten. Welche Form kann die Schnittfläche haben, wenn die Grundfläche der Säule die Formen der in Aufgabe 2 a) bis j) beschriebenen Figuren annimmt?

Wir wollen uns nun von der *räumlichen Deutung* unserer ursprünglichen Abbildung freimachen und sie als das interpretieren, was die beiden Zeichnungen dieses Abschnitts in Wirklichkeit darstellen: *Abbildungen einer Ebene auf sich selbst*, also ganz innerhalb des Zeichenblattes.

Definition:
Eine affine Abbildung oder Affinität ist eine bijektive, geradentreue, parallelentreue und teilverhältnistreue Abbildung einer affinen Ebene auf eine andere affine Ebene oder auf sich selbst.

Als unmittelbare Folge dieser Definition erkennen wir, dass sämtliche Kongruenz- und Ähnlichkeitsabbildungen Sonderfälle von affinen Abbildungen sind. Die Menge der Affinitäten enthält also die Menge der Ähnlichkeiten und diese die Menge der Kongruenzen als Teilmenge. Es liegt also eine hierarchische Einteilung der Abbildungen vor.

Unter den Affinitäten sind besonders die **Achsenaffinitäten** interessant, bei denen alle Punkte einer Geraden a Fixpunkte sind. Diese Achsenaffinitäten spielen dieselbe fundamentale Rolle bei den Affinitäten wie die Achsenspiegelungen bei den Kongruenzen.

Wir wollen als erstes zeigen, dass die sämtlichen Spurgeraden einer Achsenaffinität zueinander parallel und Fixgeraden sind:

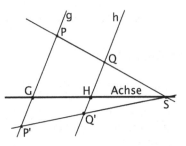

Fall 1: Es gibt eine Spurgerade g = PP', die die Achse in einem Punkt G schneidet.
Da g = PP' = PG ist, muss g' = P'G sein, also g = g'. Wir wollen zeigen, dass eine zweite Spurgerade QQ' parallel zu g sein muss.
Sei also Q ein beliebiger Punkt. Wir zeichnen h parallel zu g durch Q. Die Gerade h schneidet die Achse a in H. Da h parallel zu g ist, muss h' parallel zu g' = g sein. Außerdem muss h' durch H' = H verlaufen, also ist h' = h und Q' muss auf h' liegen, d. h. die Spurgerade h = h' ist Fixgerade.

Sonderfälle dieses Falles der **schiefen Achsenaffinität** sind uns bereits bekannt:
- Spurgeraden senkrecht zur Achse: **senkrechte (orthogonale) Achsenaffinität**
- Achse halbiert die Strecke zwischen Punkt und Bildpunkt: **Schrägspiegelung.**
- Beide Sonderfälle zusammen: **Achsenspiegelung.**

Fall 2: Alle Spurgeraden g = PP' sind parallel zur Achse. Angenommen eine zweite Spurgerade QQ' schneide die Achse, sei also zu dieser nicht parallel. Dann läge der Fall 1 vor, im Widerspruch zur Annahme. Daher müssen alle Spurgeraden zur Achse a parallel sein. Wir können daher Q' wie in nebenstehender Zeichnung gezeigt konstruieren.
Diese Abbildung ist unter dem Namen **Scherung** bekannt. Sie hat die Eigenschaft, Flächeninhalte unverändert zu lassen und wird deshalb bei Flächenverwandlungen benutzt.

Ohne Beweis sei mitgeteilt, dass **Scherung und Schrägspiegelung flächeninhaltstreue Affinitäten** sind. Darin liegt ihre Bedeutung für die Schulgeometrie: Man kann sie zur inhaltstreuen Flächenverwandlung benutzen (vgl. „Eckenabscheren" in Kap. 5.2).

Wir formulieren unser Ergebnis in zwei Sätzen:

> **Satz 1:**
> Bei jeder Achsenaffinität sind die sämtlichen Spurgeraden zueinander parallel und alle Spurgeraden sind Fixgeraden.
> **Satz 2:**
> Es gibt genau zwei Typen von Achsenaffinitäten:
> - die schiefe Achsenaffinität, bei der die Spurgeraden die Achse schneiden
> - die Scherung, bei der die Spurgeraden zur Achse parallel sind.

Spurgeraden

Achse

Spurgeraden

Achse

Schiefe Achsenaffinität

Scherung

Die schiefe Achsenaffinität ist eine Verallgemeinerung der Achsenspiegelung. Dies wollen wir nun etwas genauer betrachten:
Bei einer Abbildung durch Achsenspiegelung an der Achse a sind zwei Bedingungen zu beachten: 1. PP' ⊥ a   2. a halbiert die Strecke PP'.
Durch Verallgemeinerung dieser Forderungen gewinnen wir Beispiele für Achsenaffinitäten:
Verzichten wir auf die Halbierungseigenschaft und verlangen nur noch „Teilung im selben Verhältnis", so gelangen wir zur *senkrechten (orthogonalen) Achsenaffinität*.
Verzichten wir auf das Senkrechtstehen von Achse und Spurgeraden und verlangen nur noch gleiche Schnittwinkel, so erhalten wir die *Schrägspiegelung (Affinspiegelung)*.

In der Figur auf der linken Seite ist eine Abbildung durch eine senkrechte Achsenaffinität an der Achse a mit dem Faktor – 1/2 dargestellt.
Die Figur auf der rechten Seite zeigt eine Schrägspiegelung im Winkel von 60° zur Achse.
Man erkennt die bereits erwähnten Eigenschaften affiner Abbildungen:
Geradentreue, Parallelentreue, Teilverhältnistreue und Flächenverhältnistreue.
Die Schrägspiegelung ist sogar flächeninhaltstreu.
Man erkennt weiter, dass affine Abbildungen *nicht winkelmaßtreu* und *nicht streckenverhältnistreu* sind.

senkrechte Achsenaffinität

Schrägspiegelung

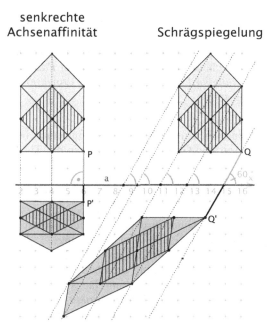

Aufgabe 4:
Bilden Sie verschiedene Figuren durch Achsenaffinitäten (Scherung, schiefe Achsenaffinität, Schrägspiegelung, orthogonale Achsenaffinität) ab und bestätigen Sie die genannten Eigenschaften.

Aufgabe 5:
Ein Dreieck ABC wird durch eine Affinität in ein Bilddreieck A'B'C' abgebildet. Welche der folgenden besonderen Linien des Dreiecks gehen wieder in diese Linien des Bilddreiecks über und welche nicht? Begründen Sie Ihre Aussage.
a) Mittelsenkrechten   b) Mittelparallelen   c) Winkelhalbierenden
d) Seitenhalbierenden   e) Höhen
f) Warum ist der Schwerpunktssatz eine „affine Eigenschaft" von Dreiecken?
g) Ist der Satz vom Mittenviereck eine affine Eigenschaft von Vierecken?

Wir teilen folgende Eigenschaften über Affinitäten ohne weiteren Beweis mit:

> **Hauptsatz:**
> Durch Vorgabe eines echten Dreiecks ABC und der zugehörigen nicht kollinearen Bildpunkte A'B'C' ist eine Affinität der Ebene eindeutig bestimmt.
> **Folgerungen:**
> - Jedes Dreieck PQR lässt sich affin in jedes andere (z. B. ein gleichseitiges) Dreieck STU abbilden. Alle Dreiecke sind also zueinander affin.
> - Eine Affinität mit drei nicht kollinearen Fixpunkten ist die Identität.
> - Jede Affinität lässt sich als Produkt von endlich vielen (genauer: von höchstens drei) Achsenaffinitäten darstellen.
> Jedes affine Bild eines Kreises ist eine Ellipse.

Sonderfall: Parallelprojektion zwischen *parallelen* Ebenen
Wir betrachten nun den Sonderfall einer *Parallelprojektion zwischen zwei zueinander parallelen Ebenen* ε und ε'. Die Projektionsrichtung darf nicht zu den Ebenen parallel sein.

Aufgabe 6:
Auf einer ebenen Terrasse steht ein quadratischer (bzw. kreisförmiger) Tisch. Welche Form und Größe hat der Schatten der Tischplatte
auf der Terrasse, wenn die Sonne
a) am frühen Morgen flach einfällt?
b) am Mittag fast senkrecht von oben einfällt?
c) am Abend wieder flach einfällt?
Die Sonnenstrahlen dürfen als parallel angesehen
werden. Überprüfen Sie Ihre Vermutung!
An Hand der Skizze erkennen wir, dass – völlig unabhängig von der Projektionsrichtung! – die Abbildung der Ebene ε in die dazu parallele Ebene ε' eine Kongruenzabbildung ist (Verschiebung längs des Projektionspfeils im Raum!). Alle Figuren in der Ebene ε werden **kongruent** in die Ebene ε' abgebildet. Dieser Sachverhalt ist uns längst bekannt. Bei der Parallelprojektion (Schrägbilder in Abschnitt 1.4) haben wir als wichtige Eigenschaft genau dies kennen gelernt: *„Alle zur Bildebene parallelen ebenen Figuren werden im Schrägbild kongruent abgebildet. "*

Ergebnis:

> Die Parallelprojektion zwischen zwei affinen Ebenen liefert i. Allg. affine Bilder.
> Sind die beiden Ebenen zueinander parallel, so erhält man kongruente Bilder.

Folgerung:

> Alle ebenen Schnitte einer (schiefen oder senkrechten) Säule ergeben affine Bilder der Grundfläche. Ist die Schnittebene parallel zur Grundfläche, so sind die Schnittflächen sogar kongruent zur Grundfläche.

Aufgabe 7:
Beweisen oder widerlegen Sie die folgenden Sätze über Affinitäten:
a) Jede Affinität ist eine Dilatation.
b) Eine Achsenaffinität mit einem Fixpunkt außerhalb der Achse ist die Identität.
c) Die Spurgeraden (das sind die Verbindungsgeraden von Punkt-Bildpunkt-Paaren) jeder Affinität sind zueinander parallel.
d) Jede Dilatation mit einer Achse ist die Identität.
e) Jede Spurgerade einer Affinität ist Fixgerade.
f) Jede Spurgerade einer Dilatation ist Fixgerade.
g) Jede Affinität ist streckenverhältnistreu.
h) Jede Dilatation ist streckenverhältnistreu.
i) Hat eine Fixgerade einer Affinität zwei verschiedene Fixpunkte, so ist sie Achse.
j) Jeder Fixpunkt auf der Achse einer Affinität ist ein Zentrum.
k) Jede Affinität mit einer Achse und einem Zentrum ist die Identität.
l) Eine Affinität mit drei nicht kollinearen Fixpunkten ist die Identität.
m) Jede Affinität mit einem Zentrum ist eine Dilatation.

14.2 Zentralprojektion und projektive Abbildungen

Ganz analog zum vorangehenden Abschnitt wollen wir nun die Abbildung zwischen zwei Ebenen durch **Zentralprojektion** studieren, bei der sämtliche Projektionsstrahlen durch einen gemeinsamen Punkt (das Zentrum) verlaufen. Dabei wird sich zeigen, dass die affine Ebene nicht mehr ausreicht, damit die Projektion zu einer bijektiven Abbildung wird. Will man dies erreichen, so muss man die affine Eben durch zusätzliche Punkte – sogenannte *Fernelemente* – zur projektiven Ebene ergänzen.

Wir betrachten *zwei nicht zueinander parallele affine Ebenen ε und ε'*. Diese bilden wir durch **Zentralprojektion** mit dem Zentrum Z, das weder in der Ebene ε noch in der Ebene ε' liegt, aufeinander ab. Am einfachsten stellen wir uns wieder eine vertikale Originalebene ε und eine horizontale Bildebene ε' vor.

Aufgabe 8:

Gegeben ist eine Abbildung durch Zentralprojektion mit dem Zentrum Z aus der Originalebene ε in die Bildebene ε'. P' ist dabei das Bild von P.

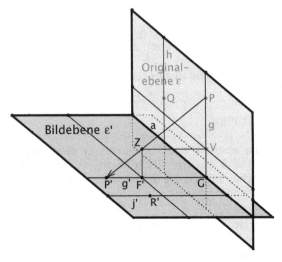

a) Konstruieren Sie zum Punkt Q aus ε den Bildpunkt Q' in der Bildebene ε'.

b) Konstruieren Sie zu einem gegebenen Punkt R' aus ε' das Urbild R in ε.

c) Konstruieren Sie zu der Geraden h, die zu g parallel ist, das Bild h'. Ist die Abbildung parallelentreu?

d) Konstruieren Sie zu einer gegebenen Geraden j' aus ε' das Urbild j in ε.

e) Wie bewegt sich P', wenn P auf g wandert? Verwenden Sie ein DGS.

f) Konstruieren Sie das Bild V' des Punktes V. Welche Beobachtung machen Sie?

g) Konstruieren Sie das Urbild F des Punktes F'. Welche Beobachtung machen Sie?

h) Welche Punkte sind Fixpunkte bei der Abbildung?

i) Begründen Sie, dass die Abbildung zwar geradentreu, aber weder parallelentreu noch teilverhältnistreu ist und außerdem die affinen Ebenen ε und ε' nicht bijektiv aufeinander abbildet.

j) Was ist das Bild des Büschels aller Geraden durch den Punkt V?

k) Was ist das Urbild aller Geraden durch den Punkt F'?

l) Was ist das Bild eines Parallelbüschels von Geraden, z. B. aller Parallelen zu g?

m) Was ist das Urbild des Büschels der Parallelen zu g'?

n) Zeigen Sie, dass alle Punkte der Parallelen zu a durch V keinen Bildpunkt in der affinen Ebene ε' besitzen. Diese Gerade heißt „*Verschwindungsgerade*".

o) Zeigen Sie, dass alle Punkte der Parallelen zu a durch F kein Urbild in der affinen Ebene ε besitzen. Diese Gerade heißt „*Fluchtgerade*".

Bei dieser Abbildung einer Ebene auf eine andere durch Zentralprojektion treten gegenüber der Parallelprojektion ganz neue Erscheinungen auf:

Die Abbildung ist nicht bijektiv. So hat z. B. der Punkt V aus Aufgabe 8 keinen Bildpunkt in der Bildebene ε und Punkte der Fluchtgeraden wie z. B. der Punkt F' haben keine Urbilder in der Originalebene ε. Wir wollen als erstes diesen Mangel beheben. Dazu überlegen wir uns, was aus dem Büschel sämtlicher Geraden durch V bei der Zentralprojektion wird. Am besten probiert man dies mithilfe eines DGS aus. Das *Punktbüschel* der sämtlichen Geraden durch V wird offenbar abgebildet auf das *Parallelbüschel* der sämtlichen zu g' parallelen Geraden. Das gilt nicht nur für den Punkt V, sondern für alle Punkte der „Verschwindungsgeraden", also der Parallelen zu a durch V. Wir haben also folgende Situation:

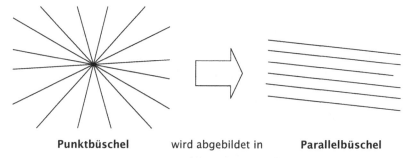

Punktbüschel   wird abgebildet in   **Parallelbüschel**

Wenn wir der Bildebene ε' einen „Fernpunkt" V' so hinzufügen, dass er „Schnitt-punkt" aller dieser parallelen Bildgeraden ist, dann hat der Originalpunkt V in der so erweiterten Ebene ε' ein Bild, und der erste Mangel wäre behoben. Da dies für alle Punkte der Verschwindungsgeraden gilt, müssen wir dies für alle Parallelbü-schel in der Ebene ε' machen. Die Bildebene ε' wird also wie folgt ergänzt: Zu jedem *Parallelbüschel* (d. h. zu jeder „*Richtung*" bzw. zu jeder „*Äquivalenz-klasse von parallelen Geraden*") denken wir uns einen gemeinsamen Schnittpunkt als „*Fernpunkt*" vorhanden. Es kommen also so viele „Fernpunkte" zu der Ebene hinzu, wie es Parallelbüschel gibt. Da die Urbilder aller dieser „Fernpunkte" in der Originalebene sich auf einer Geraden v, der Verschwindungsgeraden, aufreihen, müssen wir auch für diese Gerade eine Bildgerade v' einführen, indem wir die sämtlichen Fernpunkte durch eine einzige „Ferngerade" verbinden. Durch diesen Prozess des *Adjungierens der Fernelemente* haben wir nun zumindest erreicht, dass jeder Punkt der Originalebene einen Bildpunkt und jede Gerade der Origina-lebene eine Bildgerade besitzt, also im strengen Sinne eine Abbildung (linkstotal und rechtseindeutig) vorliegt. Dabei ist jedoch die ursprüngliche *affine* Bildebene ε' um die beschriebenen Fernelemente zur **projektiven Ebene π'** erweitert worden. Im nächsten Schritt sorgen wir dafür, dass die Zentralprojektion sogar bijektiv wird: Zunächst stellen wir fest, dass z. B. der Punkt F' kein Urbild in der Originalebene ε besitzt. Das gilt für alle Punkte, deren Projektionsstrahl parallel zur Originalebene ist, also für alle Punkte der „Fluchtgeraden" f' in der Bildebene ε'. Die Situation zeigt sich nun jedoch ganz analog wie bei der Verschwindungsgeraden: Jedes *Punktbüschel* von Geraden in ε' mit einem Trägerpunkt auf der Fluchtgeraden hat als Urbild in der Originalebene ε ein *Parallelbüschel* von Geraden. Deshalb wer-den wir auch die Originalebene durch **Adjunktion von Fernelementen** zu einer **projektiven Ebene π** erweitern.

Mit diesen beiden Erweiterungen haben wir erreicht, dass die *Zentralprojektion eine bijektive Abbildung zwischen zwei projektiven Ebenen* ist.

Wir zeigen nun noch, dass die Zentralprojektion geradentreu, also kollinear, ist: Sei x eine beliebige Gerade in der Ebene ε. Dann verbinden wir jeden Punkt P der Geraden x mit dem Projektionszentrum Z. Die Menge dieser Projektionsgeraden spannt eine „projizierende Ebene" auf, die die Bildebene in einer Geraden x' schneidet. Daher ist das Bild der Geraden x wieder eine Gerade x', die Zentralpro-jektion also eine Kollineation. Falls wir im Sonderfall als Gerade x die Verschwin-dungsgerade nehmen, wird die projizierende Ebene parallel zur Bildebene, und die „Schnittgerade" ist die diesen beiden parallelen Ebenen gemeinsame „Ferngerade".

Ergebnis:

> Durch Adjungieren von Fernelementen wird eine affine Ebene ε zu einer projektiven Ebene π erweitert. Dabei wird *jedem Parallelbüschel ein gemeinsamer Fernpunkt* zugeordnet, und die *sämtlichen Fernpunkte liegen auf einer gemeinsamen Ferngeraden.*
> Umgekehrt gelangt man durch Schlitzen längs einer beliebigen Geraden, also durch Herausnehmen einer Geraden und aller mit ihr inzidierenden Punkte, von einer projektiven Ebene zu einer affinen Ebene.
>
>

Wir bemerken, dass es natürlich in einer **projektiven Ebene** keine parallelen Geraden mehr gibt. Dort gelten andere Axiome als in der affinen Ebene:

> Axiome einer projektiven Ebene:
> P1: Axiom von der Existenz und Eindeutigkeit der Verbindungsgerade:
>   In einer projektiven Ebene gibt es zu je zwei verschiedenen Punkten genau eine Gerade g, mit der die beiden Punkte inzidieren.
> P2: Axiom von der Existenz und Eindeutigkeit des Schnittpunkts:
>   In einer projektiven Ebene gibt es zu je zwei verschiedenen Geraden genau einen Punkt P, der mit beiden Geraden inzidiert.

Aufgabe 9:
Zeigen Sie mithilfe einer Zeichnung (wie zu Aufgabe 8) an Beispielen, dass bei der Zentralprojektion die *harmonische Lage* von vier Punkten *invariant* bleibt.

Ergebnis:

> Die Zentralprojektion zwischen zwei projektiven Ebenen ist bijektiv und geradentreu, also eine Kollineation zwischen diesen Ebenen.
> Bei ihr bleibt die harmonische Lage von vier Punkten erhalten.

Wie im Falle der Parallelprojektion wollen wir uns nun freimachen von der ursprünglichen Vorstellung einer Zentralprojektion zwischen zwei Ebenen im Raum und die Figur von Aufgabe 8 ganz als eine *Abbildung innerhalb einer einzigen projektiven Ebene* betrachten. Dabei ist a eine Achse und Z offenbar ein Zentrum. Eine solche Abbildung einer projektiven Ebene in sich selbst nennen wir eine *zentrale* oder *axiale* oder *perspektive Kollineation* oder kurz eine *Perspektivität* oder *Zentralkollineation*. Allgemein bezeichnet man Kollineationen von projektiven Ebenen als *projektive Abbildungen* oder *Projektivitäten*.

Wir stellen zunächst ein Beispiel einer solchen Abbildung mit Achse a, Zentrum Z und zugeordnetem Punktepaar P und P' vor und zeigen die **grundlegenden Konstruktionen für Zentralkollineationen**:

Gegeben sei eine Achse a, ein Zentrum Z und ein mit Z auf der Geraden g kollineares zugeordnetes Punktepaar P und P' (siehe nachfolgende Zeichnung):

- Als erstes konstruieren wir zu einem gegebenen Punkt Q den Bildpunkt Q':
1. Die Verbindung ZQ ist eine Fixgerade (Z ist ein Zentrum), also liegt Q' auf dieser.
2. Die Verbindungsgerade j = PQ = PJ hat den Fixpunkt J auf der Achse a. Ihr Bild verläuft also durch P' und J' = J, also ist j' = P'J.
3. Q ist Schnittpunkt von q = q' = ZQ und von j, also ist Q' Schnittpunkt von q' und j'. Damit ist Q' konstruiert.

- Als nächstes konstruieren wir die Fluchtgerade, also das Bild der Ferngeraden:
1. Wir wählen x parallel zu g = PP' durch Q. Die parallelen Geraden x und g schneiden sich (wir sind in der projektiven Ebene!) im gemeinsamen Fernpunkt F_g. Die Gerade g ist die Projektionsgerade für F_g, also die Verbindungsgerade von Z mit F_g. Diese ist Fixgerade, also muss auf ihr der Punkt F_g' liegen.
2. Die Gerade x = QX wird abgebildet in die Gerade x' = Q'X (X ist Fixpunkt).
3. Da F_g auf x und auf g liegt, muss F_g' der Schnittpunkt von x' mit g' = g sein. Damit ist der Fluchtpunkt F_g' konstruiert.
4. Der Fernpunkt F_a der Achse a ist ein Fixpunkt. Also ist die Verbindungsgerade von F_g' mit F_a, d. h. die Parallele zur Achse a durch den Punkt F_g', das Bild der Ferngeraden, d. h. die Fluchtgerade.

In ganz analoger Weise können wir mithilfe der Parallelen j' und k' = k und deren Schnittpunkt F_k' dessen Urbild F_k und damit die Verschwindungsgerade konstruieren.

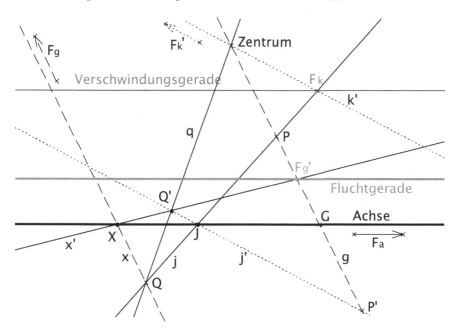

Aufgabe 10:

Gegeben ist eine Achse a und ein Zentrum Z sowie ein zugeordnetes Punktepaar P und P' einer axialen (bzw. zentralen) Perspektivität in einer projektiven Ebene. Selbstverständlich müssen die Punkte Z, P und P' kollinear liegen.

a) Konstruieren Sie Bilder von Punkten, Geraden, Dreiecken, Vierecken, Kreisen bei dieser Perspektivität.

b) Konstruieren Sie das Urbild der Ferngeraden (also die Verschwindungsgerade) und ebenso das Bild der Ferngeraden (also die Fluchtgerade).

c) Konstruieren Sie zu gegebenen Bildern von Punkten, Geraden und anderen Figuren die zugehörigen Urbilder für die gegebene Perspektivität.

d) Wie kann das Bild eines Dreiecks aussehen, je nachdem, ob es die Verschwindungsgerade trifft oder nicht trifft?

e) Was kann aus einem Quadrat bzw. anderen speziellen Vierecken bei dieser Perspektivität entstehen?

f) Zeigen Sie, dass man jedes Viereck in jedes andere mithilfe einer Folge von Perspektivitäten abbilden kann. Alle Vierecke sind also zueinander projektiv. Der projektive Geometer kennt daher nur noch einen Viereckstyp.

Aufgabe 11:

Gegeben sei eine axiale (bzw. zentrale) Perspektivität mit Achse A und Zentrum Z in einer projektiven Ebene. Wenn wir längs einer Fixgeraden (die Geraden durch Z, bzw. die Achse a) schlitzen, erhalten wir als Rest eine Abbildung ganz innerhalb der übrig bleibenden *affinen* Ebene. Um welchen Typ von affiner Abbildung handelt es sich in der übrig bleibenden affinen Ebene, wenn

a) Z nicht auf a liegt und längs a geschlitzt wird?

b) Z nicht auf a liegt und längs einer Geraden durch Z geschlitzt wird?

c) Z auf a liegt und längs a geschlitzt wird?

d) Z auf a liegt und längs einer von a verschiedenen Geraden durch Z geschlitzt wird?

Fertigen Sie für jeden Fall eine Zeichnung an.

Sonderfall: Zentralprojektion zwischen *parallelen* Ebenen

Wir betrachten nun den Sonderfall einer *Zentralprojektion zwischen zwei zueinander parallelen Ebenen* ε und ε'. Das Zentrum darf wiederum in keiner der beiden Ebenen liegen.

An Hand der nebenstehenden Skizze erkennen wir, dass – völlig unabhängig von der Lage des Zentrums – die Abbildung der Ebene ε in die dazu parallele Ebene ε' eine zentrische Streckung im Raum ist, also eine *Ähnlichkeitsabbildung*. Alle Figuren in der Ebene ε werden *ähnlich* in die Ebene ε' abgebildet.

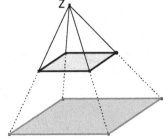

Ergebnis:

Die Zentralprojektion zwischen zwei projektiven Ebenen liefert i. Allg. projektive Bilder. Sind die beiden Ebenen zueinander parallel, so erhält man ähnliche Bilder.

Folgerung:

Alle ebenen Schnitte einer (schiefen oder senkrechten) Pyramide bzw. eines Kegels liefern i. Allg. projektive Bilder der Grundfläche. Ist die Schnittebene parallel zur Grundfläche, so sind die Schnittflächen sogar ähnlich zur Grundfläche.

Aufgabe 12:

a) Eine beliebig hohe (schiefe oder senkrechte) Säule hat als Grundfläche ein Quadrat (gleichseitiges Dreieck, Trapez, regelmäßiges Sechseck, Kreis). Die Säule wird von einer Ebene geschnitten. Welche Form hat die Schnittfläche, wenn die Ebene zur Grundfläche parallel und welche, wenn sie zur Grundfläche nicht parallel ist?

b) Beantworten Sie die Fragen aus Teil a) für einen beliebig hohen Spitzkörper (Pyramide, Kegel) an Stelle einer Säule. Untersuchen Sie insbesondere den Fall der Pyramide mit einem regelmäßigen Sechseck als Grundfläche. Welche besonderen Eigenschaften hat das Schnittsechseck?

c) Welche Schnittflächen ergeben sich bei ebenen Schnitten eines Kreiszylinders?

d) Welche Schnittflächen ergeben sich bei ebenen Schnitten eines Kreiskegels?

14.3 Geometrie im Überblick: F. Kleins „Erlanger Programm"

Wir erinnern nochmals an die Ergebnisse des letzten Abschnitts und wollen diese in einen übersichtlichen Zusammenhang bringen. Je nach Art der Projektion zwischen zwei Ebenen bestand zwischen Original- und Bildfigur ein bestimmter geometrischer Zusammenhang mit bestimmten geometrischen Eigenschaften:

	Parallelprojektion	Zentralprojektion
Original- und Bildebene sind **parallel**	**kongruente** Verwandtschaft	**ähnliche** Verwandtschaft
Original- und Bildebene sind nicht **parallel**	**affine** Verwandtschaft	**projektive** Verwandtschaft

Je nach Art der Verwandtschaft haben die entsprechenden Figuren gemeinsame Eigenschaften und zwar im hierarchischen Sinne zunehmend:
Jede projektive Eigenschaft ist auch eine affine, jede affine auch eine Ähnlichkeitseigenschaft und jede Ähnlichkeitseigenschaft ist auch eine Kongruenzeigenschaft.
Umgekehrt gilt für die Abbildungen: Jede Kongruenz ist auch eine Ähnlichkeit, jede Ähnlichkeit auch eine Affinität und jede Affinität auch eine Projektivität.
Die Menge aller Kongruenzen, Ähnlichkeiten, Affinitäten bzw. Projektivitäten bildet mit der Verkettung als Verknüpfung jeweils eine Gruppe.
Vor diesem Hintergrund hat der Mathematiker Felix Klein bei seiner Antrittsvorlesung in Erlangen im Jahre 1872 ein übersichtliches Einteilungsraster für die Geometrie vorgeschlagen („Erlanger Programm"), das in folgender These gipfelt:
Eine Geometrie ist die Invariantentheorie einer bestimmten Abbildungsgruppe.
- So befasst sich die *Kongruenzgeometrie* mit den *Invarianten der Gruppe der Kongruenzabbildungen*, also den geometrischen Größen, die bei Kongruenzabbildungen unverändert bleiben: Winkelgrößen, Streckenlängen, Flächeninhalte, Rauminhalte etc.
- Die *Ähnlichkeitsgeometrie* handelt von den *Invarianten der Gruppe der Ähnlichkeitsabbildungen,* also von „Formen von Figuren", Winkelgrößen, Streckenverhältnissen, Flächeninhalts- und Rauminhaltsverhältnissen etc.
- Die *Affingeometrie* handelt von den *Invarianten der Gruppe der affinen Abbildungen,* das sind Teilverhältnisse, Parallelität, Flächeninhaltsverhältnisse etc.
- Die *projektive Geometrie* handelt von den *Invarianten der Gruppe der projektiven Abbildungen:* Kollinearität, harmonische Lage, Doppelverhältnisse etc.

In den Übersichten auf den folgenden beiden Seiten werden die Zusammenhänge und die hierarchische Ordnung des geometrischen Begriffssystems mit den wesentlichen jeweiligen Invarianten – und Varianten – nochmals deutlich. Die in diesem Band nicht behandelten topologischen oder stetigen Abbildungen haben wir ergänzend als Kontrastbeispiel mit aufgenommen:

Parallelprojektion   Zentralprojektion

zwischen parallelen Ebenen

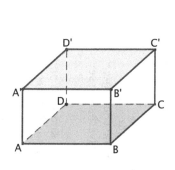

Kongruente Bilder

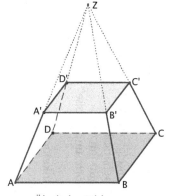

Ähnliche Bilder

zwischen nicht parallelen Ebenen

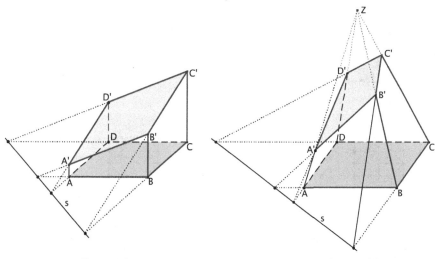

Affine Bilder   Projektive Bilder

Abbildungsgruppe	Original	Bild	Invarianten	Nicht invariant
Kongruenzgruppe (Drehung, Verschiebung, Achsenspiegelung, Gleitspiegelung)			Länge, Winkelgröße, Flächeninhalt, Rauminhalt „Form und Größe"	Lage, Drehsinn
Ähnlichkeitsgruppe (Zentrische Streckung, Drehstreckung, Klappstreckung)			Winkelgrößen, „Form", Streckenverhältnisse, Flächenverhältnisse, Volumenverhältnisse	Längen, Größe, Lage
Affine Gruppe (z. B: Scherung, Schrägspiegelung, Achsenaffinität)			Parallelität, Teilverhältnisse (Mitte), Punktsymmetrie, Flächenverhältnisse, Volumenverhältnisse.	Streckenverhältnisse, Winkelgrößen, Form
Projektive Gruppe (z. B. axiale Perspektivität bzw. Zentralkollineation)			Kollinearität, Konvexität, harmonische Lage, Doppelverhältnisse	Parallelität, Teilverhältnisse
Topologische Gruppe (bijektive stetige Abbildungen wie etwa elastische Verzerrungen)			Linien, Knoten, Knotenordnung, Nachbarschft, Zusammenhang, Gebiete	Kollinearität, Konvexität

Zusammenfassung:
- Jede Parallelprojektion zwischen zwei affinen Ebenen ist bijektiv, geradentreu, parallelentreu und teilverhältnistreu und führt zu affinen Bildern.
  Im Sonderfall paralleler Ebenen erhält man sogar kongruente Bilder.
- Jede Zentralprojektion zwischen zwei projektiven Ebenen ist bijektiv, geradentreu und erhält die harmonische Lage von vier kollinearen Punkten. Sie bildet jede Figur auf ein dazu projektives Bild ab.
  Im Sonderfall paralleler Ebenen erhält man sogar ähnliche Bilder.
- Geometrie lässt sich nach F. Klein definieren als „Theorie der Invarianten einer bestimmten Gruppe von Abbildungen". Dementsprechend bilden die projektive, die affine, die Ähnlichkeits- und die Kongruenzgeometrie ein hierarchisches System von geometrischen Theorien.

14.4 Hinweise und Lösungen zu den Aufgaben

Aufgabe 1:
a)   Die Gerade x = QP schneidet die Achse a in X = X', also x = QP = XP. Q' liegt einmal auf dem Projektionsstrahl parallel zu p durch Q und andererseits auf der Geraden x' = X'P' = XP'.
b)   R'P' schneidet die Achse A in Y. R liegt auf der Geraden YP und auf dem Projektionsstrahl durch R'.
c)   Mithilfe des Schnittpunkts mit der Achse und einem weiteren Punkt gemäß a) ist das Bild konstruierbar.
d)   Die Konstruktion verläuft entsprechend zu c) mithilfe von b).
e)   Man erhält wieder zueinander parallele Bilder. Die Abbildung ist zwar parallelentreu, aber keineswegs dilatorisch.
f)   Eine äquidistante Punktereihe geht in eine ebensolche über (Begründung: Projektionssatz).
g)   Genau die Punkte der Achse a sind Fixpunkte (aber keine Zentren).
h)   Die Beweise finden sich in Abschnitt 1.3. Einzig der Beweis der Teilverhältnistreue blieb offen. Dieser jedoch folgt sofort mithilfe des Projektionssatzes.

Aufgabe 2:
Die Abbildung ist eine affine Verwandtschaft (parallelentreu, teilverhältnistreu).
a) bis c): beliebiges Dreieck; alle Dreiecke sind zueinander affin.
d) bis g): Parallelogramm; alle Parallelogramme sind zueinander affin.
h) Trapez   i) Schiefdrachen   j) Ellipse
k) Es entsteht ein punktsymmetrisches Sechseck, das nicht unbedingt mehr regelmäßig sein muss. Begründen Sie, warum „Punktsymmetrie" eine affine Invariante ist.

Aufgabe 3:

Die Schnittflächen (sofern die Grund- und die Deckfläche dabei nicht geschnitten werden) sind parallel projizierte Bilder der Grundfläche, also affine Bilder dieser Fläche. Daher gelten die Antworten von Aufgabe 2 ganz entsprechend.

Aufgabe 4:

Man verschaffe sich Einblick in die Eigenschaften affiner Abbildungen: Alle Dreiecke sind zueinander affin, alle Parallelogramme sind zueinander affin, alle Ellipsen sind zueinander affin, alle Trapeze, alle Schiefdrachen etc. Schattenwurf durch Sonnenlicht ist ein typischer Fall von Parallelprojektion. Man kann damit sehr schön experimentieren und die behaupteten Eigenschaften überprüfen.

Aufgabe 5:

Mittelparallele und *Seitenhalbierende* sind affine Begriffe, denn sie basieren ausschließlich auf affinen Invarianten wie Mitte (Teilverhältnis) und Parallelität. Dies gilt ebenso für den *Schwerpunktssatz* bei Dreiecken und den *Mittenviereckssatz* von Vierecken.

Keine affinen Begriffe sind dagegen Mittelsenkrechte, Winkelhalbierende und Höhen, denn sie basieren auf Winkelgleichheit bzw. Rechtwinkligkeit, die nicht affin invariant sind.

Aufgabe 6:

Es ist anzunehmen, dass die Tischplatte parallel zum Terrassenboden ist, daher wird sie bei Parallelprojektion – völlig unabhängig von der Projektionsrichtung – immer in wahrer Größe also kongruent als Quadrat (bzw. Kreis) abgebildet. Überprüfen Sie diese erstaunliche Tatsache durch Beobachtung von Schatten im Sonnenlicht.

Aufgabe 7:

a) Die Aussage ist falsch. Gegenbeispiel ist etwa die Achsenspiegelung.

b) Die Aussage ist wahr.

   Es sei P ein beliebiger Punkt außerhalb der Achse. Wir müssen zeigen, dass P' = P ist. Wir verbinden P mit dem Fixpunkt F zur Geraden g. Diese schneide die Achse a in G (Wie, wenn FG parallel zur Achse verläuft?). Wegen F' = F und G' = G ist g' = G'F' = GF = g eine Fixgerade. Nun verbinden wir F mit einem weiteren Achsenpunkt S zur Geraden s = SF. Auch diese ist Fixgerade. Die Parallele p zu s durch P ist ebenfalls Fixgerade (Begründung?). Daher ist P als Schnittpunkt zweier Fixgeraden ein Fixpunkt. Damit ist die Abbildung als die Identität nachgewiesen.

c) Die Aussage ist falsch, sie gilt nur für Achsenaffinitäten.

   Ein Gegenbeispiel ist etwa eine Punktspiegelung.

d) Die Aussage ist wahr. Jede Gerade durch einen Achsenpunkt ist Fixgerade. Daher ist jeder Punkt außerhalb der Achse als Schnitt zweier Fixgeraden ein Fixpunkt.

e) Die Aussage ist falsch. Gegenbeispiele sind Drehungen oder Gleitspiegelungen.

f) Die Aussage ist wahr. Siehe Beweis zu Satz 2 in Kapitel 9.2.

g) Die Aussage ist falsch. Affinitäten sind zwar teilverhältnistreu, nicht jedoch unbedingt streckenverhältnistreu. Gegenbeispiele sind etwa Scherung und Schrägspiegelung.

h) Die Aussage ist wahr. Es gibt nur die zwei Typen von Dilatationen, die zentrische Streckung und die Verschiebung. Diese aber sind beide streckenverhältnistreu.

i) Die Aussage ist wahr. Wegen der Teilverhältnistreue müssen die Teilverhältnisse vor und nach der Abbildung übereinstimmen, also die Punkte auf der Achse alle ihre Lage behalten. Besonders deutlich macht man sich dies am Mittelpunkt zwischen den beiden Fixpunkten klar.

j) Die Aussage ist falsch. Als Gegenbeispiel hat man etwa die Achsenspiegelung.

k) Die Aussage ist wahr. Sei das Zentrum Z auf der Achse a (untersuchen Sie den anderen Fall selbst). Sei g eine beliebige Gerade durch irgendeinen Punkt G der Achse. Dann gibt es zu g eine Parallele h durch Z. Wegen h = h' muss daher g' parallel zu g sein und durch den Fixpunkt G verlaufen. Es ist also g' = g. Daher ist jeder Punkt der Achse ein Zentrum und alle Geraden durch diese Punkte sind Fixgeraden. Jeder Punkt außerhalb der Achse ist daher als Schnittpunkt zweier Fixgeraden ein Fixpunkt und daher die Abbildung die Identität.

l) Die Aussage ist wahr. Sie folgt aus den Ergebnissen von i) und b).

m) Die Aussage ist wahr. Es handelt sich um eine zentrische Streckung aus Z. Sei Z das Zentrum und P ein von Z verschiedener Punkt. Wegen g = ZP = g' = ZP' muss P' mit Z und P kollinear liegen. Wir nehmen ihn beliebig (verschieden von P und von Z) an. Nun zeigen wir für einen beliebigen Punkt Q, dass sein Bild genau das Bild Q' bei der zentrische Streckung aus Z ist, die P in P' überführt.
Erstens ist ZQ eine Fixgerade und daher liegt Q' auf dieser.
Weiter sei x = PQ und y die Parallele zu x durch Z. Wegen y' = y muss x' parallel zu x durch P' verlaufen. Auf dieser Geraden x' muss daher Q' liegen und damit ist gezeigt, dass Q' das Bild von Q bei der besagten zentrischen Streckung ist.

Aufgabe 8:
Die Konstruktionen verlaufen ganz entsprechend wie die bei Parallelprojektion. Der Unterschied liegt i. W. darin, dass die Projektionsstrahlen (Spurgeraden) nicht zueinander parallel sind, sondern alle durch das Zentrum Z gehen. Man verwende ein DGS.

a) Man verwendet die Gerade PQ und ihren Schnittpunkt mit der Achse sowie den Projektionsstrahl.

b) Analog zu a).

c) Die Abbildung ist nicht mehr parallelentreu! (Ausnahme: Parallelen zur Achse).

d) Man verwendet den Schnittpunkt mit der Achse und einen weiteren Punkt.

e) Bewegt sich P von V weg auf g, so wandert P' auf g' in Richtung F'. Bewegt sich P auf V zu, so wandert P' auf g' von F weg. Überschreitet P den Punkt V, so kommt P' vom anderen Ende der Geraden g' her auf F' zu. V hat also offenbar den Fernpunkt von g' als Bild. Dies lässt sich mit einem DGS sehr schön zeigen.

f) Die Schnittlinien für V sind zueinander parallel, der Bildpunkt von V verschwindet, V hat in der affinen Ebene kein Bild. Man muss als Bild von V den gemeinsamen „Fernpunkt" V' dieser Parallelen einführen. Man nennt V einen „Verschwindungspunkt".

g) Analoges gilt für den „Fluchtpunkt" F', sein Urbild ist ein „Fernpunkt" in der Originalebene.

h) Fixpunkte der Abbildung sind die Punkte der Achse a sowie der Punkt Z. Dieser ist sogar ein Zentrum.

i) Die Abbildung ist geradentreu: Verbindet man alle Punkte einer Geraden g mit dem Zentrum Z so entsteht eine projizierende Ebene. Diese schneidet die Bildebene in einer Gerade. Man findet leicht Gegenbeispiele zur Parallelentreue (siehe c)) und zur Teilverhältnistreue. Bijektivität ist zwischen *affinen* Ebenen nicht gegeben, siehe dazu e) und f).

j) Das Punktbüschel durch V geht über in ein Parallelbüschel (parallel zu g'). Diese Bildgeraden haben alle denselben „Fernpunkt". (Demonstration mit DGS durchführen!)

k) Das Punktbüschel durch F' hat als Urbild ein Parallelbüschel (parallel zu g).

l) Siehe k).

m) Siehe j).

n) Die Projektionsstrahlen sind alle zur Bildebene parallel und treffen diese nicht.

o) Siehe n).

Aufgabe 9:
Mithilfe eines DGS ist diese Eigenschaft leicht nachweisbar.

Aufgabe 10:
Die Konstruktionen entsprechen denen von Aufgabe 8. Verwenden Sie ein DGS und experimentieren Sie geschickt. Untersuchen Sie das Bild eines Dreiecks, wenn das Original

▪ keinen Punkt mit der Verschwindungsgeraden gemeinsam hat,
▪ einen Punkt mit der Verschwindungsgeraden gemeinsam hat,
▪ eine Seite auf der Verschwindungsgeraden liegt,
▪ die Verschwindungsgerade schneidet.

Verfahren Sie ebenso mit Vierecken und Kreisen. Verwenden Sie die „Ortslinienfunktion" (Spurfunktion) des DGS.

Zeigen Sie z. B., dass man aus einem Quadrat jede beliebige Vierecksform erhalten kann.

Zeigen Sie z. B.: *Je nachdem, ob ein Kreis die Verschwindungsgerade meidet, berührt oder schneidet, ist sein projektives Bild eine Ellipse, Parabel oder Hyperbel.*

Aufgabe 11:
Zunächst ist klar, dass beim Schlitzen längs einer Fixgeraden in der übrig bleibenden affinen Ebene eine bijektive und kollineare Abbildung vorliegt. Begründen Sie dies noch einmal.

a) In der affinen Ebene existiert ein Zentrum Z und die sämtlichen Fernpunkte – also die Achse a – sind Fixpunkte, d. h. alle Richtungen in der affinen Ebene bleiben fix, die Abbildung ist also eine Dilatation. Da sie einen Fixpunkt hat, handelt es sich um eine *zentrische Streckung*. Zeichnen Sie.

b) In der affinen Ebene existiert eine Achse a und alle Spurgeraden gehen durch den nicht auf a liegenden Fernpunkt Z, sind also in der affinen Ebene zueinander parallel. Es handelt sich also um eine *schiefe Achsenaffinität* (Sonderfälle: orthogonale Achsenaffinität, Schrägspiegelung, Achsenspiegelung). Zeichnen Sie.

c) Die Abbildung besitzt in der affinen Ebene weder einen Fixpunkt noch eine Achse. Allerdings sind alle Spurgeraden (Büschel durch Z) zueinander parallel und alle Fernpunkte sind fix (Achse a), d. h. alle Richtungen bleiben erhalten. Die Abbildung ist also eine Dilatation ohne Fixpunkt und daher eine *Translation*.

d) In der affinen Ebene existiert eine Achse und alle Spurgeraden sind zu dieser Achse parallel (Zentrum Z ist Fernpunkt von a). Es handelt sich also um eine *Scherung*.

Wir erkennen an dieser besonders instruktiven Aufgabe:

Viele bekannte Abbildungstypen sind nichts anderes als Sonderfälle der axialen Perspektivität, also einer projektiven Abbildung mit Achse und Zentrum. Kennt man diese und ihre Eigenschaften, so kennt man auch die zugehörigen Sonderfälle.

Aufgabe 12:

a) Beim Schnitt einer Säule mit einer Ebene erhält man kongruente oder affine Bilder der Grundfläche, je nachdem, ob die Schnittebene parallel zur Grundebene ist oder nicht.

Affine Bilder eines Quadrats sind Parallelogramme, affine Bilder eines gleichseitigen Dreiecks sind beliebige Dreiecke, die eines Trapezes sind Trapeze, die eines regelmäßigen Sechsecks sind punktsymmetrische Sechsecke, die eines Kreises sind Ellipsen.

b) Beim Schnitt eines Spitzkörpers mit einer Ebene erhält man ähnliche oder projektive Bilder der Grundfläche, je nachdem, ob die Schnittebene parallel zur Grundfläche ist oder nicht.

Projektive Bilder eines Quadrats sind beliebige Vierecke, die eines gleichseitigen Dreiecks sind beliebige Dreiecke, die eines Trapezes beliebige Vierecke, die eines regelmäßigen Sechsecks sind Sechsecke mit bestimmten projektiven Eigenschaften (experimentieren und überlegen Sie selbst, welche dies sein müssen: harmonische Lagen!), die von Kreisen sind Kegelschnitte (je nach Schnittebene Ellipsen, Parabeln oder Hyperbeln). Besonders die letztgenannte Eigenschaft kann oft am Schattenwurf von kreisrunden Lampenschirmen beobachtet werden: Hyperbeln an der Wand und Ellipsen am Boden.

Das *projektive Bild eines regelmäßigen Sechsecks* hat u. a. folgende Eigenschaften:

- Die drei Verbindungsgeraden der drei Paare von Gegenecken sind kopunktal.
- Die drei Schnittpunkte der drei Paare von Gegenseiten sind kollinear.
- Auf jeder Verbindungsgerade zweier Gegenecken werden die beiden Ecken durch den Schnitt W der Verbindungen von Gegenecken und durch den Schnittpunkt zweier Gegenseiten auf der Gerade h harmonisch getrennt.

Begründen Sie die hier aufgezählten Eigenschaften.

c) Ebene Schnitte eines (senkrechten oder schiefen) Kreiszylinders sind affine Bilder eines Kreises also stets Ellipsen.

d) Ebene Schnitte eines (senkrechten oder schiefen) Kreiskegels sind projektive Bilder eines Kreises, also „Kegelschnitte" d. h. Ellipsen, Hyperbeln und Parabeln.

Hinweis: Gewöhnlich erhält man nur einen Zweig der Hyperbel. Den zweiten Zweig erhält man, wenn man den Kegel zum vollständigen „Doppelkegel" mit unbegrenzten Mantellinien ergänzt.

Anhang

Vermischte Aufgaben zur Kongruenzgeometrie

Zu Kap. 1: Zeichnerische Darstellung von Körpern

1. Gegeben ist eine regelmäßige quadratische Pyramide mit der Kantenlänge a = 10 cm. Die Ecken der Grundfläche seien mit A, B, C, D die Spitze mit S bezeichnet.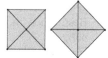

a) Zeichnen Sie zum Grundriss in den beiden angegebenen Lagen den Aufriss. Bestimmen Sie zeichnerisch die Körperhöhe und die Höhe der Seitendreiecke. Welche Teile der Pyramide werden jeweils in wahrer Größe abgebildet?

b) Skizzieren Sie Schrägbilder der Pyramide für beide Lagen zuerst freihändig. Zeichnen Sie dann die Schrägbilder der Pyramide in beiden Lagen sowohl in Vogelschau als auch in Frontschau. Welche Teile der Pyramide werden jeweils kongruent abgebildet?

c) Berechnen Sie die Körperhöhe, die Oberflächengröße und den Rauminhalt der Pyramide in Abhängigkeit von a. Welche besondere Form hat das Dreieck ACS?

Zeigen Sie, dass die Körperhöhe halb so lang ist wie die Diagonale der Grundfläche.

d) Auf die Grundfläche der Pyramide wird die Grundfläche einer dazu kongruenten Pyramide aufgeklebt. Welcher Körper entsteht? Beschreiben Sie ihn genau.

Berechnen Sie seine Körperhöhe (Raumdiagonale), die Oberflächengröße und den Rauminhalt in Abhängigkeit von der Kantenlänge a. Warum nennt man den entstandenen Körper einen regelmäßigen Achtflächner (Oktaeder)? Zeichnen Sie ein Schrägbild des Körpers aus freier Hand.

2. Würfel in verschiedenen Lagen:

a) Zeichnen Sie aus freier Hand den Grundriss und den Aufriss eines Würfels (regelmäßiger Sechsflächner oder Hexaeder) für die beiden bei Aufgabe 1 angegebenen Lagen der Grundfläche.

b) Skizzieren Sie aus freier Hand zu jeder Lage des Würfels jeweils ein Schrägbild in Frontschau und in Vogelschau. Wählen Sie die Richtung und die Verkürzung der zur jeweiligen Bildebene senkrechten Strecken in geeigneter Weise.

c) Berechnen Sie die Längen der Flächen- und der Raumdiagonale des Würfels, sowie den Rauminhalt und die Oberflächengröße in Abhängigkeit von der Kantenlänge a.

3. Skizzieren Sie aus freier Hand einfache Körper in Zwei- bzw. Dreitafelprojektion sowie in einfachen Schrägbildern (Frontschau bzw. Vogelschau). Wählen Sie Säulen und Spitzkörper mit verschiedenen Grundflächen, Häuser mit verschiedenen Dachformen etc. Machen Sie sich jeweils klar, welche Strecken, Winkel, Flächen in wahrer Größe erscheinen. Stellen Sie sich zur Hilfe einfache Modelle her.

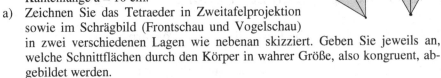

4. Gegeben ist eine regelmäßige Dreieckspyramide (regelmäßiger Vierflächner oder Tetraeder) mit der Kantenlänge a = 10 cm.

a) Zeichnen Sie das Tetraeder in Zweitafelprojektion sowie im Schrägbild (Frontschau und Vogelschau) in zwei verschiedenen Lagen wie nebenan skizziert. Geben Sie jeweils an, welche Schnittflächen durch den Körper in wahrer Größe, also kongruent, abgebildet werden.

b) Bestimmen Sie die Körperhöhe des Tetraeders durch Zeichnung und Rechnung.

c) Ermitteln Sie die Körperhöhe, die Oberflächengröße und den Rauminhalt des Tetraeders in Abhängigkeit von a.

5. Ein regelmäßiges Dreiecks-Antiprisma entsteht auf folgende Weise: Die Grundfläche ist ein gleichseitiges (regelmäßiges) Dreieck. Die dazu parallel liegende Deckfläche ist zur Grundfläche kongruent jedoch um den Mittelpunkt um 60° verdreht, so dass die Ecken der Deckfläche jeweils „zwischen" zwei Ecken der Grundfläche liegen. Jede Seitenkante der Grundfläche bildet mit der darüber liegenden Ecke der Deckfläche eine begrenzende Seitenfläche des Antiprismas. Analoges gilt für die Seitenkanten der Deckfläche.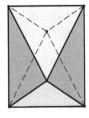

a) Wie viele Ecken, Kanten und Flächen besitzt ein Dreiecks-Antiprisma, wie viele ein Vierecks-, Fünfecks-, ..., n-Ecks-Antiprisma?

b) Bauen Sie ein Faltmodell eines regelmäßiges Dreiecks-Antiprismas mit Kantenlänge a = 8 cm aus Tonpapier oder Pappe, indem Sie das Netz des Körpers aufzeichnen und ausschneiden. Ritzen Sie die Kanten an.

c) Zeichnen Sie den Körper in Zweitafelprojektion sowie je ein Schrägbild in Frontschau und in Vogelschau.

d) Bestimmen Sie die Höhe des Antiprismas durch Zeichnung und Rechnung. Berechnen Sie die Oberflächengröße und den Rauminhalt des Antiprismas in Abhängigkeit von der Kantenlänge a. Vergleichen Sie mit Aufgabe 1 d).

6. Alle Kanten eines regelmäßigen quadratischen Antiprismas sind a = 10 cm lang.

a) Zeichnen Sie ein solches Antiprisma im Grund- und Aufriss. Bestimmen Sie die Körperhöhe durch Zeichnung und Rechnung.

b) Berechnen Sie die Körperhöhe und die Oberflächengröße des Antiprismas.

c) Bauen Sie ein Modell des Körpers.

7. Ein Haus vom Typ „Winkelhaus" hat als Grundriss die nebenstehende Form mit folgenden Maßen: a = 12 m und b = 6 m. Es besitzt ein Walmdach, wobei alle Dachflächen die gleiche Dachneigung haben. Die Höhe des Dachstuhls beträgt h = 4 m.

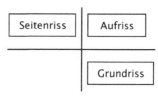

a) Zeichnen Sie das Dach des Hauses im Grund- und Aufriss in zugeordneter Lage (Maßstab 1 : 100).

b) Skizzieren Sie aus freier Hand ein Schrägbild des Daches.

c) Bestimmen Sie die Dachneigung α durch Zeichnung und Rechnung.

d) Ermitteln Sie den Rauminhalt des Dachraumes und den Flächeninhalt der Dachfläche.

8. Ein Haus mit Walmdach hat einen rechteckigen Grundriss von a = 16 m Länge und b = 10 m Breite. Die Höhe bis zum Dachtrauf misst h = 7 m. Die Dachneigung des Walmdaches beträgt an allen Dachflächen δ = 50°.

a) Zeichnen Sie das Haus in Grundriss, Aufriss und Seitenriss im Maßstab 1 : 200.

b) Zeichnen Sie zwei Schrägbilder des Hauses: Einmal in der Frontschau (Kavalierprojektion) und einmal in der Vogelschau (Militärprojektion). Wählen Sie selbst einen geeigneten Verzerrungswinkel α und ein passendes Verkürzungsverhältnis k.

c) Berechnen Sie die lichte Höhe des Dachstuhles, die Firstlänge, die Sparrenlänge und die Länge der Dachgrate.

d) Berechnen Sie die Größe der Dachfläche sowie den „umbauten Raum" (das Volumen des Hauses).

e) Fertigen Sie ein Oberflächenmodell des Hauses im Maßstab 1 : 100 aus steifem Papier (Tonpapier etc.) oder Pappe an.

9. Ein Schuppen ist 12 m lang, 6 m breit und bis zum Dachtrauf 5 m hoch.
Die Höhe des Dachstuhls von der Traufhöhe bis zur Firsthöhe beträgt 4 m.
Die vordere Giebelseite ist angewalmt (d. h. der Giebel ist durch eine Dachfläche mit der gleichen Dachneigung wie die Seitendächer ersetzt). Am rückwärtigen Ende des Gebäudes befindet sich ein normaler Giebel.
Quer zum Längsdach ist ein Querdach mit zwei normalen Giebeln aufgesetzt. Dessen First verläuft in 7 m Abstand parallel zur Vorderseite des Langhauses (also in 5 m Abstand parallel zur hinteren Giebelseite des Langhauses). Die Dachneigung des Querdaches ist dieselbe wie beim Längsdach und der First des Querdachs verläuft auf gleicher Höhe wie der des Langhauses.

a) Zeichnen Sie den Schuppen in Dreitafelprojektion im Maßstab 1:100 sauber, sorgfältig und genau. Wählen Sie die hintere Giebelseite des Schuppens parallel zur Aufrissebene.

b) Zeichnen Sie ein Schrägbild des Schuppens in Frontschau. Wählen Sie den Verzerrungswinkel 45° und das Verkürzungsverhältnis 0,5.

c) Berechnen Sie die gesamte Dachfläche des Gebäudes.

d) Berechnen Sie den umbauten Raum, d. h. das Volumen des Baukörpers.
Hinweis: Für e) und f) können Sie die Zeichnung aus a) benützen.

e) Bestimmen Sie die Länge der Dachkehle (Zusammentreffen des Längsdaches mit dem Querdach) durch Zeichnung und Rechnung.

f) Bestimmen Sie die Dachneigung durch Zeichnung und Rechnung.

10. Ein Haus hat einen quaderförmigen Baukörper mit 8 m Länge, 6 m Breite und 5 m Traufhöhe. An Stelle eines Walmdaches hat das Haus nur einen „Walmdachstumpf", d. h. vom Walmdach ist der Firstteil abgeschnitten, so dass oben an Stelle des Firstgrates eine ebene horizontale Dachfläche („Dachgarten") entsteht. Die Dachneigung beträgt überall 60° und das Walmdach wurde auf halber Höhe zwischen Traufhöhe und Firsthöhe gekappt.

a) Zeichnen Sie das Haus in Grund-, Auf- und Seitenriss in zugeordneter Anordnung im Maßstab 1 : 100.
Hinweis: Es kann hilfreich sein, vom Satteldach über das Walmdach zum Stumpf zu kommen.

b) Klappen Sie an einem geeigneten der drei Risse je eines der beiden voneinander verschiedenen Dachtrapeze aus, so dass es in wahrer Größe erscheint.

c) Messen Sie folgende Längen in wahrer Größe:
Seitenlängen des Dachgartens; Länge der Dachgrate; Sparrenlänge.

d) Zeichnen Sie ein Schrägbild des Hauses in der Frontschau. Dabei soll die schmale Hausseite die Vorderfront sein. Wählen Sie als Verzerrungswinkel 45° und als Verkürzungsmaßstab 0,7 (Kästchendiagonale!).

e) Berechnen Sie die Größe der gesamten Dachfläche sowie den umbauten Raum des Hauses. Basteln Sie sich ein Modell.

11. Gegeben ist eine Turmhaube mit einem Quadrat der Seitenlänge s = 2 · a als Grundfläche. Die vier Giebelflächen sind gleichseitige Dreiecke und die vier Dachflächen sind Rauten. Wählen Sie für die Zeichnung die Grundseite s = 2 · a = 6 m.

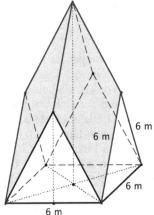

a) Skizzieren Sie ein Schrägbild der Haube aus freier Hand und beschreiben Sie die Formelemente des Körpers.

b) Skizzieren Sie ein Netz (Abwicklung) des Körpers aus freier Hand.

c) Zeichnen Sie die Haube im Maßstab 1:100 im Grund- und Aufriss in zugeordneter Lage.

d) Ermitteln Sie die Höhe der Giebelflächen sowie die Körperhöhe der gesamten Haube.

e) Berechnen Sie die Größe der Dachfläche.

f) Berechnen Sie den Rauminhalt der Haube.

Hinweis: Bei geschicktem Vorgehen können Sie sich viel Rechenarbeit ersparen.

Zu Kap. 2: Kongruenzabbildungen in der Ebene

12. Das Licht wird an einem ebenen Spiegel s so reflektiert, dass es von der Lichtquelle Q bis zum Zielpunkt Z den kürzesten Weg zurücklegt.

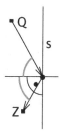

Zeigen Sie, dass unter dieser Bedingung das Reflexionsgesetz gilt: *Einfallswinkel des Lichtstrahls = Ausfallwinkel des Lichtstrahls.* Dabei ist der Einfallswinkel der Winkel zwischen dem einfallenden Lichtstrahl und dem Lot auf der Spiegelebene im Auftreffpunkt. Analog dazu ist der Ausfallswinkel festgelegt.

13. Auf einem rechteckigen Billardtisch liegen zwei Billardkugeln P und Q. Wie muss man die Kugel P zentral stoßen, damit sie nach Reflexion an
a) einer Bande (d. h. an einer Seitenkante des Billardtisches),
b) zwei gegenüberliegenden Banden,
c) zwei benachbarten Banden,
d) drei aufeinander folgenden Banden,
e) allen vier aufeinander folgenden Banden zentral auf die zweite Kugel Q trifft?
f) Wie muss die Kugel P gestoßen werden, damit sie nach Reflexion an allen vier aufeinander folgenden Banden wieder am Ausgangspunkt P ankommt? Welchen Weg hat sie dabei zurückgelegt und in welcher Richtung verlief ihr Weg?

14. Ein Winkelspiegel besteht aus zwei ebenen Spiegelflächen, die einen Winkel von 45° einschließen. Zeigen Sie, dass ein auf den ersten Spiegel einfallender Lichtstrahl nach Reflexion an beiden Spiegeln um genau 90° gegenüber dem einfallenden Strahl abgelenkt wird.
Welchen Winkel müssen die Spiegelebenen einschließen, damit der Lichtstrahl in der gleichen Richtung zurückkommt wie der Einfallsstrahl?

15. Wie funktioniert ein Kaleidoskop?
a) Stellen Sie zwei ebene Spiegelflächen im Winkel von 60° gegeneinander. Legen Sie Gegenstände in das Winkelfeld vor die Spiegel. Beobachten Sie. Erklären Sie.
b) Ergänzt man die Anordnung der zwei Spiegel durch einen dritten zu einer innen verspiegelten Dreieckssäule, so hat man ein Kaleidoskop. Eine Figur spiegelt sich nun immer wieder in den drei Spiegelflächen und ergibt ein interessantes unendliches Muster mit entsprechender Symmetrie.

16. Gegeben sind zwei sich schneidende Geraden a und b und im Winkelfeld der beiden Geraden ein Punkt C.
a) Bestimmen Sie eine Gerade g durch C, die a in A und b in B schneidet, so dass AC = CB ist, also C Mitte von A und B.
b) Bestimmen Sie ein gleichseitiges Dreieck ABC mit A auf a und B auf b.
c) Bestimmen Sie ein rechtwinklig gleichschenkliges Dreieck ABC mit dem rechten Winkel bei C und A auf a und B auf b.
d) Bestimmen Sie ein Dreieck ABC mit A auf a und B auf b mit minimalem Umfang.

17. Verschiebungen:
a) Gegeben ist ein Kreis k, eine Gerade g und eine Strecke der Länge s. Konstruieren Sie eine Parallele zu g, auf der der Kreis k eine Sehne der Länge s ausschneidet.
b) Gegeben sind zwei Kreise k_1 und k_2, eine Gerade g und eine Streckenlänge s. Konstruieren Sie eine Parallele zu g, die k_1 in A und k_2 in B schneidet, so dass AB die gegebene Länge s hat.
c) Gegeben sind zwei sich schneidende Geraden a und b, sowie eine Strecke s. Man konstruiere A auf a und B auf b so, dass AB parallel zu s und gleich lang ist wie s.

18. Zwischen zwei Städten A und B liegt ein breiter Fluss mit parallelen Ufern p und q. Es soll eine Straße mit minimalen Kosten zwischen A und B gebaut werden. Dazu muss die teure Brückenstrecke XY möglichst kurz, also senkrecht zu den parallelen Ufern p und q verlaufen und außerdem die Summe der beiden Streckenzüge AX und YB minimal sein. Konstruieren Sie die optimalen Punkte X und Y für den Straßenverlauf.

19. Gegeben ist ein Kreis k, eine Passante g zu k sowie ein außerhalb von k liegender Punkt P. Man bestimme einen Punkt Q auf g so, dass sein Tangentenabschnitt an den Kreis k ebenso lang ist wie der von P an k.

20. Gegeben ist ein Kreis k und ein Punkt P außerhalb k sowie eine Streckenlänge s. Konstruieren Sie eine Sekante durch P, die aus dem Kreis eine Sehne der Länge s ausschneidet. Lösen Sie die Aufgabe auch für einen Punkt Q innerhalb k.

21. Gegeben ist ein Kreis k und zwei Punkte P und Q innerhalb k. Konstruieren Sie Sehnen gleicher Länge durch P und Q, die sich unter 60° schneiden.

22. „Indianeraufgaben":
a) Ein Indianer will auf kürzestem Weg von seinem Standpunkt J zu seinem Zelt Z gelangen, dabei aber zum Verwischen seiner Spur eine Strecke von vorgegebener Länge s im geradlinigen Bach b waten.
Lösen Sie die Aufgabe einmal, wenn J und Z auf der gleichen und einmal, wenn sie auf verschiedenen Seiten des Baches b liegen.
b) Lösen Sie beide Teile der Aufgabe a) unter folgender zusätzlicher Bedingung: Zwischen J und dem Bach liegt ein breiter Fluss mit parallelen Ufern p und q, den er senkrecht zu den Ufern durchschwimmen muss.

23. Orientieren Sie sich bei der Lösung dieser Aufgabe an Aufg.18 in Kap. 2.
Von einem n-Eck $A_1 A_2 A_3 ... A_n$ sind die Mittelsenkrechten m_1, m_2, m_3, ...,m_n der aufeinander folgenden Seiten $A_1 A_2$, $A_2 A_3$, $A_3 A_4$, ..., $A_n A_1$ gegeben.
Wie lässt sich das n-Eck konstruieren? Ist es eindeutig bestimmt? Analysieren Sie die Aufgabe und untersuchen Sie dann die Fälle n = 3 und n = 4 genau.

24. Zu zwei gleich langen, aber nicht parallelen Strecken gibt es stets zwei verschiedene Drehungen, die die erste in die zweite Strecke abbilden.
Beweisen Sie dies, indem Sie diese Drehung durch zwei geeignete Spiegelungen erzeugen. Wie hängt die zweite Drehung mit der ersten zusammen?

25. Gegeben ist ein beliebiges Dreieck mit den Seitengeraden a, b und c. Bestimmen Sie die Art der Abbildung und ihre Kenndaten für folgende Spiegelprodukte:

a) $\underline{a}\,\underline{b}\,\underline{c}$ b) $\underline{a}\,\underline{c}\,\underline{b}$ c) $\underline{b}\,\underline{a}\,\underline{c}$ d) $\underline{b}\,\underline{c}\,\underline{a}$ e) $\underline{c}\,\underline{a}\,\underline{b}$ f) $\underline{c}\,\underline{b}\,\underline{a}$

g) Wie viele verschiedene Produkte erhält man im Fall eines rechtwinkligen Dreiecks?

26. Ergänzen Sie den Beweis des Reduktionssatzes, indem Sie für jede mögliche Kombination der Verkettungen von zwei Translationen oder Rotationen die Reduktion auf zwei Achsenspiegelungen nachweisen. Zeichnen Sie. (DGS benützen).

27. *"Gehe vom Galgen zum Eichenbaum und zähle die Schritte. Wende dich nach links um 90° und gehe dann genau so viele Schritte bis A. Kehre zum Galgen zurück. Gehe nun zum Fichtenbaum und zähle die Schritte. Wende dich dort um 90° nach rechts und gehe genau so viele Schritte bis B. Im Mittelpunkt der Strecke AB findest du weitere Anweisungen."*

Bei Ankunft auf der Insel findet der Schatzsucher zwar einen mächtigen Eichen- und Fichtenbaum, aber vom Galgen ist weit und breit keine Spur.

"Die Anweisung", so fragt er sich nun, "wie könnte ich sie bloß finden?"

Könnten Sie Ihm helfen?

Zu Kap. 3: Gruppen von Kongruenzabbildungen – Symmetriegruppen

28. Verkettung von Funktionen:

a) Berechnen Sie für die folgenden reellen Funktionen die Funktionswerte zu einer Reihe von selbst gewählten Argumentwerten x. Stellen Sie eine Tabelle auf:

   f: $x \to x + 3$ g: $x \to 2 \cdot x$ h: $x \to 3 \cdot x + 1$

b) Berechnen Sie die Termdarstellungen für die Verkettungen f^2, $f \circ g$, $f \circ h$, g^2, $g \circ f$, $g \circ h$, h^2, $h \circ f$, $h \circ g$. Überprüfen Sie Ihre Ergebnisse durch Einsetzen für konkrete Argumente x. Begründen Sie, dass die Verkettung von Funktionen i. Allg. nicht kommutativ ist.

c) Zeigen Sie die Gültigkeit des Assoziativgesetzes für die Verkettung jeweils an den folgenden Beispielen $f \circ g \circ h$, $f \circ h \circ g$, $g \circ f \circ h$, $g \circ h \circ f$, $h \circ f \circ g$, $h \circ g \circ f$.

29. Zweiergruppen:

Füllen Sie die folgenden Verknüpfungstafeln aus. Dabei bedeutet „g" im Beispiel b) „gerade Zahl" und „u" bedeutet „ungerade Zahl", beim Beispiel c) ist i die identische Funktion i: $x \to x$ und v die Vorzeichenwechselfunktion v: $x \to -x$.

a)

·	1	-1
1		
-1		

b)

+	g	u
g		
u		

c)

∘	i	v
i		
v		

30. Dreier- und Vierergruppen:

Untersuchen Sie, welche der folgenden Verknüpfungstafeln alle Gruppenaxiome erfüllen und welche nicht. Stellen Sie fest, welche Forderung nicht erfüllt ist.

Wie viele verschiedene (nicht zueinander isomorphe) Typen von Gruppen mit vier Elementen gibt es? Probieren Sie mithilfe einer Verknüpfungstafel aus.

a)

#	a	b	c
a	a	b	c
b	b	c	a
c	c	a	b

b)

#	a	b	c
a	a	c	b
b	c	b	a
c	b	a	c

c)

#	a	b	c	d
a	a	b	c	d
b	b	a	d	c
c	c	d	a	b
d	d	c	b	a

d)

#	a	b	c	d
a	a	b	c	d
b	b	c	d	a
c	c	d	a	b
d	d	a	b	c

31. Beweisen Sie die folgenden Sätze über Gruppen:
a) Das neutrale Element e ist stets eindeutig. (Hinweis: Indirekter Beweis!).
b) Das zu einem Element x gehörige Inverse y ist stets eindeutig.
   Hinweis: Indirekter Beweis; was ergibt y # x # y' für zwei verschiedene Inverse?
c) Es gilt $(a \# b)^{-1} = b^{-1} \# a^{-1}$ in jeder Gruppe. Beachten Sie die Reihenfolge!
d) Eine Gruppe ist genau dann kommutativ, wenn für je zwei beliebige Elemente a, b gilt: $(a \# b)^{-1} = a^{-1} \# b^{-1}$.
e) Jede Gleichung a # x = b hat in einer Gruppe eine eindeutige Lösung x.
f) In einer Gruppentafel steht in jeder Zeile und jeder Spalte jedes Element genau einmal.

32. Ein Gegenbeispiel:
Durch die nebenstehende Verknüpfungstafel ist das Verknüpfungsgebilde (V, #) definiert.

#	N	G	H	J	K	L
N	N	G	H	J	K	L
G	G	H	J	K	L	N
H	H	J	N	L	G	K
J	J	K	L	N	H	G
K	K	L	G	H	N	J
L	L	N	K	G	J	H

a) Woran erkennt man, dass (V, #) kommutativ ist?
b) Zeigen Sie, dass (V, #) ein Neutralelement besitzt und geben Sie dieses an.
c) Zeigen Sie, dass in jeder Zeile und in jeder Spalte jedes Element genau ein Mal vorkommt.
d) Besitzt jedes Element aus (V, #) ein Inverses? Geben Sie ggf. das Inverse zu jedem Element an.
e) Zeigen Sie, dass (V, #) zyklisch ist, d. h. alle Elemente sind Potenzen eines einzigen. Bilden Sie dazu die Potenzen von G: $G^2, G^3, G^4, ...$
f) Lesen Sie die Lösung der Gleichung H # X = K aus der Tafel ab.
g) Bestimmen Sie das Inverse von H aus der Tafel. Multiplizieren Sie nun die Gleichung H # X = K von links her mit diesem Inversen. Berechnen Sie damit die Lösung der Gleichung aus f) und vergleichen Sie mit dem Ergebnis von f). Was schließen Sie aus Ihrer Beobachtung? Warum ist (V, #) keine Gruppe?

33. Zyklische Drehgruppen:

Jedes regelmäßige n-Eck lässt sich durch Drehen um den Winkel $\varphi = \dfrac{360°}{n}$

um seinen Mittelpunkt mit sich selbst wieder zur Deckung bringen.
Man kann diese Drehungen miteinander verketten d. h. hintereinander ausfüh-

ren und erhält so n verschiedene Deckdrehungen des n-Ecks (einschließlich Identität).
a) Stellen Sie für jedes regelmäßige Vieleck für die Eckenzahlen n = 3, 4, 5, 6, 7, 12 die Verknüpfungstafel für die Deckdrehungen auf.
b) Warum bilden die sämtlichen Deckdrehungen eine Gruppe?
Welche einfache Struktur hat jede dieser Gruppen?
Vergleichen Sie diese Gruppen mit den additiven Restklassengruppen mod n.

34. Diedergruppen:
Ein regelmäßiges n-Eck lässt außer den n Deckdrehungen noch weitere Deckabbildungen zu, nämlich n verschiedene Achsenspiegelungen. Zeigen Sie dies an einem Modell (z. B. mit einem Quadrat). Schneiden Sie dazu ein regelmäßiges n-Eck aus und experimentieren Sie.
a) Stellen Sie für die 2n Deckabbildungen der regelmäßigen n-Ecke für n = 3, 4, 5, 6, 8 jeweils eine Gruppentafel auf. Gehen Sie systematisch vor, indem Sie sinnvolle Bezeichnungen wählen, z. B. d, d^2, d^3, d^4, ..., $d^n = i$, s, sd, sd^2, sd^3, ...
b) Was ergibt die Verkettung von
   ▪ zwei Drehungen (um denselben Drehpunkt)?
   ▪ zwei Achsenspiegelungen an verschiedenen Achsen?
   ▪ einer Drehung mit einer Achsenspiegelung?
   ▪ einer Achsenspiegelung mit einer Drehung?
c) Wenn man zwei Achsenspiegelungen verkettet, erhält man offenbar eine Drehung. Woran erkennt man das in der Gruppentafel? Welcher Zusammenhang besteht zwischen den Achsen der Achsenspiegelungen, dem Drehpunkt und dem Drehwinkel?
d) Die Verkettung von zwei Drehungen (um denselben Drehpunkt) ergibt wieder eine Drehung. Was erkennt man an der Gruppentafel über die Verkettung von zwei Drehungen, einer Drehung mit einer Spiegelung bzw. von zwei Spiegelungen?

35. Symmetriegruppen ebener Figuren:
a) Zeichnen Sie eine beliebige Figur in der Ebene. Zählen sie die sämtlichen Symmetrieabbildungen auf, die diese Figur wieder auf sich selbst abbilden.
b) Zeigen Sie an verschiedenen Beispielen: Ist die Menge der Symmetrien einer ebenen Figur endlich, so bilden die sämtlichen Symmetrien der Figur eine Gruppe. Diese ist entweder eine zyklische Drehgruppe Z_n oder eine Diedergruppe D_n.
c) Zeichnen Sie eine Figur, deren Symmetriegruppe von folgendem Typ ist:
   (1) Z_7 (2) D_2 (3) Z_1 (4) D_3 (5) D_1 (6) Z_4

36. Symmetriegruppen von Körpern im dreidimensionalen Raum:
Wie ebene Figuren haben auch räumliche Figuren (Körper) Symmetriegruppen.
a) Zählen Sie die sämtlichen räumlichen Deckdrehungen eines Quaders bzw. eines regelmäßigen Tetraeders auf. Stellen Sie jeweils eine Gruppentafel auf.
Hinweis: Beim Quader gibt es genau 4, beim Tetraeder genau 12 verschiedene Deckdrehungen (jeweils einschließlich der Identität). Verwenden Sie ein Modell und überprüfen Sie Ihre Ergebnisse durch reale Bewegungen im Raum.

b) Lässt man auch Ebenen- und Punktspiegelungen im Raum zu, so besitzt ein Quader genau 8 verschiedene Symmetrieabbildungen. Zählen Sie diese auf. Stellen Sie eine Gruppentafel der „Quadergruppe" auf.

Zu Kap. 4: Figuren in der Ebene und im Raum

37. Beweisen Sie:
a) In jedem Dreieck ist ein Außenwinkel so groß wie die Summe der beiden nicht anliegenden Innenwinkel.
b) In jedem Dreieck sind die Halbierenden eines Innenwinkels und eines anliegenden Außenwinkels senkrecht zueinander.

38. Die Lichtstrahlen von der Sonne oder von Gestirnen kommen auf der Erde nahezu parallel an.
a) Die Tangentialebene an die Erdkugel im Beobachterpunkt B ist die Horizontebene des Beobachters. Welche Höhe α über dem Horizont hat der Polarstern für einen Beobachter B auf der geografischen Breite φ? Zeigen Sie, dass für jeden Ort auf der Nordhalbkugel der Erde gilt:
„Polhöhe = geografische Breite".
Wie kann man daher sehr einfach die geografische Breite eines Ortes bestimmen?

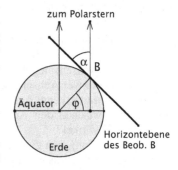

b) Berechnen Sie die Größe der Winkel β, γ bzw. δ in folgenden Zeichnungen. Die gestrichelten Linien sind jeweils parallel.

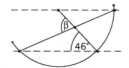
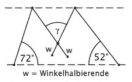
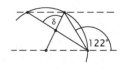

w = Winkelhalbierende

[Hinweis: Eine schöne Sammlung geometrischer Aufgaben dieser Art enthält das Heftchen von Paul Eigenmann, „Geometrische Denkaufgaben"; Stuttgart 1981].

39. Zeichnen Sie die Figur bei a) genau und bei b) näherungsweise. Wählen Sie die Länge von a selbst. Geben Sie die Eigenschaften der Figur an und bestimmen Sie die Größe des Winkels α.

a)

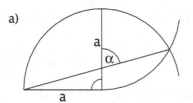

b)

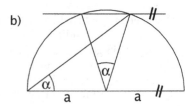

40. Dreieckskonstruktionen:
Konstruieren Sie Dreiecke nach folgenden Angaben. Beachten Sie, dass es in einzelnen Fällen mehrere Lösungen gibt. Überlegen Sie, wie die Anzahl der Lösungen von der Größe der gegebenen Stücke abhängt (Lösbarkeit).

a) $a = 7$ cm; $\beta = 76°$; $r_u = 4,5$ cm   b) $b = 6,5$ cm; $\alpha = 64°$; $w_\alpha = 6$ cm
c) $\alpha = 52°$; $\beta = 32°$; $r_i = \rho = 1,8$ cm   d) $b = 4$ cm; $c = 7$ cm; $h_c = 3,5$ cm
e) $a = 6,5$ cm; $h_a = 5,8$ cm; $r_u = 4,5$ cm   f) $c = 5,2$ cm; $s_b = 7,2$ cm; $s_c = 8,1$ cm

41. In das nebenstehende Quadrat ABCD mit der Seitenlänge a ist ein gleichseitiges Dreieck PQR so einge-
passt, dass die Ecken des Dreiecks auf den Seiten oder
in den Ecken des Quadrats liegen. Versuchen Sie ein
möglichst großes Dreieck einzupassen und berechnen
Sie seine Seitenlänge in Abhängigkeit von a.

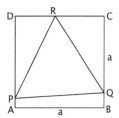

42. Eckenschwerpunkt:
a) Zeichnen Sie ein beliebiges Viereck ABCD. Ermitteln Sie den Eckenschwerpunkt analog zu der Idee bei Dreiecken, indem Sie jeweils zwei der Ecken zusammenfassen. Fassen Sie die Paare in verschiedener Weise zusammen und
beweisen Sie den folgenden Vierecksatz:
*In jedem beliebigen Viereck haben die Mitten von Gegenseiten und die Mitten
der Diagonalen den gleichen Mittelpunkt M. Deshalb ist das von den Seitenmitten gebildete Viereck stets ein punktsymmetrisches Viereck, also ein Parallelogramm. (Satz vom Mittenparallelogramm).*
b) Bestimmen Sie durch Einzeichnen einer Diagonale die Flächenschwerpunkte
der beiden Teildreiecke. Machen Sie dies für beide Diagonalen.
Wo muss der Flächenschwerpunkt des Vierecks liegen?

43. Konstruieren Sie Dreiecke mit Umkreisradius r = 4 cm und
a) $\alpha = 65°$, $\gamma = 90°$.   b) $\alpha = 75°$, $\gamma = 60°$.

44. Sinussatz:
a) Was haben alle Dreiecke mit Seitenlänge AB = c = 6 cm und Winkel $\gamma = 75°$
gemeinsam? Zeichnen Sie mehrere solcher Dreiecke mit gemeinsamer Seite
AB.

b) Zeigen Sie, dass folgende Beziehung gilt: Umkreisdurchmesser $= d = 2 \cdot r = \dfrac{c}{\sin\gamma}$.

Wie folgt hieraus der Sinussatz für Dreiecke: $\dfrac{a}{\sin\alpha} = \dfrac{b}{\sin\beta} = \dfrac{c}{\sin\gamma} = 2 \cdot r$.

Inwiefern ist der Sinussatz eine quantifizierte Verschärfung der Aussage:
"Im Dreieck gehört zur größeren Seite stets der größere Gegenwinkel."

45. Ein Quadrat hat zwei diagonale und zwei nichtdiagonale Symmetrieachsen und
außerdem ein Symmetriezentrum (Punktsymmetrie).
a) Gewinnen Sie durch schrittweisen Verzicht auf Symmetrien eine Übersicht
über die besonderen Formen von symmetrischen Vierecken.

b) Charakterisieren Sie jeden Viereckstyp durch seine Symmetrieeigenschaften. Zeichnen Sie das „Haus der Vierecke".

c) Ordnen Sie Sehnen- und Tangentenvierecke in das Haus der Vierecke ein.

46. Einbeschriebene Dreiecke

a) Auf der Seite AB eines spitzwinkligen Dreiecks ABC liegt der Punkt P. Bestimmen Sie Punkte Q auf BC und R auf AC so, dass der Umfang des Dreiecks PQR minimal ist.
Hinweis: Spiegeln Sie den Punkt P an den Seitengeraden AC und BC.

b) Es seien P' und P'' die Spiegelpunkte von P an AB bzw. an BC gemäß a). Warum ist das Dreieck P'P''C gleichschenklig und welchen Winkel hat es bei C unabhängig von der Lage von P auf der Seite AB?

c) Bestimmen Sie P auf AB so, dass das Dreieck PQR gemäß a) minimalen Umfang hat. Benutzen Sie dazu das Ergebnis von b). Zeigen Sie nun die Gültigkeit des folgenden Satzes:
In einem spitzwinkligen Dreieck ist das Höhenfußpunktedreieck das einbeschriebene Dreieck mit minimalem Umfang.

47. Ein Brett hat drei verschiedene Löcher wie in der Zeichnung ersichtlich.
Gibt es einen Körper, den man so durch die drei Löcher schieben kann, dass er diese jeweils genau ausfüllt? Wenn ja, bauen Sie einen solchen, wenn nein, begründen Sie dies.

Zu Kap. 5: Flächeninhalt von Vielecken und Kreisen

48. Ein Trapez hat parallele Grundseiten der Längen a und c und die Höhe h. Man kann den Flächeninhalt des Trapezes auf sehr verschiedene Weisen berechnen, indem man geeignet zerlegt, ergänzt oder umordnet. Geben Sie zu jeder der folgenden Figuren an, wie vorgegangen wurde und ermitteln Sie die dazu passende Inhaltsformel. Das Trapez ist grau eingefärbt, Hilfsflächen sind schraffiert.

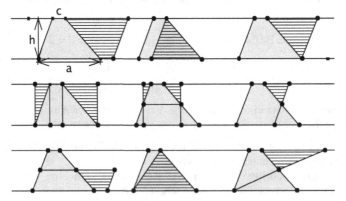

49. Zeichnen Sie ein beliebiges Vieleck (mindestens 6 Ecken).
a) Bestimmen Sie seinen Flächeninhalt durch Zerlegen in geeignete Teilflächen.
b) Bestimmen Sie seinen Flächeninhalt, in dem Sie es konstruktiv in ein inhaltsgleiches Rechteck verwandeln.

50. Flächenformel
a) Zeigen Sie, dass man den Flächeninhalt eines Dreiecks aus dem Inkreisradius ρ und dem Umfang u berechnen kann gemäß der Formel $A = \frac{1}{2} \cdot \rho \cdot u$.
b) Zeigen Sie, dass die obige Formel auch für jedes andere Vieleck mit einem Inkreis gilt. Für welche besonderen Vierecke kann man daher den Inhalt mit dieser Formel berechnen?
c) Zeigen Sie, dass die Formel auch für beliebige regelmäßige n-Ecke gilt.
Warum gilt sie daher auch für einen Kreis?
Welche Beziehung erhält man daraus zwischen Kreisumfang und Kreisinhalt?

51. Wurzelwerte
a) Zeigen Sie mithilfe einer der binomischen Formeln, dass man jede ungerade Zahl darstellen kann als Differenz zweier benachbarter Quadratzahlen.
b) Konstruieren Sie eine Strecke der Länge $s = \sqrt{23}$ mithilfe des Satzes von Pythagoras. Benutzen Sie dazu das Ergebnis von Teil a).
c) Konstruieren Sie eine Strecke der Länge $t = \sqrt{39}$ mithilfe des Kathetensatzes.
d) Konstruieren Sie eine Strecke der Länge $u = \sqrt{42}$ mithilfe des Höhensatzes.

52. In der nebenstehenden Figur sind alle Winkel bei den Punkten S_k rechte Winkel. Die Strecken AS_1, S_1S_2, S_2S_3, ... haben alle die Länge 1. Berechnen Sie schrittweise die Längen der Strecken AS_1, AS_2, AS_3, AS_4, ... Warum heißt die Figur „Wurzelschnecke"?

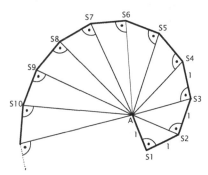

53. Kreis mit Vielecken
a) Einem Kreis ist ein gleichseitiges Dreieck einbeschrieben und eines umbeschrieben. Berechnen Sie die Umfänge und die Flächeninhalte der beiden Dreiecke und vergleichen Sie diese untereinander und mit denen des Kreises.
b) Lösen Sie die Aufgabe a) analog für Quadrate an Stelle von gleichseitigen Dreiecken.

54. Vielecke mit Kreis
a) Berechnen Sie den Umfang und den Inhalt des Inkreises und des Umkreises für ein gleichseitiges Dreieck. Vergleichen Sie diese Werte untereinander und mit den Werten des Dreiecks
b) Lösen Sie die Aufgabe a) analog für ein Quadrat an Stelle des gleichseitigen Dreiecks.

55. Flächenverwandlungen

a) Konstruieren Sie mithilfe des Höhensatzes zu einem Quadrat mit der Seite 5 cm ein inhaltsgleiches Rechteck mit 30 cm Umfang.

b) Verwandeln Sie ein gegebenes Dreieck durch Konstruktion in ein dazu umfangs- und inhaltsgleiches Rechteck.
Hinweis: Verwandeln Sie zuerst das Dreieck in ein dazu inhaltsgleiches Quadrat.

56. Erdbewegungen

a) Die Erde umläuft die Sonne in einem Jahr ungefähr auf einer Kreisbahn mit 150 Millionen km Radius. Berechnen Sie die Geschwindigkeit der Erde auf ihrer Bahn in km/h und in km/s. Vergleichen Sie mit der Lichtgeschwindigkeit.

b) Welche Geschwindigkeit in km/h müsste die Sonne haben, wenn sie gemäß dem alten geozentrischen Weltbild *täglich* einen Kreis mit 150 Millionen km Radius um die Erde durchlaufen würde?

c) An einem Tag dreht sich die Erde einmal um ihre eigene Achse. Mit welcher Geschwindigkeit bewegt sich dabei ein Punkt auf dem Äquator und mit welcher bewegen sich Punkte auf den geografischen Breiten von 30° bzw. 50° bzw. 80°?

57. In den folgenden Zeichnungen hat jeweils die grau gefärbte Fläche den gleichen Flächeninhalt wie die dick umrandete Figur. Beweisen Sie dies. Berechnen Sie jeweils diesen Flächeninhalt in Abhängigkeit von einer für die Figur geeigneten charakteristischen Länge a und ggf. einer geeigneten variablen Größe x.

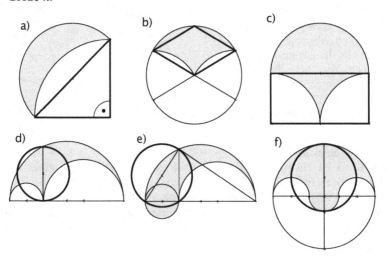

Zu Kap. 6: Rauminhalt von Körpern

58. Funktionale Änderungen
a) Wie ändert sich die Oberflächengröße und wie der Rauminhalt eines Würfels, wenn man die Seitenlänge verdoppelt, verdreifacht, vervierfacht, ... bzw. halbiert, drittelt, viertelt, ...?
b) Beantworten Sie die Frage aus a) für eine Kugel an Stelle eines Würfels.
c) Wie ändert sich der Rauminhalt eines Zylinders, wenn man den Grundkreisradius und wie wenn man die Höhe verdoppelt, verdreifacht, vervierfacht, ..., bzw. halbiert, drittelt, viertelt, ...?
d) Beantworten Sie die Frage c) für einen Kegel an Stelle eines Zylinders.

59. Schätzen von Volumina
a) Schätzen Sie den Rauminhalt und die Oberflächengröße des Kopfes eines erwachsenen Menschen.
b) Schätzen Sie die Oberflächengröße und den Rauminhalt eines erwachsenen Menschen. Warum ist die Schätzung des Rauminhalts um vieles leichter als die der Oberfläche?

60. Ein quadratischer Pyramidenstumpf hat als Kantenlänge des Grundquadrats den Wert a = 20 cm, als Kantenlänge des Deckquadrats b = 10 cm und die Körperhöhe h = 12 cm. Skizzieren Sie ein Schrägbild des Körpers. Bestimmen Sie durch geeignetes Zerlegen in Teilkörper bzw. geschicktes Zusammensetzen von solchen Teilkörpern den Rauminhalt und die Oberflächengröße.

61. Gegeben ist das Schrägbild (Frontschau) eines halbregulären Körpers, der von gleichseitigen Dreiecken und von Quadraten begrenzt wird.
a) Wie viele Ecken, Kanten und Flächen hat der Vielflächner? Zeigen Sie die Gültigkeit des Eulerschen Polyedersatzes für diesen Körper.
b) Zeichnen Sie den Körper im Grund- und Aufriss in zugeordneter Lage.

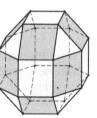

c) Berechnen Sie die Oberflächengröße und den Rauminhalt des Körpers in Abhängigkeit von der Kantenlänge a.
d) Zeichnen Sie ein Schrägbild des Körpers in Vogelschau.

62. Würfel und Kugel
a) Eine Kugel und ein Würfel haben denselben Rauminhalt.
Wie verhalten sich Kugeldurchmesser und Würfelkante zueinander?
b) Eine Kugel und ein Würfel haben dieselbe Oberflächengröße.
Wie verhalten sich Kugeldurchmesser und Würfelkante zueinander?

63. Der „Schüttwinkel" für trockenen Sand beträgt ca. 45°. Welchen Grundkreisdurchmesser und welche Höhe hat ein kegelförmiger Sandhaufen von 1 m³ (10 m³) Sand?

Vermischte Aufgaben zur Ähnlichkeitsgeometrie

Zu Kap. 7: Projektionssatz und Strahlensätze

1. Beim maßstäblichen Vergrößern oder Verkleinern von Figuren ändern sich verschiedene Maßeigenschaften in unterschiedlicher Weise.
Wie ändern sich beim maßstäblichen Vergrößern oder Verkleinern mit dem Linearfaktor k (was bedeutet das?) die folgenden Figurgrößen:
a) Winkelgrößen   *b) Längen*   *c) Flächeninhalte*   *d) Rauminhalte?*

2. Sie wollen mit einem Kopiergerät zwei Blätter vom Format DIN A4 auf ein einziges solches Blatt verkleinert zusammenkopieren.

a) Welchen Verkleinerungsmaßstab k müssen Sie wählen?

b) Wie ändert sich der Flächeninhalt eines Blattes, wenn man es mit dem Maß-

stab $k = \dfrac{1}{\sqrt{2}} = \dfrac{\sqrt{2}}{2} = 0{,}707... \approx 71\ \%$ verkleinert?

c) Wie verändert sich der Flächeninhalt eines Blattes, wenn man es mit dem Maßstab $k = \sqrt{2} = 1{,}414... \approx 141\ \%$ vergrößert?

d) Die folgenden Werte sollten Sie sich – auch fürs tägliche Leben – merken. Für Mathematiklehrer sind sie ein professionelles Muss:

$$\sqrt{2} = \frac{2}{\sqrt{2}} = 1{,}414... \approx 141\ \% \qquad \frac{1}{\sqrt{2}} = \frac{\sqrt{2}}{2} = 0{,}707... \approx 71\ \%$$

$$(\sqrt{2}\,)^2 = 2 \approx 1{,}4^2\ (14 \cdot 14 = 196) \qquad (\frac{1}{\sqrt{2}})^2 = \left(\frac{\sqrt{2}}{2}\right)^{\!2} = \frac{1}{2} \approx 0{,}7^2\ (7 \cdot 7 = 49)$$

$$0{,}7^2 \approx 0{,}5 \qquad\qquad\qquad 1{,}4^2 \approx 2 \quad 0{,}7 \cdot 1{,}4 \approx 1\ (7 \cdot 14 = 98).$$

3. Der Flächeninhalt eines Rechtecks soll bei maßstäblicher Veränderung verdoppelt, verdreifacht, vervierfacht, ... bzw. halbiert, gedrittelt, geviertelt, ... usf. werden.
Welchen Maßstabsfaktor muss man wählen?

4. In verschiedenen Quellen findet man die folgenden Angaben:
   i   Die Erde ist etwa *dreimal* so groß wie der Mond.
   ii   Die Erde ist etwa *zehnmal* so groß wie der Mond.
   iii Die Erde ist etwa dreißigmal so groß wie der Mond.
Man findet in verlässlicher Quelle folgende Werte:
Monddurchmesser ≈ 3 500 km   Erddurchmesser ≈ 12 600 km.
Wie kann man diese Angaben alle miteinander in Einklang bringen?

5. Beweisen Sie mithilfe der Sätze über Winkel an Parallelen und der Kongruenzsätze für Dreiecke folgenden Satz von der Mittelparallele im Dreieck:

„Die Verbindungsstrecke zweier Seitenmitten eines Dreiecks ist parallel zur dritten Seite und halb so lang wie diese."
Hinweis:
Zeigen Sie zuerst, dass die Parallelen zu AB und zu AC durch die Mitte D von BC die beiden Dreiecksseiten AC und AB halbieren.

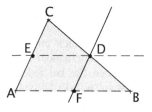

6.
a) Formulieren Sie die Aussage des Projektionssatzes.
b) Beweisen Sie mithilfe des Projektionssatzes die Aussage aus Kapitel 1.3 über die Parallelprojektion zwischen zwei Ebenen:
„Die Abbildung durch Parallelprojektion ist teilverhältnistreu."
c) Teilen Sie eine Strecke AB durch Konstruktion in 5 gleichlange Teilstücke.

7. Gegeben ist das Verhältnis p : q (z. B. 2 : 5) zweier Strecken x und y und weiter
a) die Summe s = x + y der beiden Strecken,
b) die Differenz d = x − y der beiden Strecken,
c) das Produkt A = x · y der beiden Strecken (etwa in Form einer Quadratfläche).
Konstruieren Sie die beiden Strecken. Geben Sie sich dazu konkrete Werte vor. Lösen Sie die Aufgabe jeweils auch rechnerisch.
Auf welche Art von Gleichungen führen die einzelnen Probleme?

8. Eine Wanderkarte (Messtischblatt) hat in der Regel den Maßstab 1 : 25 000.
a) Was bedeutet das?
b) In dieser Karte sind Höhenlinien für jeweils 20 Höhenmeter eingetragen.
Bei einem Berghang haben diese Höhenlinien auf der Karte jeweils den Abstand 1 mm. Welche Steigung hat der Hang? Wie groß ist sein Neigungswinkel? Kann man ihn auf der „Diretissima" (kürzester, aber steilster Weg) befahren oder begehen?
Wie lang ist der Weg auf der „Diretissima" zwischen zwei benachbarten Höhenlinien in Wirklichkeit?
c) Zur bequemeren Erschließung wird ein Zickzackweg an diesem Hang angelegt. Als Gehweg kann er maximal 25 % Steigung aufweisen, als Fahrweg nur 10 %. Welchen Winkel bildet der Weg mit den Höhenlinien auf der Karte?
Um welchen Faktor verlängert sich der Weg gegenüber der Diretissima in beiden Fällen?

9. Beweisen Sie: In jedem Dreieck treffen sich die drei Seitenhalbierenden in einem Punkt S (Schwerpunkt). Dieser teilt jede Seitenhalbierende von der Ecke aus im Verhältnis 2 : 1.

10. Zeichnen Sie mithilfe des Strahlensatzes zu einer gegebenen Gerade g und einem gegebenen Punkt P die Parallele zu g durch P allein mit Zirkel und Lineal.

11. Beweisen Sie den Winkelhalbierendensatz für Dreiecke:
Die Winkelhalbierenden eines Dreieckswinkels und seines Nebenwinkels teilen die Gegenseite harmonisch im Verhältnis der anliegenden Seiten.
Hinweis: Spiegeln Sie das Dreieck an der jeweiligen Winkelhalbierenden.

12. Folgende Behauptungen beziehen sich auf die nebenstehende Zeichnung, in der die drei dick ausgezogenen grauen Geraden zueinander parallel sind.
Geben Sie bei jeder Aussage an, ob sie wahr (w) oder falsch (f) ist. Begründen Sie.

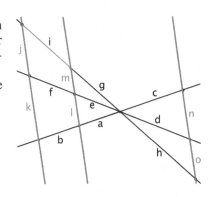

a) $\dfrac{a}{c} = \dfrac{m}{o}$ b) $\dfrac{j}{k} = \dfrac{g+i}{a+b}$ c) $\dfrac{k}{j} = \dfrac{n}{o}$

d) $\dfrac{c}{b} = \dfrac{d}{f}$ e) $\dfrac{f}{b} = \dfrac{e}{a}$ f) $\dfrac{i}{a} = \dfrac{g}{b}$

Zu Kap. 8: Teilverhältnisse

13. Harmonische Teilung
a) Beweisen Sie: Wenn C und D die Strecke AB harmonisch im Verhältnis λ teilen, so teilen auch A und B die Strecke CD harmonisch. In welchem Verhältnis?

b) A, B, C und D seien vier harmonisch liegende Punkte mit AD = a, BD = b und CD = h. Zeigen Sie, dass dann h das harmonische Mittel zwischen a und b ist, d. h. es gilt: $\dfrac{1}{h} = \dfrac{1}{2} \cdot \left(\dfrac{1}{a} + \dfrac{1}{b} \right)$ bzw. $h = \dfrac{2 \cdot a \cdot b}{a+b}$

c) Ein Radfahrer fährt eine Strecke s auf dem Hinweg mit Rückenwind mit der Geschwindigkeit v und auf der Rückfahrt bei Gegenwind mit der Geschwindigkeit w. Mit welcher „mittleren" konstanten Geschwindigkeit h muss ein Motorfahrzeug denselben Weg durchfahren, damit es genau so lang braucht wie der Radfahrer?

14. Die Winkelhalbierenden eines Dreiecks teilen die Gegenseiten jeweils im Verhältnis der anliegenden Seiten. Mit entsprechenden Teilpunkten P, Q und R gilt daher:
TV(AB, R) = b : a, TV(BC, P) = c : b und TV(CA, Q) = a : c.
Berechnen Sie das Produkt dieser drei Teilverhältnisse. Was kann man aufgrund des Ergebnisses über die Winkelhalbierenden behaupten? (Satz von Ceva).

15. Eine Gerade g trifft die Seitengeraden eines Dreiecks in den Punkten D, E und F.
a) Beweisen Sie, dass das Produkt der drei Teilverhältnisse
TV(AB, D) · TV(BC, E) · TV(CA, F) = − 1 ist.
Hinweis: Es genügt zu zeigen, dass für die Streckenlängen gilt: $\dfrac{AD}{DB} \cdot \dfrac{BE}{EC} \cdot \dfrac{CF}{FA} = 1.$

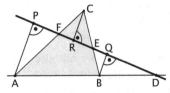

b) Welchen Wert erhält man für TV(AB, D), wenn man die Punkte E und F als Mitten der Seiten BC bzw. AC wählt? Wo befindet sich dann der Punkt D?

16. Es sei ABC ein beliebiges Dreieck. Die Punkte P bzw. Q teilen die Dreiecksseiten CB bzw. CA jeweils innen im gleichen Verhältnis λ. (Beachten Sie die jeweiligen Anfangspunkte der Strecken!). Die Geraden AP und BQ schneiden sich in R.
Beweisen Sie, dass PQ parallel zu AB verläuft und die Verbindungsgerade CR die Seite AB halbiert.

17. Die drei Ecktransversalen AE, BF und CD schneiden sich im Punkt S.

a) Beweisen Sie, dass das Produkt der drei Teilverhältnisse
TV(AB, D) · TV(BC, E) · TV(CA, F) = 1 ist.
(Satz von Ceva).

b) Beweisen Sie mithilfe des Satzes, dass auch die Umkehrung gilt.

c) Bestätigen Sie den Satz für die folgenden Sonderfälle: Schwerlinien; Winkelhalbierende; Höhen (benutzen Sie in diesem Fall Trigonometrie).

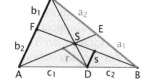

18. Wir betrachten die beiden Abbildungen $s: x \to \dfrac{1}{x}$ und $d: x \to -\dfrac{x+1}{x}$ in der Menge R der reellen Zahlen sowie deren Verkettungen.

a) Ermitteln Sie zunächst an Hand einer Wertetabelle einige Funktionswerte für einfache reelle Zahlen.

b) Ermitteln Sie sämtliche „Potenzen" der Abbildungen d und s.

c) Bestimmen Sie die Abbildungen d ∘ s und s ∘ d und zeigen Sie, dass die Verkettung nicht vertauschbar ist, also das Kommutativgesetz nicht gilt.

d) Ermitteln Sie sämtliche Verkettungen aus allen möglichen Potenzen von s und d. (Hinweis: Man erhält nur 6 verschiedene Abbildungen).

e) Stellen Sie eine Verknüpfungstafel für die 6 Abbildungen auf.
Welche Eigenschaften hat das entstehende Verknüpfungsgebilde?
Vergleichen Sie es mit der Diedergruppe D_3.

19. Wie verändern sich Teilverhältnisse, wenn man die Punkte vertauscht?

A   t   C   1   B

Das Teilverhältnis t = TV(AB, C) ist definiert durch die Vektorgleichung $\overrightarrow{AC} = t \cdot \overrightarrow{CB}$.
Vertauscht man z. B. die Rollen der Punkte A und B so erhält man das Teilverhältnis $TV(BA, C) = \dfrac{1}{t}$, denn es gilt $\overrightarrow{BC} = \dfrac{1}{t} \overrightarrow{CA}$. Dem Vertauschen der beiden Punkte A und B im Teilverhältnis TV(AB, C) entspricht also für das Teilverhältnis der Übergang zum Kehrwert, also die Funktion $s: t \to \dfrac{1}{t}$.

a) Welche Funktion entspricht einer zyklischen Vertauschung der Punkte, also dem Übergang von TV(AB, C) zum Teilverhältnis TV(BC, A)? Lesen Sie den

Wert dieses Teilverhältnisses aus der Zeichnung ab. Zeigen Sie, dass dieser Permutation der Punkte genau die Funktion d: $t \to -\dfrac{t+1}{t}$ entspricht.

b) Ermitteln Sie für jede der möglichen 6 Permutationen der Punkte A,B,C die zugehörige Funktion, mit der sich dabei das Teilverhältnis ändert. Vergleichen Sie dazu die vorhergehende Aufgabe und benützen Sie die dort gewonnenen Erkenntnisse.

c) Zeigen Sie, dass die beiden Funktionen s und d sowie ihre sämtlichen Verknüpfungsergebnisse untereinander mit der Verkettung als Verknüpfung eine zur D_3 isomorphe Gruppe bilden. Stellen Sie die dazugehörige Verknüpfungstafel (Gruppentafel) auf. Man nennt die hier auftretenden 6 Funktionen auch die Gruppe der Teilverhältnisfunktionen.

d) Zur Verdeutlichung stellen wir die Isomorphie zwischen den Deckabbildungen eines Dreiecks, der Gruppe der Teilverhältnisfunktionen und den 6 Permutationen von drei Punkten A, B und C grafisch dar.
Ersetzt man die Ecke i durch ABC, die Ecke d durch BCA, d² durch CAB, s durch BAC, sd durch ACB und sd² durch CBA, so erhält man die Gruppengraphen für die entsprechenden Deckabbildungen des Dreiecks bzw. die 6 Permutationen der 3 Punkte im Teilverhältnis.

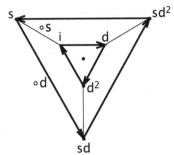

Zu Kap. 9: Zentrische Streckung

20. Gegeben ist ein Kreis k, eine Gerade g und ein Punkt P (außerhalb von k und g). Konstruieren Sie Geraden h durch P, die k in S und g in G schneiden, so dass
a) P Mitte von SG ist b) P teilt SG im Verh. 1 : 2
c) P teilt SG im Verh. 2 : 3.

21. Gegeben ist ein Punkt P im Inneren eines Kreises k. Konstruieren Sie Kreissehnen ST, so dass
a) P Mitte von ST ist b) P teilt ST i. V. 1 : 2 c) P teilt ST i. V. 2 : 3.

22. Konstruieren Sie zu einem Dreieck ABC Punkte P, deren Entfernungen von A, B und C sich wie 2 : 3 : 5 verhalten. Wählen Sie AB = 6 cm, BC = 5,5 cm und AC = 9 cm. Wie viele Lösungen kann es geben? Gibt es zu jedem Verhältnis Lösungen? Wie ist dies beim Verhältnis 1 : 1 : 1?

23. Konstruieren Sie Dreiecke aus:
a) c = 7,2 cm; a : b = 7 : 2; s_c = 4 cm. b) c = 4,8 cm; a : b = 5 : 3, h_a = 3,5 cm
c) a : b : c = 4 : 5 : 6 ; ρ = 3cm. d) a : b : c = 4 : 5 : 6 ; α = 55°.
e) a : b : c = 4 : 5 : 6; h_a = 6,4 cm f) a : c = 4 : 7; w_γ = 5 cm; β = 45°
g) h_a : h_b = 4,5 : 7; γ = 75°; h_c = 4,2 cm. h) b = 8 cm; r_u = 4,5 cm; c : a = 5 : 2.

24. In einem beliebigen Trapez mit den parallelen Seiten a und c werden die Diagonalenmitten verbunden. Wie lang ist diese Strecke?

25.
a) Eine Kugel hat den Radius r. Wie ändert sich ihr Durchmesser d, ihr „Äquatorumfang" u, ihr Oberflächeninhalt A und ihr Volumen V, wenn man sie mit dem Faktor k maßstäblich vergrößert oder verkleinert?

b) Um wie viel Prozent muss man den Radius einer Kugel vergrößern, damit sich ihre Oberflächengröße verdoppelt, verdreifacht, vervierfacht, ... ver-n-facht?

c) Um wie viel Prozent muss man den Radius einer Kugel vergrößern, damit sich ihr Volumen verdoppelt, verdreifacht, vervierfacht, ..., ver-n-facht?

d) Beantworten Sie die Fragen b) und c) analog für Verkleinerungen.

e) Beantworten Sie die Fragen a) bis d) für einen Würfel entsprechend.

26. Benutzen Sie für diese Aufgabe ein Dynamisches Geometrie-System (DGS). Zeichnen Sie ein beliebiges unregelmäßiges Viereck ABCD. Strecken Sie dieses von verschiedenen Zentren R, S, T, U, ... aus mit demselben Faktor k. Wählen Sie k variabel einstellbar.

a) Was haben alle Bildvierecke gemeinsam?

b) Welche Eigenschaften einer zentrischen Streckung können Sie daraus ablesen?

c) Woran erkennt man, dass die zentrische Streckung eine Dilatation ist?

d) Was ändert sich, wenn man den Faktor k verändert?

27. Verketten Sie folgende Abbildungen miteinander. Testen Sie, ob die Reihenfolge vertauschbar ist: Wählen Sie ein nicht symmetrisches Dreieck als Testfigur. Verwenden Sie ein DGS.

a) Zwei zentrische Streckungen $Z_1(S, k)$ und $Z_2(T, m)$.

b) Eine Translation mit dem Vektor $\vec{w}$ und eine zentrische Streckung $Z(S, k)$.

28.
a) Gegeben ist eine Kreislinie k(M, r), eine Gerade g (Passante zum Kreis) und ein Punkt P irgendwo zwischen k und g. Konstruieren Sie alle Geraden h durch P, die k in A und g in B schneiden, so dass PB genau doppelt so lang ist wie PA.

b) Wählen Sie an Stelle von k und g in Aufgabe a) zwei Kreise k_1 und k_2 bzw. zwei Geraden j und g. Was ändert sich an der Lösung?

29. P und P' seien Punkt-Bildpunkt-Paare einer zentrischen Streckung S(Z, k).
a) Konstruieren Sie Q' zu gegebenem Q und kollinearen Z, P, P'.
b) Konstruieren Sie Q zu gegebenem Q' und kollinearen Z, P, P'.
c) Konstruieren Sie jeweils den Betrag des Streckfaktors k (als Länge $|k|$).
d) Konstruieren Sie das Bild eines Hausgiebels ABCDE, wenn Z und A' gegeben sind.

30. Es gibt bekanntlich genau zwei verschiedene Typen von Dilatationen, die zentrischen Streckungen und die Translationen.
a) Warum ist das Produkt (die Verkettung) zweier Dilatationen sicher wieder eine solche? Warum können beliebige Produkte aus zentrischen Streckungen und Translationen nur wieder Dilatationen sein? Welche Vermutung haben Sie?

b) Beweisen Sie, dass die sämtlichen Dilatationen einer Ebene auf sich eine Gruppe bilden, die Dilatationsgruppe.

c) Bilden Sie ein Testdreieck ABC zuerst mit der Streckung $S_1(Z, k)$ ab in A'B'C' und dann A'B'C' durch eine Streckung $S_2(Y, m)$ in A''B''C''. Untersuchen Sie ob bzw. wann die Verkettung vertauschbar ist. Verwenden Sie ein DGS.

d) Was können Sie über das Ergebnis (Kenndaten) der Verkettung aus c) sagen? Untersuchen Sie verschiedene Fälle für die Lage der Zentren und die Werte der Streckfaktoren.

e) Verketten Sie eine zentrische Streckung S(Z, k) mit einer Translation mit Vektor v. Bestimmen Sie Art und Kenndaten der Verkettung. Sind die beiden Faktoren vertauschbar?

31. Bei der Abbildung durch Sammellinsen gelten folgende Regeln:

▪ Einfallsstrahlen durch den Linsenmittelpunkt M verlaufen ungebrochen weiter.

▪ Achsenparallele einfallende Strahlen verlaufen nach Brechung durch den Brennpunkt F_2.

▪ Einfallstrahlen durch den vorderen Brennpunkt F_1 verlaufen nach Brechung achsenparallel weiter.

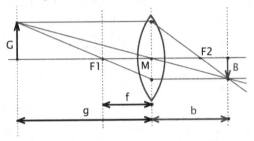

Gemäß diesen drei Regeln wurde zum Gegenstand G in der Gegenstandsweite g vor der Linse das Bild B in der Bildweite b hinter der Linse konstruiert.

a) Beweisen Sie die Formel (1) für den Abbildungsmaßstab α der Linse.

b) Beweisen Sie die Gültigkeit der Linsenformel (2).

$$\frac{B}{G} = \frac{b}{g} = \alpha \quad (1) \qquad \frac{1}{g} + \frac{1}{b} = \frac{1}{f} \quad (2)$$

32.

a) Warum ist das Bild eines Kreises bei zentrischer Streckung wieder ein Kreis?

b) Warum wird bei zentrischer Streckung der Mittelpunkt eines Kreises in den Mittelpunkt des Bildkreises abgebildet?

c) Beweisen oder widerlegen Sie: Durch zentrische Streckung wird eine punktsymmetrische Figur wieder in eine solche abgebildet.

d) Beweisen oder widerlegen Sie: Durch zentrische Streckung wird eine achsensymmetrische Figur wieder in eine solche abgebildet.

e) Ein Kreis c(M, r = 3 cm) wird durch eine Zentrische Streckung Z(S, k) in den Kreis c' abgebildet, wobei die Strecke MS = 7cm lang ist.
Ermitteln sie, für welche Streckfaktoren k die beiden Kreise c und c'
(1) sich berühren   (2) sich in 2 Punkten schneiden   (3) sich meiden.

f) Gegeben sind drei Punkte A, B und C auf einer Kreislinie c. Bestimmen Sie alle Kreissehnen durch A, die durch die Sehne BC halbiert werden. Diskutieren Sie die Lösbarkeit der Aufgabe.

Zu Kap. 10: Ähnlichkeitsabbildungen und ähnliche Figuren

33. Bilden Sie ein gegebenes Dreieck ABC durch eine Drehstreckung DS(Z, k, φ)
ab. Begründen und überprüfen Sie die Richtigkeit folgender Behauptungen:
a) Für jedes Punkt-Bildpunkt-Paar P und P' gilt: $\angle PZP' = \varphi$.
b) Für jedes Punkt-Bildpunkt-Paar P und P' gilt: ZP : ZP' = 1 : k.
c) Jede Gerade bildet mit ihrer Bildgerade den Winkel φ.

34. Bilden Sie ein gegebenes Dreieck ABC durch eine Klappstreckung KS(Z, k, a)
ab. Begründen und überprüfen Sie die Richtigkeit folgender Behauptungen:
a) Für jedes Punkt-Bildpunkt-Paar P und P' gilt:
Die Spiegelachse a teilt die Strecke PP' im Verhältnis 1 : k.
b) Für jedes Punkt-Bildpunkt-Paar P und P' gilt: ZP : ZP' = 1 : k.
c) Jede Gerade und ihre Bildgerade haben eine zur Achse parallele Winkelhalbierende.

35. Gegeben seien eine echte Drehung D(A, φ) sowie eine echte zentrische Streckung S(Z, k). Verwenden Sie ein DGS.
a) Zeigen Sie, dass die Verkettung D ∘ S einen Fixpunkt F besitzt.
Hinweis: Konstruieren Sie zu einem Punkt X seinen Bildpunkt X' bei der Drehung D. Bestimmen Sie nun ein Zentrum Y, so dass die zentrische Streckung
S'(Y, k) den Punkt X' wieder zurück in den Punkt X abbildet.
Bilden Sie nun die Figur X, X', Y durch eine Drehstreckung um A so ab, dass
Y in Y'' = Z abgebildet wird. Zeigen Sie, dass der Bildpunkt X'' von X bei
dieser Drehstreckung Fixpunkt der Abbildung D ∘ S ist.
b) Begründen Sie nun mithilfe von a), dass die Abbildung D ∘ S eine Drehstre-
ckung sein muss.
c) Warum kann man mit diesem Ergebnis folgern:
*Jede gleichsinnige Ähnlichkeit ist entweder eine Drehstreckung (eine reine
Drehung oder eine reine Streckung sind Sonderfälle) oder eine Translation.*

36. Gegeben seien eine ungleichsinnige Kongruenz in Form eines Produkts $\underline{a} \circ \underline{P}$
und eine echte zentrische Streckung S(Z, k). Wir wollen das Produkt β =
$\underline{a} \circ \underline{P} \circ S$, also eine ungleichsinnige Ähnlichkeitsabbildung untersuchen.
a) Begründen Sie zuerst, dass man jede ungleichsinnige Kongruenz als Produkt
aus einer Achsen- und einer Punktspiegelung in der Form $\underline{a} \circ \underline{P}$ darstellen kann.
b) Bestimmen Sie den Punkt Y so, dass gilt:
$(\underline{a} \circ \underline{P}) \circ S(Z, k) = \underline{a} \circ (\underline{P} \circ S(Z, k)) = \underline{a} \circ S(Y, -k)$.
c) Es sei g die Senkrechte von Y auf a und Q der Schnittpunkt von g mit a.
Dann gilt: $\underline{a} = \underline{Q} \circ \underline{g} = \underline{g} \circ \underline{Q}$. Begründen Sie dies.
d) Bestimmen Sie nun X so, dass gilt:
$\underline{a} \circ S(Y, -k) = (\underline{g} \circ \underline{Q}) \circ S(Y, -k) = \underline{g} \circ (\underline{Q} \circ S(Y, -k)) = \underline{g} \circ S(X, k)$.
Warum muss X auf der Gerade g liegen?
e) Begründen Sie nun, dass die Abbildung β eine Klappstreckung mit der Fixgerade g und dem Fixpunkt X ist.
f) Warum kann man mit diesem Ergebnis folgern:
*Jede ungleichsinnige Ähnlichkeit ist entweder eine Klappstreckung (eine reine
Achsenspiegelung ist ein Sonderfall) oder eine Gleitspiegelung.*

37. Gegeben sind die Punkte A'(0; 1), B'(9; 4), C'(6; 7) und A(13; 4), B(11; 0) und C(13; 0) in einem Koordinatensystem mit 1 cm als Einheit (DGS verwenden).

a) Zeichnen Sie die beiden Dreiecke ABC und A'B'C' und begründen Sie, dass sie zueinander ähnlich sind.
Platzbedarf: Vom Ursprung 25 cm nach rechts, 10 cm nach oben und unten.

b) Welche Art von Abbildung α führt Dreieck ABC über in Dreieck A'B'C'? Begründen Sie Ihre Aussage lückenlos.

c) Konstruieren Sie die Kenndaten der Abbildungen α und beschreiben und begründen Sie jeden Ihrer Konstruktionsschritte.

d) Bestätigen Sie Ihre in b) gemachten Aussagen durch die Probe, indem Sie ABC mithilfe von α abbilden.

38. Gegeben sind die Punkte A'(0; 0), B'(5; 0), C'(0; 10) und A(15; 6), B(13,5; 4,5) und C(12; 9) in einem Koordinatensystem mit 1cm als Längeneinheit.

a) Zeichnen Sie die beiden Dreiecke ABC und A'B'C' und begründen Sie, dass sie zueinander ähnlich sind.
Platzbedarf: Vom Ursprung 16 cm nach oben und 24 cm nach rechts.

b) Welche Art von Abbildung β führt Dreieck ABC über in Dreieck A'B'C'? Begründen Sie Ihre Aussage lückenlos.

c) Konstruieren Sie die Kenndaten der Abbildungen β und beschreiben und begründen Sie jeden Ihrer Konstruktionsschritte.

d) Bestätigen Sie Ihre in b) gemachten Aussagen durch die Probe, indem Sie ABC mithilfe von β abbilden.

39. Formulieren Sie Ähnlichkeitssätze für die besonderen Dreiecke und Vierecke.

Zu Kap. 11: Ähnlichkeitsbeziehungen an speziellen Figuren

40. Gegeben ist ein Rechteck mit den Seiten a = 3 cm und b = 5 cm. Man konstruiere ein zu diesem Rechteck inhaltsgleiches Rechteck mit den Seiten x und y **und**

a) dem Umfang u = 18 cm (Sehnensatz)

b) der Seitendifferenz d = x – y = 4 cm (Sekantensatz)

c) dem Seitenverhältnis v = x : y = 2 : 1 (alle vier der Sätze Sehnen-, Sekanten-, Höhen-, Kathetensatz sind geeignet)
Berechnen Sie jeweils auch die gesuchten Seiten x und y.
Hinweis: Verwandeln Sie ggf. zuerst das Rechteck in ein inhaltsgleiches Quadrat.

41. Gegeben ist ein Dreieck mit a = 4 cm, b = 5 cm und c = 6 cm.
Konstruieren Sie zu diesem Dreieck *inhalts- und umfangsgleiches Rechteck*.
Hinweis: Konstruieren Sie zuerst ein zum Dreieck inhaltsgleiches Quadrat.

42. Führen Sie die Beweise für die Ähnlichkeitssätze am Kreis (Sekantensatz bzw. Sehnensatz) und deren Sonderfälle.

43. Leiten Sie die quadratische Gleichung zur Berechnung des Wertes Φ für den goldenen Schnitt her. Zeigen Sie die Gültigkeit folgender Beziehungen:

a) $\Phi^2 = \Phi + 1$ b) $\dfrac{1}{\Phi} = \Phi - 1$

c) Wie kann man mit diesen Beziehungen auf die „stetige Teilung" schließen?

44. Konstruieren Sie ein „goldenes Rechteck" mit
a) dem Umfang u = 26 cm.
b) dem Inhalt A = 40 cm².

45. Konstruieren Sie ein DIN-Rechteck mit
a) dem Umfang u = 30 cm.
b) dem Inhalt A = 50 cm².

46. Gegeben ist ein Rechteck mit den Seitenlängen a = 5 cm und b = 4 cm. Konstruieren Sie ein zu diesem Rechteck inhaltsgleiches
a) goldenes Rechteck   b) DIN-Rechteck

47. Berechnen Sie die Abmessungen der DIN-Format-Reihen A, B und C.

48. Einem Kreis k wird ein Viereck ABCD einbeschrieben. Es wird durch seine Diagonalen, die sich in E schneiden, in vier Teildreiecke zerlegt.
a) Zeigen Sie, dass je zwei dieser Teildreiecke zueinander ähnlich sind.
b) Leiten Sie aus dem Ergebnis von a) den Sehnensatz her.

49. Konstruieren Sie ein Dreieck aus a, s_b und λ = b : c. Wählen Sie selbst Werte. *Anleitung: Ein geometrischer Ort für A ist der Apolloniuskreis k über BC für das Verhältnis λ. Bildet man diesen ab durch die zentrische Streckung S(C; ½), so erhält man einen geometrischen Ort für den Mittelpunkt B_1 der Seite AC. Damit und mithilfe von s_b lässt sich B_1 konstruieren.*

50. Konstruieren Sie ein Dreieck aus b = 6 cm, c = 10 cm und w_α = 6 cm. *Anleitung: Der Kreis k(A; c) ist ein geometrischer Ort für B. Die Winkelhalbierende w_α teilt BC in D im Verhältnis c : b. Daher ist das Bild von k bei der Streckung $S(D; -\dfrac{b}{c})$ ein geometrischer Ort für C. Ein weiterer ergibt sich mit s_b.*

51. Konstruieren Sie ein Dreieck aus b = 7 cm, c = 8 cm und s_a = 6 cm. *Anleitung: Vergleichen Sie die Hinweise zu den vorherigen Aufgaben.*

52. Ein Kreis c(M; r = 3 cm) wird durch eine zentrische Streckung S(Z, k) in den Kreis c' abgebildet. Dabei ist die Strecke MS = 7 cm lang. Ermitteln Sie, für welche Streckfaktoren k die beiden Kreise c und c'
(1) sich berühren   (2) sich in 2 Punkten schneiden   (3) sich meiden.

53. Es gibt zwei Streckungen S_1 und S_2, die einen gegebenen Kreis k_1 in einen zweiten Kreis k_2 abbilden. Man beschreibe die Abbildung $S_2^{-1} \circ S_1$ (Reihenfolge von links).

54. Beweisen Sie den Satz von Monge:
Die 6 Streckzentren von drei gegebenen Kreisen k_1, k_2 und k_3 liegen je zu dreien kollinear auf vier verschiedenen Geraden.

55. Beweisen Sie:
Der Kantenschwerpunkt eines Dreiecks (Dreikants) ist die Inkreismitte seines Mittendreiecks.

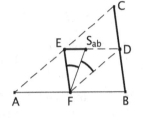

Hinweis: Ein **Dreikant** wird aufgefasst als Stabdreieck mit homogenen Stäben als Kanten und masseloser Dreiecksfläche und -ecken. Die Masse jeder Kante ist zu deren Länge proportional. Man kann sich die Masse der Kante a in ihrem Mittelpunkt D als Schwerpunkt denken, ebenso die der Kante b in E.

a) Warum ist dann S_{ab} der Kantenschwerpunkt der beiden Kanten a und b. Warum liegt der Kantenschwerpunkt des Dreiecks auf der Strecke FS_{ab}?

b) Wie kann man den Kantenschwerpunkt eines Vierkants konstruieren?

56. Wie hoch muss ein Wandspiegel mindestens sein, damit man sich genau in voller Körperhöhe darin sehen kann?
In welcher Höhe muss er aufgehängt werden?

57. Beweisen Sie den Satz des Ptolemäus für Sehnenvierecke:
In einem Sehnenviereck ist das Produkt aus den Diagonalen gleich der Summe der Produkte aus den beiden Gegenseitenpaaren.
Hinweis: Konstruieren Sie E auf AC so, dass $\angle$ EDC = $\angle$ ADB ist. DE schneide den Umkreis in P. Ermitteln Sie nun zu AED und zu ABD ähnliche Dreiecke.

58. Zwei Ortschaften A und B sind durch die Punkte A und B (z. B. Kirchturmspitzen) markiert. In der Nähe fließt ein Bach g, den wir der Einfachheit halber als geradlinig annehmen.

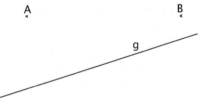

a) Jede Gemeinde möchte ein Freibad am Bach g bauen und zwar möglichst ortsnah. Bestimmen Sie die beiden Stellen P und Q für die Freibäder.

b) Um zu sparen beschließen die Gemeinden A und B den Bau eines gemeinsamen Freibads am Bach g. Es soll von A und B gleich weit entfernt sein. Bestimmen Sie die Lage F des Freibades.

c) Aus Gründen der Sparsamkeit wird vorgeschlagen, das Bad besser an der Stelle S am Bach g zu bauen, für die die Summe der Wege AS + BS minimal ist. Bestimmen Sie die Lage S des Bades.

d) Eines Tages geht der Bürgermeister von A am Bach spazieren. Er erblickt die Kirchturmspitze seines Ortes A. Um die Kirchturmspitze von B zu erblicken, muss er seine Blickrichtung um 70° drehen. An welcher Stelle X am Bach g befindet er sich?

e) Da der Ort B 3000, aber der Ort A nur 1500 Einwohner hat, verlangt die Gemeinde B, dass der Weg von B zum Freibad nur halb so lang sein soll, wie der von A zum Freibad. An welcher Stelle Y am Bach muss dafür das Bad geplant werden?

f) Bestimmen Sie Kreise durch A und B, die die Gerade g berühren.

59. Gegeben sind zwei Punkte A und B und eine Gerade g wie in der vorhergehenden Aufgabe. Um A und B sind zwei Kreise k_a um A und k_b um B mit gleichen Durchmessern gezeichnet. Bestimmen Sie Kreise, die sowohl k_a und k_b als auch die Gerade g berühren.

60. Überprüfen Sie die Gültigkeit der Keplerschen Fassregel für den Rauminhalt von Stümpfen an folgenden Grenzfällen:
a) Säulen   b) Pyramiden   c) Kegeln   d) Kugeln   e) Sonst.

Zu Kap. 12: Ähnlichkeitsbeziehungen am Dreieck

61. Beweisen Sie:
a) Die Winkelhalbierende im Dreieck wird durch die Mittelpunkte des Inkreises und des Ankreises harmonisch geteilt.
b) Folgern Sie aus dem Ergebnis von a) unmittelbar:
Die Berührpunkte von Inkreis und Ankreis teilen die Strecke zwischen Höhenfußpunkt und Winkelhalbierendenschnittpunkt auf jeder Seite harmonisch.

62. Gegeben ist ein Dreieck ABC mit Seitenmitten A_1, B_1 und C_1, Schwerpunkt S, Höhenfußpunkten A_2, B_2, C_2 und Höhenschnittpunkt H.
a) Bilden Sie das Dreieck ABC samt Höhen und Umkreis mit der zentrischen Streckung $\alpha = Z(S, -\frac{1}{2})$ ab. Geben Sie jeweils die Bilder der Höhen an und begründen Sie ihr Ergebnis. In welchen Punkt X wird der Höhenschnittpunkt H abgebildet? Was folgt daraus über die Lage der drei Punkte S, H und X?
b) A_3, B_3 und C_3 seien die Mitten der Strecken AH, BH und CH. Bilden Sie das Dreieck A_3, B_3, C_3 ab durch die Streckung $\beta = Z(H; m = 2)$.
c) Was ergibt die Verkettung der beiden zentrischen Streckungen $\gamma = \beta \circ \alpha$ (in dieser Reihenfolge).
Was können Sie über die Mittelpunkte der Strecken A_3A_1, B_3B_1 und C_3C_1 sagen? Was ist das Bild des Umkreises von $A_3B_3C_3$ bei der Abbildung γ? Warum enthält dieses Bild alle 9 Punkte A_k, B_k und C_k für k = 1, 2 und 3?

63. Konstruieren Sie Dreiecke, von denen folgende Punkte vorgegeben sind:
a) Ecke A(0; 0); Mittelpunkt A_1(9; 3) von BC; Höhenschnittpunkt H(4,5; 4,5)
b) Ecke A; Höhenschnittpunkt H; Umkreismitte U
c) Ecke B; Schwerpunkt S; Höhenschnittpunkt H.
d) Mittelpunkt N des Neunpunktekreises; Schwerpunkt S; Ecke C.

64. Beweisen Sie: Die Rechtecke aus den beiden Höhenabschnitten, in die jede Höhe eines Dreiecks durch den Höhenschnittpunkt zerlegt wird, sind inhaltsgleich.

Zu Kap. 14: Affine und Projektive Geometrie

65.

a) Es seien P und P' zwei zugeordnete Punkte einer schiefen Achsenaffinität und k ein Kreis durch P und P' mit Mittelpunkt auf der Achse der Affinität. Der Kreis k schneide die Achse in den Punkten Q und R. Begründen Sie, dass die Geraden g = PQ und h = PR ein sogenanntes „Rechtwinkelpaar" der Affinität bilden, d. h. dass sowohl g und h als auch g' und h' zueinander senkrecht sind.

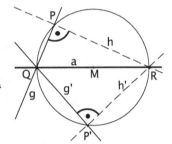

b) Konstruieren Sie analog dazu das Rechtwinkelpaar zu einer gegebenen Scherung.

66.

a) Bilden Sie einen Kreis k ab durch eine Scherung bzw. eine schiefe Achsenaffinität. Was ist das Bild k' des Kreises k?
Konstruieren Sie einzelne Punkte der Bildkurve k' samt Tangenten.
Verwenden Sie auch die „Ortslinienfunktion" eines DGS und bestimmen Sie die Bildkurve eines auf k laufenden Punktes.

b) Konstruieren Sie mithilfe des Rechtwinkelpaares die Scheitel der Ellipse k', bei denen die Tangenten senkrecht auf dem zugehörigen Durchmesser stehen.

67. Bilden Sie ein regelmäßiges Sechseck durch eine beliebige Achsenaffinität ab. Welche Eigenschaften hat die Bildfigur?

68.

a) Zeigen Sie, dass es zu drei nicht kollinearen Punkten A, B und C und ebensolchen Bildpunkten A', B' und C' stets eine Affinität gibt, die A in A', B in B' und C in C' abbildet.

b) Warum folgt aus a), dass zwei beliebige Dreiecke stets zueinander affin sind?

c) Beweisen Sie, dass eine Affinität mit drei nicht kollinearen Fixpunkten die Identität ist.

d) Warum kann man aus a) zusammen mit c) folgern, dass die in a) bestimmte Affinität eindeutig ist? Zeigen Sie dies.

e) Zeigen Sie, dass eine projektive Abbildung mit 3 Fixpunkten nicht unbedingt die Identität ist.

69.

a) Zeigen Sie, dass es zu vier Punkten A, B, C und D, von denen keine drei kollinear sind, und ebensolchen Bildpunkten A', B', C' und D' stets eine projektive Abbildung gibt, die A in A', B in B', C in C' und D in D' abbildet.

b) Warum folgt aus a), dass zwei beliebige Vierecke stets zueinander projektiv sind?

70. Bilden Sie einen Kreis k mithilfe einer Zentralkollineation π ab. Dabei soll der Kreis k einmal die Verschwindungsgerade v meiden, einmal berühren und einmal schneiden. Welche Bildkurven k' ergeben sich jeweils? Benützen Sie zur Konstruktion der Ortskurve die „Ortslinienfunktion" eines DGS. Konstruieren Sie auch einzelne Punkte der Bildkurven.

Verwendung eines Dynamischen Geometriesystems (DGS)

Einführung

Wir geben im Folgenden eine kurze Anleitung zum Gebrauch des DGS EUKLID-DYNAGEO (Version 3.6 c; Stand 9/2011). Wir haben dieses System gewählt, weil es einfach zu bedienen und preiswert zu erwerben ist (www.dynageo.de). Andere Systeme (wie z. B. CABRI, CINDERELLA, SKETCHPAD oder ...) sind ähnlich aufgebaut und diese Einführung kann – mutatis mutandis – auch für diese Systeme übernommen werden.

Die folgende Abbildung zeigt das Startfenster von DYNAGEO, wobei der Reiter *Konstruieren* angeklickt ist. Statt der Befehlssymbole kann man auch die verbalen Beschreibungen benutzen. Dazu klickt man im Hauptmenü die Auswahl *Konstruieren* an.

Sollte auf der Zeichenfläche noch das Koordinatensystem sichtbar sein, können Sie dieses ausblenden. Klicken Sie dazu eine Achse mit der rechten Maustaste an, und klicken Sie im Kontextmenü auf *Verbergen*. Unter *Verschiedenes – Einstellungen* können Sie die Startoption mit oder ohne Koordinatensystem wählen.

1. Zeichnen Sie ein Dreieck:
    Den Menüpunkt *Zeichnen – Dreieck* oder in der Symbolleiste *Konstruieren* das Symbol *Dreieck* anklicken. Dann markieren Sie im Zeichenfeld durch Anklicken mit der Maus drei Punkte. Die Dreiecksfläche entsteht.
    Die Fläche kann eingefärbt werden: Dazu wählen Sie den Reiter *Form & Farbe* und wählen die *Aktuelle Füllfarbe* und das *Aktuelle Füllmuster* aus. Nun klicken Sie mit der Maus auf den Rand (oder das Innere) der zu färbenden Fläche. Beschriften Sie die Ecken mit den Namen A, B und C: Mauszeiger auf das Objekt einstellen, dann mit der rechten Maustaste das Kontextmenü öffnen: *Benennen*.

2. Konstruieren Sie die Seitenhalbierenden (Schwerlinien):
    Dazu benötigen wir die Mittelpunkte der Dreiecksseiten: In der Symbolleiste *Konstruieren* wird das Symbol *Mittelpunkt* angeklickt und dann die betreffende Strecke bzw. ihre beiden Endpunkte. Beschriften Sie die Mitten mit A_1, B_1 und C_1 und zeichnen Sie das Mittendreieck $A_1B_1C_1$ unter Verwendung des Symbols *Dreieck* ein.
    Mit dem Symbol *Strecke* können Sie nun jede Ecke mit dem Mittelpunkt der Gegenseite durch eine Strecke verbinden. Mit dem Symbol *Schnitt zweier Linien* und Anklicken zweier Seitenhalbierenden können Sie den Schwerpunkt S

erzeugen. Man erkennt, dass die dritte Schwerlinie stets durch S verläuft auch bei beliebigem Ziehen des Dreiecks an irgendeiner seiner Ecken. Probieren Sie dies aus.

3. Konstruieren Sie zwei Mittelsenkrechten (Symbol *Mittelsenkrechte* benutzen) und ihren Schnittpunkt U.
   Beobachten Sie, dass sich alle drei Mittelsenkrechten stets in einem Punkt U treffen.

4. Konstruieren Sie die Höhen des Dreiecks (Symbol für *Orthogonale* benutzen) und den Höhenschnittpunkt H.
   Zeigen Sie, dass sich alle drei Höhen stets in einem Punkt H treffen.
   Um die Zeichnung übersichtlich zu halten, können Sie die zu einzelnen Gruppen gehörigen Linien mit gleicher Farbe einfärben (*Form und Farbe*).

5. Verbinden Sie H und U durch eine Strecke.
   Was stellen Sie fest? Messen Sie die Streckenlängen von HS und SU und vergleichen Sie. Zum Messen den Reiter *Messen & Rechnen* und dann das entsprechende Symbol *Abstand messen* anklicken. Welche Vermutung ergibt sich? Überprüfen Sie, ob ihre Vermutung für jedes beliebige Dreieck gilt, indem Sie die Form des Dreiecks durch „Ziehen" an einer Ecke verändern.
   Zeichnen Sie den Umkreis des Dreiecks ABC.
   Konstruieren Sie den Mittelpunkt N der Strecke HU. Konstruieren Sie den Kreis um N durch A_1. Was beobachten Sie? Welche Punkte liegen auf diesem Kreis?

6. Spiegeln Sie das Dreieck ABC an der Achse AB:
   Den Reiter *Abbilden* anklicken und das Symbol *Objekt an einer Achse spiegeln* auswählen. Dann zuerst das Objekt und anschließend die Achse anklicken. Unter dem Menüpunkt *Verschiedenes – Einstellungen – Abbildungen* können Sie auswählen, ob die Spuren bei Abbildungen eingezeichnet werden sollen oder nicht.

7. Konstruktion einer Ortskurve:
   Mit einem einfachen Beispiel in einer neuen Zeichnung (*Datei – Neu*) zeigen wir eine interessante Eigenschaft der DGS zur Konstruktion von Ortskurven: Gegeben ist eine Strecke AB. Wo liegen alle Punkte C, für die das Dreieck ABC die Winkelgröße $\angle ACB = \gamma = 90°$ hat?
   Zeichnen Sie die Strecke AB und einen Kreis k mit beliebigem Radius um A. Wählen Sie auf k einen Punkt P aus (*Zeichnen – Punkt auf einer Linie*). Zeichnen Sie die Gerade g durch A und P.
   Zeichnen Sie nun die Senkrechte s zu g durch B (*Konstruieren – Orthogonale*). und den Schnittpunkt C von g und s (*Konstruieren – Schnittpunkt zweier Linien*). Nun kommt die erwähnte Anwendung für das Zeichnen einer Ortslinie:
   Wählen Sie den Reiter *Kurven* aus. Dort klicken Sie das Symbol *Ortslinie aufzeichnen* (Alternative: *Konstruieren – Ortslinie eines Punktes aufzeichnen*) und anschließend den Punkt C an. Nun ziehen Sie langsam den Punkt P auf dem Kreis k und beobachten, was mit C passiert. C zeichnet die Ortslinie nach. Wir verzichten auf die Wiedergabe der Zeichnung. Lassen Sie sich einfach überraschen.

Mit dieser Einführung müssten Sie in der Lage sein, das System EUKLID-DYNAGEO mit Erfolg zu benutzen. Wir überlassen es Ihrer Findigkeit, weitere Details herauszufinden und durch neugieriges Explorieren zu weiteren überraschenden Einsichten und Vermutungen zu gelangen. Viel Spaß und Erfolg dabei.

Aufgaben zum Experimentieren mit einem DGS

1. Doppelspiegelung an zwei sich schneidenden Geraden
a) Zeichnen Sie eine durch zwei Punkte P und Q festgelegte Gerade g.
Zeichnen Sie anschließend eine Gerade h, die durch P geht und mit g einen Winkel von 50° bildet (Reiter *Konstruieren*, Symbol *Gerade in bestimmten Winkel*).
Durch Ziehen an Q können Sie das Geradenpaar (g, h) um P drehen, wobei der Winkel zwischen den beiden Geraden unverändert bleibt. Probieren Sie dies aus.
b) Spiegeln Sie nun eine nicht symmetrische Figur F (z. B. ein Testdreieck) an g und deren Bildfigur F' an h nach F".
Bewegen Sie die Figur F, und beobachten Sie die Bewegung von F".
c) Drehen Sie nun das Geradenpaar (g, h) um den Schnittpunkt P durch Ziehen an Q, wobei der Schnittwinkel unverändert bleibt. Beobachten Sie dabei F, F' und F".

2. Doppelspiegelung an zwei parallelen Geraden
a) Konstruieren Sie ein verschiebbares Parallelenpaar mit konstantem Abstand wie folgt: Zeichnen Sie eine Gerade g. Markieren Sie auf g den Punkt P (Reiter *Konstruieren*, Symbol *Punkt auf Linie festlegen*) und im festen gegebenen Abstand d den Punkt Q auf g. Zeichnen Sie die Senkrechten zu g durch P und durch Q. Diese ergeben das gewünschte Parallelenpaar. Durch Verschieben von P auf g kann man das Paar bewegen.
b) Experimentieren Sie nun wie beim Beispiel 1 mit der Doppelspiegelung an zwei zueinander parallelen Geraden.

3. Verkettung von Punktspiegelungen
In einem Koordinatensystem seien $Z_1(1; 1)$ und $Z_2(6; 3)$ gegeben.
Unter *Verschiedenes – Einstellungen – Startoptionen* können Sie der Zeichenfläche von DYNAGEO ein Koordinatensystem unterlegen.
a) Eine Figur soll zuerst an Z_1, dann an Z_2 gespiegelt werden. Welche Abbildung ersetzt die Verkettung dieser beiden Punktspiegelungen? Konstruieren Sie.
b) Spiegeln Sie nun zuerst an Z_2, dann an Z_1. Ermitteln Sie die Ersatzabbildung.

4. Kongruenzabbildungen
Es sei $Z_1 = (0; 0)$, $\alpha_1 = 60°$ und $Z_2 = (10, 0)$, $\alpha_2 = 90°$.
Bestimmen Sie zeichnerisch und rechnerisch die Ersatzabbildung für das Hintereinanderausführen der beiden Drehungen $D_1(Z_1, \alpha_1)$ und $D_2(Z_2, \alpha_2)$.
Überprüfen Sie, ob die Reihenfolge für die Verkettung der Drehungen wesentlich ist.
Zeigen Sie, dass die Verkettung eine Drehung mit dem Winkel 150° ist. Bestimmen Sie den neuen Drehpunkt.

5. Mittendreieck und Mittenviereck

a) Spiegeln Sie die Ecken eines Dreiecks an den Mitten der gegenüberliegenden Seiten. Die gespiegelten Punkte sind die Ecken eines neuen Dreiecks. Was entdecken Sie? Begründen Sie.

b) Lösen Sie die zu Aufgabe a) analoge Aufgabe für ein Viereck.

6. Produkte aus Achsenspiegelungen
Die Geraden f und g stehen aufeinander senkrecht, h ist die Winkelhalbierende zwischen beiden. Welche Abbildungen erhält man durch folgende Produkte (Verkettungszeichen weggelassen)?
a) f g h b) h f g c) h g f d) h g h g e) f g h f g h f) f g h g f

7. Kongruenzsätze und Abbildungen
Die Dreiecke ABC und $A_1B_1C_1$ in der folgenden Abbildung sind zueinander kongruent.

a) Begründen Sie dies mithilfe von Kongruenzsätzen.

b) Dreieck ABC kann durch maximal 3 Achsenspiegelungen auf Dreieck $A_1B_1C_1$ abgebildet werden. Warum ist dies möglich?
Konstruieren Sie solche Achsenspiegelungen.

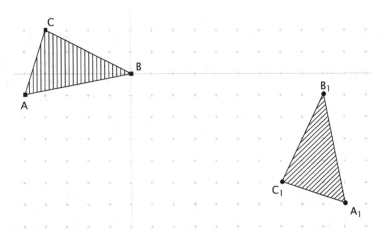

8. Schubspiegelungen
Gegeben ist ein rechtwinkliges Dreieck ABC. Bestimmen Sie für jedes der sechs möglichen Produkte aus den drei Achsenspiegelungen an den drei Seitengeraden die Ersatzabbildung (Gleitgerade und Schubvektor).

9. Problemlösen mit Euklid
Gegeben ist ein Dreieck ABC z. B. A(0; 0), B(10; 0), C(6, 6).

a) Konstruieren Sie einen Punkt E so, dass die Winkel ∠AEB, ∠BEC und ∠CEA jeweils 120° betragen.

b) Bestimmen Sie die Abstandssumme EA + EB + EC durch Messen.

c) Wählen Sie einen von E verschiedenen Punkt F und bestimmen Sie die Abstandssumme FA + FB + FC. Vergleichen Sie mit dem Ergebnis von b). Ziehen Sie F, und bestätigen Sie, dass E die minimale Abstandssumme hat.

10. Besondere Linien und Punkte beim Dreieck
a) Zeichnen Sie mit einem DGS ein Dreieck ABC.
b) Zeichnen Sie mehrere Kreise rot, die durch A und durch B verlaufen. Wo liegen deren Mittelpunkte?
c) Zeichnen Sie mehrere Kreise grün, die durch B und durch C verlaufen. Wo liegen die Mittelpunkte?
d) Gibt es Kreise, die zu beiden Serien gehören? Welche Eigenschaften haben diese?
e) Ergibt sich aus dieser Erfahrung ein Beweisansatz für einen Dreieckssatz?

11. Besondere Linien und Punkte beim Dreieck
a) Zeichnen Sie mit einem DGS ein Dreieck ABC.
b) Zeichnen Sie mehrere Kreise rot, die die Seiten c und a berühren. Wo liegen deren Mittelpunkte?
c) Zeichnen Sie mehrere Kreise grün, die die Seiten c und b berühren. Wo liegen deren Mittelpunkte?
d) Gibt es Kreise, die zu beiden Serien gehören? Welche Eigenschaften haben diese?
e) Ergibt sich aus dieser Erfahrung ein Beweisansatz für einen Dreieckssatz?

12. Besondere Linien und Punkte beim Dreieck
a) Zeichnen Sie mit einem DGS (z. B. EUKLID) ein Dreieck ABC.
b) Zeichnen Sie in dieses Dreieck die drei Höhen ein. Was entdecken Sie?
c) Zeichnen Sie durch jede Ecke die Parallele zur Gegenseite. Es entsteht ein neues Dreieck PQR. Welche Rolle spielen die Höhen des Dreiecks ABC in diesem Dreieck? Was folgt daraus für die drei Höhen?
d) Zeichnen Sie zum Dreieck ABC das Mittendreieck (Dreieck aus den drei Seitenmitten) und zu diesem wieder das Mittendreieck usf. . Auf welchen Linien liegen sämtliche dieser Seitenmitten? Was erhält man, wenn man den Prozess beliebig fortsetzt?

13. Besondere Linien und Punkte beim Dreieck
a) Zeichnen Sie mit einem DGS ein Dreieck ABC.
b) Konstruieren Sie den Schwerpunkt S, den Höhenschnittpunkt H und die Umkreismitte U dieses Dreiecks.
c) Verbinden Sie H mit U. Was stellen Sie fest?
Messen Sie die Länge von HS und SU. Was stellen Sie fest?
d) Ziehen Sie nun an irgendeiner der drei Ecken.
Wie verändert sich die gegenseitige Lagebeziehung von H, S und U?
e) Konstruieren Sie den Umkreis k' des Mittendreiecks von Dreieck ABC.
f) Demonstrieren (und beweisen) Sie, dass folgende 9 Punkte auf k' liegen:
  ▫ die 3 Seitenmitten des Dreiecks ABC,
  ▫ die 3 Höhenfußpunkte des Dreiecks AB,
  ▫ die 3 Mittelpunkte der Höhenabschnitte zwischen den Eckpunkten und dem Höhenschnittpunkt.

14. Ortslinien von besonderen Dreieckspunkten
a)   Zeichnen Sie eine Strecke AB und dazu eine parallele Gerade g.
     Wählen Sie C auf g. Konstruieren Sie das Dreieck ABC.
b)   Wie verändert sich die Lage der Umkreismitte U, wenn C auf g wandert?
     Hinweis: Konstruieren Sie U. Ziehen Sie dann (Hauptmenü: *Zugmodus mit
     Zangensymbol*) am Punkt C. Sie können die Ortslinie von U auch zeichnen las-
     sen: Hauptmenü: *Ortslinie aufzeichnen*.
c)   Wie verändert sich die Lage des Schwerpunkts, wenn C auf g wandert?
d)   Wie verändert sich die Lage des Höhenschnittpunkts, wenn C auf g wandert?
e)   Wie verändert sich die Lage der Inkreismitte, wenn C auf g wandert?

15. Ortslinien von besonderen Dreieckspunkten
a)   Zeichnen Sie eine Strecke AB und einen Kreis k mit AB als Durchmesser.
     Wählen Sie C auf k. Konstruieren Sie das Dreieck ABC.
b)   Untersuchen Sie die Lageveränderungen der Umkreismitte, der Inkreismitte,
     des Höhenschnittpunktes und des Schwerpunktes, wenn C auf dem Kreis k
     wandert.
c)   Untersuchen Sie den Sachverhalt auch für AB als beliebige Kreissehne.

16. Eigenschaften von Vierecken
a)   Zeichnen Sie ein Viereck ABCD.
b)   Bestimmen Sie die Seitenmitten P, Q, R und S des Vierecks.
     Zeichnen Sie das Mittenviereck PQRS. Was fällt auf?
c)   Ziehen Sie nun irgendeine der Ecken ABCD nach Belieben. Wie verändert
     sich das Mittenviereck? Stellen Sie eine Vermutung auf. Formulieren Sie diese
     Vermutung als Satz. Beweisen Sie den Satz.
d)   Bestimmen Sie den „Mittelpunkt" M des Mittenvierecks PQRS. Bestimmen
     Sie die Mittelpunkte der Diagonalen des Vierecks ABCD. Verbinden Sie diese
     beiden Mittelpunkte. Was fällt auf? Verziehen Sie das Viereck ABCD nach
     Belieben. Vermutung? Satz? Beweis?
e)   Wie muss ein Viereck aussehen, damit sein Mittenviereck ein Quadrat, ein
     Rechteck, eine Raute, ein symmetrisches Trapez, ein symmetrischer Drachen
     bzw. ein Parallelogramm ist?

17. Winkel am Kreis
a)   Zeichnen Sie eine Strecke AB. Konstruieren Sie einen Kreis k um A. Markie-
     ren Sie auf k einen Punkt X. Zeichnen Sie die Gerade g = AX. Konstruieren
     Sie nun die Senkrechte s zu g = AX durch B. C sei der Schnittpunkt von s und
     g. Welche Ortslinie beschreibt C, wenn X auf dem Kreis k wandert? Mit dem
     Menüpunkt *Ortslinie* im Hauptmenü können Sie diese Spur nachzeichnen las-
     sen.
b)   Verallgemeinern Sie das Problem auf einen Winkel beliebiger Größe. Wie
     muss man nun vorgehen, um den Punkt C festzulegen?
c)   Verfahren Sie nun umgekehrt: AB ist ein Kreisdurchmesser. Wählen Sie C auf
     dem Kreis. Messen Sie den Winkel bei C. Lassen Sie nun C auf dem Kreis
     wandern. Wie verändert sich der Winkel?

d) Machen Sie dasselbe wie in c) für eine beliebige Kreissehne AB an Stelle eines Durchmessers. Was entdecken Sie?

18. Winkel am Kreis

a) Zeichnen Sie in einen Kreis k mit Mittelpunkt M eine Sehne AB ein. Wählen Sie C beliebig auf dem Kreis k, und konstruieren Sie das Dreieck ABC. Messen Sie den Winkel γ (Reiter *Messen und Rechnen*).

b) Lassen Sie nun im Zugmodus C auf dem Kreis wandern. Wie verändert sich γ?

c) Was passiert, wenn C auf die andere Seite von AB gezogen wird?

d) Messen Sie auch den Mittelpunktswinkel $\mu = \angle AMB$. Vergleichen Sie mit γ. Vermutung? Satz? Beweis?

19. Sehnenvierecke

a) Zeichnen Sie ein Viereck ABCD, dessen Ecken auf einem Kreis k liegen. Messen Sie die vier Winkel des Vierecks, und bilden Sie die Summe der Paare von Gegenwinkeln. Was erhalten Sie?

b) Was passiert, wenn man einen der Eckpunkte auf dem Kreis wandern lässt?

c) Wie könnten Sie allein durch Winkelmessung feststellen, ob vier Punkte (also die Ecken eines Vierecks) auf einem Kreis liegen?

d) Ergänzen Sie zu einem Satz: „Ein Viereck besitzt genau dann einen Umkreis, wenn ...". Beweis?

20. Tangentenvierecke

a) Zeichnen Sie ein Viereck, das einen Inkreis besitzt. Messen Sie die Längen der vier Seiten des Vierecks. Bilden Sie die Summe von Gegenseitenpaaren. Vergleichen Sie. Vermutung? Beweis?

b) Ergänzen Sie zu einem Satz: „Ein Viereck besitzt genau dann einen Inkreis, wenn ...". Beweis.

c) Wie kann man allein durch Ausmessen von vier Streckenlängen feststellen, ob vier Punkte ein Tangentenviereck bilden?

Glossar

Abbildung	Eine Abbildung (oder Funktion) f aus einer Menge A in eine Menge B liegt vor, wenn es zu *jedem* Element x aus A *eindeutig* ein Element y = f(x) aus B gibt. Siehe auch bijektiv, injektiv, surjektiv.
Achse	Fixgerade einer Abbildung, bei der jeder einzelne Punkt dieser Geraden ein Fixpunkt ist („Fixpunktgerade").
Achsenspiegelung	Kongruenzabbildung mit einer Achse. Für Punkte P, die nicht auf der Achse liegen, gilt: Die Achse steht jeweils senkrecht auf der Verbindungsstrecke PP' von Punkt und Bildpunkt und halbiert diese.
affine Abbildung, Affinität	Bijektive Abbildung einer affinen Ebene (in sich oder in eine andere Ebene), die geradentreu und teilverhältnistreu ist. Als Folge davon erweist sie sich auch als parallelentreu.
Ähnlichkeitsabbildung, Ähnlichkeit	Bijektive Abbildung einer affinen Ebene (in sich oder in eine andere Ebene), die geradentreu und streckenverhältnistreu ist. Als Folge erweist sie sich auch als parallelentreu, winkel(maß)treu und flächenverhältnistreu. Sie verändert nur die Größe und Lage, jedoch nicht die Form von Figuren.
Aufriss	Senkrechte Parallelprojektion eines Körpers auf eine vertikal frontal stehende Ebene. Siehe auch Grundriss und Seitenriss.
bijektiv	Eigenschaft einer Abbildung aus einer Menge A in eine Menge B, bei der jedes Element der Menge B Bild von genau einem Element der Menge A ist. Siehe auch injektiv und surjektiv.
Deckabbildung	Kongruenzabbildung, die eine Figur F auf sich selbst abbildet.
Diedergruppe	Symmetriegruppe eines regelmäßigen n-Ecks. Sie besteht aus n Drehungen und n Achsenspiegelungen.
Dilatation	Affine Abbildung, bei der jede Bildgerade parallel zu ihrer Originalgeraden ist.
Drehstreckung	Verkettung einer zentrischen Streckung S(Z; k) mit einer Drehung D(Z; φ), wobei Streckzentrum und Drehpunkt identisch sind.
Drehung	Verkettung zweier Achsenspiegelungen mit sich schneidenden Achsen.
Fixgerade	Eine Gerade g ist Fixgerade einer Abbildung f, falls g' = f(g) = g ist. Jeder Punkt von g wird also wieder auf einen Punkt P' von g abgebildet. Siehe auch „Achse".

Fixpunkt	Ein Punkt P ist Fixpunkt einer Abbildung f, falls P' = f(P) = P ist. Siehe auch „Zentrum".
Frontschau	Parallelprojektion (i. Allg. schiefe) auf eine vertikal frontal stehende Ebene (Kavalierprojektion).
Funktion	Siehe Abbildung
geradentreu	Eigenschaft einer Abbildung, die Geraden stets wieder in Geraden abbildet.
Gleitspiegelung	Verkettung einer Verschiebung mit einer Achsenspiegelung, wobei der Schubvektor parallel zur Achse ist.
Grundriss	Senkrechte Parallelprojektion eines Körpers auf eine horizontale Ebene. Siehe auch Aufriss und Seitenriss.
Gruppe	Abgeschlossenes Verknüpfungsgebilde (G, #), in dem das Assoziativgesetz gilt, das ein Neutralelement besitzt und in dem es zu jedem Element ein inverses Element gibt.
harmonische Teilung	P und Q teilen AB harmonisch, wenn P und Q bezüglich der Strecke AB betragsmäßig gleiche Teilverhältnisse mit verschiedenen Vorzeichen haben: TV(AB, P) = – TV(AB, Q).
Identität	Abbildung f einer Menge M auf sich selbst, bei der jedes Element von M fix ist, also f(x) = x für alle x gilt.
injektiv	Eigenschaft einer Abbildung, bei der verschiedene Originale stets auch verschiedene Bilder haben. Siehe auch bijektiv und surjektiv.
Invariante	Geometrische Eigenschaft oder Größe, die bei einer Abbildung unverändert bleibt.
Inzidenz	Ein Punkt „inzidiert" mit einer Geraden, wenn der Punkt auf der Geraden liegt bzw. die Gerade durch den Punkt verläuft.
Klappstreckung	Verkettung einer zentrischen Streckung S(Z; k) mit einer Achsenspiegelung a̲ an der Achse a, wobei Z auf a liegt.
kollinear	Punkte, die alle *mit einer gemeinsamen Geraden inzidieren*, nennt man kollinear.
Kollineation	Bijektive Abbildung, bei der Geraden in Geraden abgebildet werden. Siehe auch "geradentreu".
Kongruenzabbildung, Kongruenz	Bijektive Abbildung einer affinen Ebene (in sich oder in eine andere Ebene), die geradentreu und längentreu ist. Sie erweist sich als parallelentreu und winkel(maß)treu. Sie verändert nur die Lage, jedoch nicht die Maße von Figuren.
kopunktal	Geraden, die alle *mit einem gemeinsamen Punkt inzidieren*, nennt man kopunktal.
längen(maß)treu	Eigenschaft einer Abbildung, bei der alle Streckenlängen unverändert bleiben.
orientierungstreu	Eigenschaft einer Abbildung, bei der der Umlaufsinn jeder Figur (z. B. eines Dreiecks) erhalten bleibt.

Ortslinie	Punktmenge, die genau die Punkte mit einer bestimmten geometrischen Eigenschaft zusammenfasst.
parallelentreu	Eigenschaft einer Abbildung, die zueinander parallele Geraden stets wieder in zueinander parallele Geraden abbildet.
Parallelprojektion	Abbildung, die jeden Punkt des Raumes oder einer Ebene durch zueinander parallele Projektionsgeraden abbildet.
projektive Abbildung, Projektivität	Bijektive Abbildung einer projektiven Ebene (in sich oder in eine andere Ebene), die geradentreu ist und die harmonische Lage von vier Punkten erhält.
Punktspiegelung (Halbdrehung)	Kongruenzabbildung mit einem Zentrum Z, wobei Z jede Verbindungsstrecke PP' von Punkt und Bildpunkt halbiert.
Scherung	Affinität mit einer Achse und zu dieser parallelen Spurgeraden.
Schrägbild	Parallelprojektion (i. Allg. schiefe) eines Körpers auf eine Ebene.
Schrägspiegelung	Affinität mit einer Achse, bei der die Achse jede Strecke PP' zwischen Punkt- und Bildpunkt halbiert.
Sehnenviereck	Viereck, das einen Umkreis besitzt.
Seitenriss	Senkrechte Parallelprojektion eines Körpers auf eine vertikal seitlich stehende Ebene. Siehe auch Aufriss und Grundriss.
Spurgerade	Verbindungsgerade PP' eines bei einer Abbildung zugeordneten Punkt-Bildpunkt-Paares.
Streckenverhältnis	Verhältnis (Quotient) von Streckenlängen: $q = AB : CD$.
streckenverhältnistreu	Eigenschaft einer Abbildung, die Verhältnisse von beliebigen Streckenlängen unverändert lässt: $A'B' : C'D' = AB : CD$.
surjektiv	Eigenschaft einer Abbildung einer Menge A in eine Menge B, bei der jedes Element der Menge B mindestens ein Urbild in der Menge A besitzt. Siehe auch bijektiv und injektiv.
Symmetrie	Eine von der Identität verschiedene Deckabbildung einer Figur.
Symmetriegruppe	Die Menge aller Deckabbildungen einer Figur bildet mit der Verkettung eine Gruppe, die Symmetriegruppe der Figur.
Tangentenviereck	Viereck, das einen Inkreis besitzt.
Teilverhältnis	Gilt für drei kollineare Punkte A, B und C die Vektorgleichung $\overrightarrow{AC} = t \cdot \overrightarrow{CB}$ so ist $t = TV(AB, C)$ das Teilverhältnis von C bezüglich der Strecke AB.
teilverhältnistreu	Eigenschaft einer Abbildung, die das Teilverhältnis für je drei beliebige kollineare Punkte fest lässt: $TV(AB, C) = TV(A'B', C')$ für alle A, B, C.

Vektor	Ein Vektor $\vec{v} = \overrightarrow{AB}$ ist eine Äquivalenzklasse gleich-langer und gleich gerichteter Strecken z. B. vom Punkt A zum Punkt B. Betrag und Richtung bestimmen einen Vektor eindeutig.
Verkettung	Hintereinanderausführung von Abbildungen. „f∘g" bedeutet: *zuerst* die Abbildung f, *danach* die Abbildung g. Für die Verkettung von Abbildungen gilt stets das Assoziativ-gesetz: (f∘g)∘h = f∘(g∘h) für alle f, g, h.
Vogelschau	Parallelprojektion (i. Allg. schiefe) auf eine horizontale Ebene (Militärprojektion)
winkel(maß)treu	Eigenschaft einer Abbildung, die Winkelgrößen nicht verändert.
Zentralkollineation	Projektive Abbildung einer projektiven Ebene (in sich oder in eine andere Ebene) mit einem Zentrum und einer Achse; auch „axiale Kollineation" oder „Perspektivität" genannt.
Zentralprojektion	Abbildung, die jeden Punkt des Raumes oder einer Ebene durch Projektionsgeraden abbildet, die alle durch ein festes Zentrum Z verlaufen,.
zentrische Streckung	Ähnlichkeitsabbildung S(Z; k) mit einem Zentrum Z und einem Faktor k wobei für jedes Punkt-Bildpunkt-Paar P und P' gilt: $\overrightarrow{ZP'} = k \cdot \overrightarrow{ZP}$
Zentrum	Fixpunkt einer Abbildung, wobei jede Gerade durch diesen Punkt eine Fixgerade ist („Fixgeradenpunkt").
zyklische Gruppe	Gruppe, deren Elemente durch Verkettung eines einzigen Elements (und evtl. seines Inversen) erzeugt werden.

Ausgewählte Literaturhinweise

Agricola, I./Friedrich, T.: Elementargeometrie. Vieweg + Teubner 2011.

Bachmann, F.: Aufbau der Geometrie aus dem Spiegelungsbegriff. Berlin-Göttingen-Heidelberg 1959.

Baptist, P.: Die Entwicklung der neueren Dreiecksgeometrie. Mannheim 1992.

Baravalle, H. v.: Geometrie als Sprache der Formen. Stuttgart 1980.

Coxeter, H. S. M.: Unvergängliche Geometrie. Basel 1963.

Coxeter, H. S. M.; Greitzer, S.L.: Zeitlose Geometrie. Stuttgart 1983.

Donath, E.: Die merkwürdigen Punkte und Linien des ebenen Dreiecks. Berlin 1969.

Eigenmann, P.: Geometrische Denkaufgaben. Stuttgart 1982.

Fraedrich, A. M.: Die Satzgruppe des Pythagoras. Mannheim 1994.

Hajos, G.: Einführung in die Geometrie. Leipzig 1970.

Holland, G.: Geometrie in der Sekundarstufe: Entdecken – Konstruieren – Deduzieren. Franzbecker 2007.

Jeger, M.: Konstruktive Abbildungsgeometrie. Luzern/Stuttgart 1973.

Kazarinoff, N. D.: Geometric Inequalities. Yale 1961.

Müller, K. P.: Raumgeometrie. Stuttgart/Leipzig/Wiesbaden 2000.

Proksch, R.: Geometrische Propädeutik. Göttingen 1956.

Quaisser, E.: Bewegungen in der Ebene und im Raum. Berlin 1983.

Scheid, H.: Elemente der Geometrie. Mannheim 1991.

Schupp, H.: Abbildungsgeometrie. Weinheim 1967.

Schupp, H.: Figuren und Abbildungen. Hildesheim/Berlin 1998. [Enthält ein sehr ausführliches Literaturverzeichnis]

Schupp, H.: Kegelschnitte. Mannheim/Wien/Zürich 1988.

Treutlein, P.: Der geometrische Anschauungsunterricht. Paderborn 1985 (Nachdruck).

Vogler, M.: Geometrie-Aufgaben im Kopf zu lösen. Frankfurt 1967.

Wittmann, E. C.: Elementargeometrie und Wirklichkeit. Braunschweig 1987.

Yaglom, I. M.: Geometric Transformations. New York, Bd. 1-3, 1962/1968/1973.

Zur Didaktik der Geometrie:

Krauter, S.: Zur Methodik der Didaktik des Geometrieunterrichts in der Sekundarstufe 1. http://www.ph-ludwigsburg.de/4251.html

Wiegand, H.-G. u.a.: Didaktik der Geometrie in der Sekundarstufe 1, München 2009.

Index

Printed in the United States
By Bookmasters